中国食文化研究论文集

万建中　主编

中国轻工业出版社

图书在版编目（CIP）数据

中国食文化研究论文集 / 万建中主编. —北京：中国轻
工业出版社，2016.7
　　ISBN 978–7–5184–0950–1

　　Ⅰ.①中… Ⅱ.①万… Ⅲ.①饮食－文化－中国－文集
Ⅳ.①TS971－53

　　中国版本图书馆CIP数据核字（2016）第107576号

策划编辑：史祖福
责任编辑：史祖福　曾　娅　　责任终审：劳国强　　封面设计：锋尚设计
版式设计：锋尚设计　　　责任校对：晋　洁　责任监印：张　可

出版发行：中国轻工业出版社（北京东长安街6号，邮编：100740）
印　　刷：三河市万龙印装有限公司
经　　销：各地新华书店
版　　次：2016年7月第1版第1次印刷
开　　本：889×1194　1/16　印张：20
字　　数：460千字
书　　号：ISBN 978–7–5184–0950–1　定价：198.00元
邮购电话：010–65241695　传真：65128352
发行电话：010–85119835　85119793　传真：85113293
网　　址：http：//www.chlip.com.cn
Email：club@chlip.com.cn
如发现图书残缺请直接与我社邮购联系调换
160333K1X101HBW

2015中国食文化发展大会合影

前　　言

　　文化是科技发展的动力，科技创新又是文化发展的重要引擎，文化与科技是食品产业振兴的双翅，建设文化强国振兴中国的食品产业离不开文化和科技相互促进作用。

　　为推动中国食品、餐饮行业生产水平的提高，发挥食文化在行业发展中的作用，促进行业间成果交流转化，中国食文化研究会与北京师范大学文学院于2015年12月13日在北京前门建国饭店举办了"2015中国食文化发展大会"，大会主题：文化与科技，传承与创新。大会由中国食文化研究会民族食文化委员会承办。

　　知名饮食文化学者李士靖、高铁生、杨铭铎、过常宝、唐英章、王仁湘、洪光住、王仁兴、刘志琴、万建中、张可喜、庞广昌，以及来自北京大学、清华大学、北京师范大学、中国社会科学院、中国科学院、对外经济贸易大学、济南大学、湖北师范学院、华南理工大学等单位的近百位学者参加了会议。

　　中国食文化研究会常大林会长认为：在一个群体生命中，"食"受到其文化的价值取向、文化的组织力和创造力的影响。而文化影响，不完全是有利于人的健康生存和发展的，有时候，甚至对人的生命造成极大的危害。因此，强调食文化的事实存在，强调从文化的角度对其加以研究，并非哗众取宠，毫无意义，而且实属必要，非常急需。

　　北京师范大学文学院过常宝院长说：中国的食文化源远流长、博大精深，是天人交往的途径、礼乐教化的手段、政治制度的标志，中国传统文化核心观念"和"就是从食文化发展而来的，我国历代文学中几乎没有不描写饮食的。我国现在正提倡传统文化走出去，食文化层次多，内容丰富更容易被社会所接受和理解，但在国外我国食文化的精髓无论是从物质层面还是精神层面都没有得到很好的推广。

　　曾任中国食文化研究会副会长、中国食品科学技术学会副理事长、北京食品办公室主任的我国食品工业老专家，91岁高龄的李士靖先生虽年事已高，但仍坚持参会。李老高度评价了本次会议对于促进中国食文化发展的重要意义，并向大家分享了1978年至2013年我国改革开放35年来食品产业发展数据。他感慨地说："在中华民族伟大复兴征程中，历史和人民选择了马克思主义，选择了中国共产党，选择了中国特色社会主义道路。这是一个永恒的主题，也是一个时代的课题，用历史感悟未来，让历史照亮我们未来的行程。食文化大有可为！"

本书是由2015年中国食文化发展大会各位学者提交的论文整理、收录而成，文章中倾注了作者的心血和研究成果，内容十分丰富，是中国饮食行业的宝贵财富。在本书出版之际，我们向为本次大会成功举办和为出版本论文集付出努力的各界人士表示衷心的感谢！

　　中国食文化发展大会将每年举办一届，邀请国内外的饮食文化学者和专家，一起商讨食文化发展大业，共同为行业奉献自己的智慧和力量。

《中国食文化研究论文集》编委会

2016年4月

目　录

民族食文化

食文化与教育

饮食与科技、产业

关于我国饮食文化传承与发展的思考

杨铭铎

（哈尔滨商业大学中式快餐研究发展中心博士后科研基地，黑龙江　哈尔滨　150076）

摘　要： 中国饮食文化源远流长，是中华文化的重要组成部分。党的十七届六中全会指出，我国现阶段处于社会主义文化大发展大繁荣时期，文化建设对实现中华民族伟大复兴具有重大而深远的意义。在此背景下，为了使中国饮食文化保持自身鲜明特色并处于世界领先的地位，本研究从构成餐饮业的三要素即消费者、餐饮产品和餐饮企业角度出发，探讨中国饮食文化传承与发展的思路。

关键词： 饮食文化；传承；发展

引言

中华饮食文化博大精深、源远流长，在世界上享有很高的声誉，正如孙中山先生在其《建国方略》一书中所说："我中国近代文明进化，事事皆落人之后，惟饮食一道之进步，至今尚为各国所不及"。如今，在中西方饮食文化不断交流和碰撞的过程中，我们的饮食文化逐渐出现了新的时代特征和更为深刻的社会意义。为了使中华饮食文化能以不衰的生命力占据世界市场，我们每一个人都应承担起将所属的文化发扬光大的责任。如何继承和发展我国优秀的饮食文化，便成为推进社会主义文化大发展大繁荣在饮食文化方面的一个重要课题。

党的十七届六中全会以坚持中国特色社会主义文化发展道路，深化文化体制改革，推动社会主义文化的大发展大繁荣，努力建设社会主义文化强国为主题，做出了专门的研究和部署，并且审议通过了《中共中央关于深化文化体制改革推动社会主义文化大发展大繁荣若干重大问题的决定》。

全会指出，当今世界处在大发展大变革大调整时期，当代中国进入了全面建设小康社会的关键时期和深化改革开放、加快转变经济发展方式的攻坚时期，文化越来越成为民族凝聚力和创造力的重要源泉，越来越成为综合国力竞争的重要因素，越来越成为经济社会发展的重要支撑，丰富精神文化生活越来越成为全国人民的热切愿望。对于餐饮界而言，我们要认真贯彻落实党的十七届六中全会精神，明确繁荣发展社会主义文化事业的重要职责和崇高使命，准确把

作者简介： 杨铭铎（1956—　），男，汉族，黑龙江省哈尔滨人。博士（后），教授，博士生导师，国务院特殊津贴专家，哈尔滨商业大学中式快餐研究发展中心博士后科研基地主任，黑龙江省科学技术协会党委书记、副主席，中国食文化研究会资深副会长，中国烹饪协会专家工作委员会副主任。

握当今时代文化发展新趋势；结合餐饮行业的实际，推进餐饮产业与饮食文化相融合，对我国优秀饮食文化做到批判性地继承和发展，进而推动社会主义文化大发展大繁荣；深化对重大成就和历史经验的学术研究，加强对中国特色社会主义事业的理论研究和责任担当；切实推进理论创新，更加自觉地加强对重大现实问题的学术关注，为中国餐饮业做出新的理论贡献。

1 饮食文化与文化的关系

文化包括广义文化和狭义文化。广义文化是指人类在社会历史实践中所创造的物质财富和精神财富的总和，狭义文化专指社会意识形态。文化是"自然的人化"，即由"自然人"化为"社会人"。由于人的实践活动同时就是文化活动，因此，文化可以归纳为人的存在方式和生活方式。人类为了生存，首先要满足基本的生理需要，俗话说就是填饱肚子，也就是"吃"，当吃喝的需求得到满足，人类会产生更深层次的需求。从古至今关于"吃"的一切现象和关系的总和，都可以归结为饮食文化的范畴，它贯穿于人类的整个生存、延续和发展的历程，体现在人类活动的各个方面和各个环节中。饮食文化来自于、表现于和存活于生生不息的人的文化世界之中，是人的生命力和主体性的张扬与展示。

具体而言，人活着，就需要吃东西，这是本能，是自然人属性。但人为什么吃、吃什么、怎么吃，这就是饮食文化所要研究的问题，这是社会人的属性。不同地区、不同民族（中、西方人，农业民族，游牧民族）、不同时代所表现的吃的内容和吃的方式是不同的，这就构成了不同的饮食文化，它是在特定的社会民族文化的氛围中长期积淀形成的。深究其结构层次：首先，物质层面。比如前面我们说吃什么、怎么吃，这是文化。但凡此种种首先必须固定、附着在一个物质上面。也就是说，我们"吃饭"，首先必须要有"饭"本身。第二，制度层面。譬如，我们要举行一次婚宴，光有饭菜、主客、场地还构不成一个完整的婚宴，还要按照一定的规格和礼仪，把诸种散乱的、众多的对象组织起来。第三，精神层面。这也是饮食文化最核心的部分。仍以婚宴为例，比如说，现在饭菜、主客、场地一应俱全，并且都已经按照一定的规格和礼仪组织起来了，那么，下一步就应该考虑，这次宴会的目的是什么？如何凸显其主题、特色？于是，我们才算确立下了举办这次宴会的目的、宗旨——喜庆祥和或欢快、个性的婚宴，也就是办这个婚宴的精神所在，最终是为了保证能够完成、实现大家共同致力于的欢庆、见证新婚的一些精神上的追求。也就是说，一次现实的饮食活动，我们若要将其设计、安排得合理、美满，吃什么仅仅是个基础，更为关键的主要是我们是否将与宴者所从属的大文化背景理解、诠释得恰到好处。所以说，饮食文化不仅是文化的重要组成部分，而且是最为基础的部分。饮食文化与文化相伴而生，相和而成，相随而行，二者共生共存。

2 我国饮食文化传承与发展思路

纵观全球，放眼中国，我们不难发现，随着生产力的提高、商品经济的发展，家务劳动社会化越来越深化，当今人们的饮食生活已经形成了一个新的运行模式：现代餐饮业以餐饮产品为桥梁将餐饮企业和餐饮消费者紧密地联系在一起，形成了完整的饮食文化运行机体。饮食文化在餐饮大众层面的折射所形成的现象，表现在人们吃什么、怎么吃、吃的目的、吃的效果、吃的观念、吃的情趣及吃的礼仪等方面，它既是饮食文化的一个重要组成部分，也是餐饮消费者的需求的表现形式。饮食文化在餐饮企业层面的折射所形成的现象，在表层要素表现为餐饮品牌名称、菜点等方面；在深层要素表现为企业的价值观念、经营哲学等所表现的文化内涵，它是饮食文化的另一个重要组成部分。在市场经济的今天，餐饮企业的经营基本上都是建立在对餐饮消费者需求分析的基础上，根据企业自身的经济实力、业务能力等因素，选择经营业务的范围进行经营运作。餐饮企业在餐饮产品的销售过程中，通过为餐饮消费者提供的餐饮产品与服务，向餐饮消费传递的是从外到内的企业文化。餐饮消费者和餐饮企业在由价值规律形成的互动机制下使饮食文化得到不断的自我发展。因此，针对中国饮食文化的传承与发展所面临的问题，我们也应该从消费者、餐饮产品和餐饮企业三要素切入。

2.1 消费者：饮食文化的缔造者

正如以上分析，在商品经济时代，虽然表象上消费者更多表现为享受者、接受者的身份——享受现有市场可能提供的各种饮食产品，体悟与之对应的各种饮食文化，但仔细思考，不难得出其实深入到饮食文化乃至文化的本质——"人的存在方式和生活方式"以及商品经济"需求决定供给"的本质，历史上的广大劳动人民和当代的消费者其实一直都是不自觉或自觉中创造、沿革并传承着自己的饮食文化。因此，从饮食文化传承与发展的角度，消费者当之无愧应该是真正的缔造者。

当今，人们的饮食生活已经进入了"体验经济时代"，饮食文化逐渐走向多元化，人们的饮食需求已从温饱型向质量型、享受型转变，讲究饮食的美感、情趣和健康等。消费者要扮演好饮食文化缔造者的角色，完成好其在中国饮食文化传承和发展中的历史使命，归根结底集中于其是否全面、准确地理解饮食文化内涵。

一是，自觉树立"饮食素养"观念。作为饮食文化的缔造者，系统、全面的饮食知识是一个消费者进行饮食文化传承和发展的看家本领。个人饮食素养的重视与提升，不仅能从自我创造层面促进中国饮食文化的传承与发展，更能从鉴赏、消费层面推动整个餐饮市场从消费需求到企业供给的全面升级。具体而言，迎合时代的需求，当今消费者应该更新对中国饮食文化的理解：不应仅停留在"吃"的表层，而是强调饮食文化所产生的社会意义。在日常生活、工作和学习中，不仅应该自觉地熟悉甚至掌握诸如饮食营养、烹饪技术等饮食科学知识，还应广泛接触、了解各时各地饮食文化知识，掌握各国各地饮食历史与发展、饮食风俗与习惯，从而获知具体时空下的饮食文化的完整内涵，为其逐渐形成较强的饮食文化鉴赏与创造能力奠定文化修养基础。

二是，发挥教育的基础性保障作用。诚然，中国饮食文化的缔造根植于每一个消费者的饮食素养，但要达到实现中国饮食文化整体传承和发展的水平与高度，仅有消费者个人的自我修养肯定是远远不够的，而是更多地取决于国家、地方有关饮食文化层面教育体系的完善程度。因为教育不仅是灌输知识和培养人才，而且是传递社会生活经验和传承社会文化的基本途径。因此，我们可以从教育入手，传输给消费者相应的饮食科学文化知识，即进行"食育"。搞好"食育"教育应采取以下举措：一是全民性。我国地域辽阔、人口众多，"食育"应注意覆盖各地域、各类人群，面向公众普及饮食科学知识，使公众能够通过各种途径获取饮食科学知识。二是全程性。"食育"应根据不同年龄段的特点，设计不同的"食育"内容，使公众从入学开始直到成年、老年全程获取所需的饮食科学知识。特别是青少年的学龄时期，应将"食育"与德、智、体、美并列为教育方针的重要内容。三是专业性。"食育"应特别注重专业性，应制定"食育"行业准入制度，规范专业人员的从业标准，避免公众获取不正确的饮食知识。四是规划性。"食育"应由政府相关部门和有关专家共同制订面向不同人群的"食育"规划，既要有短期规划，又要有中长期规划，有计划、有步骤地推行"食育"。五是监督性。"食育"应确定政府有关部门对"食育"进行监督与管理，规范行业行为，清理不符合行业标准的机构和人员，规范有序地实施"食育"。

2.2 餐饮产品：传递饮食文化的重要载体

在市场经济时代，餐饮业以餐饮产品为桥梁将餐饮企业和餐饮消费者紧密地联系在一起。餐饮业中餐饮产品的概念不仅仅指菜肴，还可以指一个各类经营要素的有机组合，通常包括实物产品形式、餐饮经营环境和气氛、餐饮服务特色和水平、产品销售形式等内容。如今，饮食消费已经演变为一种文化消费，消费者在选择餐饮产品的过程中，向企业传递着从物质层面到精神层面不断变化的消费需求。餐饮企业为消费者提供特定的产品和服务，在满足消费者多样化、个性化需求的同时，实际上是与消费者进行着相应的文化交流。此外，中国饮食文化拥有几千余年的悠久历史，地域差异性和多民族特性使得餐饮产品具有明显多元的文化特征。餐饮产品因此成为大众吸收和传播饮食文化的媒介，人们不仅获得了饮食享受，还受到了中华饮食文化的熏陶，学习到了相关饮食哲学的深刻内涵。

餐饮产品作为饮食文化的物质层面，中国悠久的饮食历史和繁荣发展的现代文化为其不断发展、创新提供了更大的空间。从烹饪、菜点文化或人们饮食观念的角度来说，当今的餐饮产品应该在充分满足人们求卫生、求安全的前提下，以餐饮产品的味、质、香、色、形、器等基本属性为物质呈现，追求饮食的审美化。立足当今消费者需求的发展趋势，未来餐饮产品发展的方向主要表现在以下几个方面。

2.2.1 时尚化

饮食时尚的风向标本身就是餐饮产品创新的导航仪，大致来看，根据现代餐饮消费者的饮食需求，餐饮产品时尚化的内涵主要又有以下几个特点：一是简洁。现代人生活节奏加快，在烹饪上要求简洁，对烹饪美的追求同样要求简洁明快，反对繁琐。二是富有个性。现代人的审美观是强调个性的。在过于共性化的生存环境中，人们特别欣赏带有个性色彩的审美对象。对于日常的饮食，那些有着鲜明个性的菜肴点心和就餐方式总是更受欢迎。三是崇尚自由。自由是一种更高层次上的审美。人类的饮食活动现在已经从往昔固定的模式中走出来，去追求一种自由的方式。自助餐方式受人欢迎，就是人们追求饮食自由的具体反映。这也是时代的产物，时代的特点。

2.2.2 返璞化

所谓返璞化的菜点，即是崇尚自然，回归自然，利用无污染、无公害的绿色食品原料制作的菜点。由于现代都市生活的紧张、快节奏和喧嚣，加之社会大工业的发展，受抵御污染及保健潮风行的影响，越来越多的人对都市生活产生了厌烦和不安，渴望回到大自然，追求恬静的田园生活。反映到饮食上，各种清新、朴实、自然、营养、味美的粗粮系列菜、田园菜、山野菜、森林菜、海洋菜等系列菜品日益受到人们的喜爱。这正对应饮食美"俚俗""天然"的范畴，注重讲求原料的天然、质朴，制作工艺的绿色环保，营养搭配的多样平衡，饮食氛围的随意自在。因此，返璞化既充分利用资源，又保护生态环境和有益于顾客身体健康，是餐饮产品创新的重要趋势之一。

2.2.3 健康化

随着生活水平的提高，各种"富贵病"成了现代人的一大隐患，如何在饮食上做到更科学合理就显得尤为重要。这种更多考虑健康原则的饮食倾向，必然为餐饮产品带来新的发展思路。比如，在烹饪中注重健康的合理搭配有时比口味更为人们所重视；低盐、低糖的食物受到普遍的欢迎，以及强调筵席的改革等，都是基于健康的目的。另外，人们越来越深知滥用化肥、农药的农产品对身体健康的危害性之大，"无污染、安全、优质、具有营养价值"成为人们选购食品的首要标准。因此，允许使用高效低毒农药和化学肥料的无公害食品；允许限量、限品种和限时间的使用安全的农药、化肥、兽药和食品添加剂化学合成物质的绿色食品；以及强调从种植、养殖到贮藏、加工、运输和销售各个环节中都不使用农药、化肥、生长激素、化学添加剂、化学色素和防腐剂等化学物质，不使用基因工程技术的有机食品等受到人们的青睐。

2.2.4 多元化

饮食口味既有共同性的一面，又有差异性的一面。这就决定了菜品创新趋向的多元化。首先表现在经营的多元化，现代社会的高速发展导致了国际交往的频繁和扩大，广大烹饪师走出国门的机会增多，外国客人不断走进我们的餐饮市场，中外烹饪的交流越来越深入。由此带来了餐饮经营多元化的局面，菜点制作技艺相互模仿、学习、扩散，各地区与国家之间在技艺和款式上取长补短，不断借鉴与融合的菜点制作风格将更加明显。其次还表现在烹饪原料上。从发展趋势来看，以下的原料将成为今后的方向：可食性野生植物、藻类植物、人造烹饪原料、在国家法律允许范围内由人工繁殖饲养的部分优质野生动物以及昆虫等。另外还表现在烹饪设备的多样化、就餐形式的多样化、口味的多样化等。

2.3 餐饮企业：饮食文化的传承者

在宏观层面，餐饮产品文化是指在一定历史时期，餐饮业某一类或某一种菜点在质、味、触、嗅、色、形等方面以及制作和享用过程中形成的文化内涵，从属于餐饮文化的物质文化层；在微观层面，餐饮企业文化传播是由餐饮产品的制售来完成的，餐饮产品文化是餐饮企业文化的物质载体。因此，餐饮企业作为饮食文化的另一个重要主体，较个体的消费者，明显具有相当的开发实力和广泛的大众影响力，是饮食文化的传播者和开拓者，在中国饮食文化的发展历程中起着举足轻重的作用。笔者从以下两方面提出企业层面传承与发展中华饮食文化的思路。

2.3.1 弘扬中华传统饮食文化

中华饮食文化承载着千年的中华文明，它的发展轨迹是随着我国社会政治、经济和文化的发展而积沙成塔的积淀过程，并形成了自己独特的风格和特征。谈到中华饮食文化的传承与发展，餐饮企业首先要善于挖掘历史上各民族优秀的传统饮食文化，从传统文化中吸收营养，做到古为今用，推陈出新。

民族的饮食往往是传统思维的表现形式，例如，中国传统饮食文化蕴含着民本、敬粮的饮食观念，"以味为本"的美食追求和崇尚自然的饮食哲学。加上传统饮食结构、饮食器具、饮食惯例和加工技艺的演变，使中华饮食文化的内涵在其不断发展的过程中得以丰富。餐饮企业可以通过举办或参与一些饮食文化主题活动，通过加深对传统饮食文化的理解，进一步推动中华饮食文化的传承与发展。2011年12月17日以"仁和、博学、发展、共赢"为宗旨的"第二届中国（曲阜）孔府菜发展论坛"在山东曲阜举办，来自海内外的餐饮企业经营者和鲁菜烹饪大师就孔府菜的发展历史、继承、创新、发展等问题进行了交流研讨。此次活动凝聚共识，汇集力量，搭建了餐饮企业文化交流平台，不仅传播了孔府菜"食不厌精，脍不厌细"的饮食理念，而且弘扬了中华儒家传统饮食文化。

此外，餐饮企业可以把传统饮食作为特色推广，把传统饮食文化的精髓通过实践落实体现在餐饮产品上。注重对传统饮食文化工艺的把握，秉承继承、发扬、创新中国传统饮食文化的宗旨理念，探索挖掘中国各地各民族美食文化价值，通过其用心传承，为中华食文化的发扬贡献自己的力量。还有，针对消费者求新求变的消费心理，餐饮企业可以加大对餐饮产品的开发研究，使之与当下健康的饮食观念以及时尚的饮食风格相结合。餐饮企业要紧跟现代饮食文化发展的脚步，注重餐饮产品的创新，当人们对餐饮产品的实用性消费上升到文化消费的境界时，中华餐饮文化在产品价值实现过程中才能得到传承与发展。

2.3.2 加强餐饮企业间的国际交流

随着国际间文化交流的日益加深，外来饮食文化不断介入人们日常的饮食生活中。要让中华饮食文化走向世界，一方面，餐饮企业在坚持中国传统饮食文化的基础上，要正确地对待外来饮食文化，积极参与国际饮食文化交流活动，促进文化交融的同时汲取其中有利于自身发展的有益成分，做到洋为中用。另一方面，餐饮企业要充分利用我国在世界各地孔子学院这一文化交流平台，将中国饮食文化纳入教学内容之中，以传播技术向传播文化转变，提升中国饮食文化在国外的影响力。

2008年10月，"第四届中国（北京）国际餐饮·食品博览会"及每四年举办一届的"第六届中国烹饪世界大赛"（视为餐饮界的奥林匹克盛会）同期在北京举办。来自美国、日本、澳大利亚、德国等20多个国家和地区的餐饮企业的厨师代表，在比赛中展示了各国不同的饮食文化背景下的特色菜肴和烹调技术。大赛组委会专门设立的20个精品宴席美食展台，体现了各国餐饮企业的餐饮产品的文化特色。此次活动不仅是全世界餐饮业的盛会，更是弘扬中华饮食文化的平台，是餐饮业人士学习交流的绝佳机会。这类饮食文化的国际交流活动，在一定程度上促进了世界各国餐饮企业对中国饮食文化的理解，加深了国与国之间的文化交流与友谊，并扩大了中华饮食文化在世界范围的影响。

综上所述，严格遵循当今饮食文化传承和发展的规律，紧紧抓住人类现实饮食生活运行的三要素，理解其要义，实现其提升，将实现中国饮食文化更好的传承与更快发展，从而最终融入并进一步推动中国文化的大发展、大繁荣。

参考文献

[1] 孙中山选集[M]. 北京: 人民出版社, 1981.

[2] 杨铭铎. 餐饮概论[M]. 北京: 科学出版社, 2008.

[3] 杨铭铎. 加强中国饮食文化软实力建设的初步思考[J]. 北京: 中烹协首届餐饮学术年会(上), 2010. 8.

[4] 杨铭铎. 现代餐饮企业创新—创新系统构建研究[M]. 北京: 科学出版社, 2010.

[5] 余炳炎. 现代饭店管理[M]. 北京: 人民出版社, 2002.

[6] 杨铭铎. 饮食美学及其餐饮产品创新[M]. 北京: 科学出版社, 2007.

[7] 杨铭铎. 餐饮企业管理研究上册—餐饮企业战略[M]. 北京: 高等教育出版社, 2007.

体内无线通讯网络
——性味饮食文化定量化方法探索

庞广昌

（天津商业大学　生物食品学院，天津　300134）

摘　要：性（温、凉、寒、热、平属性）味（苦、辣、酸、甜、咸五味）理论在中华食文化中占据核心地位，指导中国人繁衍生息三千年。中国人似乎只讲究"色、香、味"而忽视了营养，其实非也，经过十几年的不懈努力，基本上解决了温凉寒热平不同属性本质，五味与营养及其代谢的关系是什么，而且用现代科学技术解释了"阴阳"属性和"五味"及其定量化问题，特别是对我国辉煌的农耕饮食文化和中医药传承和发展，通过系统的动物或人体实验评价，重新修订我们主要食谱的阴阳及温凉寒热平属性具有重要的作用。这不仅为我国的食品科学、中医药学找到了实验和科学依据，也可以为提高人类的生活质量、为人类健康、延年益寿和科学饮食做出贡献。

关键词：阴阳五味；温凉寒热；营养；免疫；网络；饮食文化

　　科学研究证明，机体内存在一个无线通讯网络，该网络的通讯分子是激素、细胞因子和趋化因子，其信号传递途径是以心脏为动力的循环系统，其接收和放大信号的系统为细胞受体及其信号途径，其运行路线就是经络。移动的细胞通过细胞因子和固定细胞之间进行通讯，从而和神经内分泌之间进行移动和固定通讯网络之间的衔接与协调。

　　性（温、凉、寒、热、平属性）味（苦、辣、酸、甜、咸五味）理论在中华食文化中占据核心地位，指导中国人繁衍生息三千年，中国人似乎只讲究"色、香、味"而忽视了营养，其实非也。经过十几年的不懈努力，基本上解决了温凉寒热平不同属性本质，五味与营养及其代谢的关系是什么，而且用现代科学技术解释了"阴阳"属性和"五味"及其定量化问题。特别是对我国辉煌的农耕饮食文化和中医药传承和发展，通过系统的动物或人体实验评价，重新修订我们主要食谱的阴阳及温凉寒热平属性具有重要的作用。这不仅为我国的食品科学、中医药

　　作者简介：庞广昌（1956—　），男，博士，天津商业大学生物技术与食品科学学院原院长、教授，国务院特殊津贴专家，国家自然科学基金委生命科学部学科评审专家，天津市食品生物技术重点实验室主任，天津市重点学科"农产品加工及贮藏工程"学科负责人，天津市劳动模范。兼任天津市生化学会理事，全国生物哲学学会理事，《食品科学》编委（主要研究方向：生物技术、乳品科学、遗传学）。

学找到了实验和科学依据，也可以为提高人类的生活质量、为人类健康、延年益寿和科学饮食做出贡献。

1 无线通讯网络是怎么工作的

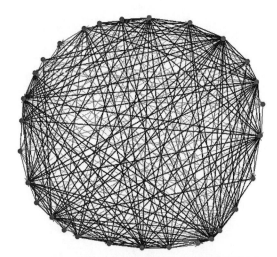

14 个免疫细胞（红点）和 15 个非免疫细胞（蓝点）间细胞因子相互作用的全局网络示意图。黑线代表双向连接，灰线代表单向连接。

图1　细胞无线通讯网络图

移动的细胞通过细胞因子和固定细胞之间进行通讯，从而和神经内分泌之间进行移动和固定通讯网络之间的衔接与协调。

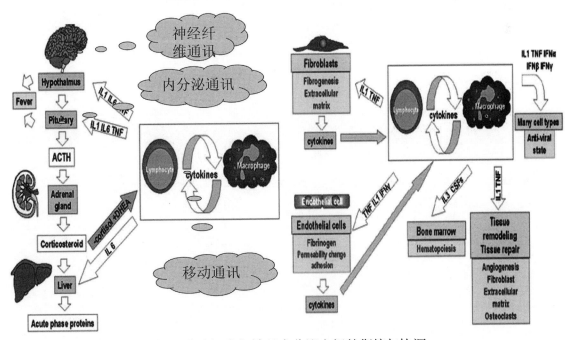

图2　移动细胞与神经内分泌之间的衔接与协调

2 常见食品摄入后引起机体细胞通讯网络的变化

大枣是这个样子：红色线条表示热性，蓝色线条表示寒性。红色很突出，说明大枣是热性的。小米：红色的；鸡肉：红色的。图中蓝色线条表示寒凉属性，红色表示温热属性。线条的粗细和密集程度表示强

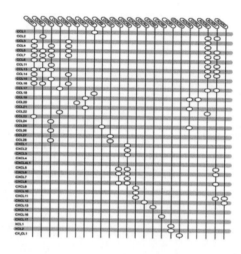

移动细胞之间通讯和移动通讯网络一样采用TCP/IP协议簇的策略，该图描述了IP地址在细胞（节点）之间的分布和对应性。

Anne Steen, et, al., Biased and Gprotein-independent signaling of chemokine receptors, frontiers of immunology, 2014(5): 1-13.

图3 IP地址在细胞之间的分布和对应性

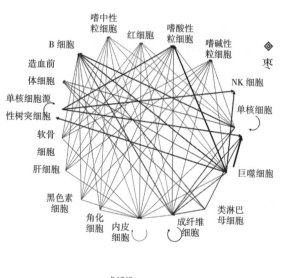

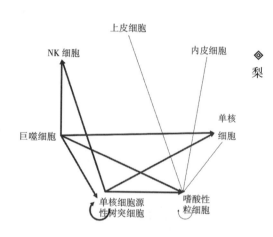

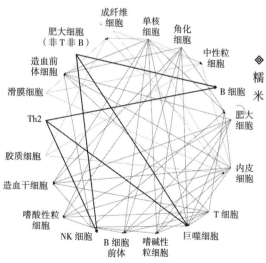

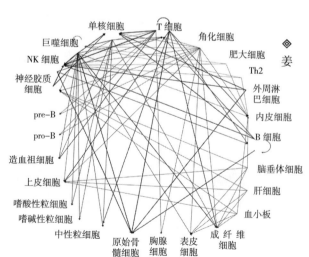

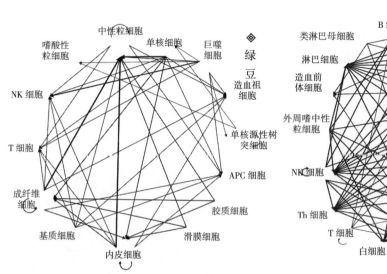

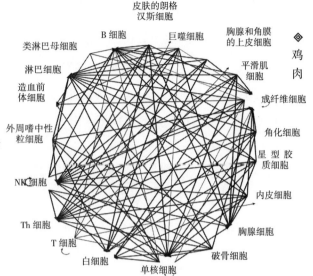

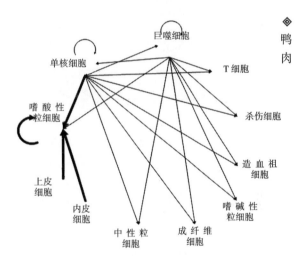

弱程度。从图中我们可以直观的看出寒凉性食品，比如：梨，一点红色都没有，寒性，老祖宗说梨祛火，一点没错！再看冬瓜，寒性；绿豆，寒性；姜，寒性，似乎很多人对此略有疑问，平时我们不是都说姜是热性的吗？

姜的真实作用是通过发汗来对抗体温升高的，实质上是下火，而不是温热滋补。人之所以喝了之后大汗淋漓，其实正是一个"外表"寒气的过程。但为什么古人要把姜作为祛寒之物呢？从人体炎症和抗炎免疫系统平衡的角度就不难理解。当

图4　常见食品摄入后引起机体细胞通讯
网络变化图例

人体遭遇外部入侵或者寒冷时会导致体温升高，这意味着免疫系统开始工作，"安全部队"大量出动，这就打破了人体的免疫平衡。为了不使这种发热过程过于强大，当然需要姜糖水的"驱寒降温"。此时，治疗的重点不是增强免疫力，而是降低免疫力。即通过生姜等食物的外力延缓"安全部队"出动的速度和数量，使之很快趋于平衡。从这个意义上讲，人体是一个由免疫系统为主要调节力量的自稳定系统，治疗的目的只是在人体免疫系统不够强大，而难以战胜"入侵者"时才是必需的，但是一定要防止过分滋补所造成的人体免疫系统过于强大而变得敏感或损伤自身脏器，例如人体在不是因为疾病而发烧，或者由于细菌感染引起过分发烧时，医生在实施抗生素治疗的同时会采取一定的降低体温的措施。

3 不同加工方法对机体内细胞间无线通讯网络的作用

如图5、图6所示，食用生地黄后整体网络有29个节点，149条连边，S网络为−65.01，网络颜色明显以蓝色为主；食用熟地黄后整体网络有33个节点，283条连边，S网络为125.31，网络颜色明显以红色为主。这些参数表明生地黄对机体细胞因子作用途径有明显的抑制作用，而熟地黄对各细胞有明显的相互促进作用。

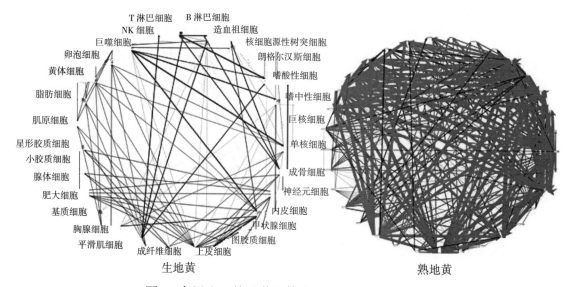

图5 食用生、熟地黄机体内细胞间通讯网络的差异

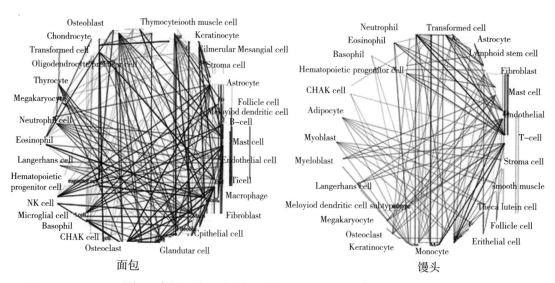

图6 食用面包、馒头机体内细胞间通讯网络的差异

食用馒头后的网络中有33个节点，225条边线，整体网络以蓝色（抑制细胞活性）为主，网络总强度Snetwork为−52.357，表明食用馒头后以抑制细胞间无线通讯为主（Fig.3a）；食用面包

后的网络中有28个节点，148条边线，整体网络也以蓝色（下调）为主，网络总强度Snetwork为 −54.856，表明食用面包后总体上也以抑制细胞间无线通讯网络为主，但其抑制作用稍大于馒头。

4 食品可以改变机体外周血中的细胞因子

依据这些细胞因子的变化绘制出细胞通讯的变化网络，可以获得以下重要信息：

（1）药物或食品对细胞通讯网络的综合作用及其效应。

（2）药物或食品对不同细胞，特别是对移动细胞的具体作用模式和强度。

（3）药物或食品对移动细胞、固定细胞的作用及其与机体移动通讯和神经网络通讯的综合作用规律。

（4）移动和神经网络通讯之间的接入点。

（5）各种细胞在该过程中的作用。

（6）这些通讯所涉及的信号通路及其作用模式。

今后，我们吃进食物后，只要采集2毫升外周血，一是检测一下血象的变化，可以进行科学地评价，就不仅可以定性而且可以定量，测起来也很简单；二是食品对代谢网络的影响，我们都知道：饭前、饭后的血糖是不同的，这是由于糖代谢发生了变化，而糖代谢是我们肌体代谢的中心，我们吃了食物以后，食物进入到肠道里，开始通过胃肠道里的信号通路和机体进行通讯和交谈，食物改变了人体的通讯系统，同时也改变了物质和能量代谢，所以我们还可以测定各种食物对代谢网络的影响，从而在人得病以后，可以根据其代谢网所出现的问题，选择食品和药物，哪些东西要控制吃，哪些东西可以吃或应该吃，哪些东西则不能吃，通过代谢网，一目了然。

5 食品通过受体调节通讯网络，通过代谢网络发挥作用

食品对机体代谢网络有作用。经过十多年的努力，研究团队找到了一个可以定量化描述分解代谢的指标：那就是乳酸在机体循环系统中的代谢通量。它反映了机体氧化磷酸化供能的整体情况，因为在正常生理pH情况下，所有能量必需全部来自氧化磷酸化（ATP）供能，否则就一定会以酸化或产毒为代价。

当人食用了凉性或寒性食品后，进入戊糖合成途径的通量增加，乳酸盐代谢通量减少，而进入戊糖合成途径的通量、乳酸盐的通量以及进入TCA循环的通量之和与进入代谢途径的通量相等。说明食用了凉性或寒性食品后，促进机体的合成代谢，减少分解代谢。

当人食用了温性、热性或平性食品后，进入戊糖合成途径的通量减少，乳酸盐代谢通量增加，而进入戊糖合成途径的通量、乳酸盐的通量以及进入TCA循环的通量之和与进入代谢途径的通量相等。说明食用了温性、热性或平性食品后，促进机体的分解代谢，减少合成代谢。

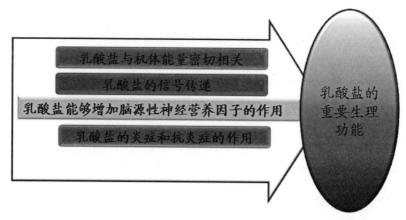

图7　乳酸盐的重要生理功能

6 食品通过受体调节通讯网络，通过代谢网络发挥作用

食用馒头和面包后中心代谢途径的代谢通量网络图中，节点数均为8个，边数均为8条。空白对照组的网络总强度为-625.81，食用馒头和面包后的网络总强度分别为472.13和277.56。为了弄清楚细胞通讯网络和代谢网络的关系，研究人员分析了具有显著性变化的细胞因子和代谢网络中催化各步反应的酶活性的相关性，发现：在细胞通讯网络和代谢网络之间的确存在显著的相关性。

7 中医的"性味"理论

苦、辣、酸、甜、咸"五味"是中国人对味觉的总结和认识。虽然中国人早就清楚"味觉"远非只有这"五味"，但是从"属性"和功能相生相克的关系来说，则主要归纳为五味。例如，中国的五味里不包括鲜味，并不是因为不知道有鲜味物质存在，而是中国人至少在三千年以前已经意识到味觉和健康、疾病之间的"表里"联系和相生相克关系。所以从其属性和表里关系上归纳为"五味"。中药同时具有性与味两种作用，而且这两种属性都具有可拆分和可组合性。五味主要与功效相关（所以具有靶标作用），属性则主要影响机体能量和物质代谢。在食品、饮食和烹饪方面，中国人则主张食材也具有四气、五味、归经、升降、浮沉等食性。中国人认为：通过五味调和、平衡膳食就可以"不治已病治未病"。

显然，药物或食品在调节人体健康中发挥着极其重要的作用。如果我们把细胞因子网络和人体的经络，药物或食品的阴阳和性味结合起来，再结合古人的理论和经验，通过系统的动物或人体实验评价，重新修订我们主要食谱的阴阳及温凉寒热平属性，这不仅为我国的食品科学找到了实验和科学依据，也可以为提高人类的生活质量，为人类健康、延年益寿和科学饮食做出贡献。

食肉文化史溯源

张子平

（北京二商集团有限责任公司，北京　100000）

摘　要： 人类的史前时期包括新石器时代和青铜时代中期结束，也称为古代文明时期，此时世界范围内已经驯养了多种家畜家禽。人类的信史时期，也就是有文字记录的铁器时代称为古典文明时期，这一时期人类在食肉加工技术、保藏方法、食用方式等方面都已具备文化元素。人类的食肉文化与艺术、宗教肇始之处就相互关联，文化使得"食物熟制"有意识地变为"饮食文化"，也就是烹饪。不仅要让食物可吃，还要让人自身在吃食过程中沟通思想，推动文明，欣赏到美。

关键词： 食肉；文化；古代文明；古典文明

从大约250万年前东非地区出现人类到大约公元前4000年，历史上称为石器时代。人类在这一阶段从简单的采摘、狩猎食物发展到培育种植谷物，繁殖饲养家畜。在石器时代结束时世界上已同时存在众多食物发源地并广泛传播。公元前4000年至公元前1000年，人类社会进入青铜时代。青铜作为人类社会生活中广泛使用的第一种金属，大幅度提高了农业与手工业的劳动效率。劳动效率的提高，食物变得丰富，促使人们发明了较复杂的食品加工技术。公元前1000年至公元500年，人类社会进入铁器时代。更加坚硬的铁代替了青铜，粮食、畜产的巨大增收促进非农业人口比例加大，手工业产品的种类日趋丰富，产品贸易渐成规模，商人成为社会生活中的重要阶层，人类社会的城市化进程与文明程度大幅提高，这一时代的古罗马文明和秦汉文明已经能够烹调、搭配不同种食物陈设出丰盛的宴席，肉食的品种和食用方式变得异常丰富。公元500年前人类社会铸就了璀璨的古代文明与古典文明，中东地区、地中海沿岸、中南美洲和黄河流域是最重要的农业与食物文明的滥觞，食肉文化史忠实记录下这些文明的发展历程。古代神话与传说并非人类的肆意妄想，其中的食神食事实际上是人类记录现实生活中饮食文化的艺术脚本。

作者简介： 张子平（1967—　　），男，汉族，北京二商集团高级工程师，中国肉类协会专家委员，长期从事肉类食品研究工作，并担任过食品生产部门的负责人。现就职于北京二商集团有限责任公司，曾任中国肉类食品研究中心高级工程师、中国食品杂志社副社长、《肉类研究》杂志主编。曾在《中国食品》《肉类研究》《肉类工业》《食品科学》等杂志发表学术论文40多篇。

1 古代文明中的食肉文化

按照历史学家的研究方法，人类古代文明（Ancient civilization）包括原始史的青铜时代和史前史的石器时代，严格讲应是新石器时代。考古证明，在古代文明中美索不达米亚文明、爱琴海文明、古埃及文明、中国商文明都蕴含着丰富的食肉文化。

1.1 石器时代

石器时代又分为旧石器时代和新石器时代。石器时期人类发明了打制、磨制工具，已经能够宰杀动物食肉了，这是人类食肉文化发展的基础。人类有犬齿就是早前食肉的结果。

旧石器时代（The paleolithic period）在考古学上是以打制石器为标志的人类文明发展阶段，是石器时代的早期阶段，一般认为这段时期在距今250万年至1万年前。在这一时期，人类祖先主要以采摘和狩猎为生。

距今400万至100万年前，在东非地区活跃的南方古猿的一部分进化出新的更高智力水平的原始人类，他们中最重要的是直立人。直立人已懂得制造工具狩猎，打猎与采摘是人们赖以生存必备技能。直立人活动的时间是250万年前至20万年前，他们已懂得了如何取火来烹煮食物。大约在20万年前，直立人进化出了智人，智人的智力水平使得他们能够认识周围环境，然后采取适合他们生存的行动。他们会用动物的骨头、毛皮制作御寒的棚屋，会食用动物的肉和脂肪，会使用语言交流复杂的思想。欧洲几处著名的岩洞壁画，如西班牙阿尔塔米拉山洞岩画——《野牛》（图1）、法国多尔多涅省的拉斯科（Lascaux）洞窟壁画——《野马》（图2）和法国封·德·戈姆洞窟壁画——《鹿》展现了人类3万年前早期生活很高的艺术成就，这些绘画美得令人窒息。无论这些岩画是当时人们劳作后休憩时的信手"涂鸦"，还是族群中公认艺术家奉献的图腾禁忌，都可以表明远古人类对于这些肉类来源动物给与了充分的重视。就目前

图1 西班牙阿尔塔米拉山洞岩画《野牛》

图2 法国多尔多涅省的拉斯科（Lascaux）洞窟壁画《野马》

的考古证据推断，人类最早绘画的对象就是动物，而不是植物，更不是人类自己，说明人类的肉食、艺术、宗教、文化从开始就是相互关联的。

当1万年前智人懂得依赖种植庄稼和饲养动物为生后，也就结束了原始人的旧石器时代，人类进入了新石器时代。当人类由食物采集者变成食物生产者之后，一个焕然一新的世界也就展现到了他们面前，他们跨入了新石器时代（The neolithic period）。新石器时代人类的文明成就主要有：① 用磨制的方法制造石头工具，但并未放弃打制方法，同时能制作精致的骨质工具；② 驯养野生动物；③ 种植谷物和果树；④ 制作陶器；⑤ 有了明确的宗教信仰和葬礼。今天，新石器时代这个词指的是从距今1万～1.2万年直到距今6000～7000年的早期农业社会。这一时期，人类渐进地发展到定居生活，组织分工，男人专注喂养抓来的动物，女人则熟悉种植庄稼，"原始农业"经济的形成是人类进入新石器时代的标志。

新石器时代的农业包括种植庄稼和驯养家畜，是在世界上几个不同的地区分别独立地发展起来的。已知最早的农业活动大约发生在公元前9000年前，亚洲西南部的中东地区的居民开始种植大麦及晚些的小麦、燕麦，同时驯养了绵羊、山羊、猪和牛。到了公元前6000年，农业已经从这一起源地传播到地中海的东海岸和欧洲的巴尔干半岛，并逐步传播到地中海以北的西欧。非洲地区，在公元前9000年至公元前7000年之间，居住在非洲撒哈拉沙漠东南边缘地带（今苏丹）的人们畜养了牛、绵羊、山羊。进入新石器时代的古埃及人已经懂得饲养奶牛和饮用牛奶。在东亚，长江流域的居民早在公元前6500年就开始种植稻米，黄河流域的居民在公元前5500年开始种植粟和大豆；同期，饲养了猪和鸡，还把水牛驯养成家畜。总而言之，中国在商文明时期，狗、猪、羊、牛、鸡都已驯化成功。越来越多的考古证据和遗传学分析证明中国是家猪的起源地之一；从河姆渡遗址出土的大量家猪骨骼分析，幼猪和成年个体占到90%，说明养猪主要是为了食肉。在新石器时代，欧、亚、非三洲的各民族都找到了能够提供肉类、牛奶、羊毛和驮运役用的各种动物。在美洲大陆，新石器时代的原始农业从公元前7000年开始延续了2000年才结束，那里的人们驯养了火鸡。火鸡有两种，分别是分布于北美洲森林的野生火鸡（*Meleagris gallopavo*）和分布于中美洲墨西哥尤卡坦半岛森林的眼斑火鸡（*Meleagris ocellata*），今天驯养的火鸡来源于野生火鸡种。在南美洲地区安第斯山脉的人们驯养了骆驼和羊驼，这些食物物种在美洲大陆广泛传播开来，操持畜牧业的人们除了驯养火鸡，还饲养家鸭、野猪等。

由迁徙式生活发展为较为稳定的定居生活，自然需要建造牢靠的居所，这有利于家庭稳定的维系和饮食文明的发展。在欧洲考古发现的那些新石器时代的栖居所（房屋）里居住着较稳定的一个家庭或一个氏族。房屋看上去有一个睡眠区、一个烹调区、一个储藏区。储藏区会堆放着陶器，烹调区的炉灶周围会成为一个家庭的活动中心。猪、牛、绵羊等家畜逐渐丰富了人类的菜单，烤野马肉、烤鹿肉的高等肉食地位渐渐被动摇。人们使用的炊具也有了巨大进步，近中东地区居民的制陶技艺可以给陶器上釉，而上过釉的表面可以封闭陶器，防止液体渗漏或蒸发。在中国出土的一些独特陶质食具（图3）说明在新石器时代，中国对熟食的加工技术由烤、烙为主转化成以蒸、煮为主。

图3 陶釜—中国夏商周时期的炊具（底部可烧火，器内容物可彻底煮熟），是新石器时期人类饮食文明的结晶

在新石器时代结束之际，世界范围内已经各自独立发展起来的几个重要区域的农业经济都已培育了一些优良的食物物种，掌握了丰富实用的种植、养殖技术。伴随着人类在陆地上的迁徙，这些食物物种也在世界范围广泛传播，反过来，食物的供给保障，又激励着人类的迁徙殖民，促进了人类的文明进步。

表1 早期驯化的动物

物种	驯化地	最早驯化时间（近似值）
狗	西南亚、中国、北美	10000年前
绵羊	西南亚	8000年前
山羊	西南亚	8000年前
猪	西南亚、中国	8000年前
驴	埃及	4000年前
马	乌克兰	4000年前
水牛	南亚和中国	4000年前
美洲驼/羊驼	南美	3500年前
鸡	中亚	3500年前

—菲利普·费尔南德兹—阿迈斯托编著.世界—部历史.第2版：北京：北京大学出版社，2010.

1.2 青铜时代

当青铜成为人类社会生活中广泛使用的第一种金属，大幅度提高农业与手工业的劳动效率，显著丰富人类的物质生活条件时，青铜时代（The bronze period）则结束了新石器时代。世界不同地区如亚洲、中东、欧洲进入青铜时代的时间有很大差异，中国和希腊开始于大约公元前3000年，不列颠晚至公元前1900年，而两河流域和埃及在公元前3000年已进入青铜文明鼎盛期。青铜时代人们已经掌握了较复杂的食品加工技术，比如中东的美索不达米亚文明已经会烤制面包、酿制葡萄酒，非洲的古埃及文明已经懂得通过腌制肉类和鱼类来保藏食物。

美索不达米亚（Mesopotamia）是人类最早的农业文明发祥地。"美索不达米亚"这个名字来自希腊语，意即"两河之间的土地"，用来指今天中东地区伊拉克的底格里斯河和幼发拉底河流域富饶的土地。居住此地的苏美尔人在公元前5000年建成了精致的农田灌溉网络，大幅提高了粮食产量。公元前4000年，美索不达米亚地区出现了城市，城市里人口聚集，专业劳动者人数增加，技术分工日趋精细。城里的金属工匠们在铜里加锡，生产出的青铜。美索不达米亚的农民开始使用青铜镰刀和镶嵌着青铜的犁，进一步提高了农业生产效率。

借助新的农耕器具和技术，人们有了更多的粮食。粮食数量的富足促进了加工技术发展和畜禽饲养的发展，促进了城市的形成。公元前3000年，美索不达米亚地区出现了第一座世界性的都城巴比伦。城市在美索不达米亚文明中是政治、军事、文化单位，而经济、宗教生活则是围绕神庙社区展开。神庙社区形成了每个城市最重要的核心，每个神庙都拥有土地，每个市民都属于一个神庙，神庙社区的人物包括众多社会角色，如官员、祭司、牧人、面包师、酿酒工、屠户、渔夫、园丁、工匠、石工、商人以及奴隶。为收获食物而进行的劳动管理与食物分配的制度安排是神庙社区生活的重要内容。神庙提供谷物种子、役用动物和工具，人们无论高低贵贱一律到"神的土地上"劳作。作为报酬，人们可以得到神庙分配的谷物、肉类和其他食物，甚至是银两。一位美国考古学家破译出一份苏美尔人楔形文字表格，证明当时美索不达米亚地区市场上肉类食物非常丰富，有牛、猪、鹿、羚羊、鸽子、鸭等。

手工业与农业明显分工，城市生活的富足也导致劳动分工变得更加精细专业。面包师专职制作面包；屠户宰杀畜禽；啤酒酿造者在调配大麦从仓库运往酿酒厂和神庙厨房的同时，也要兼顾喂养牛和羊；农场工人除了看护和放牧牛、羊，还会饲养鸭和鹅，他们有得到羊毛、肉、奶和奶酪等酬劳的优先权。为妥善保存肉类，人们已懂得晾干、烟熏、盐腌技术；鱼肉基本上全部腌制处理，防止腐坏。随着陶制、青铜食具的发展，美索不达米亚人的烹饪手段也有了烧烤、煮沸、烘焙之分。烤肉（Roasted meat）是美索不达米亚的苏美尔人供奉诸神最好的食物，看看诸神一天供品菜单中的肉食部分就知道人们的虔诚了：20只育肥的顶级标准的羊、4只饲喂牛奶的羊、25只普通的羊、2只阉过的小公牛、1只饲喂牛奶的小牛、8只羔羊、20只斑鸠、5只鸭等。

古埃及文明（公元前3100年—前332年）借助与美索不达米亚等文明的交流发展出了特色农业。对埃及古王国时期（The Old Kingdom）金字塔及古墓的考古和丧葬习俗的研究可知，古埃及的农业经济非常发达，食物非常丰富。金字塔中的艺术作品和手工艺品透露出法老尤其喜好黄油和奶酪、肉类、鱼类、奶制品、鸵鸟蛋、各种水果和蔬菜、油酥糕点等也是重要的随

图4　美杜姆群鹅图

图5　清洗腌制鹅肉

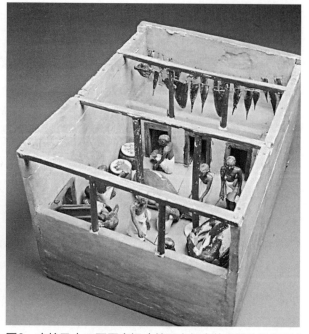

图6　古埃及中王国屠宰场（美国大都会艺术博物馆复原）

葬品。古埃及人的丧葬习俗反映出农业社会的繁荣。亲属们会定期为死者供奉食物和酒，这些祭品包括汤、牛肉、鸽、鹌鹑、鱼、面包、油酥糕点、水果等。社会精英、富人的墓室大多刻有壁画，展示的是整饬土壤、种植收获、放牧渔猎、加工食物的景象，有些陵墓和神庙内的壁画上还刻画了屠宰场宰杀动物的有序场面。日常生活中富人与穷人的食物还是有较大差别的，富人的餐盘里经常可以见到牛肉、羊肉、鹅肉和鸽子肉等，而穷人的主食是面包、啤酒和洋葱。如同美索不达米亚人极其喜欢鱼，古埃及人对鹅禽尤其钟爱，他们食用的鹅禽一定要经过清洗、盐腌处理，肉的风味有很大改善；著名的古埃及墓室壁画《美杜姆群鹅图》（Geese of Medum，约公元前2530年，46cm×175cm）（图4）中那三只派头十足的鹅显示出鹅禽在当时社会食物生产消费中拥有较高的地位（图5）。埃及中王国时期（The Middle Kingdom）已经设置了专门的屠宰场（图6），人们已懂得及时将屠宰分割后的牛肉悬挂、晾干，防止腐败。

　　商周青铜器展示了中国青铜时代饮食文化的特色。中国在夏、商、周三代是青铜文化发展时期，各地出土的青铜器皿可以成为这一时期中国饮食文明的极好注解。①方鼎（图7）：四足，两耳，通常刻有精细纹饰，最初是一种炊具，底部烧火煮制食物，后来用于给神烧煮牺牲而上升为礼器，并由最初的三足发展出四足，成为国家权力的象征。②甗（音yan）（图8）：一种复合炊具，可以蒸煮食物，上部是甑（音zeng），下部是鬲（音li），上部蒸米饭或煮汤煮肉，下部烧水，上下部之间有镂空的箅子，用于通蒸汽。③豆（图9）：中国先秦时期的食器兼礼器，开始用于盛放黍、稷等谷物，后用于盛放腌菜、肉酱等调味品。对《周礼》中饮食制

图7　方鼎——商代炊具
用于煮制肉食

图8　甗——商周期蒸锅
用于蒸煮食物

图9　豆——春秋晚期食具
可盛放谷物、肉酱

度的研究表明，青铜文明时期的商代已形成了以"鼎"为核心的炊事器使用制度和以"爵"为中心的酒器使用制度。饮食器的制式种类众多表明食物内容的丰富，使用方法繁琐展示出人际关系的复杂。

　　在中国，至少在商朝（公元前1766年—前1122年），人们已经在中国的北方建立了城市。与世界其他地区的初级城市一样，中国的城市也履行一个重要功能，即宗教中心。祭祀仪式通常由君王亲自主持，猪牛则从生活中的肉食上升为敬献天与神的牺牲，鼎则从三足煮制食器演变成四足方正、体积硕大的国之礼器。古代战争有个重要的职能就是争夺猪牛牺牲，表达对天神的诚意，求得一方平安。

2 古典文明中的食肉文化

　　人类古典文明主要包括青铜时代的末期和整个铁器时代（The iron period）。铁器时代是指人们开始使用金属铁来制造武器和工具的时代，是人类史前时期（History）按照石器—青铜—铁器三代划分法的最后一个技术—文化阶段，这一时代诞生的古希腊文明、古罗马文明、波斯文明、印度文明、华夏文明（秦汉文化）在农业经济、宗教信仰与文化模式等方面都有了自身显著的特征。实际上，在铁器时代晚期，各国都已进入了有文字记载的信史时期（Human prehistory），一般多以各国朝代来称呼其时代，所以也将有文字记录的铁器时代称为古典文明（之前的青铜时代与新石器时代合称为古代文明），公元前500年到公元500年之间的1000年是古典文明的重要发展壮大时期。

　　制铁技术是公元前1400年在小亚细亚的赫梯帝国（Hittite empire）率先被发明应用的，并在约公元前1200年向周边地区传播开去。相比青铜器而言，较高的硬度和低廉的价格使得铁器在武器和农业方面广泛使用，印度大约在公元前800年，中欧大约在公元前750年，中国在公元前600年相继进入了铁器时代。铁斧、铁犁、铁锄的使用在提高农业经济效率的同时，也在扩大人类的农业领域。中东的农业技术向东推广到伊朗高原，并进一步深入到中欧，向西则经地中海区域推广到北欧；印度的雅利安人凭借铁器将农业布置到广袤的恒河流域森林；中国的农民则带着铁器和农耕技术，带着他们的谷物种子和家畜家禽从黄河流域南下到辽阔的长江流域。

如果说青铜时代的城市文明为社会分工的精细化与社会经济的分层产生了巨大牵引力，那么，铁器的出现及其对青铜器的替代则是人类社会的城市化文明进程的助推器。比青铜更坚硬，铸型更精巧的铁犁铧使得农业经济的效率愈加提高，土地利用率进一步提高。粮食畜产进一步增收促进非农业人口比例加大，手工业产品的种类日趋丰富，产品贸易渐成规模，商人成为社会生活中的重要阶层。城市化进程必然推动食物加工技术的发展，商品商人的流动必然促进餐桌礼仪的演化。

考古证明，早期爱琴海文明（希腊-迈锡尼文明）是在与距离伯罗奔尼撒半岛东南方向地中海的米诺斯-克里特文明交流中成长的。克里特岛的米诺斯人在公元前2800年已经建立起使用金属，尤其是青铜来铸造武器的青铜时代文明。公元前2000年至前1450年文明顶峰时期，米诺斯人已开始饲养牛、羊、猪、山羊，种植小麦、大麦、豌豆，知道驯养蜜蜂，农民已懂得使用牛拉木犁。米诺斯文明陨灭后，希腊人继承了这些文明成果。古希腊城邦建立后，强有力的政治联盟有效促进了经济发展，希腊人更是集中精力生产橄榄油和葡萄酒，并用这两样特产到地中海沿岸进行贸易，换回大量的生活必需品和一些奢侈品，比如谷物来自埃及、西西里，腌鱼来自西班牙、黑海。

吸收古希腊文明发展起来的古罗马文明最终奠定了西方饮食文化的基石。公元1世纪时期，当罗马帝国统治地中海区域，将地中海变为帝国的内湖时，商业化的农业经济与手工制造业在贸易规模扩大和帝国一体化的过程中起到了非常重要的作用。贸易规模的扩大刺激着罗马帝国的许多城市都在发展和成长。罗马是首都自然不必说，希腊、叙利亚、西班牙、高卢和不列颠等地区的许多城市都在发展。城市人尤其富人们努力追逐着美味，商人们从陆路和海上运来了罗马帝国各个地区精致而奢华的食物，包括西班牙火腿和不列颠水域的牡蛎。当时田地里的劳作者和城里的普通民众还是以燕麦粥和蔬菜为主，偶尔可以补充些蛋、鱼、火腿或者肉。罗马人还可以享用通过东方丝绸之路运送来的东南亚上好的香料：丁香、豆蔻、小豆蔻、肉桂、豆蔻粉，中国的生姜和肉桂，印度和阿拉伯的胡椒粉和芝麻油，这些调味料显著丰富了饮食的滋味。

古罗马帝国的农业经济模式逐渐从各地区自给自足向专业分工和商业化转变，商业化的农业对经营专业化和帝国经济政治一体化过程起到了重要的促进作用，帝国的畜牧业在精细化。

意大利、高卢、不列颠等地出现了饲养牛的大牧场，牛用来生产牛奶、奶酪、肉，牛骨和牛角用来制作工艺品；羊的饲养集中在帝国东部，产自小亚细亚的米利都（Miletue）绵羊毛是罗马帝国富人们追逐的高档品，绵羊和山羊的皮可以制作羊皮纸；猪的饲养较为广泛，主要提供猪肉、猪油、猪皮，不列颠和西班牙的火腿口碑甚好；鸡、鸭、鹅、鸽主要用于食用，也可用来产蛋和制作羽毛。

古罗马帝国时期的学者在专著中详细论及家畜禽的育种、饲养，以及肉食制作方法。老加图（M. P. Cato，公元前234年—前149年）在《农业志》（*On Agriculture*）中记述了高卢人用猪后腿和肩肉制作火腿的方法，主要加工步骤包括盐腌、叠放、通风晾晒、涂油保藏等；瓦罗（M. T. Varro，前116年至前27年）在《论农业》（*On Farming*）中认为猪的名字拉丁语名称*Sūs*来自一个希腊语名词（θνς），这个词由一个希腊语动词"奉献牺牲（θνςιν）"演变而来，这表明西方文明源头古希腊文明最初是将猪作为祭祀礼仪的牺牲。猪肉在罗马帝国时期绝对是富人宴席上的高档美味，帝国崩溃以后，猪肉走进了欧洲的平常百姓家，尤其在西欧地区。罗马帝国疆域内的民族多样化、农产品的丰盛度、食物加工技艺的高水平、贸易沟通的广泛性、学术研究的空前发展使得古罗马饮食文明最终奠定了西方饮食文化的基石。

考察《诗经》《周易》《礼记》《周礼》《论语》等先秦史料典籍可知在古典文明时期的东方，中国人已运用腌制和干制方法加工肉食（图10），这些方法既能改善肉食的风味，又能延长肉食的贮存期。干制还可细分为晒、烘、熏等方法，制品主要有脯、腊、脩三类。脯是将猪、牛等大型动物的肉切片或切条，抹上盐腌制后再晾干；腊狭义是指整体风干的兔等小动物肉，广义是指一切风干肉食；脩除抹盐腌制外还要佐以桂、姜等调味料，有时还会用木棒轻轻捶打使其坚实，称为锻脩。"脩"这种咸肉干居然可以作为孔夫子的教书酬劳（见《论语·述而》）。

庖厨

宴乐

图10　汉代砖画像

忙碌的厨房里展示了娴熟的肉类分割技法、欢乐的宴会上少不了肉食美味。从有肉吃，吃到肉，到怎样吃，吃出愉悦，吃出文化。

令人惊异的是，同时代远在西方的古罗马帝国，每年的3月19日是智慧女神节（*Quinquatria*），罗马城的手艺人会倾巢出动在大街小巷展示他们精巧的手工艺品和各种技艺；女人们更愿意围住牧师问道、占卜，牧师则只收取束脩（捆成一束的咸肉干）作为报酬。肉，作为高档食物在东西古典文明时期的社会生活中都隐含着一定的货币属性。

3 东西方食物文明的交流

丝绸之路（Silk road）在古代和中世纪就已成为连接中国（东方）与欧洲（西方）的一条陆路通道，全长约6400公里。从东汉时期张骞（公元前164年—前114年）两次通西域开始，这条路从东汉都城长安沿长城向西北，穿过塔克拉玛干戈壁沙漠，到喀什，爬上帕米尔高原，经过撒马尔罕（Smarkamd），继续向西到巴格达，然后抵达地中海港口安条克（Antioch）和叙利亚，由此出发，货物转载商船，运往地中海沿岸希腊各港口、埃及亚历山大城和罗马城。这条陆路通道在16世纪后被海路取代，海上航运从中国广州出发，绕道锡兰和印度，穿过阿拉伯海到达波斯和阿拉伯，再穿过波斯湾和红海，取道陆路，到达地中海港口安条克和推罗（Tyre）。

历史学家之所以把这些商路统称为丝绸之路，是因为在这些商路上交换的最主要的商品是来自中国的高档丝绸。丝绸之路流通着大量的、品种多样的手工业品和农产品，由西方引入的植物新品种对于中国农产品与畜牧业的发展以及食物的加工技术产生了极大影响。食物烹调方面，古典文明时期的古罗马帝国和东方秦汉王朝已经能够烹调、搭配不同种食物陈设出丰盛的宴席。公元500年前，人类社会已然铸就璀璨的古代与古典文明，中东地区、地中海沿岸、黄河流域以及中南美洲成为人类最重要的农业与食物文明滥觞。

表2　食物文化史大事记

公元前1000年—公元前500年	原始史	铁器时代	信史时期 History	古典文明 Classical civilization 古希腊文明 古罗马文明 印度文明 玛雅文明 华夏文明	➢加工食品 橄榄油 葡萄酒 啤酒 火腿 烤肉 多种调味料
公元前4000年—公元前1000年		青铜时代	史前时期 Human prehistory	古代文明 Ancient civilization 美索不达米亚文明 古埃及文明 印度河文明 爱琴海文明 商文明	➢种植谷物 大麦 小米 豌豆 洋葱 ➢动物来源食物 牛 羊 猪 鸡 鱼 ➢加工食品 面包 葡萄酒 奶酪/牛奶 腌肉/腌鱼
公元前250万年—公元前4000年	史前史	石器时代 新石器时代 旧石器时代			➢新石器时代食物 小麦 燕麦 玉米 稻米 牛 绵羊 山羊 猪 鸡 ➢旧石器时期食物 块茎 鲜果 种子 嫩芽 野马肉/鹿肉/牛肉/兔肉

4 古典神话与传说中的仙馔

古代神话与传说并非人类的肆意妄想，其中的食神食事实际上是人类记录现实生活中饮食文化的艺术脚本。古希腊神话中的狩猎神和灶神都是人类的肉食保护神，诸神专享的仙馔更是散发出丰厚的肉香。

4.1 狩猎神和灶神

阿耳忒弥斯（Artemis）是古希腊神话中的狩猎女神（The Goddess of hunting）。阿耳忒弥斯赐给万物以生命，野生动物、驯养家畜和人都在她的护佑之下，人们对狩猎女神的崇拜反映了人们对狩猎生活的需要。在古希腊，狩猎是极其

图11　古希腊彩陶画
古希腊人宰杀野猪祭祀狩猎女神（公元前500年）。

重要的一个营生，因为很多城外未开垦的荒野、林地有很多野兽出没，威胁着人们的生命安全和耕种的庄稼。很多人日常生活的很多时间用于狩猎；狩猎可以消灭野兽，同时带来丰盛的肉食。猎物主要是熊和野猪，这是对人有很大危险的野兽。在野猪驯化成家畜后，阿耳忒弥斯仍然护佑这些饲养的家畜膘肥体壮。人们祭祀女神时会敬奉鹿和熊，上好的猪、牛也可以，这是希腊人心底的真诚，祈求阿耳忒弥斯保佑下次的外出狩猎大获丰收（图11）。

赫斯提亚（Hestia）是古希腊神话中的灶神（The Goddess of hearth），司掌家庭幸福生活，她的圣物有小母牛、水果、葡萄酒。她是家庭生活的保护神，是厨师和磨坊工人的保护神；她名字的意思是"房间的炉火"。在这位女神眼中，家中的炉火庄严神圣，要保证炉火永远不灭。炉灶即是古希腊人居家生活的中心，炉火可以御寒，可以将食物熟制，保证家人的身体健康。每逢举办宴会或者是重要的家庭聚会，希腊人则一定先向赫斯提亚祭献供品，每家的炉灶就是赫斯提亚的祭坛，献祭给这位女神的供品包括他们一年中最新的收成和首次酿制的第一坛美酒，当然，一口大肥猪才是赫斯提亚的最爱。祭祀仪式大致如下：人们首先向炉灶内的火焰祭献木柴，噼啪作响、熊熊燃烧的火苗便象征着灶神驾临，此时，人们依次向炉膛内洒放葡萄酒、橄榄油、动物脂肪、熏香等供品，火焰变得更加炽烈，人们面朝火焰，开始祈祷……其实，在古希腊语，"家庭"的意思即是"靠近炉灶的地方"。如果炉灶上烘烤着肉食美味，那一定是全家幸福的时光。炉灶自然成为家庭成员聚集活动的中心，炉灶在文化层面逐渐发展为家庭生活的符号。

4.2 诸神专享的仙馔

诸神的仙馔（Ambrosia）应该是少不了肉香的，他们喜欢人们的祭祀供品中很多是肉味。酒神狄俄尼索斯的祭品是羔羊，狩猎女神阿耳忒弥斯喜欢鹿肉，谷物女神得墨忒耳喜欢猪肉和牛肉，太阳神阿波罗喜欢羊肉，灶神赫斯提亚喜欢牛肉和葡萄酒，智慧和农艺女神雅典娜最喜欢人们给她的祭礼是洒上蜜酒的烤牛肉。谁能否认，人们敬献给诸神的肉食不是表明自己对不同肉食的喜欢呢？

诸神同凡人一样，甚至比凡人更在意分享宴会聚餐的快乐。诸神的宴会有几种情况：从香气缭绕的祭祀仪式上得到各自专属的美味；在自己的神殿设宴，约请众神分享仙馔蜜酒；经常到凡间参加乡宴。献给阿波罗的祭祀仪式为神享受美味提供了一个典范场景：人们将牛安放在圣坛上，然后洗干净手，拿了些大麦种；克律塞斯（阿波罗的专职祭司）起身，双臂伸向苍天，声如洪钟，"听我说，阿波罗……"祈祷完毕，把大麦种撒在牛头上，用力将牛头向后扳，割断喉咙，剥掉牛皮，卸掉大腿；选择骨头、油脂、大块生肉作祭品，架在干柴上烧烤；几刻钟后，亮闪闪的葡萄酒浇淋到祭品上，烤熟的肉被小心取下，分切成小块；祭司开始给在场的人分配肉和酒；在每个人吃肉饮酒的同时，阿波罗会听到阵阵慷慨陈词和甜言蜜语，那是人们向阿波罗表达的虔诚。

依据《奥德赛》的描述，肉、面包和葡萄酒是古希腊宴会上重要的三种食物，而且必须保证这些食物，尤其是珍贵的肉食在参加宴会的所有宾客中平均分配，这体现了人人平等的重要思想根源。当然，像烤牛大腿和猪里脊这样的美味首先要进献给宙斯或雅典娜，用以表达享受安逸生活时不忘记对神灵的敬意。

《摩西五经》中记载着耶和华神对肉食美味的喜好。亚当之长子该隐是种田的农夫，次子亚伯是养羊的牧人。一天，该隐拿收获的谷物，亚伯挑选了一只最肥嫩的羔羊作祭品供奉耶和华。耶和华惠顾了亚伯，收了他的供品；却没有想到对肉食的偏爱导致该隐对亚伯产生仇恨，并伺机杀死了亚伯。再有，当大洪水终于退去，诺亚返回家园后，第一件事便是建造一座祭坛，用洁净的牲畜、鸟儿各一只献上祭坛烧烤，作一全燔祭，献给耶和华。肉食随着人类社会的发展承载起越来越深厚的文化涵义。

5 食肉文明记录着人类文化发展史

何谓"文化"？英国人类学家泰勒（E.B.Tylor 1832-1917）在《原始文化》（1871年）一书中对文化作了最初的定义："文化是一个复合体，其中包括知识、信仰、艺术、道德、法律、风俗以及人作为社会成员而获得的任何其他的能力和习惯。"有人统计从此定义发表到20世纪70年代的100年间，各国文献对文化的定义已经达到250种。概言之，文化作为人的创造性活动过程具有区别于自然天成的人为社会性，具有自身独特的内容与形式的规定性，并处于一定形态中。文化的英文词汇"Culture"大概成形于1440年，意为"耕种tillage"。借自中世纪法语"*culture* [kyltyR]"，后者来自拉丁语："*cultūra*"。词根"cult-"的意思是"COLONY"，组合后缀"-URE"即成。"COLONY"的本意是到一个新的地方繁衍发展。"culture"更远的词源可溯至古罗马思想家西塞罗（cicero，106BC—43BC）在其著作中借用农业耕种比喻人们的灵魂培养，他用"*cultūra animi*"表达"灵魂的修养Cultivation of soul"。文化与文明有着千丝万缕的联系，可以这样理解义明（Civilization），文化中的积极成果被称为"文明"，它是人类进步和开化状态的标志。文化表示一种外表的历程，文明表示一种内在的历程。文化是人类对外部与未知世界的征服；文明的发展则来自人类各类团体内部接触与外部平衡的融合作用。

古代文明驯养出的各种肉食物种和古典文明诞生出的各种肉食美味是人类文化史中颗颗璀璨的明珠，它们记录着人类自身发展的重要时刻。在古代文明中结胎，在古典文明中诞生的食肉文化在自身发展的同时见证了人类历史进入中世纪，以至近现代文明的推演。以食物富裕为前提的高等文明有可能不用所有的人用全部的时间去筹谋"食物"，节省下的时间可以让人们成为手艺人、神职人员、战士、厨师、教师、管理者等。

活跃于中世纪，声名狼藉的北欧海盗维京人（The Vikings）实际上是美食专家。他们会将牛奶制作成黄油和奶酪，每餐必食；早餐和中餐有专有名称*dagverther*，会吃面包和粥；晚餐有专有名称*nattverthr*，会吃肉。维京人吃肉很讲究，刚宰杀新鲜的肉，他们会插上扦子烤着吃（Spit-roasted）或匀火煮着吃（Pit cooked）；碰到老的、硬的肉，他们会酱卤煮制（Boiled in soup or stew）后再食用。

人类历史的食肉文明曾经对宗教、社会、文化乃至经济的发展图景绘出了浓重色彩。公元988年，俄国基辅大公弗拉基米尔（Vladimir of Kiev，958—1015）注意到宗教的威力，他想为自己和他的臣民选择一种宗教，但他首先考虑的是自己臣民的美食。俄罗斯人喜欢猪肉（Pork），这样就排除了禁吃猪肉的犹太教（Judaism）和伊斯兰教（Islam），而罗马的基督教（Christians）斋戒节食太多太频繁，这位基辅大公就为他的国家选择了拜占庭的东正教（Eastern Orthodox Church）。同样，宗教文化也丰富着食肉文明。最早的穆斯林美食专著出版于1226年的巴格达，作者是阿-巴达迪（al-Baghdadi 卒于1239年）。专著记载：肉类配合某些水果用文火炖煮数小时，入口会很嫩；烹饪肉食时，阿拉伯人会选用多种香辛料，包括小茴香、芫荽、肉桂、生姜等佐以风味。

关于香辛料，值得一提有一种称为鼠尾草的花草，长期以来就是肉食烹饪的忠实伴侣，这棵花草以独自身份记录着丰富的食肉文化历史。鼠尾草（拉丁文名 *Salvia officinalis*）的英文名称是"sage"，最初在欧洲南部和小亚细亚种植。法国南部普罗旺斯（Provence）的人们非常喜欢它，将它用作药材和香肠调味料。鼠尾草的采摘一定是在仲夏节当日黎明时分，伴着第一缕阳光照射在最高山巅之时开始，在普罗旺斯人心目中鼠尾草有"圣洁"的引申意义。西班牙人则将鼠尾草广泛用于日常的肥腻荤腥尤其是猪肉菜肴当中，他们认为鼠尾草是"无伤害、恢复健康"的烹饪佐料。德国人喜欢烹调鳗鱼时用鼠尾草调味。当鼠尾草离开欧洲大陆来到不列颠岛，英格兰人将鼠尾草和洋葱一同使用烹饪猪肉和禽肉感到异常享受。后来，鼠尾草跟随英国人登上美洲大陆后几乎出现在所有美国人的禽肉制品中。现今的很多欧美香肠配方中都有鼠尾草，意大利的萨拉米香肠和帕尔玛火腿都借助鼠尾草（和黑胡椒）展现出迷人的滋味。鼠尾草增添了肉食的风味，食肉文明的交流传播又将鼠尾草带到世界各地。鼠尾草作为调料肇始罗马帝国，后经历中世纪、文艺复兴，再到伊丽莎白时代，鼠尾草曾一度受到冷落，终于在17世纪，法国人及拉丁语系人那里充分找到了肉食烹饪与制造角色，并一直到今天。

食肉文明促进了人类的进步，人类文化观念和技术手段进步又丰富了食物的文化内涵。文化（Culture）使得"食物熟制"（Cooking）有意识地变为"饮食文化"（Cuisine，也可译为烹饪），不仅仅让食物可吃，还要让人自身在吃食过程中沟通思想，推动文明，欣赏到美。很多拉丁语系语言都记录下中古欧洲饮食文化的繁荣之极，比如拉丁语谚语 *"De gustibus non est disputandum"* 意思是"美味当下，毫无疑问"（There's no arguing about tastes）；法语将这谚语说成 *"chacun à son goût"* 意思是"众口各味"（everyone to his own taste）；意大利人则会说 *"Tutti i gusti son gusti"* 意思是"凡百滋味，皆成美味"（All tastes are tastes）。

社会人类学家克劳德·列维-斯特劳斯（Claude Lévi-Strauss）依据"自然"和"文化"二元对立结构建立的烹饪三角形蕴涵着一番美学意境：三角形的三个点分别代表食原料、食品、腐烂。这个三角形存在结构上和符号上两种转换：其一是食物的"自然"转换方式，表示为"原料"→"腐烂"，这一转换方式包含生物化学、分子生物学、物性学、微生物学道理，需要人类的科学研究理论解读；其二是食物的"文化"转换方式，表示为"食原料"→"产品"，这一转换方式体现出人类历史发展进程中所掌握的工程技术、食品配方、卫生管理、产品设计各方面知识的综合运用。两种转换方式上都存在着结构改变与符号变换。结构改变的路径与程度受制于人类对食原料与食品的科学认识水平；符号变换反映人类对知识概念、文明成果的理解程度与符号化艺术创造力。与很多种食物类似，人类食肉文化史在自然转换路径上推动着食肉科学的进步发展；在文化转换路径上展示出饮食文化的美学图景。

人类思想、宗教、艺术在发育之初已然嵌入食物文明的基因；在人类历史推演过程中，新的文化基因密码不断被发现、激活，新的文化内涵不断被诠释，展现并沉淀。

参考文献

[1]【美】杰里·本特利. 新全球史——文明的传承与交流[M]. 魏凤莲, 等译. 北京: 北京大学出版社, 2007, 第3版.

[2]【美】杰克逊·J. 斯皮瓦格尔. 西方文明简史[M]. 董仲瑜, 等译. 北京: 北京大学出版社, 2010.

[3]【美】斯塔夫里阿诺斯. 全球通史: 从史前史到21世纪[M]. 董书慧, 等译. 北京: 北京大学出版社, 2005, 第7版.

[4]【德】贡特尔·希施费尔德. 欧洲饮食文化史[M]. 吴裕康译. 广西桂林: 广西师范大学出版社, 2006.

[5]【美】亨利·富兰克弗特. 近东文明的起源[M]. 子林译. 上海: 世纪出版集团, 2009.

[6]【美】斯蒂芬·伯特曼. 探索美索不达米亚文明[M]. 秋叶译. 北京: 商务印书馆, 2009.

[7]【英】罗莎莉·戴维. 探寻古埃及文明[M]. 李晓东译. 北京: 商务印书馆, 2007.

[8]【美】约翰·R. 麦尼克尔, 威廉·H. 麦尼克尔. 人类之网鸟瞰世界历史[M]. 王晋新, 等译. 北京: 北京大学出版社, 2011.

[9]【英】马丁·琼斯. 宴飨的故事[M]. 陈雪香译. 济南: 山东人民出版社, 2009.

[10] 王学泰. 中国饮食文化史[M]. 广西桂林: 广西师范大学出版社, 2006.

[11] 俞为洁. 中国食料史[M]. 上海: 上海古籍出版社, 2001.

[12] 张景明, 王雁卿. 中国饮食器具发展史[M]. 上海: 上海古籍出版社, 2001.

[13]【法】克劳德·列维-斯特劳斯. 列维-斯特劳斯文集3,4[M]. 周昌忠译. 北京: 中国人民大学出版社, 2007.

[14]【美】霍华德·斯波德. 世界通史[M]. 吴金平, 等译. 山东: 山东画报出版社, 2013, 第4版.

[15] Linda Civitello. *Cuisine & Culture, A History of Food and People*. Wiley & Sons, Inc. New Jersey. 2011.

[16] Reay Tannahill, *Food in History*. Three Rivers Press. New York, 1988.

[17] Maguelonne Toussaint-Samat. *A History of Food*. Wiley-Blackwell, 2009.

[18] M. F. K. Fisher.*The Art of Eating*. Wiley Publishing, Inc., 2004.

食品工业化引领农业发展

张立方[1]，柳士俊[2]，白　雪[3]，李留柱[4]

（1.北京食品科学研究院，北京　100068；2.中国气象局气象干部培训学院，北京　100081；
3.中国食文化研究会民族食文化委员会，北京　100050；4.中关村绿谷生态农业产业联盟，
北京　100081）

摘　要：食品的工业化进程使农业处于附属地位。一般农业型国家是把农业作为立国之本。从对美国发展历程的分析，发现工业化国家其农业更强大，区别在于，其农业的引领是食品的工业化，食品工业化使农业的发展作为食品工业原材料基地和基础条件。农业化国家食品工业是农业的附属产业，一般作为农产品的深加工或增加农产品附加值的手段，农业是国家经济的基础。而工业化国家的农业是食品工业的附属产业，从食品生产原材料的种养殖到食品流通，完全采用工业化体系，大规模生产，大量消费，大量出口，这里农业不过是食品工业链条的初端，其生产的数量和品种完全取决于食品工业和食品贸易的需要，是直接市场驱动和控制的，如肯德基、麦当劳模式。

关键词：农产品；食品工业；工业化

引言

纵观人类社会的发展历史，从某个意义上说，实际上就是饮食发展的历史，从原始的追逐自然渔猎采摘到相对稳定的稼穑畜牧，由此形成了封建社会，其自给自足的特点使作为生产和生活必需的手工业和贸易长期处于低水平的以维持自用为目的的发展水平。

14世纪至16世纪起源于欧洲的文艺复兴运动，是一次思想解放运动，它宣扬人文主义，对解放人们思想，发展文化、科学，起了巨大历史作用。随后是17世纪至18世纪的启蒙运动，它追求政治民主、权利平等和个人自由。启蒙思想家宣传的天赋人权、三权分立、自由平等博爱等思想对欧美资产阶级革命起到了影响和推动作用。由于这两次思想解放运动所导致的自然科学的发展和自由社会的形成，为资本主义的发展提供了基本的社会背景。由于生产力的发展和追逐财富的驱动，使贸易和工业化大生产成为这一时期的主要特征。由此人类社会进入了以近代大工业机器化生产为标志的资本主义社会。资本主义在它近一个世纪的发展中，创造了比历史上以往总和高得多的物质财富和文化精神财富。工业化早期的机器大生产的成就和电气化进

作者简介：张立方（1964—　），女，副编审，北京食品科学研究院中国食品杂志社副社长，中国食文化研究会副会长。主要从事编辑出版、食文化研究推广工作。

程的辉煌，使人们很容易忽略西方各强国同时也是食品（农业）大国的事实。在21世纪之初的中国，在逐步迈入世界现代化国家之际，分析一下西方强国，尤其是作为其代表的美国的发展经历，无疑对我们现在的发展具有借鉴意义。

1 美国的食品工业化

美国是食品大国，这体现在它世界第一的粮食产量出口量和世界首屈一指的食品工业化。在20世纪，美国做的重要事情之一就是食品工业化，更确切地说是食品用农产品的工业化（以下本文中所说"食品工业化"均指"食品用农产品的工业化"）。直至目前，其食品工业化的进程还方兴未艾，主要热点是高科技和生物工程在整个食品生产链条上的应用。

对于不同国家的国际贸易，经济学教科书一般是这样说的：发展中国家提供生产并向发达国家出口初级产品，比如粮食、矿石、木材等，发达国家则向发展中国家提供高附加值产品，如工业制品、服务咨询产品、高技术产品等。实际上，数据显示，各国经济发展和贸易往来，从来都没有按照这个模式运行。美国为世界最大的食品、农产品出口国。世界上接近一半的小麦、三分之一以上的大豆、四分之一的牛肉、五分之一的玉米，以及牛奶、鸡蛋等主要农副产品，均来自于美国。美国在强大农业基础上建立起来的"粮食帝国"，并非仅仅得益于丰饶的土壤与适宜的气候，更与其百余年来持之以恒的农业发展与扶持战略密切相关。

根据世界贸易组织的数据，2011年中国第一次超过美国，成为农产品最大的进口国，根据世贸组织发布的数据计算的结果表明，中国食品和饮料进口额从2010年的1,083亿美元增至2011年的1,447亿美元，增长34%。此外，美国农业部2010年数据显示，中国已成为美国粮食的第一大进口国。2010年中国进口了175亿美元的美国农产品，占美国农产品出口总额的15.1%，加拿大位居第二。

另据来自中国食品土产进出口商会官网的信息显示，2001—2012年，我国农产品进口平均增速为23%。中国农业发展受到耕地、水资源、环境承载能力、投入边际收益下降、小规模农业等结构问题的严重约束，中国农业竞争力弱化趋势短期内难以扭转。2015年谷物（玉米、大米、小麦、高粱等）进口仍将扩大。油籽和油脂进口将增加，但增速放缓。乳制品进口有可能进一步扩大。

从历史上看，20世纪20年代的一场源自美国经济危机的世界经济大萧条是一场席卷欧美的经济灾难，其影响和意义深远。在分析大萧条的原因时，众说纷纭、莫衷一是，较为流行的说法是说由于生产效率的提高，产品大量过剩，同时大量消费者工资水平偏低而无力消费造成的。其实，这场危机的直接原因是食品即粮食产品价格的下跌，而下跌的原因在于前期的泡沫。

2 两次世界大战带给美国食品工业发展机遇

一般以为，美国的崛起在于发了两次世界大战的军火财，其实非也。统计表明，两次大战，美国出口利润最多的是食品（包括粮食、农产品），尤其是第一次世界大战。1914年爆发的第一次世界大战，使欧洲沦为战场，农业生产一度崩溃，众多欧洲国家从美国进口农产品，导致价格一路飙升，形成泡沫。美国由此获得巨额利润，并利用这一资本，完成本国的工业化，此后直至第二次世界大战之前，通过持续不断的农产品和工业制品的出口，使之一跃成为世界经济大国。

在这期间，由于第一次世界大战的结束，欧洲的粮食生产逐步恢复，逐步减少粮食食品的进口，因此，美国农产品不断积压，价格暴跌，农业遭到重创。农场主为了维持农产品的价格，将小麦和玉米用作燃料，把牛奶倒进密西西比河。教科书一般把这解释为资本家的贪婪，这只是问题的一个方面，其实，就是资本家把所有的农产品都免费送给消费者，美国人民也消费不完如此巨量的农产品，还是要倒到河里去。研究美国如何走出这场危机的过程，对我们今天的强国之路无疑有着重大的借鉴意义。

由于农产品的泡沫使美国跌了一跤，但是首先使他爬起来的却不是农产品，而是汽车！由于前期积累的工业化和现代化管理制度的创新，使汽车业在大萧条的同时发展起来，其代表是福特汽车。由于其价廉，很快普及，引领美国经济摆脱萧条。但是，重振美国经济的还不是汽车，而是农业，确切地说，应该是食品的工业化进程。美国的食品工业化进程，从食品生产到食品流通，完全采用福特汽车式的工业化体系，大规模生产、大量消费、大量出口，从而迅速控制世界粮食食品市场。

3 美国食品工业化在当今世界中的地位

美国建国之初，农业生产状况与今日之中国有些类似——全国超过五分之三的工作人口都是农民，农业的机械化水平也不高。20世纪初，美国农业进入了机械化时期，经过一系列政策法律的资助和扶持，在1930年到1944年间，美国经济活动总人口中，农业劳动力占比下降到19%，农业生产力得到了突飞猛进的发展。再加上从第一次世界大战中获得的利润，农业从深度到广度都有了质的飞跃。

20世纪50年代以来，美国的农业、畜牧业已经实现了全面现代化。由于农业机械的大型化和各种专业化农业机具的增加和改进，农业劳动力占经济活动总人口的比例在1970年大幅下降到3.7%。到20世纪最后几年，这一指标已降为2%左右。而每个农业劳动力供养的人口则从1950年的15个人增长到130人。

大量的农业补贴，直接降低了美国农产品的生产成本，这在大大促进了美国农业发展的同时，也带来了产品过剩等问题。随后，美国又进一步出台政策以扩大内需，同时大力扩大农产品的外销，开拓海外市场。2010年，美国农产品出口总值高达1060.8亿美元。低价倾销的美国粮食冲击了发展中国家的粮食生产体系，也使得美国获得了操纵世界粮价甚至政治的"武器"。如今，世界上接近一半的小麦、三分之一以上的大豆、四分之一的牛肉、五分之一的玉米，以及牛奶、鸡蛋等主要农副产品，均来自于美国。

我们看到，这个最发达的工业化国家，其农业，确切地说，是食品工业，也是世界一流的。其原因除了自然条件，其工业化的支持和农业的工业化转型也是重要的条件。

由于食物是人类生存须臾不可缺少的必需品，作为一个文明发展的基础，各个国家和民族，都建立了一个立足自主的食物体系。所以，把食物提高到比国防更高的人民主权和国家主权地位，并不过分。食物在人类沟通、文化形成、社会交往中起着基础性的作用。

4 食品工业化是农业化的现代转型

食品的工业化进程使农业处于附属地位。一般农业型国家是把农业作为立国之本。从上面对美国发展历程的分析，发现工业化国家其农业更强大，这里的区别在哪里呢？区别在于，其农业的引领是食品的工业化，食品工业化使农业的发展作为食品工业原材料基地和基础条件。也就是说，农业化国家食品工业是农业的附属产业，一般作为农产品的深加工或增加农产品附加值的手段，是整个农业链条的末端，农业是国家经济的基础。而工业化国家的农业是食品工业的附属产业，从食品生产到食品流通，完全采用工业化体系，大规模生产、大量消费、大量出口，这里农业不过是食品工业链条的初端，其生产的数量和品种取决于食品工业和食品贸易的需要，是直接市场驱动和控制的，如肯德基和麦当劳模式。

中国改革开放引进了新技术，导入了新文化、新思想，使人民的生活水平提高了。中国经济保持两位数高速增长二三十年，虽然近两年有所下降，但增速仍然位居世界之首，但我们的人均国民总产值并没有走进世界的前列。几年前，全世界都认为中国是世界经济的火车头，但是实际上由于在城市经济发展过程中受到诸多因素的影响，自身也遇到了瓶颈问题。房地产和股票不能让我们赶英超美，而且风险巨大，美国的次贷危机给我们上了深刻的一课。人们常常把"民以食为天"挂在嘴边，但也常常把农业视之为经济发展的包袱，而精力和注意力都集中在房地产、金融业和工商业上。我们前二三十年的高速发展很大程度上取决于房地产和固定资产的投资。

5 西方发展道路的启迪

其实，西方资本主义国家原先也都是农业国家，他们先是圈地运动，后通过食品工业化过程，把大量农民赶入城市，才实现了现代工业文明，随着工商业的快速发展，其农业占国民经济总产值的比重越来越低，但是其食品工业在国民经济中的比重有增无减，这正是西方资本主义国家能够快速发展的秘密。正是食品工业化进程使农业不再是经济发展的包袱，而食品工业的相对稳定也成为了其他工商业快速发展的强有力后盾。我们的改革开放，在工商业发展落后的情况下，优先发展工商业，这固然没错，但是到了今天，是应该把农业的工业化转型，即食品工业化作为重要问题来对待的时候了。

6 中国食品工业与农业的结构问题

以小麦种植加工为代表的传统农业及农产品加工业，由于农业和农产品食品工业转化率低，始终面临着价格波动、农业人口减少、产品附加值不高等问题。粮食产业化经营是现代农业发展的重要途径。

也由于我国农产品高附加值转化率低，以至于我们进入超市，经常找不到想吃的东西，而不得不选择一些昂贵的进口食品。另外由于目前农业资源配置不是以产业工业为主配置，而是以传统的行政区划配置，环节过多，成本过高，不可预见因素过多，看看三鹿奶粉、苏丹红等一系列食品安全事件，进而再看光明、伊利、蒙牛、双汇等企业的发展瓶颈过程，我们就会发现，企业往往不能完全控制整个产品质量链条，从而无法掌控产品质量。这不是个人品德问题，而是机制问题。

食品工业是消费品工业的基本组成部分，2014年中国的食品工业总产值已超过10万亿元，就业人数达450多万人。食品工业是整个工业中为国家提供积累和吸纳城乡就业人数最多、与农业关联度最强的产业，在国民经济中具有重要的地位和作用。随着经济的发展和社会的进步，广大人民群众收入的增加和生活的改善为食品工业发展提供了广阔的市场。当前，食品工业的发展和结构调整不仅要紧密针对市场的需求，更重要的要与农业产业化结合起来。中央经济工作会议明确指出，要调整农业结构、深化农村改革、努力增加农民收入，继续推进农业和农村经济结构调整，是提高农业效益、增加农民收入的重要途径。

7 食品工业化在调结构、促转型、拉内需的新常态经济中的作用

在中国这样一个被迫外向型经济的国家，难免会遇到资源配置不合理、产业重复建设和关停转并等问题，在全球经济分工体系中整体收益微薄。我们自从鸦片战争以后，在与世界发

达资本主义国家的贸易往来中从来都没有赚到过一点像样的便宜，我们加入WTO后的经验表明，在别人的游戏规则之下和平崛起谈何容易。

反之，如果我们能尽快的实现农业的工业化转型，则可以充分发挥我们农业大国的特色，使我国的经济在世界经济链条中不致处于末端。同时使我们的发展过于依赖外资的局面有所改变，即提高内需在国民经济中的比重。使发展变得在内外驱动下同样强劲。一个比例合适的发展模式是可持续发展的必由之路。

实现食品的工业化的好处在于，改革开放多年的工业化成果可以为食品的工业化提供基础。作为食品工业化的基础是农业，与其他产业不同，农业的发展对我们这样一个发展中农业大国来说是必须要解决好的问题，关键是采用什么道路，是站在农业的角度强化其发展，还是站在工业化的角度，转变其发展模式，在这一点上，历史给我们提供了经验，现实给我们提供了教训。

食品工业化的另外一个特点就是相对于风险较大的金融业和工商业，每年的收益都相对稳定，其长期稳定的发展，会对社会主义新农村建设提供内在的动力，助推城镇化建设和美丽乡村发展。民以食以天，农业的工业化转型，作为经济的良性循环拉动了内需，并源源不断的给工商业的发展提供动力，这样，和平崛起才有了基本保障。

参考文献

[1] 中国首次超过加拿大成美国农产品最大出口市场[J]. 农业工程技术(农产品加工业), 2011, 11, 13.

[2] 2014年我国农产品进出口贸易情况及2015年展望[EB/OL]. http: //www. cccfna. org. cn/article/%B5%E7% D7%D3%D4%D3%D6%BE/16512. html

[3] 周立. 美国为何要当食物帝国[J]. 决策与信息, 2008(09): 32-33.

[4] 戴鹏. 中国农产品进口影响的实证研究[D]北京: 中国农业大学, 农业经济管理, 2015.

[5] 中国成全球最大农产品进口国[J]. 养猪. 2012(06): 6.

[6] 曹宪周, 郑翠红, 秦锋, 张自强. 国内外农产品加工业现状及发展趋势[C]. 2010国际农业工程大会提升装备技术水平, 促进农产品、食品和包装加工业发展分会场论文集. 上海: 2010, 9.

[7] 蔡同一. 农业进步与食品工业的发展[J]. 食品工业科技, 1999(12): 16-19.

文化创意与餐饮业的产品开发

周爱东

（扬州大学旅游烹饪学院，江苏　扬州　225127）

摘　要： 餐饮业传统意义上的产品开发主要是以烹调方法为核心的菜品的设计。近十多年来，随着文化产业的发展，文化创意在产品开发中的地位越来越重要。餐饮业产品的概念在拓宽，除了饮食产品本身，还包括服务产品、饮食与服务结合的复合产品、文化体验产品以及行业跨界的复合产品等。社会上已经出现一些文化创意与餐饮结合的餐厅，影视等文化产品对于餐饮业的影响与推动也是很明显的。这是时代对餐饮业的要求，随着我国文化产业的发展，文化创意将深度介入餐饮业的产品开发中。

关键词： 文化创意；餐饮业；产品开发

餐饮业的产品开发与改革开放后大大小小的烹饪比赛是分不开的。1983年第一届全国烹饪大赛后，国家级、省市级的烹饪大赛一发不可收拾。最初，各种烹饪比赛上大家比的只是菜肴的制作工艺，到了21世纪初，文化产业在世界范围内兴起，这种情况发生了变化。饮食行业并不属于联合国所定义的文化产业的范畴，与2003年9月中国文化部发布的《关于支持和促进文化产业发展的若干意见》中的定义也仅是牵强的关系。尽管如此，文化产业所掀起的文化创意的风潮还是对饮食业产生了巨大的影响。传统工艺菜的文化形象前后差别很大，由工艺的饮食向艺术的饮食发展，进而更添加了很多文化创意的内容。

1 近些年来餐饮业文化创意类型

餐饮业的文化创意最先是从饮食产品开始的，各地大厨们围绕着美食的五大要素（色、香、味、形、器）进行各种创新，包括两类：一类是用来参加各种烹饪比赛的，工艺繁琐、成品美观，但几乎不会出现在各式餐馆里；另一类是各餐饮企业出于经营需要进行的创新，风格各异，高、中、低端产品都有，但讲究实用是它们的共同特点。这两类创新将传统饮食产品的制作工艺发挥到了极致，目前已经处于停滞状态。

饮食的呈现形式上与传统略有不同，但基本是照搬国外已有的做法。比如把日本的色情餐饮"女体盛"学过来，鞍山、昆明、大连、扬州等城市都搞过"女体盛"，这些怪诞式做法很

作者简介： 周爱东（1961—　），男，扬州大学讲师，研究方向：烹饪工艺、饮食人类学、饮食文化产业。

快就被地方政府叫停，因此从效果上来说，此类做法只是一种变相的营销方式。2006年后，马桶餐厅也进入中国，深圳、北京、西安等一线城市陆续出现了这类怪异的餐厅，座位是马桶，餐具是便盆，甚至食材也做成粪便的样子。这些已经谈不上文化创意，且格调低俗，要么不兼容于社会，要么只能在相对小众的人群中生存。

大约十多年前，从国外传入的分子烹饪法与低温烹饪法使中国餐饮业的饮食产品受到了启发，一批新式菜肴被开发出来。这虽不能算是完全自主的创意，但对中餐的影响还是相当大的。也是在这十年里，现代西餐的摆盘手法广泛用于中餐，它与分子烹饪、低温烹调一表一里，使得中菜西做和西菜中烹成为一种潮流，使处于困顿状态的中餐饮食产品的革新进入一个新天地。而这潮流的背后，是分餐制的逐渐流行。这种潮流中，中高端餐饮的传统中餐装盘的民俗美正逐渐被艺术美所取代，更加趋于唯美。

服务方式的创意也是层出不穷的。从早些年简单的跪式服务、旱冰鞋餐厅到近些年常见的现场烹调、抬轿上菜、唱劝酒歌等，这些服务创意让客人耳目一新，但在加深客人对饮食产品的了解方面，并没有太多的作用。有少数餐饮企业走了一条文化路线，如"说菜"，每上一道菜，服务人员会相应介绍这道菜的文化背景、食材出处，使饮食产品更易被消费者所接受。这样的服务创意已经成为产品的一部分。

还有一类是仿古菜肴，文化色彩更浓些，相对独立于前面几种类型。比较著名的有西安仿唐宴、杭州仿宋宴、扬州红楼宴。此类创意，一开始也是研究饮食产品，继而，又加上了相应的文化背景。但这类创意作品往往因为价格过高，与当时社会的消费能力及饮食产品的认知差距较大，只能停留在文化交流的层面，对餐饮业的影响不是太大。

餐饮业完全是一个社会化的产业，其兴衰、雅俗、丰俭无不打上时代的烙印。在新中国成立之初，百废待兴，工业、农业的发展是社会的主旋律，除了少数几个大城市以外，餐饮业基本是以满足温饱为目的的。这从当时出版的各种菜谱中就能体现。

改革开放以来，经济繁荣带来了餐饮业的大发展，在解决了温饱以后，餐饮业的过度消费现象一直是媒体的热门话题。这种现象在很大范围里，已经成为中国人的餐饮文化，人们以此来表达富有和热情。在高端场所里，一味地追求食材的珍贵，乃至于突破法律的底线去选用一些珍惜动植物材料；在中低档餐馆中，一味地追求量大实惠，不管人数的多少，单个菜肴的分量不变，结果一餐下来浪费很多。餐饮服务也向过度服务方向发展，可以体贴到不用客人做一件除走路、吃饭之外的事：有人开门、有人拉座、有人点烟、有人分餐，形式上立式服务、跪式服务都有。比较而言，适度的服务在国内餐饮业比较少见，而且最终往往会简化成很差的服务或没有服务。

2 餐饮业产品概念的拓展

传统的饮食业中，人们只认为看得见的实物和可以享受的服务是产品。因此，餐饮业能够拿来竞争的，除去硬件条件外，就是更优质的服务和实实在在的食品。但改革开放以来，餐饮业的种种创意和努力在一步步拓宽餐饮业关于产品的概念的边界。大概来说，餐饮业产品的概念有如下几个层面。

2.1 饮食产品本身

这是餐饮产品的基础，也是最原始的餐饮产品。即使是商业比较发达的今天，城市里也依然有一些小型的餐饮业产品仅止于此。

2.2 服务产品

这是餐饮业发展过程中逐步产生并被人们所重视的。古代餐饮业的服务开始只是简单的端茶递水，而当城市商业发展起来的时候，人们开始关注服务的周到与体贴程度，并认可这种服务的价值。

2.3 饮食与服务结合的复合产品

服务除了为客人提供舒适感，还可以在餐桌上为客人完成饮食产品的分割与分配。在传统中餐的共食制中，这种结合在应对一些大型菜肴时是必须的。比如整鸡、整鸭，甚至是烤全羊之类的菜。通过"说菜"来向客人介绍产品的品尝要点则是这种结合的另一种形式。

2.4 背景文化与饮食、服务的复合产品

如仿唐宴、仿宋宴、红楼宴之类的餐饮产品是一种复合产品，它是原料、饮食、餐具、宴席形式、服务方式、服装、文学、历史、民俗等复合而成的产品。

2.5 行业跨界的复合产品

前面第4个层面有点跨界的意思，但基本是各种因素还是围绕饮食和服务展开的。分子烹饪则把科学层面的物理、化学与手工层面的饮食结合起来，它使菜肴的制作看起来更像一场科学实验。这种跨界大大拓宽了餐饮产品的边界。

2.6 文化产业与饮食服务的结合产品

很少有人这样来看待餐饮产品，但事实上，近些年来，餐饮业受惠于这样产品的例子很多。比如韩剧《大长今》对韩国饮食在中国的推广；比如《舌尖上的中国》对中国传统饮食文化甚至是饮食产业链的影响；各种古装剧对仿古菜肴、仿古宴席的影响；比如《红楼梦》《美食家》《射雕英雄传》等文学作品中的饮食在现实中的仿制等。此类产品就相当于一个小的舞台剧，或者说是一场文化体验活动。

从上面罗列的来看，餐饮产品的概念在不同时期、不同层面是不一样的，是以食品为核

心，结合了多种文化元素的复合产品。消费观念的变化是餐饮业产品边界拓宽的主要原因。当我们处在温饱线上时，饮食本身基本就是餐饮产品的全部；当消费能力提升，被尊重的需求使服务水平成为餐饮产品的重要部分；而当代中国的很多地区，尤其是沿海地区及内地的一线城市，商业活动繁荣，餐饮产品也开始追求丰富的文化体验。

3 时代背景对餐饮产品文化创意的需求

目前，餐饮业的产品设计面临两个时代性的问题：其一，消费理念的变化与菜品形式的停滞不前；其二，反腐形势与高端餐饮的奢侈定位。

第一个问题在中低端餐饮企业中普遍存在。消费理念的变化也有两个方面：一是适度消费，人们在消费上逐渐理性，而餐馆提供的传统的菜品分量较大，给点菜带来困扰；二是顾客营养观念的更新较快，对于重油重盐以及一些不健康烹饪方法比较抵触，而重油重盐、油炸方法等恰是中国很多地方传统菜肴制作的特点。尤其是西南地区的菜肴，重油烹调的传统如何适应现代人营养观念的变化，这需要对菜肴的制作工艺进行革新。

第二个问题主要存在于中高端餐饮企业中。从2013年开始，中国的高端餐饮企业在反腐大势下，生存越来越困难。按照中国经济的发展规模，结合中国人的面子消费心理来看，高端餐饮本有其生存空间。但由于多种因素的影响，高端餐饮的运营严重依赖于公款消费。而中高端餐饮在定位时，基本上是低文化附加值的奢侈消费，用洋酒、用珍贵食材、用贵重食器。所以，当反腐大潮来临，高端餐饮几乎没有产品可以提供。

因此，是时代对餐饮产品提出了文化创意的要求，从前面的分析来看，文化创意与传统餐饮的深度结合是一种趋势。这种结合体现在以下三个方面。

3.1 饮食产品风味的融合

经济的发展，使得中国人口流动性很大，要求大中城市在饮食风味上能满足流动人口的需要。传统的餐厅，都会有一个主流的风味，但新式餐厅菜品的风味特色可能是相对模糊的。比较典型的例子是"剁椒鱼头"，这本是一个不太有名的湖南菜，被杭州厨师引入杭州的餐馆，风味特点上只是稍稍改动，一下子风靡全国。现在各地做这个菜，风味上都各有各的特色，但同时也保留着湖南的风味特色。这一类饮食产品谈不上根本性的创新，只是把各地风味融合，就已经让消费者耳目一新。

3.2 装盘形式的革新

它是由分餐制带来的革命性的变化。分餐制在装盘时，餐具中菜品的分量发生了变化，只盛装一个人的量。这样，传统装盘手法、传统的大型的菜品的制作方法都变得不合适。客人的点菜方式改变了，他们会只点一人份、二人份的量。接下来，菜点的搭配方式改变了，要选择不那么太琐碎的原料来搭配才比较容易有美感。再接下来，菜品的制作方法改变了，过去一些大型的菜肴无法呈现，如扒烧整猪头、京葱扒鸭、烤全羊这类的菜受到限制，炒鱼米之类原料琐碎的菜肴也因量少而不方便制作。

3.3 文化餐饮产品的出现

这种文化餐饮很大程度上与曾经流行的会馆经济有关，很多会馆都会有自己的一个文化主题，于是也要求餐饮产品切合这个主题。常见的主题有历史主题，如前面提过的仿唐宴、仿宋宴之类；环境主题，如仿膳，突出的是用餐的宫廷式环境；文学主题，如红楼宴、三国宴；文化主题，如盐商宴、孔府宴、谭家宴等。这类餐饮产品对于用餐的仪式感、器具及场景的时代感要求比较高，而对于现代菜肴的摆盘手法运用很少。

3.4 饮食伦理逐渐影响餐饮产品开发

一些宠物，传统的如猫、狗，新的还有兔、香猪等受到人们的重视，这些年经常发生的救猫救狗的事件就是这种趋势的反映。带有佛教色彩的素食也开始以时尚的形式出现，这类素食的理论基础是慈悲，而表现形式是时尚现代的，宗教色彩被弱化。

4 未来发展空间展望

随着人民生活水平的提高和消费观念的变化，人们对于餐饮产品的文化附加值的期待将会越来越高，文化创意在餐饮产品开发中的作用将会越来越明显。这样的文化创意大致可能作用于以下几个方面。

（1）原料产地和直观呈现 由于我国目前客观存在的食品安全问题，消费者对于原料品质的担心会在相当长的时期里存在。所以，在消费时让客人了解原料产地情况会成为一种流行趋势。这种可能性在现在的一些企业里已经在做，但不是很普遍。《舌尖上的中国》的流行及其对产地食材生产的后续影响，让我们看到这种产地文化直观呈现的可行性。

（2）用餐的仪式感会成为餐饮产品的重要组成部分 中国的影视产品中，古装片占了相当大的比重，社会上文化复古也算是一股潮流。目前有一些会所在用餐时会让客人穿上汉服，这使客人在用餐时可以对相应时代有一种体验感。这种体验感在一些影视基地附近，或者一些传统文化氛围浓厚的旅游城市会受到消费者的欢迎。

（3）用餐时的视听享受会与饮食品相结合 在高端会所可能重现过去堂会式的餐饮形式，用餐的同时，会有歌舞音乐表演，而表演内容是经过精心设计的，与饮宴内容相关。这与一些仿古宴会结合的可能性比较大。

（4）饮食的文化门类会要求餐饮产品设计细化 如素食的设计开发将可能在很多地方受到欢迎，配酒或配茶的餐饮场所将会在一些大中城市出现并流行，由此而来的是对相关餐饮产品的开发需求，如菜肴、点心，包括相关的食器的开发设计。

（5）快餐的开发也会有很大的市场　目前中国的城市普遍向大都市方向发展，拥堵在很长时间会是城市痼疾，这使得在写字楼工作的人们用餐不太方便。这部分人有较高的消费能力和文化消费的需要，所以目前市场上简陋的快餐不太适合这部分消费者的需要。以后，类似日本的中餐便当将会是写字楼里的主要餐饮产品。

（6）外送的自助餐将成为公司工作餐的主流　在各种会议场所，工作用餐一直是一个问题，外出用餐既浪费时间也要花更多的钱，而普通快餐带来的餐后垃圾也是这些公司的·个负担。所以，专门的自助餐公司将会应运而生，为这些公司解决用餐的一切问题。自助餐的设计与供应方式就是他们的产品。

5 总结

从政策层面来说，是廉洁社会的需要，用文化附加值取代珍异食材在餐饮中的地位，用新的饮食伦理来取代旧的饮食观念；从经济文化层面来说，这是经济发展后，文化消费需求的增长与拓展的需要，美食可以成为文化的主题，各种文化形式也可以与饮食结合，成为饮食产品的一部分；适度消费与适度服务将成为大多数餐饮企业产品开发的最终要求，这也是社会平等的部分体现。文化创意与餐饮产品开发已经并将更加紧密地结合。

参考文献

[1] 文化部关于支持和促进文化产业发展的若干意见[EB/OL].http://wcm.mcprc.gov.cn/pub/whsc/zcfg/zcfgfgxwj/201105/t20110520_95180.htm.2003-09-04.

[2] 凌继尧，李林俐.文化创意与相关产业的深度融合[D]. 东南大学学报，2014，11.

[3] 高端餐馆转型[EB/OL].http://www.canyin88.com/baike/27880/gdcyzx.html.2015.

[4] 时圣宇.舌尖上的内需[N]. 人民日报，2013-1-15.

烹饪文献库——中国古代菜点词目书证索引项目设计与实现

刘志林

（北京市工贸技师学院，北京 100000）

摘 要：本文介绍了《烹饪文献库——中国古代菜点词目书证索引》项目实施流程、检索系统设计思路及技术路线。该系统的建立将有利于示范校建设成果的整合和推广，资源的信息化建设可以辐射全国，以带动所有职业院校专业建设。

关键词：烹饪文献；古代菜点；词目书证；索引

教育部、财政部《关于实施国家示范性职业院校建设计划加快职业教育改革与发展的意见》指出："对需求量大、覆盖面广的专业，中央财政安排经费支持研制共享型专业教学资源库，主要内容包括专业教学目标与标准、精品课程体系、教学内容、实验实训、教学指导、学习评价等要素，以规范专业教学基本要求，共享优质教学资源。""烹饪文献库——中国古代菜点词目书证索引系统"项目的建立将有利于示范校建设成果的整合和推广，资源的信息化建设可以辐射全国，以带动所有职业院校专业建设，从根本上发挥示范性院校作用，带动我国职业院校全面发展。它还有利于实现教学资源及时、公开、透明化，有助于学校整体能力和影响力提升，对于促进学校数字化教学资源建设和发展，将产生积极的推动作用。

1 主要目标

"数字化教学资源建设"项目的建立，旨在搭建我校数字化教学资源综合信息平台，解决多年来我校教学资源多数是纸质材料，不便于保管、查询、有效利用和统一归纳管理、信息散乱无法集中、信息资源分散重复等众多教学资源管理问题。显而易见，随着互联网时代和数字化时代的来临，我校数字化教学资源库的建立势在必行。"数字化教学资源建设——烹饪专业文献库"项目是我校烹饪专业示范校建设的任务之一，将有利于我校数字化教学资源实现统一管理、统一标准、充分利用；有利于实现教学资源及时、公开、透明化，有助于我校整体能力

作者简介：刘志林（1962—   ），男，汉族，北京市工贸技师学院烹饪理论高级讲师，国家职业技能鉴定高级考评员、裁判员、质量督导员，从事烹饪理论研究和教学工作近三十年。

和影响力提升，对于促进我校数字化教学资源建设和发展将产生积极的推动作用。

中华饮食文化源远流长，博大精深，制作烹饪专业文献库此次涉及《中国古代饮食烹饪文献书目索引》和《中国古代食品菜肴词目书证索引》目的是让教师和学生们大致了解其文化底蕴，及其历史发展脉络，从而对烹饪专业教学与研究提供有力的书证。

2 项目实施流程

本项目承担的是《中国古代饮食烹饪文献书目索引》和《中国古代食品菜肴词目书证索引》的数字化建设。分两部分进行，一部分为资源库的数字化建设；另一部分为资源查询系统的建设。

2.1 资源库的建设过程

2.1.1 前期调研确定资源库的内容和建设方案

根据我校烹饪专业教学所需及学校现有的文献资源，学校领导组织有关专家、烹饪骨干教师进行了调研并对项目的可行性进行了论证，最终决定遴选120种历代著名烹饪古籍及著述，用作8000条共39类烹饪、食品菜肴词目书证汇编《中国古代饮食烹饪文献书目索引》和《中国古代食品菜肴词目书证索引》作为资源库内容。

2.1.2 由文献编辑部门提供原始的类别名、词目、卡片的复印稿给检索系统设计部门

复印稿的形成过程：在烹饪教学中，涉及最多的是食品菜肴，鉴于此，我们在查阅古籍时，围绕食品菜肴中心，无论是经、史、子、集、笔记小说以及文学作品，凡是与食品菜肴有关的论述都摘抄下来并统一引出体例制成数目卡片。为避免录入原稿丢失，我们对撰写的120种烹饪古籍简介和8000条食品菜肴词目及万条证书卡片分别进行了复印，并且按类进行了编辑造册。

2.1.3 由检索系统设计部门负责将复印内容录入为数字资源。

2.1.4 由文献编辑部门负责数字资源内容的校对

为保证项目的文字质量，针对录入的稿件，我们组织项目组成员分三次按类别进行校改，并且每次校改后，再由文献编辑总监统审，尽量保证零失误。

2.1.5 由检索系统设计部门根据数字资源，建立可供查询的资源数据库。

2.2 资源查询系统的建设过程

2.2.1 由学院负责提出建立系统的数据库和查询系统程序语言。

2.2.2 由检索系统设计部门提供项目实施过程中的各种文档、并按时报告项目进度。

2.2.3 整合资源查询系统与资源库，完成《中国古代饮食烹饪文献书目索引》和《中国古代食品菜肴词目书证索引》数字化建设系统，并部署实施。

3 检索系统设计思路

"烹饪文献库——中国古代菜点词目书证索引系统"研制目标是进行古代菜点词目文献来源查询,从而获得古代烹饪文化及烹饪词目来源历史。其功能主要分为用户查询系统和管理员系统两部分。用户查询系统可以让用户方便地找到查询词目的书证信息,管理员系统可以进行系统的维护和管理。

另外系统在开发过程应遵循以下原则:

(1)系统提供友好的用户界面。

(2)系统具有良好的运行效率,能够保证查询便捷。

(3)框架的设计具有一定的可塑性和灵活性,便于后期维护和升级。

4 检索系统技术路线

4.1 数据库设计

检索系统采用MySQL数据库,主要由词条信息表和图片表组成。其中词条信息表主要用来存储词条的信息内容,包括词条名称、基本内容、引用文献、注释等。词条信息表的结构如下表所示。

表1 词条信息结构表

字段名称	描述	数据类型	允许空字符串
Id	主键,词条id	Int	否
Name	词条名称	文本	否
detail	词条内容描述	文本	允许
source	书证	文本	否

由于该系统涉及几百个生僻字,系统所带的字库没有,需要单独造字。为了使造字能在客户端方便显示,把造字以图片的形式存储,图片表用于存储造字文件的路径,图片表的结构如下表所示。

表2 生僻字造字图片结构表

字段名称	描述	数据类型	允许空字符串
Id	主键,词条id	Int	否
Fid	图片id	文本	否
Name	词条名称	文本	否

注:词条信息表和图片表通过主键id进行关联。

4.2 检索系统设计

系统通过建立数据库Web站点页面和基于ASP.NET方式的动态页面，运用ODBC访问数据源，来实现动态数据的查询访问。

4.3 烹饪专业文献库检索系统架构

烹饪专业文献库检索系统架构如图1所示。

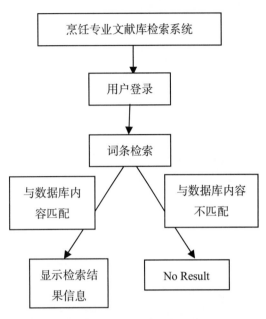

检索结果以表格的形式显示，如图2所示。当数据量过大时，可以分页显示。

图1 烹饪专业文献库检索系统架构

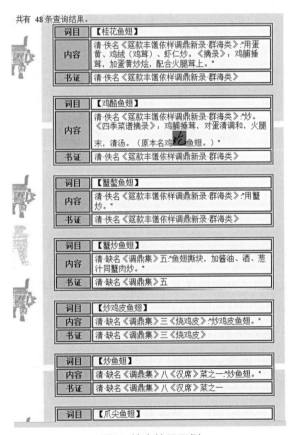

图2 检索结果示例

4.4 管理员系统架构

管理员系统功能主要包括：

（1）词条信息管理

（2）编辑

（3）增加

（4）删除

管理员系统架构如图3所示。

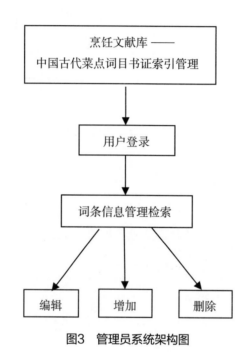

图3　管理员系统架构图

5 体会与思考

文献库的建设是一个系统工程，它需要通盘考虑及各方支持。

（1）制作前应对其帮助教学效果进行多方面的调研、预测和评价，进行可行性论证，以回答在限定条件下，文献库建设的目标能否达到、是否可行、何者为优诸多问题。论证的主要内容包括需求研究、可行性研究和评价报告等步骤。

（2）确定文献库建设工作流程　决策部门下达了文献库建设任务后，文献库建设任务的承担者拟定出具体的建设方案及业务工作流程，以指导文献库建设工作有序进行。建设方案主要内容应包括：文献选取、文献库结构、文献加工、文献标引、数据灌装链接等。方案的合理性直接影响工作的进程。

（3）建设文献库相关因素　文献库建设中涉及的因素有很多，如人员素质、文献资源、资金、计算机软硬件、数据加工、协作关系等。在诸多因素中，人员素质、文献来源应视为主要因素。

人员素质是影响文献库建设最直接的因素之一。人员包括烹饪文献专业人员和数据库技术人员。烹饪文献专业人员在烹饪文献库选题、建设方案、文献选取、文献标引等工作中举足轻重，作为文献库建设的主体人员应具备较高专业素质和思想素质。数据库技术人员是烹饪文献数据库得以实现的技术保障。因此对参加建库人员进行专业技术培训，确保各项工作规范化尤为重要。

文献资源是文献库建设的首要条件因素之一，缺乏文献资源支持的文献库建设是无源之水，无米之炊。烹饪文献库建设分为《中国古代饮食烹饪文献书目索引》和《中国古代食品菜肴词目书证索引》，两者都离不开文献资源的支持。首先根据烹饪文献选取原则和标准，通过书目控制，理顺和检全文献资源，做到心中有数。做好建库的前期准备工作，最大限度地提高文献库的完整性、系统性、权威性。

参考文献

[1] GB 8567-1988, 计算机软件产品开发文件编制指南[S]. 北京: 中国标准出版社, 1988.

[2] GB/T 11457-2006, 信息技术软件工程术语[S]. 北京: 中国标准出版社, 2006.

[3] GB 1526-1989, 信息处理-数据流程图、程序流程图、系统流程图、程序网络图和系统资源图的文件编制符号及约定[S]. 北京: 中国标准出版社, 1989.

[4] GB/T 8566-2007, 信息技术软件生存周期过程[S]. 北京: 中国标准出版社, 2007.

中国酿造醋养生功能的现代科学实证分析

张桂香，张炳文，曲荣波

（济南大学商学院，山东　济南　250002）

摘　要： 食醋的功效在历代医学中均有记载。如今，作为我国传统的调味品之一，食醋的保健功能日益受到重视。迄今为止，已有大量的动物实验和临床，证实了食醋的解毒杀虫、开胃消食、保肝解酒、活血止血、消痈、治症瘕积聚、强筋健骨等功能。本文利用循证医学方法，进行文献的查阅，探讨食醋的功能性，为科学利用食醋提供直接的证据。

关键词： 食醋；解毒杀虫；开胃消食；保肝解酒；活血止血；消痈；症瘕积聚

食醋是我国传统的调味品之一，常与其他调味料混合使用，是构成多种复合味的主要原料，也是一种国际性的重要调味品。据记载，古代的醋有醯、酢、苦酒、酸、米醋等多种名称[1]。根据文献记载和临床经验，醋在医学和保健上有较高价值，从古到今，内、儿、妇、外、临床各科都有使用记载[2]，且疗效佳，深受名医重视。

关于食醋的养生保健功效，在历代文献中多有述及，近人的文章也多有论述。目前，查阅到的古籍文献共计38种，具体如下。

《新修本草》唐·苏敬；《本草拾遗》汉·陈藏器；《本草纲目》明·李时珍；《本草衍义》宋·寇宗奭；《本草备要》清·汪昂；《日华子本草》唐·日华子；《本草再新》佚名；《本草经解》清·叶桂；《本草经集注》南北朝·陶弘景；《食疗本草》唐·孟诜；《本草新编》清·陈士铎；《本草蒙筌》明·陈嘉谟；《雷公炮制药性解》明·李中梓；《肘后备急方》（《肘后方》）东晋·葛洪；《小品方》东晋·陈延之；《千金方》唐·孙思邈；《僧深方》南北朝·释僧深；《圣济总录》（《政和圣剂总录》）宋·赵佶；《太平圣惠方》（《圣惠方》）宋·王佑、陈昭遇、郑奇；《三因方》宋·陈言；《普济本事方》（《本事方》）宋·许叔微；《名医别录》佚名；《随息居饮食谱》清·王士雄；《医林纂要》清·汪绂；《普济方》明·朱橚、滕硕、刘醇；《别录》西汉·刘向；《注解伤寒论》汉·张仲景；《会约医镜》清·罗国纲；《医学入门》明·李梴；《金匮要略》汉·张仲景；《林氏家抄方》佚名；《方脉正宗》佚名；《伤寒论》汉·张仲景；《释

作者简介： 张桂香（1975—　），女，山东莱阳人，济南大学商学院讲师，硕士，主要从事中国传统食品的研究。

注： 本文为国家社科基金项目（13BGL096）《我国食文化资源评价体系与激励机制研究》、山东省社会科学规划项目（09CJGZ56、09BJGJ13）的部分研究内容。

名》东汉·刘熙；《医林篓妥》佚名；《罗氏会约医镜》清·罗国纲；《严氏济生方》（《济生方》）宋·严用和《医学入门》明·李梴。

如今，食醋作为我国人民日常生活中不可或缺的调味品，其保健功能日益受到人们的重视。现代研究认为，食醋含有丰富的蛋白质、有机酸、氨基酸、维生素，以及多种人体必需的微量元素，可以扩张血管，改善血液循环，防止动脉硬化；且有杀菌消炎、散瘀止痛等功能。迄今为止，已有大量的动物实验和临床研究，证实食醋及其有效成分的功效。本文拟利用循证医学方法，进行文献的查阅，探讨食醋的解毒杀虫、开胃消食、保肝解酒、活血止血、消痈、治症瘕积聚、强筋健骨的功能性，为科学利用食醋提供依据。

1 食醋的解毒杀虫功能

关于食醋解毒、杀虫功能的记载，在历代医学著作中均有记载。《随息居饮食谱》称其"下气，辟邪，治诸肿毒"；《本草再新》称其"生用可以消诸毒"；《本草备要》载有"解毒"一说；《本草拾遗》《名医别录》《本草经疏》《别录》《新修本草》《本草经解》称其"杀邪毒"；《释名》称其"措置食毒"；《本草汇言》也说"醋解热毒，化一切鱼腥水菜诸积之药"；《会约医镜》载有"治肠滑泻痢"；《本草求真》载有"散疯解毒"；《医林篓妥》《医林纂要》称"杀鱼虫诸毒，伏蛔"；《纲目》称其"杀鱼肉菜及诸虫"；《日华子本草》称其"杀一切鱼肉菜毒"；《罗氏会约医镜》说醋能治"肠滑泻痢"；《本草纲目》称"杀邪毒，理诸药"，还曾记载治疗霍乱吐泻用盐醋煎服。在《严氏济生方》中凡治腹泻、下痢，均以药醋糊胃丸。《伤寒杂病论》等著作中，记有"少阴病，咽喉生疮，不能言语，声不出者，苦酒汤主之"。《本草衍义》有"产妇房中，常得醋气则为佳，酸，益血也"。三国时，名医华陀曾用蒜泥加醋治愈一例严重的蛔虫感染患者。

现代研究表明，食醋的主要成分为醋酸，还含有少量的葡萄糖酸、柠檬酸、苹果酸、乳酸、葡萄糖酸、α-酮戊二酸、甲酸、丙酸、丁酸、琥珀酸、酒石酸等有机酸成分。这些非离子化的亲脂性分子，可以渗入到微生物细胞膜内，破坏膜传递过程，并在细胞内解离而增加酸性，产生阳离子，以达到去毒的效果[3]。

关于食醋的解毒杀虫功能，国内外研究和报道的较多。熊平源[4]等采用微量稀释法，发现pH 4.42～5.38的食醋对消化道致病菌与呼吸道致病菌均有抑制作用。1∶20食醋（pH=4.42）能抑制金黄色葡萄球菌、白色念珠菌；1∶40食醋（pH=4.81）能有效抑制大肠杆菌、蜡样芽孢杆菌、粪肠球菌、阴沟肠杆菌；1∶80食醋（pH=5.38）对伤寒沙门菌、铜绿假单胞菌、白喉棒状杆菌、肺炎克雷伯士菌等8种细菌有抑制作用。杨转琴等[5]通过滤纸片法和液体培养比浊法对食醋的抑菌效应进行了评价，发现食醋对黑曲霉、黄曲霉有抑制作用。

鲁晓晴等[6]发现，食醋原液对副溶血性弧菌作用5分钟、50%食醋作用15分钟，杀灭率均为100%。张超英等[7]采用悬液定量杀菌试验及现场消毒试验方法，对食醋消毒效果进行观察。结果发现，食醋对金黄色葡萄球菌、大肠杆菌、白色念珠菌和自然菌有极强的杀灭效果，且性能稳定。王韵阳等[8]应用悬液定量杀菌试验方法进行实验。结果发现，体积分数12.5%的食醋对金黄色葡萄球菌作用10分钟，杀灭率为100%。李成菊[9]利用平板沉降法采样培养法，对食醋消毒母婴同室病房空气的效果进行观察。结果发现，母婴同室病房使用食醋熏蒸法进行空气消毒可降低病房菌数。葛新等[10]发现，食醋对大肠埃希菌、鼠伤寒沙门菌、福氏志贺菌、奇异变形杆菌、肺炎克雷伯菌均有明显抑制作用，其效果随总酸含量增加而增强。

杨凡等[11]将对ICU 100例实施早期肠内营养的患者，采用常规肠内营养后鼻饲食醋20毫升，连续10天，发现腹泻发生率大大降低，说明食醋对肠道菌群有着良好的调节作用。

胡秀容[12]、李海燕[13]等分别对食管癌术后非细菌性腹泻的病人给予食用食醋，可有效的减少腹泻，对病人术后的恢复起到了较好的作用。

万桂香等[14]对20例带状疱疹患者采用适量食醋、大活络1丸、六神丸10粒调和成糊状，外敷于疱疹处，每日3~4次，停服止痛药物，疗程二周。结果发现，食醋、大活络丸、六神丸外敷治疗带状疱疹，能显著缓解疼痛，加速疱疹消退，改善患者精神状况。

另外，在临床应用中发现，食醋可防治流行性腮腺炎，外涂可治疗手足癣、皮肤病等。

体外试验研究发现，0.125%~0.25%乙酸与原头蚴接触后可在2~3分钟内出现皮层起泡杀虫作用，起刺，皮层分离，溶解及虫体发暗，钙粒减少等形态结构变化。5~10分钟内可达到100%杀死原头蚴的效果。

2 食醋的开胃消食功能

《随息居饮食谱》载有食醋"开胃、消食"功能，《本草求真》《本草拾遗》称其"消食"；《本草备要》称其"下气消食，开胃气"；《本草纲目》称其"开胃养肝，醒酒消食"。

德国BICKLE曾用盐水将葡萄醋稀释，让狗饮用，结果发现，胃液分泌量大大增加。国外研究还发现，食醋对乙醇引起的大鼠胃损伤具有一定的保护功能。

现代医学研究表明，食醋含有挥发性的有机酸和氨基酸等小分子物质。这些挥发性物质通过人的鼻腔时，会刺激人嗅觉细胞中的嗅感神经。嗅感神经由于刺激而发生脉冲，传递到大脑的中枢系统，经过大脑的神经系统调节，使得消化系统机能亢进，促进胃液、唾液等的大量分泌，提高胃液和唾液的浓度，提高食欲，促进食物在人体内的消化。食醋中的酸性物质还可溶解食物中矿物质等营养物质，增强其吸收能力。低浓度的醋酸是胃的温和刺激剂，可以防止胃在强刺激物质下所引起的胃损伤。临床报道，食醋有改善肝炎患者食欲不振的作用。

3 食醋的保肝、解酒功能

食醋的解酒护肝功效在中医书籍中均有记载。《随息居饮食谱》称其"养肝、醒酒";《医林纂要》《医林婆妥》称其"泻肝,收心";《本草再新》载有"平肝"之说;《本草备要》称其"下气消食,开胃气";《日华子本草》载有"下气除烦,助肝贼脾"功能;《本草新编》称其"入胃、脾、大肠,尤走肝脏";《雷公炮制药性解》载有"入肝经";《本草汇言》记有"凡诸药宜入肝者,须以醋拌炒制,应病如神";《本草纲目》说醋"治黄疸、黄肝"。

现代研究发现,当人饮酒后,约有20%的酒精被胃吸收,其余则在肠内慢慢被吸收,再送至肝脏,肝脏会将酒精分解成乙醛,然后经氧化分解产生醋酸和水[15]。食醋除了主要成分醋酸外,还含有乳酸、苹果酸、琥珀酸、丙酮酸、柠檬酸等多种有机酸,包括自身不能合成、需从外界环境摄取的8种必需氨基酸在内的多种氨基酸,以及维生素等多种肝脏所需要的营养物质。食用后,营养物质被充分吸收转化,其转化合成的蛋白质对肝脏组织损伤有修复作用,并可提高肝脏解毒功能、促进新陈代谢,增强肾脏功能和利尿,促使酒精从体内迅速排出,从而达到保护肝脏的目的。因而,饮酒的同时饮用食醋,能降低血液中酒精的浓度,避免或减轻醉酒出现。食醋本身还能杀灭肝炎病毒,从而防治肝病。

张凤等在对成年家兔灌肠实验中,发现等渗性食醋灌肠的家兔,其肠黏膜细胞形态正常,微绒毛排列整齐,细胞连接紧密,说明食醋具有良好的护肠功能。

临床上,孟德娥[16]、彭芳[17]、张克君[18]、王丽娜[19]、余丹惠[20]、郭迎春[21]、单靖[22]等分别对肝性脑病患者实施食醋保留灌肠进行治疗,发现食醋灌肠治疗后血氨水平下降明显,患者清醒时间明显缩短。对重症肝炎患者的治疗中,张凤兰[23]在常规治疗的基础上进行食醋保留灌肠,发现食醋能减少肠源性内毒素血症的发生,降低血氨,促进肝细胞的修复,改善肝功能,提高重症肝炎患者的存活率。陆启琳[24]等对肝硬化合并肝性脑病Ⅱ期的患者治疗中,采用食醋保留灌肠方法治疗,总有效率达90%。另有报道,食醋对急性传染性肝炎的治疗效果也很显著;用大剂量的维生素C辅以食醋,对肝硬变肝昏迷具有很好的治疗效果,19例病人在24～48小时内均达到肝昏迷完全清醒标准。

4 食醋的活血化瘀功能

中医认为醋归肝经,肝藏血,所以醋有活血功能。《千金·食治》称食醋能"治血运";《本草拾遗》称其"破血运";《日华子本草》记有"治产后妇人并伤损,及金疮血运";《本草纲目》《本草备要》称其有"散瘀血"功能。

1956年,英国Harman提出自由基学说。此学说认为,在生命活动过程中不断产生的自由基，可损伤细胞核及线粒体DNA，可使生物大分子、细胞器、生物膜、细胞等发生氧化损伤。生物膜脂质过氧化、蛋白质交联变性等氧化损伤的逐渐累积，会导致各种人体正常细胞和组织的损坏，从而引起多种疾病，如心脏病、心脑血管疾病、老年痴呆症、帕金森病和肿瘤等。体内自由基对人体的危害，与中医的"血瘀"症最为类似。中医活血化瘀的研究主要集中于抗血栓、改善微循环、改善血流动学以及抗炎、抗肿瘤等方面，活血化瘀中药药物有效成分在抗氧化能力方面的药理活性被不断证实[25]。

现代研究表明，食醋中含有的多种化合物，如酚类、黄酮类化合物、不饱和脂肪酸、游离氨基酸、维生素、生物碱、蛋白黑素等，是自由基的清除剂。其中，酚类和黄酮类化合物是食醋清除自由基的主要成分，具有良好的抗氧化能力。

动物实验证实，食醋能显著降低小鼠血浆、肝脏和皮肤组织的MDA水平，增强SOD、GSH-Px的活性。日本研究发现，黑醋中含有的二氢阿魏酸（DFA）和二氢芥子酸（DSA）能直接清除DPPH·自由基，对铜离子引起的低密度脂蛋白（LDL）氧化反应有抑制作用且与浓度有关。摄取黑醋可以抑制体内氧化损伤，对动脉硬化有抑制作用。

国内研究发现，中国的食醋（粮食醋、水果醋）均具有一定的抗氧化性能，甚至有些食醋的抗氧化和清除自由基的能力高于目前市场上常用的一些合成抗氧化剂，如BHT等。食醋生产过程中，发酵和美拉德反应共同作用产生的川芎嗪，可抗自由基、降低肝病患者体内的脂质过氧化物，影响血浆中SOD的含量。湘西原香醋对超氧自由基（O_2^-·）的清除能力低于维生素C，山西老陈醋的清除活性比没食子酸和维生素C的都高。

食醋中尤其是果醋内含有丰富的钾、锌等微量元素和维生素，并含有可促进心血管扩张、冠状动脉血流量增加、产生降压效果的三砧类和黄酮成分，对高血压、高血脂及脑血栓的动脉硬化等多种疾病有防治作用[15]。多酚类物质，既具有预防癌症、高血压、心脏病等作用，也可保护维生素C不被破坏，从而降低胆固醇含量。发酵过程中产生的川芎嗪和外环二肽，还能显著促进细胞内胆固醇流出，并能明显激活LXR受体，具有较好的降血脂功效。食醋中的尼克酸和维生素C能促使胆固醇经肠道随粪便排泄。

国内有临床报告证实，让高血压或者心血管病患者每天服用20mL食醋，半年后，血液中总胆固醇、中性脂肪含量大大降低[26]，而血流介导的动脉舒张功能未有显著变化。国内外动物实验也证实，粮食醋、水果醋均能降低实验动物（大鼠、鹌鹑）血清的LDL-胆固醇浓度，提高HDL-胆固醇的量，显著提高HDL-C/TC比值，降低动脉硬化指数，有助于抗动脉粥样硬化和降血脂。

高血压容易引起脑血管障碍、缺血性心脏病、肝硬化症等，是动脉硬化的重要因子。日本的研究发现，黑醋对血管紧张肽与血管紧张肽转化酶（ACE）的活性有抑制作用。KomdoS等研究了自发性高血压大鼠（SHR）长期食用醋酸或食醋的影响。与不给与醋酸或食醋的对照组大鼠相比，醋酸和食醋能明显降低血压和血管紧张肽原酶的活性。食醋中维生素C和尼克酸能扩张血管，促进胆固醇排泄，增强血管的弹性和渗透力。另外，食醋还能促进体内钠的排泄，改善钠的代谢异常，从而抑制体内盐分过剩所引起的血压升高。

"醋制"是中药炮制中重要的炮制方法，中医临床常用醋与药物共制，用于疾病的治疗。中医认为酸入肝，肝主血。许多疾病由肝经不舒引起，醋味酸，专入肝经，能增强药物疏肝止痛作用，并能活血化瘀、疏肝解郁、散瘀止痛。如常见的妇科用药醋柴胡、醋当归、醋白芍等，治疗月经不调、崩漏带下等妇科疾病。中医伤科配制外敷药，也离不开醋，外用具有活血散瘀之功效。乔健等[27]发现，生铁屑、小茴香、艾叶、硫黄、组成的茴艾熨疗袋治疗女性痛经，效果显著。

血栓的形成是引发内瘘闭塞的最主要原因。谢萍等[28]将60例维持性血液透析的患者随机分为试验组和对照组。试验组日间热敷后用食醋浸泡新鲜马铃薯片外敷内瘘血管处，2小时更换1次，每日2次，夜间用喜疗妥外涂内瘘处；对照组常规护理。在6个月和12个月后观察内瘘血管情况。结果发现，实验组内瘘发生硬化闭塞的几率明显低于对照组，说明用食醋浸泡马铃薯后外敷联合喜疗妥外涂，具有良好的预防动静脉内瘘硬化闭塞的效果。

5 食醋的止血功能

《千金方》载有"治鼻血出不止"；《本草衍义》称"产妇房中，常得醋气则为佳，酸，益血也"；《食疗本草》称其"止卒心痛、血气"；《本草经疏》称"治产后血晕，瘕块血积"；《随息居饮食谱》《本草拾遗》称"治产后血晕"；《本草汇言》也有"治产后血胀、血晕"之说；《本草求真》记载"以火淬醋入鼻，则治产后血晕"；《本草食疗》记载"能治妇人产后血气运：取美清醋，热煎，稍稍含之即愈"。

中医认为，产后血晕是由于败血流入肝经，以致眼黑头眩，不能起坐，甚至昏闷，不省人事。《雷公炮制药性解》《本草新编》《本草经解》均记载，食醋胃酸、性温，入肝经，故有止血功能。

临床上，高传英等[29]发现，云南白药加食醋外敷治疗静脉输液所致的人皮肤损伤，效果明显，且可缩短创面愈合时间。杜宜华[30]用季德胜蛇药加食醋联合百多邦软膏外敷治疗化疗药物外渗，疗效好，可缩短治愈时间。王秀红[31]用如意金黄散加食醋外敷治疗静脉留置针输液渗漏处，显效率为91.18%明显高于对照组（52.94%）。另有研究发现，食醋溶液灌肠能降低食管胃底静脉曲张破裂出血。

6 食醋的消痈功能

痈的病名首见于《内经》，其记录"营气不从，逆于肉理，乃生痈肿"，有"内痈"与"外痈"之分。内痈由饮食不节，冷热不调，寒气客于内，或在胸膈，或在肠胃，寒折于血，血气留止，与寒相搏，壅结不散，热气乘之造成。外痈是一种发生于皮肉之间的急性化脓性疾患，包括现代医学的急性淋巴结炎、蜂窝组织炎等，其病因病机多由于外感六淫及过食膏粱厚味，内郁湿热火毒或外来伤害、感受毒气等，引起邪毒壅塞，致使机体营卫不和，经络阻塞，气血凝滞，发生痈肿[32]。

中医认为，食醋具有消痈功能。历代医学巨著都有论述。《名医别录》《别录》《本草汇言》均称食醋"消痈肿"；《本草纲目》称"大抵醋治诸疮肿积块，心腹疼痛，痰水血病"；《新修本草》称其"主治痈肿"；《本草经疏》称其"主消痈肿"；《纲目》载有"治诸疮肿积块"；《本草求真》载有"月合外科药敷，则治痕结痰癖、疸黄痈肿"；《方脉正宗》中"治痈疽初起"附方（生附子，以米醋磨稠计，围四畔，一日上十余次）；《千金方》中"治乳痈坚"附方（以罐盛醋，烧石令热纳中，沸止，更烧如前，少热，纳乳渍之，冷更烧石纳渍。）；《本草经解》称"外敷消痈肿"。《食疗本草》记载"大黄涂肿，米醋飞丹用之。"

晋葛洪《肘后备急方·卷五》中载有治瘰疽附方："手脚心风毒肿：生椒末、盐末等分，以醋和附，立差。""小品方治疽初作：以赤小豆末醋和附之，亦消。"孙思邈《备急千金要方卷第二十二疗肿痈疽》：疗肿第一，"治一切疗肿，又方：疾藜子一升烧灰，酽醋和封上，经宿便瘥。"

1973年，湖南马王堆3号汉墓出土的帛书《五十二病方》中，记载有用醋（当时写作"醯""苦酒"等古字）组方治灼伤、疝、疸、癣、疯狗咬伤等11种病的17则处方。唐朝孙思邈在《千斤宝要》中记有"用3年陈醋滓，微火煎，治疮，疸痈肿病"。

2003年，CONUXELO报道，在病灶外，连续涂抹高浓度的酿造醋，能有效的减轻疣的症状。2004年，MACROKANIS报道，在水母叮蛰处涂抹高浓度醋，可杀死刺细胞而消肿。

我国在现代医学中，常将食醋用于治疗外科的一般炎症。如中成药中的新癀片、双黄连粉针，均可用食醋调匀，外敷于患处，具有消痈散结之功效。用云南白药加食醋调敷，可明显减轻注射疫苗后红肿、硬结的不良反应。曹亮等用柴胡舒肝散加减内服配合中药浸醋外搽治疗乳腺增生，疗效明显优于普通治疗方案，有较好的临床治疗效果。有研究发现，无蒸煮薏苡醋、玉米醋含有抗肿疡（肿疡，谓疮未出脓者）活性物质；蒸煮薏苡醋未见此活性，蒸煮玉米醋的抗肿疡活性仅为无蒸煮玉米醋的25%。

7 食醋的治症瘕积聚功能

瘕瘕积聚都是见于腹部而有形状可以手触知的疾患。坚硬不移动，痛有定处为"症"；聚散无常，痛无定处为"瘕"。积聚，是腹内结块，或痛或胀的病证。积属有形，结块固定不移，痛有定处，病在血分，是为脏病；聚属无形，包块聚散无常，痛无定处，病在气分，是为腑病。因积与聚关系密切，故两者往往一并论述。积聚的病位主要在于肝脾。基本病机为气机阻滞，瘀血内结。聚证以气滞为主，积证以血瘀为主。

西医学中，凡多种原因引起的肝脾肿大、增生型肠结核、腹腔肿瘤等，多属"积"之范畴；胃肠功能紊乱、不完全性肠梗阻等原因所致的包块，则与"聚"关系密切。

历代医书中，均有食醋治瘕瘕积聚功能的记录。《普济方》称食醋"治一切积聚"；《医学入门》中"治瘕瘕"附方（鳖甲、诃子皮、干姜各等分。为末，醋糊丸，梧子大，每三十丸，空心白汤下）；《本草经疏》称其"治瘕块血积"；《本草拾遗》记载"除症决坚积，破结气"；《日华子本草》记有"下气除烦，破癥结"；《纲目》中写道醋"治诸疮肿积块"；《本草求真》中有"月合外科药敷，则治瘕结痰癖"的记载。

现代医学证实，食醋具有抗肿瘤的功能。中国科学院成都分院和中国科技大学对保宁醋生产原料进行分析，结果证明麸皮具有高铜低镉的特征。用多种中草药制成的药曲，含有丰富的铜、锌、锰、钼、钴等微量元素，这些微量元素具有抗癌作用、消减黄曲霉致癌成分的作用。保宁醋中含有一种酶，可以抑制镉和真菌的协同致癌作用。有关专家认为，食醋中含有大量的醋酸、乳酸、琥珀酸、葡萄酸、苹果酸、氨基酸等，经常食用，可以有效地维持人体内pH的平衡，从而起到防癌抗癌的作用[33]。

有研究报道，给患有恶性肿瘤模型的老鼠喂饲适量的醋液，连续服用10天，肿瘤有明显的改善。M Mura等发现在试管中加入液态米醋会诱导人体白细胞的凋亡，而Nanda等通过实验室试管研究发现，液态米醋可抑制癌细胞的繁殖。Naoto等给移植了肠癌细胞的老鼠喂食含3%米醋沉积物的饲料，可有效减小癌细胞体积，减小量超过34%[34]。

国内动物实验表明，食醋能有效减少腹水型荷瘤鼠（ICR-Sarcoma180系癌细胞）腹腔肿瘤。孙振卿[35]在应用煤焦沥青（CTP）烟气吸入法诱发小鼠肺癌瘤的同时，给予食醋蒸汽吸入进行干预试验，研究发现，吸入食醋蒸汽能够降低由于吸入煤焦沥青烟气所致小鼠肺癌发生率。王勉[36]采用长期高醋膳食生活条件下的大鼠血清培养人肺腺癌细胞A549，研究长期饲醋条件下动物血清对肺腺癌细胞A549增殖活性、凋亡及Survivin蛋白表达水平的影响。长期饲醋，能抑制肺腺癌细胞A549的增殖，增强人肺腺癌细胞A549的凋亡，减低人肺腺癌A549细胞Survivin蛋白的表达水平。

日本九州大学医学院的现代研究发现，陈醋有强烈的破坏和分解亚硝酸盐的作用，能抑制嗜碱性细菌的生长和繁殖，起到防癌的功效。也有研究发现食醋可以调节体液的pH，提高免疫力，促进副肾皮质激素的分泌，能够起到有效抗癌防癌的作用。

8 食醋的强筋健骨功能

《随息居饮食谱》《黄帝内经》《伤寒杂病论》《本草纲目》记载醋能"强筋，暖骨"。《周礼·天官冢宰·疡臣》中也有"凡药，以酸养骨，以辛养筋"的记载。

现代研究发现，食醋有助于预防骨质疏松症。人体中钙含量的多少，会影响骨骼的生长与代谢。老年人如缺钙，易产生骨质疏松症。有研究表明，日常膳食中加入食醋，可以促进小肠对钙的吸收，有助于预防骨质疏松症。

食醋的pH低，有利于食物中钙的溶解和溶出，增大钙的溶解度和吸收率。食醋中主要成分醋酸，也是肠道微生物产生的主要短链脂肪酸之一。这些短链脂肪酸能影响肠道功能和代谢，与肠道中钙的吸收有关。据报道，短链脂肪酸的混合物如醋酸、丙酸和丁酸与大鼠盲肠和大肠中高钙吸收有关。

日本某化学研究所的动物实验表明，食用食醋蛋的老鼠比普通食物组的骨骼强度高。Mikiya Kishi等将低钙饲喂的大鼠，切除卵巢，喂食食醋，发现食醋可增加钙的溶解性，提高小肠对钙质吸收率，降低由于卵巢切除而引起的骨转化，故食醋可预防骨质疏松症。另外，食醋还能防止维生素C的破坏，利于肌体的吸收利用。维生素C能活化体内多种酶和激素，延缓衰老，并有阻断致癌物质亚硝基化合物生成的效用。人体实验表明，灌输醋酸于大肠末梢、直肠能增进钙的吸收，有助于预防骨质疏松症。

结语

食醋因具有多种保健功能，日益受到人们的青睐。除了上述功能外，现在的研究还发现，食醋还具有减肥、降血糖、抗疲劳等多种功能。通过循证医学方法的利用，有助于我们科学的分析食醋的功能，充分发挥食醋的功效，更好的利用食醋，为食醋行业的发展提供基础。

参考文献

[1] 胡嘉鹏. 关于食醋生产技术的文献史料(上)[J]. 中国调味品, 2005(9): 10.

[2] 宋小乐. 山西醋文化的初探[D]. 北京: 中央民族大学, 2009: 23.

[3] 向进乐, 罗磊, 郭香凤, 等. 果醋功能性研究进展[J]. 食品科学, 2013(13): 357.

[4] 熊平源, 边藏丽, 胡萍, 等. 食醋对15种病原菌最低抑菌浓度测定[J]. 武汉科技大学学报(自然科学版), 2000(3): 318.

[5] 杨转琴, 魏红, 曹雯, 等.大蒜提取液及食醋抑菌作用的研究[J].食品科学, 2008(1): 69.

[6] 鲁晓晴, 张超英, 周晓彬.大蒜液和食醋对副溶血性弧菌杀灭效果的试验研究[J].中国消毒学杂志, 2007(1): 48.

[7] 张超英, 鲁晓晴, 滕洪松.食醋杀灭细菌的性能及效果观察[J].齐鲁医学杂志, 2007(3): 196.

[8] 王韵阳, 张超英, 闫志勇, 等.大蒜食醋复方溶液对金黄色葡萄球菌杀灭效果的研究[J].中国消毒学杂志, 2011(3): 289.

[9] 李成菊.食醋熏蒸法对母婴同室病房空气消毒效果的观察[J].中国消毒学杂志, 2013(4): 385.

[10] 刘珂.浅谈我国食醋的功能及发展趋势[J].中国调味品, 2010(6): 34.

[11] 孟德娥, 刘治华.乳果糖、食醋、中药灌肠治疗肝性脑病的对比观察及护理研究[J].中国社区医师(医学专业), 2012(10): 332.

[12] 彭芳, 谭妹莲.大黄液加食醋灌肠治疗肝性脑病的观察与护理[J].当代医学, 2010(22): 95.

[13] 张克君.食醋保留灌肠疗法治疗肝性脑病的临床效果观察[J].西南军医, 2011(2): 209.

[14] 王丽娜, 王玉庭.精氨酸联合食醋保留灌肠治疗肝性脑病48例疗效观察[J].中国社区医师(医学专业), 2013(2)179.

[15] 余丹惠.中药联合食醋保留灌肠降低肝性脑病血氨效果观察[J].中国医疗前沿(上半月), 2009(13): 24.

[16] 郭迎春.护肝醒脑汤灌肠治疗肝性脑病52例护理体会[J].健康大视野: 医学版, 2013(4): 342.

[17] 单靖.肝性脑病患者行食醋保留灌肠的护理体会[J].临床合理用药杂志, 2013(6): 149.

[18] 张风兰.食醋保留灌肠治疗重型肝炎的疗效观察[J].医学理论与实践, 2011(8): 29.

[19] 陆启琳, 吴情.食醋灌肠治疗肝性脑病方法探讨[J].中国中医药现代远程教育, 2010(24): 96.

[20] 潘凯.活血化瘀中药的抗氧化作用研究进展[J].中国医药指南, 2013(30): 257.

[21] 章国洪, 谭櫂华, 章丽霞, 等.论食醋功能及产品多样化现状[J].中国调味品, 2013(3): 23.

[22] 乔健, 马济斌.茴艾熨疗袋治疗痛经[J].山东中医杂志, 1996(2): 86.

[23] 谢萍, 张晓莉, 周琴.食醋马铃薯联合喜疗妥预防动静脉内瘘硬化闭塞的疗效观察[J].当代护士(中旬刊), 2012(5): 93-94.

[24] 高传英, 贺美华.云南白药加食醋治疗输液所致皮肤损伤[J].护理学杂志, 2006(10): 46-47.

[25] 杜宜华.季德胜蛇药加食醋联合百多邦外敷用于化疗药物外渗效果观察[J].医疗装备, 2012(25): 34-35.

[26] 工秀红.如意金黄散加食醋对新生儿静脉输液渗漏的治疗[J].临床护理杂志, 2014(6): 72-74.

[27] 马爱贞.浅谈外痈的辩证施护[J].护士进修杂志, 1988(4)

[28] 张战国.食醋功能特性的研究与分析比较[D].杨凌: 西北农林科技大学, 2009.

[29] 唐青, 张德纯.醋的保健功能及其制品的研究现状[J].中国微生态学杂志, 2010(10): 955.

[30] 孙振卿.煤焦油沥青烟气致小鼠肺癌及食醋蒸汽阻断作用的实验研究[D].承德: 承德医学院, 2007.

[31] 孙振卿.煤焦油沥青烟气致小鼠肺癌及食醋蒸汽阻断作用的实验研究[D].承德: 承德医学院, 2007.

[32] 王勉.长期饲醋SD大鼠血清诱导人肺腺癌细胞A549凋亡及对其Survivin表达影响的实验研究[D].承德: 承德医学院, 2010.

发酵食品及其安全性评价

白　雪[1]，李留柱[2]，张立方[3]

（1.中国食文化研究会民族食文化委员会，北京　100050；2.中关村绿谷生态有机农业产业联盟，北京　100081；3.北京食品科学研究院，北京　100068）

摘　要：传统发酵食品是利用微生物的作用将各种谷类、豆类、蔬菜、乳、肉及茶等食物发酵而成的一类食品。传统发酵食品不仅具有较高的营养价值和独特的风味，而且含有很多生理活性成分，使传统发酵食品具有一定的保健功能。由于发酵技术可以通过控制致病菌的生长与复制来增加食品的安全性，但是高品质、严格的发酵过程对确保质量和安全的要求很高，这需要控制发酵中的环境条件及原材料条件等因素，对安全风险进行评估、控制，从而达到减少安全风险的目的。

关键词：发酵食品；生物污染；化学污染；食品安全

发酵是一种古老、传统的食品储存与加工的方法。利用微生物的作用而制得的食品都可以称为发酵食品。传统发酵食品以其制作成本低，改善食品的风味、营养及有较强的稳定性等优点在世界广泛分布。许多国家和地区都有着具有当地特色的传统发酵食品，例如中国的酱油和腐乳；日本的纳豆、清酒；韩国的泡菜以及欧美国家的香肠、酸奶和干酪等[1]。尤其是在非洲等不发达国家，发酵技术以其低廉的成本被广泛应用，多种类的发酵食品相继产生，从谷物、豆类、蔬菜、水果到酸乳、鱼、肉等[2-6]。发酵工艺在中国也有着上千年的历史，对保持食品质量有着重要的作用。

中国传统发酵食品是利用微生物的作用将各种谷类、豆类、蔬菜、乳、肉及茶等食物发酵而成的一类食品，其历史悠久，种类繁多，例如各种泡菜、酸奶、奶酪、馒头、发酵香肠等[7]。现代科学研究表明：传统发酵食品不仅具有较高的营养价值和独特的风味，而且含有很多生理活性成分，使传统发酵食品具有一定的保健功能，如具有调节肠道微环境、降胆固醇、降血压、降血脂、抑制肿瘤活性及提高免疫力等作用[8]。这些功能与发酵中的微生物密不可分，如各种乳酸菌、酵母菌、霉菌、醋酸菌及其他细菌等，其中乳酸菌是最为重要的一类微生物[9]。

传统发酵食品大多是以促进自然保护、防腐、延长食品保存期、拓展在不同食用季节的可食性为目的，最初起源于食品保藏，是保证食品安全性最古老的手段之一。后来，发酵技术经

作者简介：白雪（1985—　　），女，中国食文化研究会民族食文化委员会副秘书长兼事业发展部主任，主要从事食文化活动组织工作。

过不断的演变、分化，已成为一种独特的食品加工方法，用于满足人们对不同风味、口感，乃至营养、生理功能的要求[10]。

由于发酵技术可以通过控制致病菌的生长与复制来增加食品的安全性，因此，它在食品加工与贮存中非常重要。尽管近些年来，发酵技术在工艺上取得了很大的进步，但是高品质、严格的发酵过程对确保质量和安全的要求很高。这需要控制发酵中的环境条件及原材料条件等因素，对安全风险进行评估、控制，从而达到减少安全风险。

1 传统发酵食品的分类

中国传统发酵食品按照原料来源可分为发酵豆类制品、发酵谷类制品、发酵乳制品、发酵肉制品、发酵蔬菜类制品及发酵茶类。

1.1 发酵豆类食品

发酵豆类食品是指用大豆或大豆制品接种微生物发酵后制成的食品，包括豆豉、豆酱、酱油、腐乳[11]。大豆本身具有大豆异黄酮类、大豆低聚糖、大豆皂苷以及磷脂等丰富的营养成分，而微生物发酵后产生的大豆多肽、氨基酸类化合物、消化酶、维生素、大豆异黄酮、功能性低聚糖、褐色色素、矿物质等功能性成分有众多药用价值和保健功能[12]。这些功能性成分使得发酵豆类食品具有促进消化吸收、减慢血管老化、降血压、溶解血栓、抗氧化、抗癌、抗菌等生理功能[13]。

1.2 发酵谷类制品

发酵谷类制品是指人类利用有益微生物发酵稻类、麦类、豆菽类以及薯类，使其营养成分发生改变并产生独特风味的食品。利用谷物进行发酵的微生物可在发酵过程中将原有组分进行分解，更易于消化吸收，同时还可产生部分微生物特有的营养代谢物，如B族维生素等。在发酵过程中，微生物保留了原来食物中的一些活性成分，如多糖、膳食纤维、生物类黄酮等对机体有益的物质，其中部分代谢产物还可发挥调节机体生物功能的作用，抑制体内有害物的产生[14]。

1.3 发酵乳制品

中国发酵乳制品的制作工艺历史悠久，一方面发源于北方的游牧民族；另一方面来自中原地区。其中，北方游牧民族主要是将容易变质的乳汁转变为固态的乳制品以利于保存和携带，而中原地区的乳品发酵主要侧重于降低乳品中的乳糖成分并生产其他高附加值产品[15]。现代发酵乳制品是以乳为原料，经乳酸菌或酵母等特定微生物发酵而制成的产品。根据所用微生物的种类及发酵作用的特点，发酵乳制品主要分为两大类：酸性发酵乳和醇性发酵乳。根据杀菌与否，酸性发酵乳分活菌制品和死菌制品。活菌制品包括酸奶、活性乳酸菌饮料、发酵酪乳等。死菌制品主要为乳酸饮料等。醇性发酵乳又称为酒精发酵乳，如牛奶酒、马奶酒[16]。关于发酵乳制品的加工工艺，以凝固型酸奶的生产为例，主要的工艺流程包括：原料配合、过滤与净化、预热（60~70℃）、均质（16~18MPa）、杀菌（95℃，15min）、冷却（43~45℃）、添加香料、接种、装瓶、发酵、冷却、贮藏。其中优质原料是生产优质乳酸的第一步，选用的脱脂乳需为纯净的并经过灭菌处理的。另外，接种是造成酸奶受微生物污染的主要环节之一，为防止霉菌、酵母、噬菌体和其他有害微生物的污染，接种时必须注意无菌操作[17]。

1.4 发酵肉制品

我国发酵肉制品的生产具有悠久的历史，目前主要分为发酵香肠和发酵火腿两大类。著名的金华火腿、宣威火腿、如皋火腿以及各种发酵型香肠和其他肉制品，一直深受消费者的欢迎[19]。应用于肉制品发酵剂的微生物主要有细菌、酵母菌和霉菌。肉类在发酵过程中，相关微生物产生的蛋白酶使原料肉中部分蛋白质水解，这使得发酵肉类与一般生鲜肉相比含有更丰富的多肽类物质和多种氨基酸。同时，肉制品中有大量益微生物的存在，可起到对致病菌和腐败菌的竞争性抑制作用，从而保证产品安全性，延长产品货架期[20]。

1.5 发酵蔬菜类食品

发酵蔬菜分为酱腌菜类、渍酸菜类、泡菜类、蔬菜汁类等，其中尤以泡菜为典型代表。传统发酵泡菜的加工方式多以自然发酵为主，其发酵过程可分为起始发酵、主发酵、次发酵、后发酵4个阶段[21]。泡菜中优势微生物主要有乳酸菌、酵母菌、霉菌等，具有肠道净化功能、抗菌、抗突变活性、预防脑溢血、抗癌、抗衰老、抗动脉硬化等功能[22]。我国的泡菜与韩国泡菜相比各具特色，具体差异表现为：我国泡菜的主材选择中蔬菜种类较多而在辅料方面的品种较少；加工工艺方面，与韩国泡菜的腌渍不同，我国泡菜在制作上讲究浸泡，是真正意义上的"泡"菜，乳酸发酵方式为纯厌氧发酵[23]。研究表明，我国泡菜富含维生素、钙、磷、铁、胡萝卜素、辣椒素、纤维素、蛋白质等多种营养成分，如何深化我国泡菜的功能性成分研究，开发符合现代人健康生活方式的新型泡菜产品是食品界亟待解决的问题，也是科技界与产业界主攻的研究方向。

1.6 发酵茶

我国的茶文化具有悠久的历史。发酵茶根据发酵程度的不同可分为轻发酵茶（不发酵茶）、半发酵茶、全发酵茶和后发酵茶。半发酵茶在制作过程中将茶叶中的叶绿素破坏，并使之达到20%~70%的发酵程度，如铁观音、武夷岩茶等。全发酵茶是100%的发酵茶叶，因冲泡后的茶色呈现鲜明的红色或深红色，称之为红茶。发酵茶保留了茶叶本身含有的大量咖啡碱、维生素等化学成分，能加速脂肪氧化，具有瘦身减肥的效果。同时，发酵茶在发酵烘制的过程中，在氧化酶的影响下，使茶多酚发生氧化反应，从而缓解了茶叶本身对胃的伤害。发酵产物还可进一步调节人体的血脂、血糖，加速人体对食物的消化分解[14]。

2 传统发酵食品的安全风险

传统发酵工艺有很长的历史，但总体上工业化程度不高，尤其在不发达国家，只有少数产品实现了高度工业化，大多数企业以传统的天然发酵工艺生产为主，生产过程和工艺控制主要依靠技术人员的经验判断，产品受外界因素影响大，质量不稳定。在多数天然发酵工艺中，微生物菌群复杂且发酵过程难以控制，导致发酵食品存在很多安全风险[24]。传统发酵食品的安全风险主要有：生物性污染、化学风险及工艺控制因素、物理风险、转基因的安全性问题[25, 26]。

2.1 生物性污染

传统发酵食品的生物性污染主要有细菌性污染、霉菌性污染以及寄生虫性污染，其中以微生物风险隐患最多[25]。例如，传统发酵豆制品的主要安全隐患在于真菌污染，主要检出的真菌有毛霉和青霉，它们可以产生部分有毒代谢物，长期食用，对人体有一定的致癌风险[27, 28]。此外，发酵中产生的黄曲霉素是黄曲霉在生长繁殖中产生的可致癌、有毒代谢物，是农产品中最强的一类生物毒素。另外，传统发酵中产品的微生物杂菌的数量较多，也是很大的安全隐患[29]。

2.2 化学风险及工艺控制因素

传统发酵食品的化学污染主要是农药、重金属和其他的有机污染物，这些污染物有的附着在发酵食品的原材料中，如谷物、豆类上。这些化学污染物对人体的危害很大，例如，金属砷和铅广泛存在于被污染的土壤中，被植物在成长中吸收，再进入人体，长期积累，可以损害人体的脏器及神经系统[25, 26]。另外，生产过程中工艺控制不当也会产生传统发酵食品安全的化学隐患。例如，蔬菜在发酵过程中，由于蔬菜自身的原因，如温度、湿度、发酵时间控制不当，在加工的过程中极易积累亚硝酸盐及有害微生物，给产品带来潜在的安全性问题；发酵肉中生物胺的累积可以导致人体直接中毒。肉制品生产工艺及储藏条件、原料肉的特性等都影响发酵肉中生物胺的形成[30]。

2.3 物理风险

物理污染主要指放射性污染和异物污染，前者来源于不同的质地土壤，后者来源于原辅料[25]。目前很多传统发酵食品的生产基本还是作坊式，工业化程度低，生产条件差，生产过程中卫生控制不严，也会成为物理性危害隐患的来源[26]。

2.4 转基因的安全性问题

转基因食品的安全性是国际上存在一个比较有争议的问题，尽管它为解决粮食匮乏和人口增长的危机做出了贡献。由于转基因技术可以提高作物产量，改善品质，部分发酵食品的原材料为转基因物质。因此对传统发酵食品中转基因物质的安全性还需要作进一步的研究[26]。

3 发酵食品的安全性评价

食品工业用菌种包括细菌、酵母、真菌和放线菌。食品工业用菌种的安全性是评价发酵食品安全性的主要方面，其中包括生产菌种对人体的致病能力，菌种所产生的有毒代谢产物对人体的潜在危害，利用基因重组技术所引发的食品安全问题和相关生产过程中微生物的污染问题。评价微生物发酵食品的安全性，首先要考虑生产菌种的安全性。食品工业用菌种可能造成的安全问题主要包括以下4个方面：① 微生物对人体的感染性，即菌种的致病性问题；② 生产菌种所产生的有毒代谢产物、抗生素、激素等生理活性物质对人体的潜在危害问题；③ 利用基因重组技术所引发的生物安全问题；④ 相关生产过程中微生物的污染问题。

有三种方法常用于评估菌的安全性：一是菌的内在性质研究；二是菌的药物动力学的研究；三是菌和寄主间的相互作用。菌在胃肠道的定殖性、转移和繁殖性质，活性组分的研究结果不仅能预言该类菌的有益作用，也能说明其副作用。

Salminen等（1998）提出了有益菌的安全性原则，其内容：① 食品生产者有提供安全性食品的义务和责任，有益菌食品和其他食品一样应具安全性；② 当有益菌食品是一种新食品时，必须具备适当的法定许可；③ 如有益菌具有长的安全使用历史时，它用作食品的发酵菌株也是安全的，其生产的食品不被视为新型食品；④ 对食品安全性的最好测试是该菌具有很长的有据可查的人类消费历史；若某一菌株属于无病原菌的种且有长的安全食用历史，它的应用则是安全的，不构成新食品；⑤ 某菌属是无病原性的种，但无长的安全食用历史，其应用不一定安全，构成新型食品，需对其安全性测试；⑥ 当一新菌株已知其属于病原性的种时，用其生产的食品被认为是新型食品；⑦ 带有传递抗菌素抗性基因的菌株，不能生产市场化的产品；⑧ 没有适当分类学描述的菌株不能市场化[31]。

发酵食品的安全卫生问题除了注意菌种的纯度、严格选用培养基的原料、在发酵过程中严格防止有害杂菌的污染外，还应特别注意核酸含量的问题。在食用单细胞蛋白和生产中，酵母菌体内往往含有大量的核酸，一般可达到8%～25% [32]，大部分为核糖核酸（RNA）。膳食中的核酸在人体中的最终代谢产物为尿酸，大量食用时可引起血浆尿酸浓度过高，易使尿酸在关节和软组织中沉淀。另外存在的问题就是食用微生物营养成分的不平衡问题，主要指蛋白质氨基酸组成不平衡，可以采用改善培养条件或将产品进行营养强化加以解决[16]。

参考文献

[1] 杜鹏, 霍贵成. 传统发酵食品及其营养保健功能[J]. 中国酿造, 2004(3): 6-8.

[2] STEINKRAUS K H. Handbook of indigenous fermented foods[M]. New York: Marcel Dekker, 1983: 671.

[3] STEINKRAUS K H. Industrialization of indigenous fermented foods[M]. New York: Marcel Dekker, 1989: 439.

[4] CAMPELL-PLATT G. Fermented foods of the world: a dictionary andguide[M]. London, UK: Butterworths, 1987: 290.

[5] CAMPELL-PLATT G. Fermented foods: a world perspective[J]. Food Research International, 1994, 77: 253-257.

[6] WESTLY A, REILLY A, BAINBRIADGE Z. Review of the effect of fermentation on naturally occurring toxins[J]. Food Control, 1997, 8(5/6): 329-339.

[7] 李里特, 李风娟, 王卉, 等. 传统发酵食品的机遇和创新[J]. 农产品加工, 2009(8): 61-64.

[8] 杜鹏, 霍贵成. 传统发酵食品及其营养保健功能[J]. 中国酿造, 2004, 23(3): 6-8.

[9] 李青青, 陈启和, 何国庆, 等. 我国传统食品中乳酸菌资源的开发[J]. 食品科学, 2009, 30(23): 516 520.

[10] 鲁战会, 彭荷花, 李里特. 传统发酵食品的安全性研究进展[J]. 食品科技, 2006(6): 1-6.

[11] 成黎. 传统发酵食品营养保健功能与质量安全评价[J]. 食品科学, 2012, 33(1): 280-284.

[12] 唐传核, 彭志英. 浅析大豆发酵食品的功能性成分[J]. 中国酿造, 2000(5): 8-10.

[13] 柯水国, 朱广文. 豆类发酵食品的研究进展[J]. 中小企业管理与科技, 2013, 5(15): 309-310.

[14] 张娟, 陈坚. 中国传统发酵食品产业现状与研究进展[J]. 生物产业技术, 2015(4): 11-16.

[15] 董杰, 张和平. 中国传统发酵乳制品发展脉络分析[J]. 中国乳品工业, 2014, 42(11): 26-30.

[16] 李成涛, 吕嘉枥. 乳酸菌及其发酵乳制品的发展趋势[J]. 中国酿造, 2005, 8(149): 5-7.

[17] 李凤林, 崔福顺. 乳及发酵乳制品工艺学[M]. 北京: 中国轻工业出版社, 2007.

[18] 凌静. 发酵肉制品的现状和发展趋势[J]. 肉类研究, 2007(10): 5-7.

[19] 周传云, 聂明, 万佳蓉. 发酵肉制品的研究进展[J]. 食品与机械, 2004(4): 27-30.

[20] 郑炯, 黄明发. 泡菜发酵生产的研究进展[J]. 中国调味品, 2007(5): 22-25, 35.

[21] 熊涛, 彭飞, 李啸, 等. 传统发酵泡菜优势微生物及其代谢特性[J]. 食品科学, 2015(5): 158.

[22] 高岭. 四川泡菜与韩国泡菜生产工艺的区别[J]. 中国调味品, 2004(12): 3-5.

[23] 侯传伟. 我国传统发酵食品与高新技术改造[J]. 农产品加工, 2008(7): 248-250.

[24] 白凤翔. 微生物的发酵作用对传统酿造食品安全性的影响[J]. 中国酿造, 2009(2): 5-7.

[25] 蒋立伟, 周传云, 李宗军. 传统发酵大豆制品的质量与安全控制探讨[J]. 中国酿造, 2006(3): 1-3.

[26] 鲁战会, 彭荷花, 李里特. 传统发酵食品的安全性研究发展[J]. 食品科技, 2006（6）: 1-6.

[27] 斯国静, 王志刚, 袁振华, 等. 浙江传统发酵食品中真菌污染及菌相分析[J]. 中国卫生检验杂志, 2003, 13（3）: 326.

[28] 湖北省食品发酵工程技术研究中心. 传统发酵食品的安全性（一）[EB/OL]（2010-02-05）[2011-07-15]http://www.sci-food.com/show.asp?id=928.

[29] 湖北省食品发酵工程技术研究中心, 传统发酵食品的安全性（二）[EB/OL]（2010-04-26）[2011-07-15]http://www.sci-food.com/show.asp?id=953.

[30] 郭本恒, 等. 有益乳酸菌的研究趋势与动态[J]. 中国乳业, 2001(6): 21-24.

[31] 高福成, 迟玉森, 唐琳, 等. 新型发酵食品[M]. 北京: 中国轻工业出版社, 1998.

以餐饮为核心的全闭环O2O供应链生态平台 *

唐东平，蔡翠莹

（华南理工大学工商管理学院，广东　广州　510640）

摘　要： 当前信息化社会的发展正朝着信息集成和智能应用方向发展，本文针对目前普遍存在的食品安全和营养健康以及围绕餐饮的供应链集成管理等问题，从社会最小单元的个人信息化入手，利用互联网技术结合电子商务发展趋势，设计了个人餐饮管理、溯源、大数据分析和ERP等系统，构造出全闭环的O2O生态平台，目的是提供统一的信息化应用平台。

关键词： 餐饮；O2O；生态平台

引言

民以食为天，"吃"是一切动物每天生活所必须的环节，但目前一方面食品安全问题突出，另一方面人们在解决温饱问题后如何吃得营养和健康已经越来越得到关心和重视，因此如何加强食品溯源，提高食品安全和监测以及如何全面的掌握自身的生理指标、饮食记录建立全面的"个人信息管理"PIM（Personal Information Management），从而提供合理的营养和健康指导是目前信息化平台建设值得关注的焦点问题。

随着德国提出的工业4.0和美国提出的工业互联网以及中国提出的中国制造2025战略目标的推广，鉴于目前中国企业的信息化水平平均处于单项应用向综合集成方向发展阶段，基于供应链的协同和创新是未来发展的重点，因此围绕餐饮的供应链集成构造生态的信息化平台将具有重要的意义。

1 餐饮O2O现状分析

目前互联网及其电子商务正朝着O2O（Online to Offline）模式迅速在各行各业发展起来。根据相关数据，2014年中国餐饮O2O市场规模达到946亿元，预计2015年中国餐饮O2O市场规模将增长到1389亿元。而2010年餐饮O2O市场规模仅为92.2亿元，经过5年其规模翻了10倍。但中国的餐饮O2O市场依然处在早期的阶段，纵观中国餐饮O2O模式的发展，我们可以归纳为以下两个阶段。

作者简介：唐东平（1965—　　），男，华南理工大学工商管理学院副教授，硕士生导师，研究方向为项目管理、ERP（企业资源计划）、质量管理、信息化和电子商务。

注：本文为国家自然科学基金重大项目（71090403/ 71090400），华南理工大学SRP项目（2015）内容。

（1）以大众点评、美团等"点评+团购"为代表的团购网站，通过企业让利换取流量。

（2）以"预订+外卖"为代表的2.0时代，让消费者可以足不出户享受美食，节省做饭和用餐时间，提供服务的主要是周边企业，目标群体主要是白领和学生这些对互联网依赖程度较高的群体。

但目前这些餐饮O2O平台同质化严重，服务难以做到差异化，必须不断烧钱，通过补贴用户来换取市场。而最终导致的结果是，平台的用户黏性和忠诚度较低，因为哪家平台更实惠、补贴更多，用户就选择谁，而且只是实现了用户线上预订和餐馆消费，没有将用户的日常餐饮和就餐时的生理和心理特征数据整合统一管理，缺少针对每个就餐者提供个性化的管理和指引，更没有对家庭餐饮进行集成管理，因此系统的黏性不够，难以全面的对居民的餐饮进行分析和决策，同时没有实现餐饮的圈子文化，方便大家在线实时互动交流，也没有建立基于餐饮供应链的大数据分析的体系，整个行业系统的决策分析缺少大数据的支撑，供应链信息没有得到集成协同和创新。

关于食品安全，本质是信息不对称下的逆向选择。食品可追溯系统作为预防食品安全风险的有效措施，它通过质量信号传递机制，在供应链上形成可靠且连续的信息流来监控食品的生产过程与流向，并通过溯源信息来识别问题和实施召回，为消费者提供所消费食品更加详尽的信息，解决或缓解食品市场的信息不完全和不对称问题，明确责任主体，以确保食品安全。大多数消费者对实施食品可追溯的认可度较高，但对食品生产经营者提供的追溯信息的信任程度偏低。消费者更相信政府公共监管部门发布的追溯信息，政府主导的食品可追溯体系建设，企业可能会为了套利或名誉而选择配合参与，但体系建设的成败与否，对企业影响有限，企业未必愿意切实去改变自身的食品安全状况，可能只是敷衍了事。从消费者的角度来看，了解到企业的这种行为信息，对其参与食品可追溯体系能否改善其食品安全状况也会持有怀疑态度。而若为企业主导，体系建设成败与企业直接相关，企业会去付出更大努力来提高其质量控制能力，改善食品安全状况，消费者了解到这种信息，也更愿意相信企业的食品是安全的。

就餐饮食品安全来说，目前还没有包括整个餐饮供应链的行业规范和标准体系，信用体系的缺失，导致餐饮供应链资源难以整合和优化，同时缺少完整的包括农产品和餐具设备等全方位的溯源跟踪和查询系统，因此建立权威的认证体系，提供消费者参与的信息化平台，通过市场行为，从"要我做，变成我要做"，从而实现全供应链的安全生态环境。

2 餐饮O2O生态平台模型构造

基于供应链管理的餐饮O2O云平台系统架构如图1所示，包括个人餐饮管理系统、溯源系统、大数据分析系统、ERP系统等，平台基于与餐饮相关的农产品企业、餐馆、餐具设备制造和销售企业、营养健康机构、物流机构、金融机构、培训机构以及其他服务机构共同制定的联盟标准，在标准的基础上提供用户个人餐饮管理，食品和餐具等的溯源系统，大数据分析和本地ERP系统等。

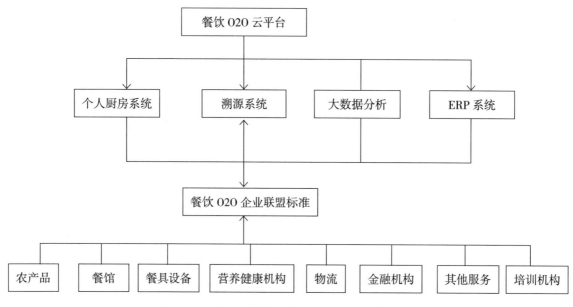

图1　基于供应链管理的餐饮O2O云平台系统架构

目前流行的移动端一般采用原生APP，部署、实施和维护复杂、成本高。为此，我们构造餐饮O2O云平台的技术架构如图2所示。用户通过浏览器访问基于html5的Web服务器，Web服务器的应用程序采集智能设备和数据库提供的数据。数据层除了关系型数据库mysql外，还可以采用HBASE等数据库，同时数据库可以根据需要部署在公有云或者私有云（本地），用户通过PC、平板和手机等浏览器访问基于html5的Web应用服务器，Web服务器的应用程序采集智能设备和数据库提供的数据，智能设备包括可穿戴的智能设备、NFC（Near Field Communication，近场通信）、RFID、二维码和条码等智能设备。

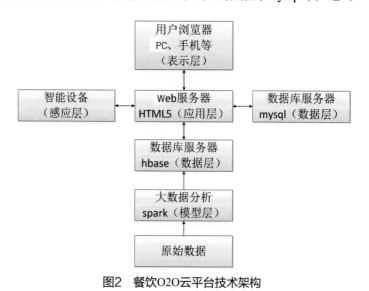

图2　餐饮O2O云平台技术架构

具体的个人餐饮管理系统如图3所示。个人用户在餐饮O2O云平台上注册后可以申请实名认证,自助建立个人厨房,完成订餐,可以根据智能设备等采集到的生理和心理数据进行营养分析管理等。在餐馆就餐时每个座位都有对应二维码,用餐人通过手机扫描登录,记录用餐情况,实时真实记录个人就餐信息,包括食量和菜品评分等,同时可以实现消费积分,个人的储值、积分、优惠券,在整个平台通用,同时可与餐饮O2O云平台中的用户建立互动交流。

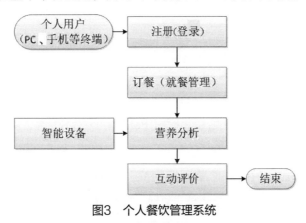

图3 个人餐饮管理系统

溯源系统如图4所示,用户选择产品(菜品、餐具等)进入相关产品的生产加工,通过选择相关节点显示节点过程的现场录像或者拍照实际数据。通过NFC、RFID、二维码或条码等选择需要溯源的产品(菜品、餐具等)进入相关产品的生产加工过程,通过选择相关节点,显示节点过程的现场录像或者拍照实际数据,可以实现实时跟踪,系统改进溯源信息存储位置、存储

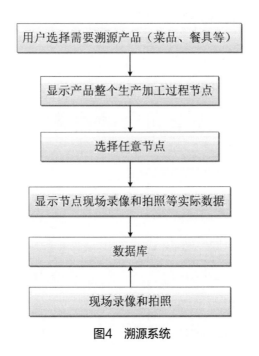

图4 溯源系统

方式和存储权限，提高溯源信息的可靠性、公正性和真实性，并采用B/S架构，可以兼容多种硬件平台和操作系统。

大数据分析系统如图5所示。首先根据各种结构化和非结构化的原始数据利用HaDoop等工具提取目标数据然后应用spark建立模型存储到HBASE中，通过模型混合系统推荐相关结果。注册用户可以提供相关的互联网应用入口，进行相关联的大数据分析，提供用户行为分析和决策管理。

ERP系统如图6所示，包括各种具体的业务管理功能，可以对业务流程实现可重构的柔性化管理：首先初始化时可以定义业务单元（区域或部门），然后设定人员角色（分工），再定义任务（活动）、设置业务规则（流程）并且选择任务工具，这样一个业务蓝图就已经定义完成，就可以提交系统运行，这将解决企业信息化应用中业务和IT技术分离，降低信息化融合的难度。

以餐饮为核心的餐饮O2O云平台系统，直接采用B/S模式，为用户提供直接的浏览器服务，并采用HTML5，页面是响应式布局，兼容PC、IPAD和手机等不同分辨率的终端，提供一站式的平台服务，降低了部署和使用成本，做到了信息化系统的方便、快捷和高效应用。平台基于餐饮O2O供应链企业联盟标准设置，根据联盟标准，加盟企业共同遵守，并且根据标准和交易评分，进行信誉管理，这样可以规范供应链以及围绕餐饮的生态圈，有利于企业自律和监管，实现了基于餐饮供应链的真正的闭环O2O，可以为供应链各个环节提供信息共享，实现各方的互助共赢。

图5　大数据分析系统　　　图6　ERP系统

3 结束语

构造以餐饮为核心的全闭环供应链O2O生态平台可以打破目前餐饮系统的局限，实现全景的个人餐饮管理，包括食品安全管理、营养健康管理、厨房设备管理、餐饮文化交流，以居民的家庭超级厨房为核心，实现居民生活的智能化管理，并且有利于企业和政府准确统计居民价格消费水平。

参考文献

[1] 刘增金. 基于质量安全的中国猪肉可追溯体系运行机制研究[D]. 中国农业大学, 2015.

[2] 王实倩. 我国餐饮O2O模式的发展状况探究[J]. 中国商论, 2015(Z1): 172-174.

[3] 王振, 郝大鹏, 王倩芳. 餐饮业O2O平台搭建探究[J]. 商业文化, 2015(18): 113-115.

[4] 张友桥, 吕昂, 邵鹏飞. 一种基于NFC的农产品溯源系统[J]. 中国农机化学报, 2015(02): 145-149.

[5] 高煜欣, 朱文燕, 陈军. 中国餐饮业O2O平台分类比较与启示[J]. 商业时代, 2014(33): 69-70.

[6] 王文韬, 谢阳群, 谢笑. 国内个人信息管理研究述评[J]. 情报理论与实践, 2015(10): 133-137.

[7] 吴天真, 胡宏伟, 王瑞梅. 企业向消费者发送食品溯源信息的博弈分析[J]. 科技与经济, 2015(02): 91-95.

地域食文化

吴地食用植物与文化传承

金久宁，李 梅

（江苏省中国科学院植物研究所，江苏南京 210014）

摘 要： 吴地，泛指宁、沪、杭、太湖流域一带，即今江苏南部，以及上海、浙江杭州、嘉兴等地。吴地经济昌盛、文化繁荣、人才荟萃、科技发达，自古即为中国一个极为重要的区域。吴地的民众厚生利用，在与自然和谐发展过程中合理运用植物方面也极具智慧，随着战乱和民族迁徙，这些植物传统知识和经验也逐渐流入一些民族地区。本文从吴地的月令习俗、食用植物种类、植物文化传统等方面加以论述，说明植物及传统知识在食用、养生和保健等方面的应用，藉以阐明植物传统知识与文化对于人类文明进步发展的影响和作用。

关键词： 吴地；食用植物；植物文化；文化传承

1 吴地概述

1.1 吴地人文背景

江苏地处吴越之邦。所谓吴地，即宁、沪、杭、太湖流域一带，自古即为形胜之地。考古学研究表明，长江下游在很古的时候便拥有相当高度的文明。吴国不仅充分利用江河湖泊的自然条件，而且率先开凿运河，为发展生产奠定了更优越的基础。吴国又以盛产金锡著名于世，青铜冶铸业达到了很高水平。战国时期，吴地入楚之后，楚国的春申君做了进一步的经营。到了汉初，汉高祖刘邦封兄仲之子濞为吴王，经济得到持续发展，吴地经济富甲一方。到隋唐以后，竟形成朝廷财赋依赖这一区域的局面，如明人邱浚所言："韩愈谓赋出天下而江南居十九，以今观之，浙东、西又居江南十九，而苏、松、常、嘉、湖五府又居两浙十九也。"经济的发达，促进了文化的发展和人才的荟萃。历史上东晋和南宋两次偏安之局，中原人士大举南渡，更使得吴地成为重要的文化中心。至于宋明以来，吴地文化人才辈出，在全国占有相当大的比例。吴地与日本、朝鲜、台湾、南洋诸地，海上丝绸之路相通，经济交流广泛，1840年后，吴地首先融合吸收西方科学文化，成为全国最为发达的地区。

1.2 吴地植物概述

吴地位于我国长江三角洲地区，社会经济发达，历史文化悠久。地形以平原为主，河湖众多，以低山丘陵和岗地面积少为特征；横跨北亚热带和中亚热带两个气候带，气候温暖，雨量

作者简介： 金久宁（1956— ），男，江苏省中国科学院植物研究所高级工程师，主要研究领域为本草学及药学史，民族植物学，药用植物开发利用。

充沛，四季分明；植物区系属于华东植物区系，植物类型为落叶阔叶林、落叶阔叶与常绿阔叶混交林、常绿阔叶林、江湖湿生和水生植物。多样性的植物类群至今仍保留有中生代的孑遗植物，如银杏、金钱松，以及中国特有植物秤锤树、大血藤、明党参、山拐枣、牛鼻栓、宝华玉兰等。据初步统计，吴地境内高等植物2600余种，其中苔藓植物约300种，蕨类植物约130种，裸子植物约80种，被子植物约2100种。

2 月令习俗与植物

中国农历有"四时七十二候"的岁时节令，顺应万物春生、夏长、秋收、冬藏的自然法则，也是农耕文化的反映。月令习俗蕴含了民族生活中的历史演变、风土人情、愿望信仰、道德伦理、文学艺术等诸种文化因素，这其中有许多与植物的运用密切相关。

传统的节日是岁时月令的典型代表。每个节日所运用不同的植物，表达特定的目的和愿望，形成了独特的植物文化现象。

正月初一：挂桃符，燃爆竹，饮屠苏。宋·王安石《元日》诗："爆竹声中一岁除，春风送暖入屠苏；千门万户曈曈日，总把新桃换旧符。"屠苏为酒名，由"乌头、防风、白术、桔梗、菝葜、蜀椒、大黄、桂心"等，置酒中煎数沸后浸泡而成。（葛洪《肘后方》、孙思邈《备急千金要方·卷九：伤寒方上》）饮屠苏酒，应遵先少后老之训。顾况诗："不觉老将春共至，手把屠苏让少年"。苏轼诗："但把穷愁博长健，不辞最后饮屠苏"。

三月三：踏青游春，食青团、乌饭、荠菜迎春饼。三月三日上巳节，民间有踏青游春、食青团、乌米饭、荠菜迎春饼之习俗。是日，人们都去河边沐浴，举行消灾求吉仪式，称为祓禊。青团，是由鼠曲草汁染着糯米粉，搓揉蒸煮而成（见梁·宗懔《荆楚岁时记》）。吴地三月三日期间，肆坊、糕团店都有青团应市，清香四溢，爽口宜人。乌饭，又称青精饭。采南烛枝叶捣汁浸米蒸饭而成（林洪《山家清供》）。至今，南京的街头，三月三日期间，乌饭包油条，是人们早餐首选。溧水还有用乌饭酿酒的习俗。此外，四月初八佛诞日也有食青精饭纪念佛祖的习俗。荠菜迎春饼、荠菜馔（明·徐光启《农政全书·救饥》）。吴地有"三月三，荠菜赛仙丹"之说，是日，采荠菜与鸡蛋同煮，吃蛋喝汤，可防头晕，平安无恙。

五月五端午：食粽，菖蒲酒、饼，挂艾蒲，驱五毒。东汉·许慎《说文解字》："粽，芦叶裹米也"。芦叶米粽食用有健康保健之效。（《圣惠方》引"芦叶"方、《本草纲目》"芦叶"条）菖蒲酒、菖蒲饼的制作食用，见高濂《遵生八笺》、林洪《山家清供》以及李时珍《本草纲目》相关论述。悬挂艾蒲，有除灾、避疫、保健之意。（《岁时杂记》《吴中岁时记》《东京梦华录》）

七月七：牛郎织女聚，采药、沐浴、食乞巧。七月七日，乞巧节，又称为七巧节、七夕，映衬星象，牛郎织女相聚。民间习俗是日采制药物，沐发，除秽，防疫，食乞巧果。（见《荆楚岁时记》《东京梦华录》）七夕，风和日丽，植物繁茂，人们采集枝叶、花瓣（木槿、柏叶、桃枝、桃花、浮萍、佩兰）、沐发洁面，药浴健身。（高濂《遵生八笺》《浙江志书·开化县》、李时珍《本草纲目》"水萍"条）

九月九重阳：佩茱萸，食蓬饵，饮菊酒。是日民间习俗为食重阳糕，饮菊花酒，登高，插茱萸，以避灾求吉，祈福安康。（西晋·周处《风土记》、东晋·葛洪《西京杂记》、梁·吴均《续齐谐记》、南宋·吴自牧《梦粱录》）佩茱萸，见于唐·王维"遥知兄弟登高处，遍插茱萸少一人。"食蓬饵，蓬类，见晋·郭璞注、宋·邢昺疏《尔雅注疏》、明·李时珍《木草纲目》之论述；"饵"又谓之"糕"（郑玄注《周礼·天官》、李时珍《本草纲目》），始于汉，发展到魏晋时期，已有"九月食糕"之说，"蓬饵"逐渐演绎为今日的"重阳糕"。菊花酒制作，见宋·罗愿《尔雅翼》、陈藏器《本草拾遗》、李时珍《本草纲目》之论述。

3 食用植物

民以食为天，食用植物的种类和应用范围广泛，其中以与人类日常生活相关的米食、菜蔬、果品饮料以及食用色素、辛香料等最为常见；为此，我们将吴地食用植物种类做了大致的归纳和整理。

3.1 米食

米食的代表性植物有稻、薏苡、绿豆、赤豆、扁豆、蚕豆、豌豆等。

稻：《诗经·国风·豳风·七月》："八月剥枣，十月获稻。为此春酒，以介眉寿。"《周礼·地官》有"稻人"之职，掌管稻米种植；唐·张籍《江村行》"南塘水深芦笋齐，下田种稻不作畦。耕场磷磷在水底，短衣半染芦中泥。田头刘莎结为屋，归来系牛还独宿。水淹手足尽有疮，山虻绕身飞飚飚。桑林椹黑蚕再眠，妇姑采桑不向田。江南热旱天气毒，雨中移秧颜色鲜。一年耕种长苦辛，田熟家家将赛神。"

薏苡：范晔《后汉书·卷二十四·马援列传第十四》："援在交阯，常饵薏苡实，用能轻身省欲，以胜瘴气……"宋·苏轼《小圃五咏·薏苡》："伏波饭薏苡，御瘴传神良。能除五溪毒，不救谗言伤。谗言风雨过，瘴疠久亦亡。两俱不足治，但爱草木长。草木各有宜，珍产骈南荒。绛囊悬荔支，雪粉剖桃榔。不谓蓬荻姿，中有药与粮。春为茨珠圆，炊作菰米香。子美拾橡栗，黄精诳空肠。今吾独何者，玉粒照座光。"

绿豆、赤豆、扁豆、蚕豆、豌豆等豆类，古籍都将其归入米食类。

3.2 蔬菜

蔬菜的代表性植物有菰、慈姑、荸荠、芋、百合、薤、黄花菜、薯蓣（淮山药）、三白草、蕺菜（鱼腥草）、莼菜、莲、芡、青葙、苋、白花菜、青菜、芥菜、诸葛菜、葶菜、碎米荠、豆瓣菜、博娘蒿、匍匐南芥、糖芥、菥蓂、荞、葶苈、萝卜、菘蓝、菜豆、豇豆、豆薯、香椿、黄连木等。

以苏州为例，旱生蔬菜主要有：青菜、花菜、白菜、菠菜、萝卜、冬瓜、黄瓜、南瓜、茄子、豇豆、芝麻苋、辣椒、番茄、马铃薯等；水生蔬菜主要有：菰（茭白）、莲藕、慈姑、水芹、荸荠、乌菱、芡实、莼菜，苏州人称为"水八仙"。

菰：王世懋《瓜蔬疏》："茭苜，以秋生，吴中一种春生曰吕公茭，以非时为美，初出时煮食甜软，据《尔雅翼》曰：苽既菰蒋之类，曰菰首者即今茭苜也；又有黑缕如黑点者名乌鬱，今茭中有之，余所种仅秋生者耳，然菰实有米，而今茭苜未闻有之，或者野茭乃生米也。"高濂《遵生八笺》："茭苜鲊，鲜茭切作片子，焯过，控干，以细葱丝、莳萝、茴香、花椒、红曲研烂并盐拌匀同醃一时食。"

香椿：《花木考》："椿芽，采椿芽食之以当蔬，亦有点茶者，其初苗时甚珍之，既老则菹而蓄之。"宋·刘敞《椿》："野人独爱灵椿馆，馆西灵椿耸危干；风揉雨炼三月余，奕奕中庭荫华伞。"

3.3 野蔬

吴地菜肴以时蔬、野蔬为特点。杭帮菜、淮扬菜远近闻名。许多时蔬为我们日常生活中所熟识，这里仅对比较陌生的野蔬做了初步的研究和整理。

3.3.1 木本类

土当归*Aralia cordata* Linn.，嫩叶和嫩茎可食；楤木*Aralia chinensis* Linn.，嫩芽可食；黄连木*Pistacia chinensis* Bunge，嫩茎叶可食；木槿*Hibiscus syriacus* Linn.，花可炒食；香椿*Toona sinensis*（A.Juss.）Roem，嫩茎叶可食；枸杞*Lycium chinense* L.，嫩芽可食；等等。

3.3.2 草本类

水田碎米荠*Cardamine lyrata* Bunge嫩苗可食；打碗花*Calystegia hederacea* Wall.（又名小旋花）嫩苗可食；白苏*Perilla frutescens*（L.）Britt. 嫩苗可食；紫苏一种及变种皱叶紫苏*P.frutescens*（L.）Britt.var.*crispa* Deane（又名鸡冠紫苏、回回苏）和变种尖叶紫苏*P.frutescens*（L.）Britt.var.*acuta*（Thunb）Kudo.（又名野生紫苏），嫩苗可食；牛尾菜*Smilax riparia* DC. 嫩苗可食；粉菝葜*Smilax glauco-china* Warb嫩苗可食；菝葜*Smilax china* L. 嫩苗可食；黄秋葵*Hibiscus esulentus* L.幼嫩的果实可食；地笋*Lycopus lucidus* Turcz.var.*hirtus* Regel.（又名泽兰），春、夏季可采摘嫩茎叶，凉拌、炒食、做汤均可，地下茎也可供食用；艾蒿*Artemisia argyi* Levl.et Vant.，春采嫩茎叶食用，清明采鲜嫩艾草，洗净剁碎，以1份艾草加2份糯米粉，加水和面，以花生、芝麻、糖为馅做艾糍，蒸食；艾草粿（黑粿）为闽粤（潮汕）地区以及赣州客家人一种特色食品；苜蓿*Medicago sativa* Linn.（又名金花菜、草头）嫩苗可食；马齿苋

Portulaca oleracea L.，春季采全草，可制作马齿苋粥、凉拌马齿苋、马齿苋炒鸡丝、马齿苋猪肝汤、马齿苋包子等菜肴和食品；马兰*Kalimeris indica*（L.）Sch.-Bip.（又名鸡儿肠）嫩苗可食；莼菜*Brasenia schreberi* J. F. Gmel.（*B. purpurea* Casp.）（又名蓴菜、马蹄菜、湖菜），用来调羹作汤，鲜美滑嫩；莼菜含有丰富的胶质蛋白、碳水化合物、脂肪以及多种维生素和矿物质；落葵*Basella rubra* Linn.（又名木耳菜、胭脂菜、胭脂豆），幼苗叶作蔬菜食用，鲜嫩软滑，营养丰富；果实可染色；蕺菜*Houttuynia cordata* Thunb.（又名鱼腥草、折耳根），苗叶、地下根凉拌入食，地下根也可炒食；荠菜*Capsella bursapastoris*（L.）Medic.，早春采全草，入馔或作馅；牛蒡*Arctium lappa* Lim（又名恶实），嫩叶及肉质根可食用，根切片亦可作"牛蒡茶"饮；诸葛菜*Orychophragmus violaceus*（L.）Schulz，早春采嫩苗叶食用；藜原植物为藜*Chenopodium album* L.和灰绿藜*C. glaucum* L.，嫩苗可食；等等。

故乡的味道，引得许多近现代作家撰文描述家乡的菜蔬风味。周作人《故乡的野菜》里就记述了"荠菜""鼠曲草"吃法；叶圣陶《藕与莼菜》记述了"藕""莼菜"的滋味；汪曾祺《故乡的野菜》《葵·薤》《王磐的〈野菜谱〉》等多篇文章论及了江苏周边的野蔬等。

3.4 食用色素植物

食用色素植物的代表性植物有茜草、栀子、落葵、菘蓝、蓼蓝、马蓝、荩草、栌、柘、槐米（槐花蕾）、冻绿、化香树、枫杨、胡桃、山核桃、麻栎、柿树、冬青叶、鼠尾草、乌桕叶、鼠曲草、乌饭树等。

茜草*Rubia cordifolia* L.：《诗经》有云"茹藘在阪""缟衣茹藘"。罗愿《尔雅翼》云："茹藘，染绛之草，叶似枣叶，头尖下阔，茎叶俱涩，四五叶对生节间，蔓延草木上，根紫赤色，今所在有，八月采根。"陶弘景曰："此即今染绛茜草也。"栀子*Gardenia jasminoides* Ellis，《史记·货殖传》中有"千亩卮茜，……，此其人皆与千户侯等"的记载，可见秦汉时期广泛种植栀子、茜草，采用栀子、茜草染色是很盛行的。栀子含藏红花酸，这是一种很好的黄色素。此外，高濂《遵生八笺》有"栀子花洗净，水漂去腥，用面入糖盐作糊，拖油炸食。"蓝，《诗经·小雅·采绿》"终朝采蓝，不盈一襜。"《礼记·月令》有"仲夏令民勿刈蓝以染。"北魏·贾思勰《齐民要术》中详尽记述了古代人民用蓝草制蓝靛的方法。蓝草的原植物来源于：十字花科植物菘蓝、草大青、蓼科植物蓼蓝、爵床科植物马蓝等，上述植物中均含有靛甙成分，为古代染蓝的主要植物染料。

乌饭树（南烛）*Vaccinium bracteatum* Thunb.：乌饭又称青精饭，采乌饭树（南烛）枝叶捣汁浸米，蒸饭而成（林洪《山家清供》）。

艾蒿可以做天然植物染料之用，艾草染色具有功能性作用；虎杖的液汁可染米粉，别有风味。

天然色素具有广泛的应用前景，近现代研究开发的食用色素有：大金鸡菊*Coreopsis lanceolata* L.提取的菊黄色素，金樱子*Rosa laevigata* Michx.提取的褐色素，越橘*Vaccinium vitisidaea* L.提取的越橘红色素，栀子*Gardenia jasminoides* Ellis提取的栀子黄色素，蓝靛果 *Lonicera caerulea* L. var. *edulis* Turcz ex Herd提取的玫瑰红色素，玫瑰茄*Hibiscus sabdariffa* L.提取的玫瑰茄红色素，甜菜*Beta vulgaris* L.提取的甜菜红色素，姜黄*Curcuma longa* L.提取的姜黄色素，蓝藻门*Cyanophyta*植物提取的蓝藻色素等。

4 植物文化传统

人类繁衍发展和文明进步离不开植物，植物除了满足人类食物、衣着等物质需求外，同时也为人们的生活增添了情趣和意境。

4.1 植物文化

吴地植物文化丰富，应用历史久远。

薄荷：薄荷一名最早见于《雷公炮炙论》。明·李时珍《本草纲目》云："薄荷，人多栽莳，二月宿根生苗，清明前后分之。方茎赤色，其叶对生，初时形长而头圆，及长则尖。吴、越、川、湖人多以代茶。苏州所莳者，茎小而气芳，江西者稍粗，川蜀者更粗，入药以苏产为胜。"宋·陆游《题画薄荷扇》："薄荷花开蝶翅翻，风枝露叶弄秋妍；自怜不及貍奴黠，烂醉篱边不用钱。"又："一枝香草出幽丛，双蝶纷飞戏晚风；莫恨村居相识晚，知名元向楚词中。"

决明：唐·杜甫《决明叹》："雨中百草秋烂死，阶下决明颜色鲜；著叶满枝翠羽盖，开花无数黄金钱。凉风萧萧吹汝急，恐汝后时难独立；堂上书生空白头，临风一嗅馨香泣。"明·吴宽《决明》："黄花隐绿叶，雨遇仍离披；不为杜老叹，未是凉风时。服食治目眚，吾将采掇之；不须更买药，园丁是医生。"

半夏：《礼记·月令》："仲夏之月半夏生。"《汲冢周书·时训解》："夏至后十日半夏生，半夏不生，民多厉疫。"宋·孔平仲《常父寄半夏》："齐州多半夏，采自鹊山阳；累累圆且白，千里远寄将。新妇初解包，诸子喜若狂；皆云已法制，无滑可以尝。大儿强占据，端坐斥四方；次女出其腋，一攫已半亡。小儿作蟹行，乳媪代为攘；分头各咀嚼，方爱有所忘。须臾被辛螫，弃余不复藏；竞以手扪舌，啼噪满中堂。父至笑且惊，亟使唤以姜；中宵方稍定，久此灯烛光。大钓播万物，不择窳与良；虎掌出深谷，鸢头蔽高冈。春草善杀鱼，野葛挽人肠；各以类自审，敢问孰主张。水玉名虽佳，神农录之方；其外则皎洁，其中慕坚刚。奈何蕴毒性，入口有所伤；老兄好服食，似此亦可防。急难我辈事，感伤成此章。"

浮萍：陆佃《埤雅》云"苹，一名荓，无根而浮，常与水平，故曰苹也。江东谓之藻，言无定性，漂流随风而已。"元·宋无《萍》："风波长不定，浪迹在天涯；莫怨生轻薄，前身是柳花。"浮萍是江南随处可见的水生植物，也是一味良药，有药诗"去风丹"云："天生灵草无根干，不在山间不在岸。始因飞絮逐东风，泛梗青青飘水面。神仙一味去沉疴，采时须在七月半。选甚瘫风与大风，些小微风都不算。豆淋酒化服三丸，铁镤头上也出汗。"以紫萍入药，方名"紫萍一粒丹"。

银杏：杨万里《银杏》："深灰浅火略相遭，小苦微甘韵最高；未必鸡头如鸭脚，不妨银杏伴金桃"。欧阳修《和圣俞李侯家鸭脚子》："鸭脚生江南，名实未相浮；绛囊因入贡，银杏贵中州。致远有余力，好奇白贤侯；因令江上根，结实夷门啾。始摘才三四，金奁献凝旒；公卿不及识，天子百金酬。岁久子渐多，累累枝上稠；主人名好客，赠我比珠投。博望昔所徙，葡萄安石榴；想其初来时，厥价与此侔。今已遍中国，篱根及墙头；物性久虽在，人情逐时流。谁当记其始，后世知来由；是亦史官法，岂徒续君讴"。

4.2 植物文化传承

植物文化传承有着鲜明的地域特色，正如民俗学家高丙中所言："民俗事实上构成了人的基本生活和群体的基本文化，任何人、任何群体在任何时代都具有充分的民俗。有生活的地方就有丰富的民俗。"食用植物以及文化传承与本地区的民族构成、民俗特色和区域植物分布有着密切的关系。

以江苏为例，传统文化呈现出多元的、多区域文化组成、南北文化交融的特点。从《史记·吴太伯世家》的"太伯奔吴"始，江苏历经了四次南北民族融合与文化交流。

第一次是永嘉之乱与晋室南迁，所谓"洛京倾覆，中州仕女避乱江左者十六七"。此时南渡至长江流域的北方人总数约七十万之众，并设置了众多的侨州、郡、县，在今江苏境内设置的侨州有：建康侨扬州，京口侨南徐州，其中，过江侨姓中有王、谢、袁、萧等北方世家大族。晋皇室南迁并在建康定都，北方世家大族与大批百姓南渡并在江苏境内侨居，大大改变了江苏政治、经济、文化、风俗乃至语言等风貌。

第二次是在唐代安史之乱之时。安史之乱不仅使唐帝国从封建社会的顶峰跌落下来，而且使北方人如潮水般地涌向江南。《旧唐书·地理志》中说："自至德（756—758）后，中原多故，襄、邓百姓，两京衣冠，尽投江、湘。"人口南迁，也使中国的经济重心南移，韩愈在贞元十八年（802年）写的《送陆歙州诗序》中指出："当今赋出于天下，江南居十九。"

第三次是在两宋之交。"靖康之变"引起了又一次大规模的北人南移，使包括今苏南在内的江南人口首次超过了北方。

第四次是在明初朱元璋定都南京之时。朱元璋将相当数量的原金陵居民迁往云南边疆，又大量移民"填实京师"。

这些南北文化的交流，多为社会动乱、外虏侵略、帝王强权政策逼迫所致，但也在一定意义上促成了南北交流、民族融合；同样，明代初期金陵原住民被迫往云贵地区的迁徙也是如此。从金陵之地迁徙而来的族群往往群居在一起，他们仍保留着吴地的月令习俗、岁时饮馔、食用植物文化，随着时代的发展和民族间的交流和融合，也将之传播到了所居住的不同民族地区，丰富了该民族地区的日常生活饮馔、食用植物的种类。

5 结语

原产于本地区或通过长期引种、栽培和繁殖的植物称之为乡土植物"Native Plant"或"Local Plant"，乡土植物体现了植物与人类长期活动的关系，具有很强的实用性；乡土植物经过长时间的风雨洗礼，与环境气候相适应，为生态环境的改善发挥出主导作用；乡土植物体现了当地植物区系的特色；乡土植物应用历史久远，许多植物被赋予民间传说和典故，文化底蕴浓厚。开展乡土植物及其文化的系统研究，不仅可以充分理解生物多样性保护的意义，也能促进区域生物产业经济的发展以及植物资源的可持续利用，本文仅以吴地食用植物为主线，简要论述了植物的应用和文化传承，希望能抛砖引玉，为民族地区日后开展的植物文化传承以启迪和借鉴。

参考文献

[1] 李学勤. 丰富多彩的吴文化[J]. 文史知识. 1990. (11)(吴文化专号): 18-25.

[2] 金久宁, 陈重明. 我国节日习俗与植物文化[M]. 陈重明, 等. 民族植物与文化. 南京: 东南大学出版社, 2004: 217-225.

[3] 李鸿英. 食用天然色素[M]. 南京: 南京大学出版社, 1992.

[4] 蒋廷锡等重辑. 古今图书集成, 博物编, 草木典[M]. 上海: 上海文艺出版社, 1999.

[5] 汪小洋, 周欣. 江苏地域文化导论[M]. 南京: 东南大学出版社, 2008.

略论河南食文化的主要特征

刘朴兵

（安阳师范学院历史与文博学院，河南　安阳　455000）

摘　要：河南食文化历史悠久，博大精深，在中国食文化史上占有十分重要的地位。河南食文化的不少重要的因子已泛中国化，成为其他区域食文化发展的前提和基础。河南人重主食轻菜肴，以面食为主是河南重主食、轻菜肴的主要原因，近代的贫困则加剧了这一特征。河南饮食调味中和，在甜咸酸辣诸味之间求其中、求其平、求其淡。河南饮食具有四季特色，饮食的口味和色泽，随着四季的变化而微调。河南菜善于制汤，汤的用处极广。除用汤给菜肴提味外，不少河南菜肴还直接用汤配兑或烹制。河南饮食不仅有高而雅者，还有中而兼者和低而众者，能够兼顾消费能力不同的各阶层民众。

关键词：河南；食文化；面食；调味

河南又称中州、中原，是华夏文明的主要发源地和核心区。宋代以前，河南一直是中国的政治、经济、文化中心。一部河南史、半部中国史，河南对中国历史文化产生过重大影响。河南食文化在中国食文化史上占有十分重要的地位，她历史悠久、博大精深，不少重要的因子已泛中国化，成为其他区域食文化发展的前提和基础。但由于河南在宋代以后退出了历史舞台的中心，逐渐被边缘化，不少中国人对河南食文化缺乏了解，对其主要特征更是知之甚少。本文不揣鄙陋，就河南食文化的主要特征进行粗浅地考察。不当之处，敬请方家指正。

1 重主食、轻菜肴

1.1 以面食为主是河南重主食、轻菜肴的主要原因

由于主产冬小麦，河南是中国最大的面食核心区之一。除淮河流域的信阳之外，河南人多以小麦面粉为主食，可以毫不夸张地说，河南人是中国最大的面食人群。许多河南人，一日三餐不吃面食，就跟丢了魂似的，感觉没有吃饱。

在中国，以米食为主的南方人和以面食为主的北方人，在饮食方面有一个很大的不同，这就是南方米食者普遍重视菜肴，而北方面食者则普遍轻视菜肴。究其原因，米食的品种较少，

作者简介：刘朴兵（1972—　），男，河南西华人，历史学博士，安阳师范学院历史与文博学院教授、硕士生导师，主要从事中国饮食文化研究。

注：本文为河南省高校科技创新人才支持计划（人文社科类）"中国饮食文化史"（项目编号 2013-6）内容。

需要以各种菜肴调剂。面食的品种花样繁多，糖糕、花卷、烧饼之类的有味面食，或甜或咸，可以单独食用；拉面、烩面、刀削面之类的面条食品，或配有荤素浇头，或本身即是肉蔬汤面的综合体，食用时无需菜肴；饺子、馄饨、包子之类的包馅面食，本身已裹有肉蔬，再配菜肴，实乃画蛇添足。

从烩面这一典型的河南面食，可以看出以面食为主的河南人重主食、轻菜肴的主要原因。烩面有羊肉烩面、牛肉烩面、三鲜烩面等，但以羊肉烩面口味最佳，饕餮者众。烩面好吃不好吃，一在汤、二在面。以羊肉汤为例，先将水烧开，下入上等的嫩羊肉、劈开露出骨髓的羊骨和七八味中药材，用大火猛滚后，改小火炖煮5个小时以上，羊骨中的骨髓、钙质大都融解于汤中，煮出来的羊肉汤，白亮犹如牛乳。面用优质精白面粉，兑以适量盐、碱，用温开水和成软面团，反复揉搓，使其筋韧十足，醒半小时左右，擀成10厘米宽、20厘米长的面片，抹上植物油，一片片码好，用塑料纸覆上备用。烩面是伸拉而成的，但拉的技法又与拉面不同。拉出的烩面有1米多长，2厘米宽，厚度犹如玉兰片。烩面讲究单锅下面，即将拉好的烩面下入添加羊肉汤的锅中煮熟，连汤盛入放有芝麻酱、精盐、味精等佐料的大海碗中，碗中再放入几大块煮熟的羊肉，辅以海带丝、豆腐丝、粉条、香菜、鹌鹑蛋等，上桌时再外带香菜、辣椒油、糖蒜等小碟。这样一碗烩面，有滑韧筋道的面条，有乳白味鲜的骨头汤，有喷香扑鼻的羊肉，有鹌鹑蛋，有海带丝、豆腐丝、粉条、香菜等菜疏。一碗之中，面、肉、蛋、蔬、汤、佐料皆有，面肴汤合一。吃这样一碗烩面，确实不再需要任何菜肴了。不仅如此，吃烩面，甚至也不需要添加其他主食，其原因是烩面的分量很大，盛烩面的碗多为大海碗，在一些南方人的眼中无疑就是一个小号的瓷盆。一大碗烩面，足可填饱一个壮劳力的肚子，吃完一碗烩面，胃里哪还有空间去塞下其他食物呢。

烩面虽然好吃，但只适宜午餐或晚餐。河南人居家时的早餐多习惯于稀饭、馒头加咸菜，并没有给菜肴留下更多发挥作用的空间。出门在外消费的早点也多不需要任何菜肴，以河南人早上爱喝的胡辣汤为例，无论是素汤，还是牛羊肉汤，汤中皆有面筋、豆腐皮、粉条之类，汤液浓稠，胡辣味足，就食油条、大饼，即可风卷残云般吞入腹中，哪里还需要菜肴助食呢。

1.2 近代的贫困加剧了重主食、轻菜肴的传统

人们的饮食生活受经济条件的影响甚大，就不同阶层的人们来说，贫穷之家多重视主食，富裕之家多重视菜肴。其原因是主食的主要作用是让人们吃饱，是为了满足人们最基本的生活需求，为较低层次的饮食消费，而菜肴的主要作用是让人们吃好，属于较高层的饮食消费。贫穷之家的人们，不是不喜欢吃菜食肉，而是吃不起。他们受经济条件的限制，以主食果裹也是相当不易，哪有金钱购买额外的肉蔬，故所食的菜肴多"将就"。在他们心中，吃菜食肴的主要目的是为了"下饭"，因而肴馔多是味道厚重的咸菜、腌菜、酱菜、辣椒之类，或是价格比

较便宜的家常菜。富裕之家的人们，不再担心饿肚子，追求饮食上的享受，讲究饮食的味道与花色品种。主食在味道与花色品种方面，远远不及菜肴。在富裕之家，主食或许仅仅是点心，是可有可无的东西，而作为副食的菜肴则喧宾夺主，成为一餐的主角。

明清以来，河南人口众多，战乱灾荒频仍，百姓生活贫困，人们能够果腹已是庆幸，饮食生活水平普遍较低。改革开放之前，河南常食大米、白面、肉荤者，人数寥寥。普通百姓多以玉米、红薯、豆类等杂粮为主食，逢年过节始尝肉味，在缺菜少蔬的冬春两季，常以咸菜、豆酱下饭。为了节省粮食，农民晚餐常食稀粥。豫东南的周口农村，晚上的稀粥名之曰"茶"（当地人读作平声）。黄昏之时，人们称之为"喝茶时"。傍晚人们相见，常问"喝罢茶了没有"。普遍的贫困，使多数河南人无力追求菜肴的丰盛与精美，满足于菜肴的基本功能——"下饭"。可以说，近代以来河南的贫困加剧了重食轻肴的传统。直到今天，河南的人均纯收入仍在全国平均以下，属于经济久发达地区。与发达地区相比，河南饮食重食轻肴的特点仍很突出。

就农村与城市而言，目前中国农民的收入普遍低于市民。故在饮食生活上，农家多重视主食，而市民则多重视菜肴。河南是中国的一个缩影，河南的农民和市民在饮食生活上也有类似的差异。如今，河南农民虽然不再为吃不饱饭而发愁，但平日饮食仍轻视菜肴，一顿饭一家人炒一大锅菜的情况极为常见，而生活在城市的市民，饮食生活则要讲究的多，多数家庭一顿饭要炒上几个菜。城市越大、越繁华，市民的饮食生活也越重视菜肴。

2 调味中和

2.1 味道适中

河南位于中原地区，在地理位置上，居东西南北之中。在文化上，人们习惯于固守"中庸"之道。一个"中"字，或许是最具河南特色的方言土语。"中"意味着不偏不倚，不走极端。

在调味上，河南菜也是如此，它没有江、浙、沪、闽等东南诸省菜肴那么甜，没有陕西菜、河北菜、东北菜那么咸，没有川、湘、赣、鄂、贵、陕诸省菜肴那么辣，没有山西菜那么酸。河南菜肴不偏甜、不偏咸、不偏辣、不偏酸，在甜咸酸辣诸味之间求其中，求其平，求其淡。

据统计，中国人每日的平均食盐量为6克左右，远远超过了人体需求的2～3克。过量的食盐摄入，使血液中的钠钾离子失衡，加重了肾脏等器官新陈代谢的负担，增加了人们患心血管病的几率。口味清淡的中原饮食，盐的含量较低，很符合现代饮食吃出健康的要求。

地处中原的地理位置，又使河南各地汇集了四面八方不同口味嗜好的人们，为了照顾人们的不同口味，河南菜有"另备调料，请君自便"的传统，餐馆的饭桌上往往放置有一些瓶、壶、盏之类，盛放着辣椒油、花椒盐、酱油、陈醋、大蒜等调料，供食客选用。因此，偏嗜一味的他省人士吃起河南饭菜来，也并不感觉到有太多的不便，这说明河南菜适应性极强，可谓四面八方咸宜，男女老少适口。

2.2 调和五味

除尚"中"外，河南菜还尚"和"。"和"在中国传统文化中，其本质是和谐，即虽然有所不同，却能和睦相处，能够统一在一个有机的整体之中，这就是孔子所言的"和而不同"。

中和之道可谓为中原饮食文化之本，从中国烹饪之圣商代的宰相伊尹3600年前创"五味调和"之说至今，河南菜借中州之地利，得四季之天时，调和鼎鼐，融东甜西酸南辣北咸诸口味为一体。

以鲜美利口的酸辣乌鱼蛋汤为例，其汤咸鲜中透着酸辣，酸辣中透着清淡，将酸辣咸鲜诸味调和在一起，味道适中，把握精准，显示出河南饮食淳朴敦厚、方正和美的特点。又如开封名菜糖醋鲤鱼，其味甜中透酸，酸中有咸，达到酸甜咸诸味的中和统一。

3 四季特色

河南四季分明，春暖夏热秋凉冬寒。可以说，在中国再也没有比河南更四季分明的区域了。河南以南，春秋两季过于短促，夏季炎热而漫长，冬季不太寒冷；河南以北，春天仍较寒冷，夏秋两季凉爽，冬季漫长而严寒；河南以西，受大陆性气候影响，春季不太温暖，冬季过于严寒；河南以东，受海洋性气候影响较大，夏天不那么炎热，冬天不那么寒冷。

3.1 饮食口味的四季变化

四季分明的气候，对河南的饮食口味有着较大的影响。春天酸味初露，炎夏清淡稍苦，秋季适中微辣，严冬味浓偏咸。河南的饮食口味随着四季的变化而微调，这是十分科学合理的。

在温暖的春季，随着冰雪的消融，气温渐渐上升，各种细菌的活动逐渐加强。此时，韭菜、菠菜、香椿叶等各种茎叶类蔬菜纷纷上市，人们的餐桌上，凉拌菜渐渐增多。在温暖的春天里，河南人喜欢多食一些醋，以消菌调味，减少肠胃疾病的发生。

在炎热的夏季，高温往往使人食欲不振，人们的火气较大。河南的饮食转为清淡，苦瓜、苦苣等败火类蔬菜特别受到人们的欢迎。

在凉爽的秋季，天高云淡，气温一天天转凉，河南人又喜欢上了葱、姜、蒜、辣椒等辛辣类食材，帮助身体驱寒发散。

在寒冷的冬季，蔬菜种类减少，除储藏的萝卜、白菜外，豆芽、豆腐等豆制品和腌渍的咸菜、酱菜成为陪伴河南人渡过漫漫长冬的主要菜肴，河南人的饮食口味慢慢转向咸味。

3.2 饮食色泽的四季变化

在色泽上，河南的四季特色也十分明显。春季青翠艳丽，夏季绚亮淡雅，三秋七色调和，严冬赤橙紫黄。春天，绿色的茎叶类蔬菜大量上市，成为河南人餐桌上的主选，故青翠艳丽；夏天，果瓜蔬豆渐渐上市，绿色仍为主角，但品种大大增加，显得绚亮淡雅；秋天，蔬菜的品种更多，颜色丰富多彩；冬季，红白萝卜、白菜成为蔬菜的主角，它们和黄色的豆芽、酱色的咸菜、红色腐乳等，一起谱写了河南冬季饮食赤橙紫黄的五彩乐章。

4 善于制汤

4.1 汤的种类

河南菜善于制汤，"唱戏的腔，做菜的汤"是河南的一句土话，它说明河南厨师对制汤是非常讲究的。制汤的原料，有大骨头、鸡鸭肉、猪肘子等，这些原料必须两洗、两下锅、两次撇沫。

制成的汤，有清汤、白汤、套汤、追汤之别。"清汤"用肥鸡、肥鸭、猪肘子为主料，急火沸煮，撇去浮沫，鲜味溶于汤中，汤清见底，味道清醇。"白汤"又称"奶汤"，因汤浓白似奶故名。白汤用大火烧开，慢火缓煮，纱布滤过，待汤成乳白色即成。"套汤"是清汤用鸡胸肉剁泥，再套清一次。"追汤"是制好的清汤再加入鸡、鸭，微火慢慢煮，以补追其鲜味。

4.2 汤的妙用

在河南菜中，汤的用处极广。除用汤给菜肴提味外，不少河南菜肴还直接用汤配兑或烹制。如开封的清汤东坡肉，将东坡肉蒸熟后，还要兑入适量的清汤。清汤鲍鱼这道名菜，则直接用兑入作料的上好清汤氽制鲍鱼片。豫菜独有的"酸辣乌鱼蛋汤"，用雌性墨鱼的卵腺体烹制，以上好的清汤和之。

汤还成就了豫菜烹饪的一绝——"扒"，它是将浓汤浇到食材之上，用武火收汁的一道烹饪方法，有"扒菜不勾芡，汤汁自来黏"之说。"扒"法制作的菜肴多味美清醇，比较有名的河南扒菜有白扒广肚、扒猴头菇、葱扒羊肉、煎扒青鱼头尾等。

以葱扒羊肉的烹饪为例，选用肥羊肋条肉，煮熟，切成条状；选用白葱段，切成寸许，下热油中炸黄。将羊肉、葱段和玉兰片铺至锅箅上，添上高汤，下作料用中武火扒制，至汁浓后翻入盘内。将锅内的汤汁勾流水芡，下花椒油起锅浇汁即成。

4.3 汤的代表

河南厨师做的汤菜也十分闻名，最著名者当属洛阳的水席菜肴。水席的全部热菜皆有汤水，例如牡丹燕菜、莲汤肉片、水漂肉丸、生氽丸子、酸辣木樨汤等。这里的"水"还有另外一重含义，上菜似流水。水席共设24道菜，包括8个冷盘，4个大件，8个中件，4个压桌菜。上菜时，先上8个冷盘作为下酒菜。酒过三巡后，再上热菜，3个1组，1个大件菜带2个中件菜，依次上席。最后上4道压桌菜，最后一道为木樨汤，又称送客汤，以示全席已经上满。水席的菜肴取料广泛，有荤有素，天上的飞禽，地上的走兽，水中的鱼虾，地里的菌类时蔬，无不可以入馔。水席的菜品口味多样，酸辣甜咸俱全。成品有丝，有片，有条，有块，有丁；烹饪方式有煎，有炒，有炸，有烧，变化无穷。

洛阳之外，河南各地的正式筵席上，最后必须上汤菜。比较有名汤菜有酸辣肚丝汤、酸辣木樨汤、生汆丸子、烩三袋等。其中，酸辣肚丝汤，以猪肚为主料，以胡椒调味出香，具有醒酒之功。酸辣木樨汤，即酸辣鸡蛋汤，河南酒宴之上人们忌讳说"蛋"，此汤中的蛋花颜色金黄，犹如木樨（桂花），故名为酸辣木樨汤。生汆丸子，以肥三瘦七的精猪肉添加作料，制成肉糊，临锅挤成红枣大小的丸子下锅，水沸时，点水调味便成。汤中的丸子软嫩，汤极清爽，十分利口。烩三袋，将牛的三袋、百叶、花肚煮熟，或切片、或切丝，用白汤下锅，武火煮至汤汁浓白即成，上桌时外带芝麻酱、辣椒油、香菜调味。

5 高低兼顾

5.1 高而雅者

河南菜历史悠久，其中不乏高档典雅者。就其食材原料而言，名贵者当属山珍海味。民国初，鹿邑人开办的"厚德福"餐馆，以善于烹制各种山珍海味著称，在全国许多地方设有分号，享有盛名。如今，擅烹山珍海味的河南厨师们仍大有人在。比较有名的河南海味菜肴有白扒广肚、清汤鲍鱼、大葱烧海参等。其中，白扒广肚是传统高档筵席"广肚席"的头菜。鱼肚为鲟鱼、鲵子鱼的鳔，富含胶质，为了便于运输和保存，人们往往将其制成干品。广东一带产的鱼肚质量较佳，被称为"广肚"。唐代时，广肚已成贡品。宋代时，广肚走入市肆。此后，广肚在人们的心目中，一直是名贵的海味。由于鱼肚是干货，故烹饪之前需要先用水发开。有人说，鱼肚入菜，七分在"发"，三分在"扒"。强调了"发"对鱼肚烹饪的重要性，又指出鱼肚的最佳烹制方式是"扒"。制作此菜时，将发好的广肚用开水汆过，铺在竹扒算上，用上好的奶汤小武火扒制，扒好的鱼肚柔嫩醇美，汤汁白亮光润。

除用山珍海味等名贵食材烹饪的高档肴馔外，河南厨师也擅长用鸡鸭鱼肉等普通的食材烹制出高档的肴馔。但对这些普通食材的选料要求极为讲究，如"鲤吃一尺，鲫吃八寸""鞭杆鳝鱼，马蹄鳖"等。以普通食材烹制的高档肴馔，比较有名的有套四宝、烧臆子等。其中，套四宝又称"套四禽"，始创于清末开封名厨陈永祥之手，它集鸭、鸡、鸽子、鹌鹑之香、浓、鲜、野四味于一体。这道菜初上来时，展现在食客面前的是一只色泽光亮、醇香扑鼻的全鸭。当食完鸭子的皮肉后，一只清香的全鸡便映入眼帘；鸡肉吃后，滋味鲜美的全鸽又出现在眼前，最后又在鸽子的肚里露出一只体态完整，肚中装满海参丁、香菇丝、玉兰片的鹌鹑。一道菜肴多种味道，不肥不腻，清爽可口，回味绵长。套四宝对制作技术要求较高，其中最复杂的是剔骨，要将鸭、鸡、鸽子、鹌鹑四禽从颈部开口，将骨头一一剔出，而保持原形不变。有的地方虽皮薄如纸，但仍得达到充水不漏。剔骨后将四禽身套身、腿套腿，成为一体。装盆加汤，再配以作料，上笼蒸5个小时左右，从里到外，通体酥烂，才算大功告成。

河南厨师甚至能用萝卜等普通食材烹饪出高档肴馔来，这方面的典型代表当属洛阳水席中的"大件菜"。"牡丹燕菜"更是其中的佼佼者，它味醇质爽，汤清利口。牡丹燕菜的制作十分精细，它以白萝卜切成一寸半长的细丝，用冷水浸泡、控干，拌上绿豆粉芡上笼稍蒸，晾凉，入凉水中撕散，捞出后洒上盐水，再蒸成颇似燕窝的细丝。配以鸡肉丝、猪肉丝、海米、蹄筋丝、玉兰丝、鱿鱼丝和紫菜丝，以高汤烹制，加盐、味精、胡椒粉、香油，点缀以香菜即成。

5.2 中而兼者

中档型肴馔种类极其繁多，各地叫得出名的市肆肴馔多属于此类型，这类肴馔多选用鸡鸭鱼肉、蔬菜菌菇等普通食材，其消费对象也为普通的食客。

烹饪中档肴馔，河南厨师在烹饪技艺上精益求精。爆、炒、炝、烧、炸、熘、蒸、扒，一点也不含糊。如爆菜使用武火，讲究热锅凉油，厨师操作迅速，数分钟之内，质地脆嫩的菜肴即可出锅食用。在刀工的使用上，河南厨师切必整齐，片必均匀，解必过半，斩而不乱。一把厨刀，在河南厨师手中发挥了多种作用，"前切后剁中间片，背砸侧拍把捣蒜"。河南的中档菜肴，多讲究配头（配菜）的使用，有长年配头与四季配头，有大配头与小配头。厨师做菜，素有看配头下菜的习惯。

河南不少中档型肴馔特色独具，如民国"厚德福"餐馆创制的"铁锅蛋"，用专门的铁锅，上烤下烘使蛋浆凝结，然后掀开锅盖淋上芝麻香油再盖上。当烤至表皮发亮，呈红黄色时移开锅盖，将锅端放在铺好香菜叶，并倒入香醋的鱼盘上。食用时泼上姜米、香醋。铁锅蛋菜色红亮，食之软嫩鲜香，有蟹黄的味道。"厚德福"的另一味名肴"核桃腰"，烹制时，先将腰子切成长方形的小厚块，表面上纵横划纹，下油锅炸，火候必须适当，油要热而不沸，炸到变黄，取出蘸花椒盐吃。吃起来不软不硬，有核桃的滋味，故名核桃腰。

5.3 低而众者

河南的不少饮食品种，是生活贫苦的老百姓发明出来的，其饮食故事透露出普通百姓生活的不易，饮食的节俭。如洛阳的酸浆面条，相传是一穷户人家，将捡来的绿豆磨成豆浆，隔了数日，发现豆浆发馊变酸，舍不得倒掉，遂胡乱丢些菜叶，熬成糊状，一吃味道鲜美，后来家家仿效。旧社会洛阳穷人多，一般人家买不起面粉，常常以菜代面。花个三五个钱，上街舀两瓢酸浆，回家做浆饭。切少许萝卜丝或白菜叶下锅，待浆起沫后勾点面粉，稠稠的，谓之"挑浆饭"。与洛阳的酸浆面条相类似，安阳的粉浆饭所用原料也为粉房生产淀粉余下的酸浆。

周口名菜"泥鳅钻豆腐"的故事也与穷苦人有关，说是一位渔民在捕鱼时，常捕到一些泥鳅，较大的泥鳅卖掉后，剩下小的无人问津，每次只好带回家自己烹食。因小泥鳅不易拾掇，一次他将活的小泥鳅与豆腐同炖。熟后，发现小泥鳅都钻到豆腐中去了，只留下尾巴在外，这一情景十分别致有趣。此法很快便在当地民间传开，即名之为"泥鳅钻豆腐"。此菜后经厨师的几番改进，渐成为当地宴席上的名菜。具体烹调方法为，先将小泥鳅放入混有蛋清液的清水盆中，让泥鳅吐净肚中的脏物，洗净泥鳅后，将泥鳅和整块嫩豆腐一起放入砂锅中的凉排骨汤中，加盖慢炖片刻，泥鳅被热气所逼就钻入温度较低的豆腐中躲藏。待至汤沸，泥鳅全部烫死在豆腐中。

河南人待客热情，限于经济能力有限，无力购买高档食材，故走"粗菜细做"之路，洛阳人以普通的萝卜代替高档的燕窝，发明了"牡丹燕菜"。开封杞县人则以穷人们常吃的红薯为食材，创制了独具特色的肴馔"红薯泥"。以"杂烩菜"待客是河南不少地方的习俗，如豫西北的林州，遇红白喜事时，不是大摆筵席，而是将白菜、南瓜、茄子、豆角、豆芽、白豆腐、油炸豆腐、粉条、肉丸子等杂七杂八的菜烩在一起，再加上葱、姜、蒜、香菜等熬成一大锅，称之为"大锅菜"。人们吃时，一人一碗，或配蒸馍，或配白米饭，既简单方便，又经济实惠。

参考文献

[1] 姚伟钧, 刘朴兵. 中国饮食文化史·黄河中游地区卷[M]. 北京: 中国轻工业出版社, 2013.

[2] 刘朴兵. 唐宋饮食文化比较研究——以中原地区为考察中心[M]. 北京: 中国社会科学出版社, 2000.

[3] 薛麦喜. 黄河文化丛书·民食卷[M]. 太原: 山西人民出版社, 2001.

[4] 陈光新. 振兴豫菜的八点建议[J]. 扬州大学烹饪学报. 2004(4).

[5] 吴启安. 从〈说文解字〉中的饮食词看中原饮食文化内涵[J]. 学术探索. 2012(9).

满汉全席——精美的北京饮食文化

杨　原

（北京市社会科学院，北京　100000）

摘　要：北京位于华北大平原北端，是华北平原、东北平原和内蒙古高原三大地区相通的地带。由于独特的地理位置，北京自古就是中原农业民族与北方游牧、狩猎民族之间经济文化交流的枢纽，也是各民族互相交流互相融合的熔炉。自辽金以来，特别是元代以后，北京逐渐成为全国的政治中心。在这里，多民族文化相互融合，全国精英往来，他们带来了各民族饮食的特色及习惯，在北京汇集、合流，并结合这一地区的气候特点及物产，在清代晚期逐渐创造出既具有独特地方特色，又代表全国的北京饮食文化，可以说，北京餐饮是集全国各地、各民族饮食之大成。

关键词：满汉全席；礼乐；民族文化

北京位于华北大平原北端，属于华北平原、东北平原和内蒙古高原三大地区相通的地带。由于独特的地理位置，北京自古就是中原农业民族与北方游牧、狩猎民族之间经济文化交流的枢纽，也是各民族互相交流互相融合的熔炉。自辽金以来，特别是元代以后，北京逐渐成为全国的政治中心。在这里，多民族文化相互融合，全国精英往来，他们带来了各民族饮食的特色及习惯，在北京汇集、合流，并结合这一地区的气候特点及物产，在清代晚期逐渐创造出既具有独特地方特色，又代表全国的北京饮食文化，可以说，北京餐饮是集全国各地、各民族饮食之大成。

1 北京饮食中的等级次序

礼乐文化是中国传统社会中支配每个人行为的准则。礼乐文化能完整地反映宗法人伦等级社会的分与合、尊崇于亲亲间统一的关系，礼制秩序既能建立和维护宗法人伦等级制度，使人与人之间有着明显的等级差别，又能使得人们在社会群体之中和谐相处。饮食作为社会生活的一部分，必然也体现着礼乐文化的作用，北京的饮食中也处处体现着等级次序与和谐共处。

晚清时期，北京人对于饮食已经形成了重要的等级观念，对餐饮行业及市民就餐观念产生

作者简介：杨原（1981—　），男，北京社科院满学所博士后，多年来致力于北京社会生活史研究、口述历史研究，曾著有《诗书继世长——叶赫颜札氏家族口述历史》，并发表《齐如山与北京会生活》《口述中的历史记忆》《试析晚清民国北京八角鼓之流变》等多篇学术论文。

了巨大的影响，并流传至今。所谓"庄有庄肴，馆有馆馔"，这里面所说的不仅仅是不同阶层的人会进入不同等级的餐厅，在北京这样一个传统等级观念最为突出的社会中，连食物本身都被划分了等级，即饭庄与饭馆的食物是不同的，有泾渭分明地划分，而且形成一种生活的惯性，这正是等级次序在北京饮食中的集中写照。这种等级的划分一般体现在三个方面：餐厅、食材、席面。

1.1 餐厅的等级

餐厅是社会的公共空间，但是同样有着非常明确的等级。一般来说，餐厅的等级基本分为饭庄、饭馆、二荤铺（饭铺）和小吃摊这四种。

1.1.1 以八大堂为代表的大饭庄

清末民初，北京的饭庄大多以承接上百桌的大型宴席为主，北京的王公府第、阔人宅门不似南方世家各有名庖，他们差不多都讲究吃饭庄。饭庄规模宏大、消费奢靡，符合他们"耗财买脸"的摆谱心态，所以家中的喜庆大事都愿在饭庄举行。饭庄包办了一切筵席、铺陈、戏剧演出，因此带有戏台的大型饭庄便应运而生了，长而久之，更使北京的大型饭庄形成了一种特色。

徐珂说："京官宴会，必假座于饭庄。以福隆堂、聚宝堂为最著"[1]。那时北京的饭庄以"堂"字号规模最大，最著名的饭庄号称"八大堂"，如金鱼胡同的福寿堂、东皇城根的隆丰堂、西单报子街的聚贤堂、东四钱粮胡同的聚寿堂、总布胡同的燕寿堂、地安门外大街的庆和堂、什刹海北岸的会贤堂、前门外打磨厂的福寿堂等。它们基本上能同时摆开八人一桌，五六十桌席面，供五百多人同时就餐。"八大堂"的说法不一，各有各的讲究。

各饭庄都设有戏台，可以在大摆宴席的同时唱大戏、演曲艺。许多著名的京剧演员如杨小楼、余叔岩、梅兰芳、尚小云、侯喜瑞等经常在此演出，每次堂会都是名角荟萃，往往到深夜12点方曲终人散。

这些"堂"字号的大饭庄多分布在府邸、大宅门的聚集区。如隆丰堂专做王公府第买卖，各府阿哥以至管事官员小聚玩乐多在隆丰堂饭庄；庆和堂专做内务府司官买卖。有清一代内务府经办内廷一切购置需要，经手的银钱不可数计，因此内务府官员最有钱。司官下值大都要到庆和堂聚会，商量公私事项。

说到饭庄，在晚清民国时期北京地区的文献中往往会突出"大"的特点，这一方面是说饭庄的规模大，另一方面则是体现了饭庄所对应的消费人群，即买卖做的大。

从规模上看，饭庄占地面积非常大，往往会有几进院落，"八大堂"中的会贤堂的格局颇具有代表性（图1）。这里原是光绪时礼部侍郎斌儒的私第，所在位置极优越。它坐落在什刹海的西北侧，店门面向什刹海，环境幽雅。在它的左近就有醇王府、恭王府、庆王府等各大府邸。光绪十六年（1890年）左右，山东济南人在此开设饭庄。会贤堂占地近3000平方米，建筑面积约1800平方米。店门内是前后两层院落，西跨院设有戏台，共有戏台、瓦房、平房100余间，可供数百人会餐、观戏。各个房间都设备齐全，榆木擦漆的桌椅，白灰墙上挂着不同时代的名士书法与绘画，布置得很典雅。每个院子都有高高的铁罩棚。前部改建成重楼，二楼有栏杆可凭栏眺望什刹海。大门的马头墙上挂有"会贤堂饭庄"的铜牌，大门的门簪上书"群贤毕至"四字。由于它的设施宽敞齐全，菜肴制作讲究，因此很多府邸的喜、寿、满月等的宴请、堂会都由会贤堂承包。

图1　会贤堂旧照

打磨厂的福寿堂，开业于光绪二十八年前（1902年）。福寿堂的规模很大，前门在打磨厂，后门在后河沿，四合院有四五进，并建有戏台，可容几百人看戏。福寿堂的客人以大商人为数最多，像同仁堂乐家，瑞蚨祥孟家，五老胡同盐商查家以及马聚源帽店等大买卖，一般都在福寿堂设宴请客办事，经常请戏班子演戏助兴。1908年由响九霄田际云和京华日报牵头，资助杭州的女学事业，在此演出《惠兴女学》，这是中国第一次具有现代慈善意义的义演。

从饭庄对应的消费人群来看，往往都是在社会阶层中处于较高位置的人群，多是政要巨贾，如前门外观音寺的惠丰堂，开业于咸丰八年（1852年），当时专门承接婚丧嫁娶、包办酒席、喜庆宴会，不卖散座。惠丰堂有东西两院，东院开席，西院唱戏。清末九门提督江朝宗常在此赴宴观戏。后来段祺瑞、张勋等也常来此。

由于常常与社会上层接触，北京的饭庄有时还会接待一些非比寻常的巨型宴会。如20世纪

20年代，军阀张宗昌在直奉战争中于喜峰口大胜冯玉祥，要犒赏三军，便在北京邀请忠信堂饭庄前来料理。参加此次宴席的官兵有上万人，规模达到一千桌以上，而忠信堂也将北京所有承应酒席的散厨的厨具包下，并临时租用了大量制作干果炒货的大锅和大铲子，使这样一次不寻常的宴席圆满成功[2]。

1.1.2 饭馆、饭铺与小吃摊

饭馆与饭庄不同，首先是从规模上要比饭庄小的多，"入门为柜房，司会计的账桌、贮酒的坛子以及烟、茶、槟榔、小菜等均在此室内，司账及经、副理也执事于此。与柜房相连者为散座，多系一长间，列方桌若干，备一二人小酌之用。再进则为雅座"[3]。饭馆基本以接待散客为主，至多可以安排十桌左右的宴席，其能力不足以如饭庄一般举办大型宴会，但其消费人群依然以上层人士为主，主要用于公私小聚或高级便餐。如南半截胡同的广和居，地处于宣南士乡，其大量食客都是于京中为官的文人墨客；再如西四的同和居，在清末时，位于毓朗贝勒府、礼亲王府附近，一些王公贵族往往在此就午餐。民国以后，京剧名艺人的收入大幅增加，前门外的一些清真饭馆（因梨园行中有不少回民），如两益轩、同和轩等也成为戏曲界拜师收徒的场所。

相对于饭庄，饭馆的等级就要次之一等，相对应的消费人群就不仅仅限于社会上层人士。如东来顺以涮肉著称，虽然招揽有钱人到此就餐，但其门外仍然设有饭摊，兼营杂碎汤、烙饼及牛肉汤面等，很多社会底层的人群也到此"解馋"，以至于民国时很多人力车夫以能够拉座到东安市场，于东来顺饭摊吃饭为乐事。清末民国时期，北京还有很多小饭馆，规模较小，往往以个别风味饮食见长，满足社会中层的饮食需要，如都一处、烤肉宛、烤肉季、砂锅居、灶温等。

比饭馆更次之一等的是饭铺，又称二荤铺，很多都是由茶馆转变过来，早年茶馆往往代卖熟食，辛亥革命后，茶馆日益萧条，往往转变经营，改为二荤铺。所谓"二荤"，即肉和内脏两类荤菜为主，解决普通人群便餐的需求，消费人群以学生为多。二荤铺的规模"一般都不大，一两间门面，灶头在门口，座位却设在里面。人也不多，一两个掌灶的大师傅，一两个跑堂的伙计，一两个打下手切菜、洗碗的'小力把'（即学徒）就可以了"[4]。人员简单，算账往往"全靠伙计在

图2　旧时小吃摊

客人面前点空盘、空碗，心计口算"。饭菜也比较简单，以供应烙饼、面条、简单炒菜为主。因此，在北京也非常普及，有商铺的街头都会有饭铺。

小吃摊（图2）是北京饮食中就餐场所的底端，以肩挑卖货为主要方式，有的推小车，有的提货篮，有的一头挑着火锅，一头挑着小吃和小凳，沿街叫卖，其对应的消费人群往往是社会底层百姓。时人形容北京的饭摊：北平之天桥及什刹海沿大街空地上之饭摊，一边是炉灶，一边就是矮桌矮凳的客座。饭摊主人自为厨师，又兼招待，其所卖者为大饼、豆汁、肉包、灌肠、杂面，备各机关人役、小贩、车夫、聚餐之需要，香喷喷、热腾腾的荤素大全，长衣短褂，连吃带喝之与会淋漓。旧都繁荣，赖有此耳。虽贵人雅流，不屑一顾，然吾人则视此为社会群众的饭店也[5]。

1.2 食材的等级

将食材按社会阶层划分，在全世界的饮食文化中并不少见，但同一食材，并非出于经济原因，按部位分销给不同等级的餐厅，这在世界范围内却是很少见的。如猪，这是中国饮食中最为重要的食材之一，其不同部位在北京的饮食中有着不同的地位，猪腰、猪肝、猪肚、猪脊髓等是上等食材，猪蹄、猪心、猪脑等是中等食材，猪肠子、猪肺、猪头等是下等食材，这样的等级划分完全不是以口感、食材的出成率等经济因素为依据，食材的等级有其历史文化演变的过程。

从齐如山的考证可以看出，食材等级的变化，与国家疆域及经济文化的变迁有着极为重要的关系[6]。在周代，牛羊猪鸡等物是宴席上既平常又离不开的原料。这是从上古三代开始，即尧舜禹时期，当时中国的中心在山西陕西一带，农业文明与畜牧文明基本还属于平行发展阶段，土地开垦尚未发达，而且多山地，适于牧畜，所以在这个时期的祭祀、宴席中，猪牛羊并没有等级上的区别。

随着生产力的发展，特别是战国以后，铁器农具的逐渐普遍应用，荒地开垦越来越多，中原地区的农业文明已经占到绝对优势，牧畜业减少，家畜中猪的养殖越来越发达。而此时，北部的游牧民族渐渐强大，他们主要放牧牛羊，而这些地方的牛羊，却不易进入中原内地，所以宴席中的牛羊日渐减少，而猪肉渐多。之后从魏晋南朝到隋唐的几百年间，虽然很多北方游牧民族进入中原，并纷纷建立政权，但畜牧文化的痕迹很快从他们身上消失了，所以饮食上以猪肉、鸡肉为主的这种趋势依然日盛一日，牛羊肉的等级越来越低。根据唐代段成式所撰笔记小说《酉阳杂俎》以及明代徐应秋所撰《玉芝堂谈荟》等书中的记载，可以很明显地看出这种变化。

到了宋代，又出现了新的趋势，就是水产海味越来越风行，一是由于宋代偏安一隅，特别是南宋偏安江南，食物很多都是从水产中获得，河鲜中的鱼虾渐成席面上常见之物。到元代，蒙古族统治中原，从元代饮膳太医忽思慧所撰《饮膳正要》中可以发现，牛羊肉又在餐桌上重现，而且受到重视，但为时并不长，在汉民中也未曾有重大影响。蒙古人北迁之后，回族仍然留在了中原，回族的饮食为中原饮食注入了一股新鲜元素，很多清真风味的食品在中原出现，清真的菜肴也出现在中国席面上，但是在中原广大汉族地区，这些影响毕竟有限，而且也不能改变中原饮食习惯的大趋势。到明代，随着航船技术也有大幅提高，入海捕鱼的能力也越来越强，郑和下西洋时，带回南洋鱼翅、鲍鱼等各类海味，鲍翅席便成为宴席中最为上乘的了。

宴饮食材的演变基本在明清两代定形，食材的等级（图3）基本上依次为：海味、河鲜、山珍，鸡鸭等家禽、猪的部分内脏、猪肉等。宴席上肉类基本以猪肉为主，牛羊肉基本鲜见。偶尔羊肉还可以算做一个菜，但除非是清真宴席，牛肉则绝对鲜见。从食材等级的形成来看，这里面既有中原历史文化的演进，又有着多民族共融的创造。

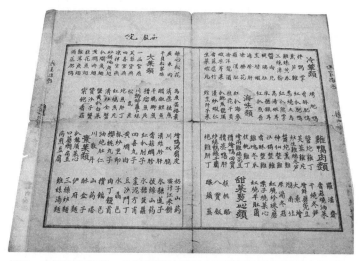

图3　丰泽园老菜单，从其所列的菜品中可以看到食材的等级顺序

1.3 席面的等级

席面，即宴席菜品的内容，其等级是依托于宴席菜品的配置来实现的，这种菜品的配置又是根据上述餐厅的等级和食材的等级来定性的。

晚清时期，北方的乡间宴席，以猪肉为最主要的食材，一般讲八大碗，即一碗条子肉、一碗东坡肉、一碗肘子、一碗拆骨肉、一碗杂碎、一碗猪肉丸子、一碗鸡、一碗鱼。在大型城市中，最简单的席面仍是猪肉席，或为"猪八样"，或为"大九件"，旧时有歌谣形容这类席面："南煎丸子扣肉鸡，红烧肘子大鲤鱼。"可见其食材的等级基本类似，但从菜品的精致角度来说，仍很粗糙。至中等的酒席，虽然也仍以猪肉为主材，但不再整用，开始讲究刀工，对其进行精细加工了。基本都是细切或剁碎，炒丝炒片，或者做成丸子。虽然也有炖肘子、东坡肉这样的东西，但绝对不会是重要菜品。而上等席面，猪肉就更少见了，席面上常见的是鸡、鸭、鱼、山珍、海鲜等。在讲究的饭庄、饭馆中，难得有炖猪肉、烧猪蹄这一类的菜，连炒肉丝这样的菜都很少。在饭馆饭庄中最常见的猪肉类，也是猪内脏[6]。由此可以看到，席面的等级是一个由粗糙到精致，由牲畜向禽类、水产品的上升过程。

在中上等席面内，其实还有很多区别，清代官员宴客或聚会，菜品供应与身份品级紧密结合，便以"四四席"作为配餐标准，以调节其中的各种变化。根据李宝臣先生《礼不远人》中的记述，菜品数量与等级分三档：上八八、中八八和下六六。上八八者，就是三八二十四个菜，比如四干四鲜共八盘，四压桌四热炒共八碟，四大碗四小碗共八碗。中八八与上八八的菜品数量一致，但是菜品内容不同。下六六就是三六一十八个菜。根据个人的经济能力进行选择，最多的达到十二道，共四十八个菜。经济能力稍差，不但可以减少道数，同时每道菜的内容还可以选择低廉实惠的材质制作。总之挑选的余地非常大，并无一定之规。以十二道的菜品而言，从干鲜果品开始，如四干、四鲜、四蜜饯、四压桌。四干就是干果四样，如黑白瓜子、核桃、花生等。然后上四鲜，就是时令果四种。再上四蜜饯，比如蜜饯海棠、果脯等。上干鲜果品与蜜饯，不过是点缀而已，随之撤下。续上四压桌，相当于平时所说的凉菜。凉菜一上，人们就开始喝酒了。四压桌以后陆续上四热炒、四软、四硬、四大件、四碗、四甜食、四面点等。"软"指的是软溜与软炸类的菜品，如滑熘里脊、软炸虾仁等，口感嫩滑，并不焦脆。"硬"指的是焦熘与干炸类的菜品，如糖醋鱼块、干炸丸子等，口感外焦里嫩，与软式菜品对照分明，易促进食欲。上大件是宴会的高潮，席面的等级，往往都要由大件的内容决定。如果是燕翅席，必上燕窝鱼翅，上品为一品官燕、黄焖鱼翅，差的为芙蓉燕窝、鸡蓉鱼翅、桂花鱼翅等。如果为熊掌席，则主菜为红焖熊掌。同时再选择搭配诸如猴头、海参、鲍鱼等珍品美味凑成四件。而后上四小件，主要是为吃主食预备的。四面点一般就是炸春卷、芸豆卷、豌豆黄等点心[7]。"四四席"是一种菜品配置的方式，根据就餐人群的身份地位、经济能力，可以安排不同等级的宴席，中间的档次可以多达十几种到几十种。

北京文化中处处显示着多民族相互融化的痕迹，席面的搭配也并不例外，著名的"满汉全席"便是明显的一例。"满汉全席"，实名"满汉席"，是清代一种宴会菜品搭配的方式。因满汉官员同朝为官，相互交往，时有大小宴会，为兼顾彼此的饮食习惯，相互尊重，由此形成。先上烧烤为主的满人喜欢的菜品，俗称满席；后上烹炒焖炖等为主的汉人流行的菜品，俗称汉席。满席在先，汉席在后，全璧简称为"满汉席"。满席在单独使用时往往指的是满洲糕点，俗称"满洲饽饽"[7]。这是席面配置的一种等级程序，并非是固定的菜单，所突出的是以饮食为载体的官场社交礼仪。

1.4 宴席的座次安排

参加宴席时，由于身份地位的不同，人们的座次安排也有着相应的区别。在大型的宴会中，安排餐桌分为两类。一类称官桌，用于招待要紧显贵的客人。官桌的座次，根据来宾的等级身份，可以坐三个人、五个人，最多坐六个人，在极为特殊的情况下，可能只坐一个人。一个人当然是面南居中而坐。三个人，主客居中面南，左侧次之，右侧再次之。五个人，主客仍居中面南，一人占据一面，左右两侧各两人，顺序是左一、右一、左二、右二。六个人，北东西三面各坐两个人，北面左方为第一位，右方为第二位，东面上方为第三位，对面西面上方为第四位，第三位旁为第五位，对面西面下方为第六位。桌的南面不设座位，留出作上菜的通道。另一类就是普通桌，普通桌要分列在官桌两侧。客人坐定之后，上菜顺序以敬主宾为主。热炒顺序而上，第一道菜要放在靠近主宾的位置，然后每上一菜，将原来的盘碟循序向两侧下移，主宾面前的位置永远是新上的菜[7]。

综上所述，北京的饮食中处处凸显着礼乐等级的划分，从餐厅到食材，再到席面的设置、座次的安排，丝毫间都能彰显等级的区别，极为严格细致。"庄有庄肴，馆有馆馔"是北京餐饮业的原则，更是等级浸润在人们观念中的行为准则，在北京众多民族的居民中，可以说达到了一种多民族共同文化的高度。

2 京式菜系

北京作为中国首屈一指的大都会，全国精英荟萃，使得北京的餐饮行业呈现出数量多、规模大、风味广的特点。北京的饭馆数量之多，经营范围之广，既有伺候大宅门的饭庄，也有为普通百姓服务的各种饭馆、小吃摊。仅经营烧饼馒头窝窝头的店铺，市内约有1500户，工伙8千人[8]。由于全国各省人士都在北京有所活动，他们带来了各地餐饮精品、特色风味，并结合北京本地口味，形成了集全国名菜之大成的餐饮风格。同时，北京又是一个多民族聚集地，不同民族在此扎根生活，普通家庭饮食又成为汉满蒙回等多民族共同创造的结晶。京菜虽然并不能形成一大菜系，但是京式菜系是集很多菜系之所长，兼顾宫廷、鲁菜、淮扬等菜系，又杂揉了多民族的饮食习惯，形成了独特的饮食风味。

2.1 宫廷饮食习惯

北京自金元时期便是首都，800多年来，宫廷生活，尤其是清代宫廷饮食，对北京社会生活的影响是极大的。清代宫廷饮食在承接了历代宫廷生活礼制的同时，又融入了大量满洲风俗，并在新的历史条件下进一步发展。因此，"它更富特色，更具有独特的'个性'"[9]。进入民国后，宫廷膳食档案开放，一些宫廷御厨流向民间，使得昔日帝后的很多饮食习惯成为当时饮食行业中的商业噱头。一部分宫廷烹饪技法丰富了北京社会的膳食品种；一部分御膳房的旧人开办餐厅，以宫廷风味为商业旗号，将部分宫廷饮食带入普通的市民生活中。虽然宫廷风味并不能成为一种菜系，但帝后的宫廷饮食习惯和宫廷风味在北京饮食中占有非常重要的位置。

2.1.1 宫廷饮食习惯

清代以来，皇家一切事物都由内务府总管，帝后饮食必然也在其中。御膳房直属内务府，主要分五个部门，分别是荤局、素局、挂炉局、点心局和饭局。荤局主管肉类、鱼类、海味；素局主管青菜、干菜、植物油料；挂炉局：主管烧烤；点心局主管包子、饺子、烧饼等，以及各式糕点，饭局主管各种粥、饭[9]。

宫廷饮食最重礼制。皇帝平时吃饭称为"传膳""进膳"或者"用膳"，地点并不固定。没有特别的旨意，任何人不能与皇帝同桌。皇帝就餐时，不能与皇后、嫔妃一起进餐，很受拘束，只许与皇太后的饭桌摆在一起。时间分早、晚两次用膳，早上在卯正时（早上六、七点钟），晚饭在午未两个时辰（中午十二点至午后两点之间），晚上酉时前（晚六点）还有一次点心（小吃）[9]。以食物原料的数量和品质来看，帝后及嫔妃所用皆不相同，这里面有非常森严的等级规定。"皇帝每天的份例：盘肉二十二斤，汤肉五斤，猪油一斤，羊两只，鸡五只（其中当年鸡三只），鸭三只，白菜、菠菜、香菜、芹菜、韭菜等共十九斤，大萝卜、水萝卜、胡萝卜共六十个，包瓜、冬瓜各一个，苤蓝、干蕹菜各六斤，葱六斤，玉泉酒四两，酱和清酱各三斤，醋二斤。早、晚随膳饽饽八盘，每盘三十个。皇后：盘肉十六斤，菜肉十斤，鸡鸭各一只。皇贵妃：盘肉八斤，菜肉四斤，每月鸡鸭各十五只。贵妃：盘肉六斤，菜肉三斤八两，每月鸡鸭各七只。妃：盘肉六斤，菜肉三斤，每月鸡鸭各五只。"[9]

与民间饮食的侧重点不同，宫廷饮食所关注的第一位是膳食安全，而非口味。御膳房每次为皇帝送上的饮食，由谁操作，都有详细的档案记录。因此，御厨并不敢随意更改用料和技法，以免帝后稍有不快所带来的灾祸，由此渐成宫中一贯的旧例。

按乾隆十九年（1754年）五月十日辰时的早餐档案[9]：

肥鸡锅烧鸭子云片豆腐一个、燕窝火熏鸭丝一个，厨师常二作；清汤西尔占一个，厨师荣贵作；拈丝锅烧鸡一个，厨师荣贵作；肥鸡火熏白菜一个，厨师常二作；三鲜丸子一个，厨师常二作；鹿筋炮肉一个，厨师常二作；清蒸鸡子糊猪肉科尔沁拈肉一个、上传炊鸡一个（皇帝指定特制）、厨师荣贵作。

以上是当日早餐的正菜，每个菜后都有御厨的名称，可见当时对安全之重视，档案记录之严格。

宫廷饮食的口味基本有三方面的来源。首先是山东风味。明代初年，永乐迁都，当时北京宫廷的御厨多来自山东，宫廷便以山东风味为主要基调，满人进关后，清代宫廷也沿袭了这一传统。

其次是满洲风味。满人在关外时，生活习惯与中原地区有很多不同，很多满洲食品及饮食习惯也随着清朝入主中原进入了宫廷，特别是一些牛、羊、山珍、奶制品，形成了独特的风味。

第三是江南风味。乾隆皇帝两下江南，当地官员迎接圣驾，也安排了很多当地精美的膳食，受到皇帝的大为欣赏。从此，便有大量的江南风味，特别是以苏州菜为主的烹饪技法开始丰富到宫廷饮食当中。

经过200多年的演变，宫廷饮食具有极其独特的风格，溥杰的夫人爱新觉罗·浩曾介绍过宫廷饮食与民间菜的主要区别：① 不得任意搭配。一般的民间菜品，从配料上可以随意增减。例如八宝菜，只要凑上八个品种材料即可，种类可以不限。但是宫廷菜品，只限八个规定品种，不得任意更换代用。② 主次关系严格区分。例如做鸡，无论使用某种调料、材料，必须保持鸡的本来味道。③ 调味品纯一化。宫中膳房使用的调料，不许任意下锅。例如做鸡汤，除鸡外，不许添加别的肉料；而一般民间菜的做法，大都在鸡汤锅里放进排骨汤等为调料。膳房里一向不用猪肉汤[10]。

2.1.2 宫廷饮食融入民间

进入民国以后，社会上很多人开始打着宫廷饮食的旗号，以为商业噱头招徕顾客，特别是1924年，溥仪被逐出宫后，原先的御膳房解散，很多御厨流入民间，将不少宫廷饮食传播到社会上。北海公园开放后，就有原御膳房的赵仁斋和其子赵炳南以及孙绍然、王玉山、赵永寿等6人在北海北岸开办了一间茶社饭馆，以仿宫廷御膳为号召，店名"仿膳"。这家饭馆规模并不很大，但所使用的都是原先宫廷的烹饪技法，也有一些如扒鱼翅、红油海参等菜品，以及栗子面小窝头、核桃酥、肉末烧饼等名点。后来发展的规模越来越大，1955年改为国营，于1959年迁到北海南岸的漪澜堂（图4）、道宁斋，成为主打宫廷菜的饭庄。此外，很多商家还打着宫廷饮食的旗号，对清代的上菜程序，即"满汉席"进行改造，并结合鲁菜、淮扬菜等风味，拼凑出固定的食单，创造出"满汉全席"的概念。还有不少商家，以坊间对帝后饮食喜好的传说为基础，其中尤以乾隆皇帝和慈禧太后为主，建构出

图4　今日仿膳

了不少宫廷菜肴，丰富到北京的餐饮行业中。

虽然在民国以后，北京出现了不少宫廷菜，但与真实的宫廷饮食还有不小的差距。很多确系掌握宫廷烹饪技法的原先御厨，其所服务的对象依然是阔人宅门。但毕竟在商品经济的范畴之内，以将本求利为价值核心，与宫廷以突出礼制的不计成本不可同日而语，所以很多选料和用料方面与宫廷饮食就有了很大差距。此外，宫廷档案开放之后，很多人希图能从膳单中学习宫廷菜肴，但档案中所记只有菜名，而没有实际操作的技法，特别是有很多菜名当中含有满语的汉译音，如白煮塞勒、羊肉丝焖跑跶丝等，使很多人连原材料都搞不清楚，也致使大量的宫廷菜肴失传。

毕竟北京作为800多年的古都，宫廷帝后的饮食生活必然对这个城市的饮食文化有着极其重要的影响，哪怕只是一些传说，可能都会在北京社会中形成一股风尚，从而出现一些著名的饮食品种。所以，宫廷菜系必然是京式菜系中极为重要的一个支脉。

2.2 京鲁菜

鲁菜是中国四大菜系之一，对北方的饮食有着非常大的影响。北京可以说是鲁菜的天下，大量山东人在北京开办餐厅，以八大堂、八大楼、八大居为代表的诸多庄馆名店大部分都是山东馆。山东菜分为福山帮和济南帮，福山帮以做海味擅长，济南帮以烹饪技法而闻名，到北京后，对北京的饮食有着极大的影响，并在多方文化的融化下而最终形成了京式菜系中最为重要的京鲁菜。

2.2.1 山东的地方优势

从地理方面来说，山东地处中国南北之间，东临大海，西接中原，经济发达，物产丰富。水产品方面，鱼翅、海参、对虾、加吉鱼、比目鱼、鲍鱼、西施舌、扇贝、红螺等海产品驰名中外；而农作物方面，章丘的大葱、苍山的蒜、莱芜的姜、胶州的白菜、潍坊的萝卜等，都是蜚声海内外的优质蔬菜。山东菜的丰富有其物产的大力支撑，而经济的发达也推动了烹饪技法的精致。

元代以来的大运河，沟通南北，是古代中国经济的大动脉。作为运河重要的一段，山东地区出现了很多繁荣的码头，临清便是其中典型的一例。运河在促进了当地经济繁荣的同时，也使得南北东西的物产和饮食在山东地区进行了交流融汇。早年北京朝阳门外"肉脯徐"的烂肉面，就因为漕运的关系，名声远播江南，"粮帮以能到北京吃肉脯徐烂肉面为最兴头"[11]。可见运河通衢南北在饮食交流上的巨大作用，而鲁菜也因此能够兼顾南北。

从人文方面来说，曲阜的孔府，乃是"钟鸣鼎食"之家，在清代，更由于衍圣公政治地位的显赫，"官列文臣之首"，既要迎迓祭孔与东巡的"圣驾"，又要贿结地方各级官员，因此在饮食方面有一整套烹饪精美、风味独特、品类繁多的"孔府菜"，每年都要分几次向皇室进贡[9]。"孔府菜"以鲁菜为基础，同时也兼顾南北风味，对鲁菜的进一步精进也起到了很大的推动作用。

2.2.2 京鲁菜在北京的形成

鲁菜由山东而来，受到北京人的喜爱；同时北京乃五方杂处，汇聚了全国精英，就又使它融汇了全国很多地方的名菜烹饪技法，于是就有很多经典鲁菜在北京形成，却不见于山东当。通过长期积累，最终在鲁菜的基础上形成了更为精致和丰富的京鲁菜系。

如开办于道光十一年（1831年）的名馆——广和居，"当时京官中有些善于烹调的南方人，多向该馆传授心法，制作一些特殊的菜"[12]。如陶凫芗将五柳鱼传于广和居，名"陶菜"；潘炳年传授"潘鱼"，江树昀传授"江豆腐"，现今京鲁菜中的名馔"赛螃蟹"，并非山东地方菜，而是宜兴的任凤苞授予广和居的江苏风味。特别值得一提的是同、光时期官居内阁中书的吴俊金，在当时有"菜圣"之名，每逢请客，必会提前到饭馆内，亲自指示后厨各菜的做法，但到真正饮宴之时，他却只看着客人吃，并不下箸，等回家之后，再吃自己家中的饭食。他除了将"吴鱼片"传与广和居外，还给其他山东馆留下了不少名菜。他曾留有诗句："年来略知酸咸味，博得人传菜圣名"[12]。

广和居仅是众多山东馆中的一例，北京的王孙公子、文人士大夫不断地丰富着来自山东地方的烹饪技法和菜品，在晚清民国时形成了独具特色的京鲁菜，成为京式菜系最为重要的一部分。

2.2.3 各民族饮食融汇

北京自古以来就被称为"五方杂处，首善之区"，是汉族和满、蒙、回等少数民族交融共居之处，很多饮食习惯都是多民族文化相互交织在一起的，因此京式菜系中保留并发展了多民族的饮食风味。

2.2.3.1 满洲饮食

清入关以来，满人将很多具有自己独特民族风味的饮食带入北京。而满人又是北京人口结构中最为重要的群体，所以很多满洲饮食习惯与其他民族风味相互融合，形成了北京的主要饮食风俗。如满洲饽饽（糕点）、奶制品、菜包等，以及一些宗教原因形成的饮食习惯和特有的饮食品种，在京式菜系中占有非常重要的地位。

菜包

菜包是源于汉人，由满人普及到民间的一种特色饮食，在清代又称"包儿"，或"吃包儿饭"，是在大白菜刚刚上市的时候，以白菜叶子卷上米饭、麻豆腐、黄酱和各种菜肴吃的一种食品，有些类似于用白菜卷上今天的盖浇饭，又有些类似于春饼的吃法。

据说这种食品来源于明代宫廷，吕毖《明宫史》中的饮食部分中曾介绍类似的吃法，但是由莴笋叶卷式，后世的菜包则用白菜叶替代。后因这种吃法非常符合满人的生活习惯，渐渐将其起源附会到清太祖努尔哈赤身上。

相传在与明军对峙之时，努尔哈赤行围射猎，军中呈现"祝鸠"，即飞禽一类的动物，清太祖视为祥瑞，便命人将"祝鸠"做熟，并着米饭，卷入白菜叶子内同吃，由此形成这一习惯。此虽系传说，但清宫御膳房的菜单子上确有"祝鸠菜包"。清末时，岑春煊因保护慈禧太后及光绪皇帝西逃有功，回銮后被赏吃"祝鸠菜包"，并将这种食品的做法带入广州，以当地的食材创造了粤菜中的鸽松菜包。

菜包在北京民间非常普遍，不仅旗人爱吃，民人也非常喜欢，梁实秋曾在《雅舍谈吃》中专门记录过他家菜包的用料及制作方法[13]。可以说，菜包是源于满洲，但是在多民族共同创造下发展而成的北京饮食。

吃神余

吃神余，即白肉，源于满洲的萨满祭祀。在《宫门抄》（邸报）中常有"明日某刻皇上升座吃肉"之语，这"吃肉"即吃白肉，但这并不单纯是指吃肉本身，而是一种祭神的仪式。北京满人的萨满祭祀上至宫廷，下至普通百姓都会参与，只是因经济原因，有繁缛与否和次数上的不同。

清代宫廷萨满祭祀以坤宁宫为主，每日都举行祭祀礼。坤宁宫原是明代皇后居住的正宫，共有九间。清朝入关定都北京后，将其中部和西部共四间改为萨满教祭祀的神堂，正门开在偏东一间，将明代的菱花窗格改为满族的直棱吊窗，窗户纸糊在外。宫内东头两间暖阁作为皇帝大婚时临时居住的洞房。神堂东北角隔出一小间，内有煮祭肉、蒸神糕的三口大锅，锅台前窗棂钉子上挂着煮福肉的匙、铲、钩等铁厨具，东南角的东墙上供有灶君神位。厨外墙边放有做贡品打糕的打糕石和榆木榔头。坤宁宫门前，近乾清宫后檐处有神杆石座一座，楠木，这是祭天的神位，杆长一丈三尺，神杆上有斗，直径七寸，高六寸，为楠木圆斗。从坤宁宫九间的设置改造上看，其神堂四间南、北、西面有环形炕，有朝祭神位（西炕）、夕祭神位（北炕），神堂东北角有煮福肉、蒸糕的大；门前东南树神杆，窗的改造设置，都与沈阳清宁宫相似，但坤宁宫东二间作为皇帝大婚洞房，与清宁宫东间作为皇太极正宫不同。坤宁宫每日朝祭、夕祭各一次，每次用猪两口，有进牲、领牲、摆牲等宗教程序。在二张长四尺、宽二尺五寸、高二尺三寸五分的省猪包锡红漆大高桌杀牲，解成块，煮在神厨大锅内，肉熟时，细切胙肉一碗，设箸一双，供于大低桌正中，供在神位前[14]。

普通满人家庭吃神余也极为普遍，祭神的人家要高搭喜棚，遍地铺席，席上铺红毡，毡上设坐垫，是一次民间非常喜庆的聚会。十来个人坐成一圈，客人盘腿坐在坐垫上。然后，主人将一方约十斤的肉端来，放在直径约二尺的铜盆中。另一大铜碗内盛肉汁。用大瓷碗轮饮高粱酒，用随身带的解手刀割肉，自片自食，主人并不陪食，只是来往巡视，客人吃的越多，主人越欢喜，还要一再致谢。肉皆白煮，照例不加盐酱，脂肪都进入汤中，所以肉肥而不腻。肉无咸味，客人都自带用酱油煮过的小片高丽纸，随切肉，随揩刀，纸上盐分咸味，被肉上热气一蒸，都沾到了肉上。吃完辞别主人时，不准道谢[4]。

对于这样的情景，坐观老人在《清代野记》中，曾记过他在光绪二年（1876年）参加的一次"吃神余"："凡满洲贵家有大祭祀或喜庆，则设食肉之会，无论识与不识，若明其礼节者即可往……予光绪二年冬，在英果敏公宅，一与此会，予同坐皆汉人，一方肉竟不能毕，观隔座满人，则狼吞虎咽，有连食三四盘、五六盘者。"[15]

图5　没有肉皮的砂锅白肉，摄于北京砂锅居

北京砂锅居的兴起就跟吃神余有很大关系，相传砂锅居与西四附近诸多王府的神余有很大关联，其所用白肉都是众多王府中更夫以很便宜的价格兜售的，又因为机缘巧合而使该饭馆壮大起来，至今其所售白肉（图5）仍有清代萨满祭祀的痕迹。祭祀中有一道"摆牲"的程序，按"摆牲"礼制，"司俎等转猪首顺桌向南直放，去其皮，按节解开煮于大锅内，其头蹄及尾俱不去皮，惟燎毛燀净，亦煮于大锅内。"[14] "摆牲"程序中要去掉猪皮，然后再煮肉，所以"神余"都是不带皮的，也正因此，砂锅居所用的白肉都没有皮，这一传统也保留至今。

吃神余本是一项满人独特的祭祀活动，而通过历史的演变，逐渐成为清代乃至民国时期北京的一种饮食风俗，因为砂锅居这一饭馆的开办，这种独特的白肉更成为北京饮食中一种独特的风味。

2.2.3.2 清真饮食

回族是北京居民中非常重要的一支，自元代便定居于此，因为信奉伊斯兰教的原因，清真饮食从食材上与其他民族有很多区别，也因此形成了其鲜明而独特的风格。明清两代，不仅回族对清真饮食不断发展和创造，还有很多信仰伊斯兰教的民族也不断在丰富其烹饪技法和品种，在晚清民国时期，清真饮食已经成为京式菜系中极其重要的一支。

北京清真饮食的专业厨行大约正式形成于明代，明代的"厨子梁"历经将近20代人，至今仍从事此业。相传在明末，崇祯皇帝曾赐予"大顺堂梁"的称呼。但清真饮食在很长的一段历史时间内都以小经营为主，虽精于爆、烤、涮等技法，但缺乏特别有代表性的大菜，规模都很小。

清末民初时，北京的政治、经济状况发生很大的变化，清真餐饮业有了很大发展。元兴堂、两益轩、同聚馆、东来顺、西来顺等大型餐厅相继开办，北京餐饮业中出现了一支风味独特的羊肉馆。这些清真餐厅各有所长，它们中又形成了"东派"和"西派"两个菜系。"东派"以北京通州小楼为首，西派以牛街厨行起家的两益轩为首。他们在烹饪技术上，各有特点和专长，并在长期实践中博采众长，勇于创新。如东来顺，以包子摊起家，却极善于学习与经营，对于一切出售的食品，都加以细心研究，其所用酱、菜都产于自家，保证材料质量。四时糕点，如杂样蒸食、元宵年糕、粽子、豌豆黄都比别处精美，菜品也以扒、焖、炖等技法而出名。两益轩以遵守教门饭馆的规矩著称，如面鱼、查菜、炖焖扒牛羊肉等菜，都在不失规矩中精益求精，对整桌宴席的做法日求进步。除穆斯林客人外，梨园行也常在此举行拜师礼、请客。

此时对清真烹饪发展有着极大推动作用的是西来顺的创始人储祥，此人号称清真第一灶，曾学徒于清宫，后又在总统府料理后厨，精于厨艺，又善于吸收各地风味之所长。他借鉴了大量鲁菜的烹饪技法，结合清真食材特点，推出了很多清真大菜，如红烧鱼翅、抓羊肉、马连良鸭子、锅煽香椿豆腐等，使得每个菜都具备单独特有的滋味，绝不像其他羊肉席都同一味道。此外，他还从西餐中学习了很多烹饪技法，不仅丰富了清真饮食，还可以说丰富了中国菜肴。据金受申所称，西来顺"实在所做的菜品在一切清真教馆以上"。

通过不断发展，北京清真饮食逐渐成为具有质地脆嫩、口味醇厚、汁浓不腻、原汁原味等特点的菜系，其主要烹调方法有炸、熘、爆、炒、炖、煨、焖、烧、扒等，从原先的爆、烤、涮为主，演变成以风味炒菜为主。其中的名菜有焦熘肉片、炸卷果、黄焖牛肉、它似蜜、炒咯吱、扒羊肉条、烧四宝、鸡皮烧鱼肚、油爆肚领、羊肉笋丝等。到民国时期，清真菜已经成为非常完善的餐饮风味，是京式菜系重要的一支。

2.3 各地饮食风味融汇

作为首都，北京还汇集了大量来自全国各地的人士，因此不同民族不同地区人士的风俗习惯和不同的饮食爱好，形成了北京餐饮业独特的特点：即风味广，流派多，制法不同的多种形式的餐饮风味。20世纪20年代，北京有来自全国20多个省市风味的餐馆不下七八十家，其中以山东、江苏和广东等风味最为著名。如以做鸡鸭鱼菜见长的山东馆，还分福山帮和济南帮，这类餐馆如东兴楼（图6）、致美楼、同和居等不下二三十家。以善做鱼菜见长的江苏风味餐馆，也分沪宁和淮扬两派。如锡拉胡同的玉华台，八面槽的淮扬春和鹿鸣春、西河沿的春明楼等。广东风味的有东安门外的东华楼、东安市场东亚楼、陕西巷的新亚春等。闽川风味的有西长安街的忠信堂、庆林春等。贵州风味的餐馆有西长安街的西黔阳，以做腊肉豆腐见长；东安市场的东黔阳馆以做蜜汁南腿有名。还有善做面食，物美价廉的山西馆等。即使是同一地区同一风味的餐馆，它们之间又各有各的特色，各有各的拿手菜。如东来顺的涮羊肉，西来顺的炸羊尾，都一处的炸三角，厚德福的烧猴头、锅爆蛋等，都是别有风味，各有绝活。还有一类饭馆是以肴馔类别的，如羊肉馆，著名的有东来顺，西来顺；白肉馆，著名的有砂锅居；素菜馆，像功德林、香积园；烤肉馆，有南宛北季之称的烤肉宛和烤肉季等。他们各显其能，互相竞争，使北京饮食业有"集中国名菜佳肴之大成"的美誉。

图6 东兴楼旧照

　　同治年间，上海出版了《造洋饭书》，教授西餐制法，为当时服务于外国使节、商团的中国人提供教材，西餐开始比较大规模地进入中国。清末民初，西式餐饮传入北京，北京还陆续开办了一些西式餐馆，北京人又称之为"番菜馆"，又名大菜馆。清末最著名的有外国人开的六国饭店，北京饭店等。此外还有一些中国人开的番菜馆，如设在前门一带的醉琼林、裕珍园等。趋时者追求新和洋，请客宴饮多爱在西餐馆，人称"向日是同丰堂、会贤堂等中式菜馆，今则必是六国饭店、德昌饭店、长安饭店西式大餐了"[16]。竹枝词里记晚清上层阶级竞相去六国饭店的情景："海外珍奇费客猜，两洋风味一家开。外朋座上无多少，红顶花翎日日来。"[17]1914年北京较有名的番菜馆有4个，到1920年就发展到12个，20世纪30年代中叶，北京著名的西餐馆就有十几家，如廊房头条的撷英、中山公园里的来今雨轩、东安市场的森隆、西单的华美等。在上流社会，西餐就更流行，许多有钱人家的交际应酬，由中餐馆迁移到西餐馆。除西餐馆外，北京还开设了一些咖啡冷饮店，专门经营咖啡、红茶、牛奶、奶酪、汽水、柠檬水、冰激凌及各种西式糕点。较早出现在京城的有前门外大栅栏街的二妙堂咖啡冷食店，由于地处戏院、电影院附近，很多观众和戏剧界名伶经常光顾该店，生意极好。饮用这些西式饮料的多是留学归来的高级知识分子、洋学生等，普通市民食用的不多。日伪时期，日本和韩国商人在北京内外城开设日韩料理店达73处家，其营业也颇为发达[18]。

2.4 北京小吃

　　北京小吃是北京菜系中非常重要的一支，其影响力往往还要大大超过宴席大菜。豆汁、炒肝、卤煮火烧、艾窝窝、驴打滚、爆肚等，都是驰名中外的小吃，品种极其丰富，据说最盛时，可达200多种。

　　北京作为辽、金、元、清等少数民族的统治中心，居民成分复杂，流传下来不少民族食品。北京又是南北共处的全国首都，政治经济文化相互融合交流，更促成食品的多元化。最终形成了以豆类、米面类等北方粮食为主要食材，以蒸炸为主要加工方式，以咸香甜糯为主要口味，以及牛、羊、猪肉和下水等肉食组成的北京小吃[19]。

从源头上分类，北京小吃可分为点心、街头快餐、清真食品。如豌豆黄、艾窝窝、芸豆卷、奶酪等点心，本为点心，渐渐与其他小吃融汇为一体。如烧饼、焦圈、煎灌肠、面茶等，是民间果腹解馋的街头快餐，在北京的文化氛围中，不断精细化。再如糖卷果、茶菜、炸回头等，本是清真类的民族食品，在不断的民族融合中，成为北京多民族共同创造的美食。这三类小吃在历史中不断演进，特别是晚清民国时期，清政府对社会的控制力不断弱化，乃至最终倒台，使得大量宫廷食品流入民间，以此为契机，北京小吃出现了一个相互融化的大趋势。如奶酪，本是满人的小吃，后流入民人社会，为各族经营者所学习仿效，而其中回族的经营者脱颖而出，成为小吃中著名的"奶酪魏"。再如艾窝窝、驴打滚等点心，也成为北京市面上极为普遍的小吃。

北京小吃因这一城市的特点，突出了"讲究"的宗旨，即北京人重精细的生活态度。这种讲究使小吃绝不会因其小而粗鄙简陋，反而处处体现一种"精"：原料精选，加工精细，外观精致，口味精到[19]。因此北京小吃精致的特点在全国最具代表性。首先，食品的用料讲究。如豆汁，本不过是做粉皮的下脚料，却讲究用京东八县的绿豆；羊头肉讲究用"四六口"的羊；粳米粥讲究用京西稻；切糕讲究用密云县的小枣。用料虽然并不华贵，但一定要北京周边最好的品种。其次，搭配和烹饪上制作的精细。如清真小吃爆肚，虽名为一类，实则会把牛羊的胃再细分成肚领、板仁、百叶、食信、肚板、散丹、蘑菇头等十几个品种，而每种所用的刀工并不相同，有寸段、薄片、骨牌块、韭菜丝等，会根据食客的需要选择出最合适的品种。第三，从外观到口感的精细。北京小吃讲究"样儿"，而这种"样儿"不仅仅是外观的好看，如茶汤冲出来要能"倒挂碗"，白水羊头要切成薄的透亮的片，烧饼掰开了要能看到二十几层芝麻酱与白面均匀相间的薄层，焦圈酥脆得能够落地摔成八瓣，这些"样儿"其实更是对小吃质量的一种审视。

北京的食客是极为挑剔的，全国精英的汇聚，使"食不厌精，脍不厌细"的精神普及整个社会，这对饮食的发展是极大的促进。因此，来源于全国各地的各民族小吃，在北京都会得到一种精致化的改良，并最终融汇成风味独特的北京小吃（图7）。

图7　各色北京小吃

小结

北京饮食集中国名菜之大成，由多民族共同创造，成型于晚清民国时期。从饮食习惯来看，等级文化无论在餐厅、食材、席面任何一个方面，与全国其他地方相比，都呈现得最为广泛和细腻，在中国饮食中最具代表性。从风味来看，几百年的封建国都，宫廷饮食对这一城市的社会生活影响极大，从习惯到品种影响到民间，北京又汇聚了全国各民族和各地精英，多种饮食习惯在北京都有所体现，凡食材所能支撑者，在社会的餐饮行业和市民的生活习惯中都能见到，并经过文人士大夫的改良，精致化程度大大提高，成为融化在这一城市饮食中的一部分。北京的饮食，无论大菜、小吃，都能透射出这一城市文化的精神与气质，这里的人群构成、审美情趣和生活习惯都造就了饮食文化的特色，使之成为中国饮食中一面独具特色的旗帜。

参考文献

[1] 徐珂.清稗类钞[M].北京：中华书局，1984.

[2] 唐鲁孙.中国吃[M].南宁：广西师范大学出版社，2004.

[3] 陈育丞.北京往事谈[M].北京：北京出版社，1988.

[4] 邓云乡.增补燕京乡土记[M].北京：中华书局，1998.

[5] 李家瑞.北平风俗类徵[M].1937年影印版.上海：上海艺文出版社.

[6] 齐如山.齐如山回忆录[M].沈阳：辽宁教育出版社，2005.

[7] 李宝臣.礼不远人[M].北京：中华书局，2008.

[8] 娄学熙.北平市工商业概况[M].铅印本.北平市：北平市社会局，1932.

[9] 林永匡，王熹.清代饮食文化研究——美食·美味·美器[M].哈尔滨：黑龙江教育出版社，1990.

[10] 爱新觉罗·浩.宫廷饮食——清宫饮食特色[J].中国烹饪，1985（7）.

[11] 金受申.北京通[M].北京：大众文艺出版社，1999.

[12] 陈育丞.北京往事谈[M].北京：北京出版社，1988.

[13] 梁实秋.雅舍谈吃[M].南京：江苏文艺出版社，2010.

[14] 姜相顺.神秘的清宫萨满祭祀[M].沈阳：辽宁人民出版社，1995.

[15] 坐观老人.清代野记[M].重庆：重庆出版社，1998.

[16] 胡朴安.中华全国风俗志（下）[M].影印版.石家庄：河北人民出版社影印，1988.

[17] 清代北京竹枝词·京华慷慨竹枝词[M].北京：北京古籍出版社，1982.

[18] 马芷庠.北京旅行指南[M].北京：志诚印书局，1941.

[19] 陈连生，萧正刚.北京小吃——品味六朝古都的饮食风流[M].台湾：大雁文化出版，2011.

刍论河北三大流派驴肉火烧

谢美生

（河北大学艺术学院，河北　保定　071000）

摘　要：河北省名小吃——保定、河间、赵州三大流派驴肉火烧的历史渊源、传说，外形、口味及现状。

关键词：河北保定；河间；赵州三大流派驴肉火烧

　　汉代，著名思想家、政治家陆贾在他的《新语》中将"驴肉与琥珀、珊瑚、翠玉、珠玉列为天下五宝"。清朝皇帝乾隆品尝驴肉后，赞："可谓天上龙肉，地上驴肉"。这里说明一下，龙是中国神话传说中的神异动物，常用来象征祥瑞，是中华民族最具代表性的传统文化之一。乾隆所说的"天上龙肉，地上驴肉"中的"龙肉"指飞龙（学名榛鸡）。飞龙肉质雪白细嫩，营养十分丰富，味道鲜美，是世界上罕见的珍馐，产于黑龙江大兴安岭地区。它的颈骨长而弯曲，犹如龙骨，腿短有羽毛，爪面有鳞，就像龙爪一般，故取名"飞龙鸟"。清代是专门给皇帝进贡的珍品，被赐名飞龙和岁贡鸟。因此，乾隆将美味的驴肉与飞龙鸟媲美。中国古代四大美女之一的唐代杨贵妃为什么能"肤若凝脂"？《全唐诗·宫词补遗·肖行澡》曰：杨贵妃"暗服阿胶不肯道，却说生来为君容。"就是说她偷偷是食用驴皮胶才有如此美容功效。"天上龙肉，地上驴肉"，是人们对驴肉的最高褒扬。驴肉营养丰富，人体必需8种氨酸和10种非必需氨基酸的含量十分丰富，尤其是生物价值特高的亚油酸、亚麻酸的含量都远远高于猪肉、牛肉。《本草纲目》曰：驴肉"补血益气"。《千金·食治》载：驴肉"补血，益气。治劳损，风眩，心烦"。从营养学和食品学的角度看，驴肉比牛肉、猪肉口感好、营养高。

　　驴肉在许多地方形成了独具特色的传统食品和地方名吃。我在此谨对河北保定、河间、赵州三大流派的驴肉火烧刍论。

　　作者简介：谢美生（1946—　　），男，河北大学艺术学院教授，《燕赵美食》副主编。兼任中国关汉卿研究会副会长、河北省元曲研究会副会长等。主要作品（包括与人合作）有电影《忠烈千秋》《美与丑》，电视剧《爹是爹来娘是娘》《刘关张传奇》《山城飞狐》，舞台剧《梁红玉》《拒马令》《百花山》《厂长马恩华》，广播剧《敲响阿部规秀丧钟的人》《张寒晖》。出版专著《悠悠写戏情——关汉卿传》《武生泰斗盖叫天》《戏剧戏曲作品赏析》，长篇小说《三国演义补传》《海棠花开》、中篇小说集《女人泪》、短篇小说集《降天狗的神女》等。作品获文华奖、中国戏剧文学奖、中国人口文化奖、河北省"五个一工程"奖、河北省文艺振兴奖、河北省文艺百花奖等。

据史书考证，火烧即历史上的烧饼。烧饼是汉代班超去西域时传来的。《续汉书》记载说："灵帝好胡饼。"胡饼就是最早的烧饼，唐代就盛行了。《资治通鉴·玄宗》记载：安史之乱，唐玄宗与杨贵妃出逃至咸阳集贤宫，无所裹腹，任宰相的杨忠国去市场买来了胡饼呈献。当时长安做胡麻饼出名的首推一家叫辅兴坊的店铺。为此诗人白居易赋诗一首称："胡麻饼样学京都，面脆油香新出炉。寄于饥馋杨大使，尝香得似辅兴无。"说在咸阳买的饼像不像长安辅兴坊的胡麻饼。北魏贾思勰的《齐民要术》中已有"烧饼做法"，与唐代的烧饼做法相差无几。现在的火烧大致有死面和发面之分。

1 保定驴肉火烧

走在保定的街头很有特色的一道景观便是随处可见的驴肉火烧小吃摊，可以说，驴肉火烧这一名吃已经融入了保定普通人民的生活中。已经称为"铁球、面酱春不老"之外的保定第四宝。

据《徐水县志》载，徐水小驴肉在清雍正年间（1723—1735）即闻名于世。漕河驴肉火烧的发祥地为保定市徐水县漕河镇，历史悠久。相传，宋代时漕河码头有漕帮和盐帮两个帮会。漕帮以运粮为业，盐帮以运盐为业。双方为称霸码头，时常大动干戈，最终以漕帮大胜收局。漕帮俘获盐帮驮货的毛驴无法处理，便宰杀炖煮，设庆功宴；再将肉夹在当地打制的火烧内吃，更有滋味。自此，漕河驴肉兴起。明朝开国皇帝朱元璋死后，其后代同室操戈。朱元璋的四儿子燕王朱棣发兵与朱元璋立的继承人——明惠帝朱允炆开战。朱允炆派大将李景隆与朱棣鏖战在白沟河一带，李景隆兵败退到徐水漕河镇。军中粮食匮乏，李景隆无奈命军士杀军马充饥。当地百姓有吃驴肉的习俗，所以烹饪的马肉也尤为香。自此烹马为食也成徐水漕河镇的习俗，制作出的马肉味道益美。清代，康熙重农桑，禁屠戮牛马，漕河一带士人便改以食驴肉习俗，人们专养驴食用；再有当地烙制的火烧外焦里嫩，刚出炉的火烧夹上烹制的小驴肉，成为遐迩闻名的当地名吃。相传，康熙皇帝一次微服出北京私访，在天下第一州的涿州吃了顿饭后，顺大路来到漕河镇。他觉得肚内饥肠辘辘，见路边的小饭店都使劲地叫卖驴肉火烧，不知驴肉火烧为何食物？便好奇地叫随身太监买驴肉火烧充饥。康熙在宫廷内整日山珍海味，哪吃过这驴肉火烧？他食用了驴肉火烧后，觉得那嫩嫩的肉、又脆又软的火烧异常好吃，大称其味道鲜美。回到京城宫中还念念不忘在漕河镇所吃的那驴肉火烧的味道。他叫宫廷御厨为他专做驴肉火烧，可觉得怎么也不是他在漕河镇吃得那驴肉火烧味道鲜美，只好派人去漕河专买漕河的驴肉火烧。自此，徐水漕河的驴肉火烧享誉京城。

保定驴肉火烧的火烧是死面火烧，揉好面后，把制作好的面剂放到平底的锅（指铛）内，然后用特制的木模打压面剂，使之成型，过会撑住个儿后再打压一次。这是必不可少的一个工序，所以叫做"打火烧"。这个过程要求活不能太急。最后，上叉火烧。对将要熟的火烧，85%左右熟的时候，也就是只剩下边位呈现白色的时候，就是需要上火烧制的时候。将这样的火烧放到一个体制的叉子上，统一放入火炉烧烤均匀，使成品火烧更加鼓，更加脆，更加香，包括边上也要变成黄花色。火烧外面就会有一层酥脆的外皮，咬到嘴里外焦里嫩，十分香脆。驴肉瘦肥兼有，放入青辣椒，切碎塞在到划开一边的火烧里边。一个香喷喷的驴肉火烧便大功告成。放到嘴里咀嚼，驴肉鲜嫩、火烧香脆。

保定成规模的驴肉火烧为漕河全驴宴店，还有老成家驴肉、老驴头、闫家、永茂、好滋味等。著名笑星冯巩在其保定方言的电影《心急吃不了热豆腐》中多次提到驴肉火烧的盛名。著名相声演员郭德纲也经常在作品中盛赞保定驴肉火烧，他对保定这一名吃的诙谐调侃更加使得驴肉火烧这一历史悠久的小吃得到了越来越多的人的喜爱。

2 河间驴肉火烧

河间市地处广阔的华北平原中部。古代曾为河间国，汉代封河间王，是为诸侯，后又设府。河间驴肉火烧发祥河间府（今河间市）米各庄镇田行石村的孙氏，在30年前改革开放初期，却大多数都是在集市上卖驴肉火烧的小商贩。而米各庄及其周边的配件市场的繁荣为他们的经济活动提供了经济条件，很多赶集卖配件的人都是在集市上吃驴肉火烧。从这时开始，驴肉火烧开始逐步成为河间名吃。那时的驴肉火烧制作技术只掌握在孙家自己人手里，老师傅思想保守，驴肉火烧制作技术并不外传。但随着驴肉火烧市场不断扩大，它成为人们致富发家的一种生财之道，很多人都想学驴肉火烧制作。而年轻师傅也接受了一些亲朋好友的请求传授给他们驴肉火烧制作技术，于是，驴肉火烧得到了迅速传播。目前，正宗的驴肉火烧技术已经传到了第五代传人，其技术在老一辈人的基础之上根据现代人的口味不断创新，成为大众餐桌上的美味佳肴。

河间驴肉火烧与保定驴肉火烧不同。保定驴肉火烧的火烧为圆形。河间驴肉火烧的火烧为长方形。这发源于河间的"大火烧夹驴肉"。河间有句俗语叫："常赶集还怕看不见卖大火烧的"，这也就是说大火烧在老百姓心目中的地位，和大家对这种食品的喜爱。大火烧夹驴肉具有悠久的历史，传说：清代，乾隆帝下江南必经河间，一次错过住处在农家吃饭，农家为了让皇帝吃着方便，把精心煮制的驴肉加到层次松软的长方形大火烧里，乾隆吃后连连称赞美味可口。问农家此为何物，农家如实回答：大火烧加驴肉。乾隆甚喜，即兴赋诗一首：河间处处毛驴旺，巧妇擀面似纸张。做出火烧加驴肉，一阵风来一阵香。并差人在河间修筑行宫常住，以饱食驴肉火烧美味，后回到皇宫还时常想念驴肉火烧，遣和珅来河间寻找做驴肉火烧的那户农家进宫。和珅也是一位美食家，民间还流传着一段和珅吃驴肉火烧的故事：时值中秋和珅与几位夫人在府内吃驴肉火烧赏月，当时皓月当空，和珅见鲜香酥脆的驴肉火烧里面层次极多，一层层比纸张还薄，吃到嘴里松软异常。拿起夫人的玉手把玩时不禁诗兴大发：玉人指甲长，火烧分外香。两相皆上品，对月透华光。此诗表述的意思是清朝女人们每日修剪的指甲非常长非常薄，薄到能够透过指甲看到微弱光线的月亮，而火烧的层就和女人的指甲薄厚一样。

时至清宣统三年（1911年），由孙中山领导的辛亥革命成功。皇宫内专做驴肉火烧的河间籍御厨小德张逃出紫禁城，回到河间，开店经营驴肉火烧谋生，取店名"万贯"，意为：无穷尽的吉祥和财富，烹美食回报河间父老。万贯小店味美利薄，很快形成了一种饮食文化，几十里路外的人们也都步行前往，只为品尝几个驴肉火烧。万贯名气越做越响。后来小德张去世将店面交给他的得力伙计张实诚经营，张实诚老后又将店传给徒弟张子华，一代代的万贯人，勤勤恳恳将小店经营了下来。

河间驴肉火烧也为死面火烧。火烧长方形，表皮有油。驴肉色泽红润、鲜嫩可口。河间驴肉火烧的味道是外热里爽，清爽醇香。河间驴肉火烧一定要趁热吃，因为驴肉火烧里的驴肉必须加点肥的，只有热火烧才能把肥肉烤化，让香味渗透到肉里、火烧上。趁热把酥脆的火烧咬到嘴里，里边渗出的是鲜美的驴肉香气。放到嘴里咀嚼，驴肉的鲜嫩、火烧的香脆。

3 赵州驴肉火烧

赵州驴肉火烧很有名气，到处都是驴肉火烧馆。赵州驴肉火烧与"千年禅宗古刹"柏林禅寺，"天下第一桥"赵州桥者，"天下第一梨"雪梨者，四轮齐转拉动了赵县的旅游文化产业，加快了地方经济的大发展。

驴肉在赵州极其有名，叫法却不尽相同，有叫小驴肉的，有称咸驴肉的，有唤鲜驴肉的，不管怎样叫，都流露出人们对驴肉其鲜、香、嫩由衷的赞美。

赵州驴肉火烧发祥于赵州镇的固城村。相传清朝末年，固城村里一位姓刘的屠户，远走内蒙，学来了屠宰和卤肉的好手艺。之后，他回乡操起了卤制咸驴肉的生意。他卤制的咸驴肉选料精全、加工细致、火候适当，成品驴肉嫩香可口、油香不腻、肥而适口，在周围一带享有盛名。肉铺一开张就十分火爆，煮多少卖多少，生意兴隆，畅销各地。后来，刘家将这门手艺代代相传，到刘文要这辈儿，已经是第四辈儿了。刘文要自小生活在赵州镇的固城村，这个村是固城咸驴肉的主要产地和集散地。咸驴肉经过刘氏一家四代人的精心配料制作，逐步完善，成为冀中一带名吃。他家从支起锅台贩卖驴肉至今，已经过了百余年。驴肉应该是陈年老汤（熬制多年而成），加秘制佐料，大锅炖制而成最佳。

赵州火烧最有名当为薛家。相传在清朝咸丰三年，太平军自柏乡攻入赵州城内，与清军在巷内激战时，有一太平军兵勇受重伤倒在了薛家大门口。薛家怜其痛、爱其勇，于是秘密救治在家。这一兵勇原是洪秀全的面点御厨，有打火烧的绝活，便传于薛家，使这种太平天国国宴面点绝活成为了今天的薛家火烧，也叫薛家烧饼。薛家烧饼也称石塔烧饼，因打烧饼的主人居住在赵县陀罗尼经幢（俗称石塔）脚下而得名。薛瑞杰住在一条叫烧饼巷的巷子里。这条巷子里住的都是薛姓人家，家家户户以打烧饼为生，烧饼巷便是这样得名的。薛瑞杰的烧饼铺是一家百年老字号店铺，铺头牌匾上一副对联写道："祖祖辈辈烘烤，世世代代传承。"薛瑞杰家打制的"石塔烧饼"有150多年历史了，这款小吃是以精粉、黄米粉、驴油等配料精制而成。

赵州驴肉火烧的吃法除与保定驴肉火烧和河间驴肉火烧大致相同外，最大特色就是驴肉焖子火烧。驴肉焖子由精选的瘦肉加些许肥肉以及定州特制的山药粉和在一起，用肉汤熬制，然后蒸熟，做成粗粗的火腿肠的模样。吃之前将它切碎，然后将火烧夹驴肉上焖子，就是驴肉焖子火烧。保定驴肉火烧、河间驴肉火烧和赵州驴肉火烧各有特点，却有一共同的文化属性，即传统地方风味小吃，属快餐主食类，营养丰富，吃法便捷，被成为中士汉堡、中国式三明治，是典型的中国快餐主食。

参考文献

[1] 清光绪十二年. 保定府志[M]. 重印. 北京: 中华书局, 2015.

[2] 嘉靖·河间府志[M]. 上海: 上海古籍书店, 1964.

[3] 徐水县地方志编纂委员会. 徐水县志[M]. 北京: 新华出版社, 1998.

[4] 赵县地名办公室. 赵州志[M]. 1984.

[5] 保定市地方志办公室. 保定读本[M]. 北京: 中国文史出版社, 2013.

德州区域婚宴文化流变思考

冯延红

（德州职业技术学院，山东　德州　253600）

摘　要：本文从饮食文化圈的视角，笔者利用培训、咨询、婚礼主持、回家探亲等方式对黄河流域广大农村及酒店婚礼做了长期系统田野考察。在占有丰富文献基础上以鲁西北、冀东南地区婚礼民俗作为文化切面，深入探求在齐鲁文化与燕赵文化双重熏陶下，民间形成了"闹新""催席""抻席"等别具一格的风俗习惯。随着城市化以及社会主义新农村建设深入展开，婚礼式样发生突变，家族承接变成社会专业承接。在快捷便利之余，传统文化渐渐流失、断档，引起当事人的不满，如何平衡现代文明与传统文化结合点，寻找酒店业与婚庆业未来改革方向，以期对行业发展及传统饮食文化保护有所帮助。

关键词：饮食文化圈；婚礼习俗；文化流失；食育；民俗心理

前言

　　谈到中国民间习俗特别是本文所关注的婚庆习俗包括饮食习俗在人们的记忆中是丰富而又立体的，在30年前的中国也就是20世纪70～80年代以前在民间还是原汁原味的习俗。本文将集中笔墨记录展示我所获得一些珍藏于民间的习俗："闹新""催席""抻席"。使读者能从中认识到这些习俗的宝贵，特别是寄托了人民群众"生于斯长于斯"的文化情结。然而经过30年发展我们物质上富有了，可是精神上却失去自我——没有幸福感，为何？"邯郸学步"别人的没学好自己的传统却丢失了。当我看着"现代婚礼上"耗尽物力财力大搞华而不实的"欧式婚礼"仪式，走入畸形途径，如即使"再婚"回答誓言时依旧一生一世厮守，没有基督文化背景的婚事形式在当下绝非个案，圣诞节也是如此。

　　熟悉而又陌生的婚俗文化在不断"创新"变化，研究婚庆习俗传统文化变化规律，分析利弊，加以正确引导。此类问题研究设计饮食史内容，故在本文中我引用食学基础原理加以阐述，把研究问题放在前人基础上，问题看得更清晰，在此我先对有关概念加以一一辨析。

　　文化具有区域性。民俗文化包括饮食文化当然也有区域性，用专业术语表示就是"文化圈"。"文化圈"理论是德国人种学家格雷布纳 Graebner·（Robert）Fritz（1877—1934）首先提

　　作者简介：冯延红（1973—　　），男，德州职业技术学院副教授，研究方向饮食文化。

　　注：文中所列婚庆习俗来自作者多年观察积累所记录的现象，虽是个案但却深深植根于鲁西北乡土，历史久远。

出的。其后，不同学术领域都加以借用与认同。民俗也有区域性，饮食文化圈就这样诞生了，已经得到国内外学者的一直认同，并得到充分运用。

我们认为"饮食文化圈"是指由于地域（最主要的）、民俗、习俗、信仰等原因，历史地形成的具有独特风格的饮食文化区域。文化区又称文化地理区。按照赵荣光中华民族饮食文化圈分类，可以分为12个子文化圈。而本文所研究范围主要集中在黄河中下游饮食文化圈。范围缩小到齐鲁与燕赵交界处的德州现代行政区域及周边区域。仰韶文化、大汶口和龙山文化是这一区域史前文化的辉煌文明，三代后孕育灿烂的齐鲁文化。我们总结其核心特点：自强不息的刚健精神、崇尚气节的爱国精神、经世致用的救世精神、人定胜天的能动精神、民贵君轻的民本精神、厚德仁民的人道精神、大公无私的群体精神、勤谨睿智的创造精神等。特别是史上运河的开凿，近代津浦铁路的修建，对促进德州南北文化交流，对德州区域优秀传统文化的形成具有重要作用。

本文研究着眼点是从"大众餐桌的记忆"开始，围绕民间文化习俗根据不同时空选取文化切面加以比较，在此基础上辨析民俗文化流变规律，指出传统饮食民俗流失，现代婚礼渐成"鸡肋"，传统婚庆业处在尴尬状态，从而寻找出变化轨迹。途径就是运用田野作业法，深入民间特别是广大农村地区，走村入户、拜访老人，甚至长时间入住，目的就是为了获得真实而丰富的材料。而我恰恰具备身在同乡、文化相通、人脉丰富、语言无障碍等文化优势，同时借用探家、探亲、婚礼主持、企业咨询等途径，保证获取足够"原汁原味"真实而鲜活文化切片。进而加以比较，使读者真实获得文化断档、流失、变异等现象，从而一起思考原因寻找解决的途径，目的帮助企业纠正过度商业化、西方化、戏曲化倾向，改革其弊端弘扬文化优势，回归文化健康持续发展的轨迹。

1 "原汁原味"传统民俗文化切片展示

1.1 "闹新"习俗

时空回转，定格在20世纪80年代鲁西北远离城市的A村。儿子结婚家族大事，举家忙碌，精心准备各个环节，财力物力人力在此刻得到有效配置（家族的声望重于天），寄希获得最好名声。我这里特别想指出就是在婚礼仪式举行时有一个特别之处，那就是"闹婚"。闹新郎新娘是主流，与众不同的是闹男方父母，也就是老公公与老婆婆，花样辈出，唯有亲身体验才明白"智慧来自民间"这句话含义。具体情境描述如下：先打扮成当地戏曲（评剧、吕剧、河北梆子、京剧）中的"小丑"，穿着五颜六色奇怪之极的服装，扎起"疙瘩髻"，接下来就更疯狂：唱戏、拉石碾、绕村子转……无论怎么闹东家不能烦，因为这是闹喜，而且闹得越厉害就越喜庆，表明此家人气旺盛，在本村中享有很高威望。而且波及新人的至亲，闹的目的就是讨个喜钱，用来买糖、瓜子吃。看着平日里忧愁沉默的乡亲如此疯狂，或许就是他们内心对未来生活还抱希望的标志。

1.2 "催席"习俗

时空转到20世纪90年代初笔者参加冀东南一农家婚礼，此村位于"杂技之乡"吴桥郊区B村。那是生活困难，物质匮乏本想借机好好满足一下口欲，可是当天却"甚不如意"，为何？不同民俗闹出尴尬。按照传统家教礼仪，坐在大席上一定要讲究礼数与礼法，所以虽饥肠辘辘但却装作很斯文的样子，毕竟高中生嘛！可是我后来意识到错了！当地婚宴菜式很奇怪，就是一个接一个，上一个下一个，也就是在餐桌上始终只剩一个盘子，就这一速度不足20分钟就结束宴席，斯文、顾忌在这里用不上，而且当地人讲究快吃吃干净就是对当家与做饭者最大的尊重。好不容易有一次饭局结果吃的不如意，简直是吃大亏了，不过也使我领教了丰富多彩的民间习俗。

1.3 "抻席"习俗

时空穿梭，让我们来到20世纪20年代中期，笔者有幸主持了一场农家婚礼，此村是"东方朔故里"陵县东20多里的C村。婚礼完毕，按惯例我坐到娘家席，也就是最尊贵的席面上，隆重而热烈。由于是娘家客人，所以无论从菜式上还是服务上都是精心的，甚至无可挑剔。那叫一个尊贵，很是欣喜，不过后来却发生了"转变"，为何？服务太繁琐有些热情过度，过犹不及。就拿时间来说，一般坐个席也就是一个小时就结束，可是这一坐就是四个多小时。最后还是我找了个借口才脱身的，原来当地流行"抻席"，以示对客人的尊重。光酒就热四五次，其中陪客人的家族成员也得换三四位，就这样吃吃停停，抻到下午偏黑甚至亮灯，持续近五个小时。这就是当地极其特殊的待客习惯，当然只有在隆重场合才有此待遇，可见当地民众热情好客。或许，这就是传统中华民族的文化魅力所在：繁琐但真诚，迂腐但又感人。

通过上述不同时期民间"婚俗"记录与描述，读者或许对中华民族传统文化中热情好客之风气有了初步认识。礼仪之邦，儒家影响，真诚好客！虽然物质上很艰难，但是精神上却很富有，想尽一切办法与手段表达自己好客之道；虽遭受无数磨难但依然乐观对待生活；虽平时辛苦耕作、沉默度日，但恰逢大型节日或人生"四喜"依然表现出乐观积极向上的心态。这种"对生活，对未来不放弃、不抛弃，积极拥抱，乐观对待"的生活哲理足以令我们尊敬，同时也赢得了世界人民的尊敬。这就是中华文明源远流长的奥秘所在！所以我们应该好好珍惜，加以继承，但是现实却发生了扭曲、甚至断档。

2 现实婚宴文化切面展示

最近笔者又对本区域农村做了一次长时间（持续一年），借助于驻村干部身份充分参与到他们生活中去，进而对现代农家婚庆与饮食有了更深的认识，也对传统文化在当代发展与洗礼有了更全面了解，现攫取部分情景来获取立体认知。

2.1 婚礼趋于中西结合

如今农村人富有了，消费趋势紧跟城市，有点条件的都不在家里办，聘请专业婚庆公司，专业司仪（婚礼主持与策划人）大型饭店设宴等流程。豪华讲究排场，原本闹新习俗，如今只是形式，礼节性的走过程。欧式婚庆讲究庄重与煽情，不注重喧闹，于是在此形式之下闹闹不成，庄严也庄严不起来，很有些不伦不类"四不像"，这就是人们盲目跟风的结果。我在分门别类调查过程中发现农村婚庆市场做得很混乱。东家花钱很多被摆来摆去，很不自然——心理别扭；参加婚礼的亲朋好友感觉没意思，无法表达他们对新人友善与感情，过去大家无所忌惮的说闹就是对新人的祝福，可如今却表达不出来；婚庆公司也感到迷茫，不学什么欧式、中式或者中西结合吧，揽不着生意，做吧财力物力达不到，特别是没有专业人士服务，就好比农村妞穿上职业装不伦不类；酒店业也很迷茫，成本越来越高，菜品越来越多，婚宴影响面广但存在利润偏低、挤占营业空间等问题，所以出现无服务或服务态度差，甚至很难预订（有的婚礼预订宴席需要一年）"一票难求"等现象。

2.2 饮食趋于精致化

在计划经济时期，物质匮乏、民质艰辛，即使在重大节日或重大场合极度"奢侈"一下，也只能是粗茶淡饭。比如过去坐席，难得开荤的村里乡亲们会长时间"赖"着不走，酒没了要酒，菜没了要菜，要的最多的是水煮花生米和葱拌豆腐皮。所以在人们记忆中经常出现喝醉闹事与一顿连成两顿吃等现象；到后来经济条件渐好，也仅仅看重大鱼大肉大酒突出实惠；然而再看如今席面不可同日而语，精致化、营养化、专业化突出，在每桌每位破百情况下，人们依旧有"日费万贯尤言无下箸处"。

再就是吃不出当初的滋味，并不是饭菜不精美，而是吃饭的人变了，过去携妻带子开怀畅言，边吃边聊，如今则是一种负担，匆匆吃匆匆走，几乎不知吃的啥喝的啥。所以各方都不很满意，使婚礼办得如鸡肋，为何？下面我就问题实质做一下探讨。

3 根源探究

3.1 文化断代

历史进步与新旧交替，市场规则取代血缘、地缘。大家族解体，人际亲情淡化，货币成为交易唯一。也就是说游戏规则变了人们的行为相应地也发生变化，过去做事心中只有亲情，无怨无悔；而如今人们做事名利是唯一，"无利不起早"行为也就变得"唯利是图"本无可厚非，但是人文情怀没了，人的幸福感也缺失了，这不是社会进步而是一种倒退。我们还得需要进一步矫正。

"发展是硬道理"所有问题都必须在发展中解决,科学的态度应该抱着宽容、辩证的观点去看待这一现象,可以给予时间加以解决,但是绝不能降低标准。

3.2 传统文化与现代文明撕裂

儒家文化曾经为统治阶级所使用数千年,对当地人民有着根深蒂固的影响,但我们也要秉承"剔去糟粕,继承精华"原则去革新。而我认为这两种思想不是完全对立的,因为文化传承其本质会保留——人性。如何融合是我们要考虑的课题。

关于文化衔接出现的问题,是一个大命题,限于文章篇幅,在此不做深入探讨。

3.3 信仰缺失,人文素养滑坡

源于贫富差距接触红线,公平、公正、正义成为"乌托邦",从而迷失自我。这是当下不可回避也是很现实的矛盾,"不患寡而患不均",再加上商业利益作怪,偏离底线的事情就屡屡出现,在婚庆业与酒店业也是如此。人们的心理失衡,就看不到本质的东西,感性挤占理性,使行业得不到健康发展。

3.4 追逐利润最大化使婚宴畸形

眼球经济刺激德州婚庆走向洋、虚、假,不断寻找噱头,炒作概念,甚至脱离本土实际。我们提倡变化但反对无节制的花样。比如欧式婚礼利用宗教仪式带给新人新意,但也带来滑稽与假空,因为没有宗教信仰基础的动作令人感觉可怜,可笑。把自己传统婚庆中闹喜丢失,却去追求没有群众基础的外来文化实在是本末倒置。追求利益最大化就是导致婚宴畸形的重要因素。在短视利益与远期追求之间做出正确选择,才是德州婚宴未来正确选择。

4 婚宴回归理性思考

4.1 食育方式转变——文明、科学、健康就餐观念转变

"子能食食,教以右手"是《礼记》中的话。经验主义的自育,是近代社会以前中国人基本的食育方式,可以从"食医合一"和"孔孟食道"长久坚持的传统中得到证明。对现代营养素与卫生重新认识,准确认识维他命以及矿物质,对现代人健康长寿有很大帮助,破除"不干不净吃了不长病"的错误观念,认识到均衡饮食的重要性。原来主要是家庭与家族教育,如今企业、消费者与社会一道共同筑起食品安全长城。我们食学研究者长久也在不停呼吁,2003年"泰山宣言"中就提出了"三拒"理论——企业拒绝采购野生动物、厨师拒绝烹制野生动物、消费者拒绝食用野生动物。2003年"SARS"给人们的教训是深刻的,我们应该改掉陋习,使我们的餐桌变得文明、科学、健康。

4.2 "一人双筷制"婚宴式制改革

国人传统就餐方式是聚餐制，国人喜欢团圆并刻意追求和谐心理，群餐制有其积极一面的，国人注重家庭亲情，强调合家团聚，有追求大家族趋势。但随着现代社会家庭结构大家族瓦解，小家庭或单身贵族增加，工作压力与生活压力加大，人们追求的是效率，快捷、卫生、安全，诉求不同行为表达方式自然有差异。AA制或叫分餐制就是现代社会表现方式——比如自助式服务，各种酒会等。然而我们也要看到一个事实，那就是中华民族传统文化根深蒂固，群餐制永远不会被分餐制所代替，顶多平分天下，而在广大农村地区特别是受儒家思想影响的区域就餐方式还是以群餐制为主。我们如何兼顾群餐制所表达的亲情氛围与分餐制所蕴含的效率和营养卫生，在多方比较之下提出的"一人双筷制"是比较科学合理的。可能由于传统习惯意识会遇到阻力，但是随着社会的进步、国民受教育程度的提高会被大众所认可并推行开来的。详细做法参考一下有关文章就可以，在此不再累赘。

4.3 大力推行健康传统文化婚宴

作为行业主体的婚庆公司与酒店业应该有义务做好大众婚礼习俗心理实质，准确抓住婚礼业务的核心规律，真诚热情服务好，当然学者也有义务积极还原传统婚庆文化习俗，还原历史真相，才能剔糟取精。不要盲目跟风——中西合璧或者欧式婚礼，结果过度包装、内核丧失。根据当地民风民俗增加文化内涵使行业服务的含金量增加，树立婚庆市场品牌，使其健康持久科学发展。理清传统婚庆文化积极向上部分，结合现代文明元素，设计出富有传统文化内涵的新型婚宴，才能长久回归大众。

4.4 加大交流改变陋习

在审视本区域婚庆发展现状时，我们可以打开视野从周边吸取有益的科学做法。比如集体婚礼，旅游婚礼等形式。另外我们应该摒弃传统文化中过于强调的面子文化，采用节俭、务实、客观等适合自己的婚宴。在保证喜庆吉祥氛围前提下，加大交流功能，增加科技因素是人们婚宴交流的新渠道。比如我们能够进行宴请形式改革，比如举办酒会增进人们彼此自由交流，随后采用自助餐形式使人们自助选择食品，能够保证营养卫生愉悦进餐。当然这是初步思考框架，我们可以再进一步细化婚宴改良细节，需要进一步深入思考。

5 思考总结

在文化圈、饮食文化圈、黄河下游饮食文化圈等概念诠释，儒家思想精髓剖析，罗列田野考察资料，以时间为经，以空间为维，展开事件描述（包括时代、参与因由、闹新、承办方式、菜品、礼金、感悟），在此基础上辨析民俗渐变之规律，点出传统饮食民俗流失，现代婚礼渐成"鸡肋"。传统文化挖掘整理，在社会大变革，观念大碰撞之际，传统文化的流逝与断档，现代文明的过度消费，挑战人们的心理，如何顺应历史发展，做好过渡时期的婚宴改革衔接是关键，社会、企业、家庭及学者义不容辞。

参考文献

[1] 赵荣光. 中国饮食文化概论[M]. 北京: 高等教育出版社, 第3版2008.

[2] 史浩泉等. 德州市地方志[M]. 济南: 山东人民出版社, 2005.

[3] 留住祖先餐桌的记忆[M]. 昆明: 云南人民出版社, 2011.

川菜在贵州现状、问题及对策研究

吴茂钊

（贵阳市女子职业学校，贵州　贵阳　550003）

摘　要：川菜走向全国走出国门的步伐非常快，大有将川菜扩张成"中国菜"的代名词从而一统天下的雄心壮志。然川菜在贵州数千年割舍不清的历史渊源，解放前后的大势融合和世纪之交的登陆、进军、进攻和败走，以致于目前的低迷状态，本文将川菜从历史久远的巴蜀与黔地夜郎深层次的历史渊源开始，到进军进攻贵阳、再到败走贵阳说起，延伸调查与四川、重庆相邻的遵义、毕节、铜仁和民族地区凯里等地走访调查，找出问题，找出对策，来应对这一现实状态。

关键词：川菜；贵州；问题；对策；探讨

　　川菜作为中国著名的饮食风味流派，在长期的历史发展过程中，在适应人们的饮食需求的同时，逐渐形成自己的特色，拥有独特的文化内涵，扎根四川，并不断扩展到全国乃至全世界。

　　四川省也在此基础上提出了开发川菜产业的构想，以政府决定的形式，倡导一个菜系的产业化，这在全国还是首创，这是一个具有重要、深远意义的决定，在西部乃至全国产生了巨大的反应。一个川菜产业的链条正在配置整合。

　　川菜从历史久远的巴蜀与黔地夜郎深层次的历史渊源开始，到明朝贵州建省，一直延续到新中国解放前后的大部川厨、川企入川，到20世纪初大势进军进攻贵阳，十余年时间，又爆冷地败走、低迷于贵阳？原因何在？我们从历史上川菜对黔菜的影响说起。

1 历史上川菜对黔菜的影响

　　历史上区域相互渗透和包容的巴蜀与黔地夜郎古国有着深层的历史渊源，菜点文化血脉相连。川菜的孕育、萌芽于商周时期的巴国和蜀国，从秦汉至魏晋，川菜发源并初步形成。《史记·西南夷列传》载，汉武帝建元六年（公元前135年），"唐蒙出使南越，食蜀枸酱，蒙问所从来，曰：'道西北牂柯，牂柯江广数里，临牂柯江，出番禺城下，夜郎者，临牂柯江，江广

作者简介：吴茂钊（1978—　），男，贵阳市女子职业学校教师，贵州烹饪大师、黔菜文化大师、餐饮文化大师，先后出版有《美食贵州》《干锅菜》《火锅菜》《贵州农家乐菜谱》《贵州美食文化》《川菜在贵州》等十余部专著。

百余步，足以行船'"。夜郎的主体在贵州，今贵州是夜郎的故土。"今川黔"交往于此时，根植于生活习惯上的相似性，也在这时候有了以"酱"为代表的交往、交流。

早在公元前227年，秦王朝建立黔中郡，黔东北一带便开始纳入其行政建置。汉晋把一些四川移民迁到云贵地区，其豪强称"大姓"，三国时期蜀汉统治贵州，驻平夷县（驻今毕节），在其征收金银、丹漆、耕牛和战马。唐宋时期设黔都府（驻今四川彭水）四川管理以遵义为中心的贵州北部。期间的1500多年，四川与今贵州结下了不解之缘，自四川今宜宾至昆明的五尺古驿道，把滇东、黔西与四川紧密的联系在一起。东汉设立的犍为属国，成为沟通四川盆地与今黔西和滇东地区的走廊；两汉时期，由官方组织来自四川的移民进入今贵州和云南尤以黔北最为密集，加上四川是历来王朝经营云贵地区的基地，历代向贵州派遣军队和官吏。向贵州移民，均非四川莫属加之黔北黔西大部分地区曾直接或间接划归四川管辖的密切关系，无论语言和饮食，均受四川文化的影响。所以，黔滇居民普遍嗜好辛辣，尚辛香，口味偏咸，喜食河鲜和野菜，菜肴原料极为丰富，如今四川人难以割舍的麻婆豆腐、回锅肉、干烧鱼等传统菜肴，在贵州、云南大部分地区也有众多爱好者。元代云南建省，开通经黔西至中原驿道，带有浓郁川味的"贵州菜"首次成为完整的行政区域并受到重视。

明代贵州正式建省，设省治于贵阳，贵阳、遵义等地逐渐内地化。清代全国人口空前增长，为寻求生存空间，大批川籍流民向贵州等地迁徙，传入玉米、辣椒、洋芋等农作物，山区与偏僻之地获得开发，鸦片战争后贵阳成为全省最大的商业城市，20世纪初，贵阳建成以大十字为中心的四条大街，安顺、遵义、兴义等地也成为重要的商品集散地。特别是清乾隆元年（1736年），四川省巡抚黄廷桂将川盐入黔的水道分为永、仁、綦、涪四大口岸。凡入黔之盐，均由自流井和五通桥盐场运往长江各口岸的入口处，再沿这些河道运往贵州各地。永岸由四川省纳溪县城人口，沿永宁河上运至叙永县城起岸，然后分两路运往贵州省的毕节、大方等县。因所经河道，大部分俱在四川省叙永县境内，故以永岸为名。仁岸从四川省合江县城入口，经赤水河直抵茅台镇（村），再循陆路运至鸭溪、金沙、贯阳、安顺等地。川盐入黔，繁盛时期的川菜进一步从根本上植根于黔味中，影响集市上和酒肆饭馆里的菜肴口味，时至今日，仍然是将川菜黔菜完全混为一谈的根基所在。

清咸丰年间，时任四川总督的贵州人丁保祯，喜下厨亲自烹调，以宫保鸡丁为代表的黔菜在宴客的赞赏和推荐下，脱颖而出。丁宫保"酱辣味"的家乡炒鸡"宫保鸡"，经过数十年的变化后，演变成了重在"五味调和"的"煳辣小荔枝味"的宫保鸡丁，再一次给黔菜烙下了深深地川菜印记。

清末民国至解放前的战乱时期，随着日寇的步步深入，大量避难川人涌入贵州，原来不足10万人口的贵阳城骤然增至30万人，不免有许多川厨这时进入贵州，将因战乱正值繁盛时期军阀割据导致的军阀上层奢华而快速促进形成的川菜菜系的优秀品种和理念带入贵州，并结合当地原料和生活习惯，为黔菜菜系的形成奠定了基础，以贵阳等城市为例，当时习俗奢靡。家常宴席多用四品五碗之平席，间用海菜。新年佳节则亲邻相邀，虽仅备家酿便菜，但情谊弥笃。随奢风愈甚，酒席常备参翅并及烧烤诸物，"非此不为请客"。人口的倍增和资金的大量注入刺激了商业的发展，饮食业空前繁盛，川粤鲁苏菜馆、小吃店像春笋般布满贵阳大街小巷。当时知名的川菜店有杏花村川菜、飞花村川菜、西湖川菜社、蓉渝菜社、鹏来饭店、陪都餐厅、成都川菜馆、芙蓉川菜馆、豆花村等餐馆，后米为黔菜做出基础贡献的四川厨师赖炳荣、邹少武当时在中华中路糖酒公司开设的"成都味"饺子馆和富水北路28号的"成都大饭店"，均做川菜，很是知名。文学家茅盾在其《贵阳巡礼》中对贵阳的饭店酒家做过生动的描写。当时在贵阳城中颇有口碑的风味小吃有"老不管"的一品大包、"汉云楼"的甲鱼面、"满城香"的卤菜等。

1949年底贵州解放，根据政策改造扶持饮食业，许多川菜饭店与本地味餐厅一起合并成了贵阳的河滨饭店、服务大楼、延安饭店、云岩饭店，遵义的长征饭店，安顺的大南饭店、市西饭店，兴义的东风饭店等，首次全面的推进了黔菜的发展。

2 川菜在贵州现状

2.1 解放初期的公私合营与重用川厨经营

解放初期，贵阳市区饮食服务业网点有一千多家，从业人员达四千余人，多为小商小贩。随着国民经济的恢复，1954年，"常兴字号"等几家棉布店转产投资新建贵阳第一家公私合营大型综合性饭店——贵阳饭店，后又接收资不抵债的"乐华园"餐馆改成贵阳市第一家国营饭店。此后，国家又先后投资兴建了河滨饭店、延安路饭店、服务大楼等几家大中型饭店。

公私合营后，在贵阳开办成都味饭店的四川璧山人赖炳荣受派，组建河滨饭店，担任首任经理职务，参与组建贵阳市首届厨师培训班并任教师。开办贵阳成都大饭店并亲自主持厨务的成都人邹少武，1953年被贵州省人民政府交际处招聘为厨师，在八角岩招待所、云岩宾馆主厨。四川内江人沈远华沈远明兄弟先后在遵义成都川菜馆、南京酒家、陪都餐厅、江浙酒家等任厨师。1950年后在遵义大饭店、湘山宾馆任主厨。于1937年，7岁进入贵州的四川璧山人古德明，12岁入行，先后在遵义浙餐厅、上海酒楼、北平正阳楼、怡利楼、中原饭庄、西湖川菜社、蓉渝菜社、鹏来饭店等餐馆学徒成为当地小有名气的烹调师。1957年主持新建的遵义宾馆厨房技术工作。

以他们为代表的川菜名厨在解放初期和后来建设中，带来了川味和当时较为先进的企业管理经验，虽然后来他们都"黔化"为黔菜名厨，但是固有的川菜基础和文化，大量的植根于黔菜中，他们与本地名厨共同培养的下一代厨师中，将川菜黔菜精髓二合一，比如如今流行的黔菜宫保鸡，就是将早期酱辣味的黔味宫保鸡融入了煳辣小荔枝味的川味宫保鸡丁，做成了既加干辣椒、花椒，花生米，也用糍粑辣椒、甜面酱和蒜苗的现代浅荔枝味带酱辣味的宫保鸡系列。除了部分菜品的"川黔一味化"，以他们主理的饭店，虽然为本地企业，经营黔味菜肴，可也具有浓厚的川菜风格。

2.2 老字号的衰败

"文革"期间，贵州饮食业遭到严重破坏，一些老招牌店铺被迫更名。老不管更名为"红旗面店"，汉云楼更名为"前进面店"，个体饮食商业被取缔，饮食服务网点减少，服务质量下降。

20世纪80年代中期到90年代初，由于旧城改造，原坐落在城区的一些老饭店、旅馆、名小吃店如成都味、黔灵饭店、火车站饭店、东新餐厅、市东饭店、老乡亲、金钰鑫、金蓝饭店、品华饭店、满城香烧烤店、四季春、延安饭店、南京街碗耳糕店、老不管面店等近川菜黔菜老字号店陆续拆迁，并不再经营。这些老店经营的主打品种大部分已不现市面。如一品大包、糕巴稀饭、洗沙凉糕等。

贵阳几乎所有的餐饮老字号，都归于原贵阳饮食服务公司旗下。2003年，贵阳饮食服务公司与贵阳食品公司合并，组成贵阳嘉瑞食品饮食服务公司。公司相关人士介绍，自20世纪90年代初、中期，由于旧城改造等原因，贵阳的20多家餐饮老字号陆续退出经营后，其品牌便"雪藏"至今。成都的众多餐饮老字号，在二十世纪八九十年代，也和贵阳一样，遭遇了"滑铁卢"。但到2004年，在成都市政府的强力促进和支持下，囊括了绝大部分老字号的成都市饮食公司整体改制为全员持股的股份合作制企业，经过政府提供的扶持资金输血，公司旗下的23个"中华老字号"名小吃全部重出江湖。2005年，该公司总销售额即接近4亿元；当年仅"龙抄手"春熙路店的总销售额即超过4000万元。除了老字号招牌的逐渐褪色，渐行渐远，最终尘封于历史之中。这些老字号的当家菜、招牌菜，也面临后继无人的境地。

贵州省黔菜研究会副会长朱辉达忧心忡忡地说："由于没有店堂持续经营，贵阳的老字号的招牌菜已经来日无多，如不及早采取手段让其重现市面，消亡不可避免！"现在的贵州餐饮名店，多数是新生的"小字辈"。许多悠久的美食名菜，在这些餐饮店里，无从寻觅。而相邻的重庆、成都等中心城市，老字号大部分依然"健在"，而且与餐饮新生代一起，在市场的大潮中追波逐浪。

2.3 川菜进军贵阳，从进攻贵阳到低迷贵州、败走贵州

世纪之交，川菜红遍大江南北，连锁企业当数全国之最。最后大势进军进攻的省份当属近邻贵州。

2002年《四川烹饪》杂志、2003年《川菜天地》杂志分别刊登笔者撰写的《川菜进军贵阳》《川菜进攻贵阳》，贵州的媒体更是惊呼《川菜"长驱直入"，黔菜何以"应招"》《川菜，何以笑傲江湖》《天寒地冻看川菜》《重庆火锅遍地开花，本地火锅呼唤品牌》。文中分析，早年以重庆风味为主的四川火锅就进入贵阳，并与贵州的传统火锅互相融合，互补发展，虽显得有些势单力薄，但本土连锁企业"贵阳雅园"也开设有一家地理位置极佳的雅园朝天门重庆火锅。1998年成都的"粑子火锅"登陆贵阳后又神秘地退出，使得四川火锅在贵阳并没有真正形成气候。随着川菜进军贵阳，四川火锅又有卷土重来之势。 当时著名的成都谭鱼头火锅、成都的光头香辣蟹火锅、重庆小天鹅火锅、重庆苏大姐火锅，也于2001年年底登陆贵阳。"光头香辣蟹"在开业后的短短几个月内，就已在竞争激烈的贵阳火锅市场上站稳了脚跟，开设分店。不过好景并不长，成都两家火锅企业很快被当时只有几百平米店面的本土企业老凯里酸汤鱼接下来，不论是从服务、管理上还是气势上，都让这家当年不足十年历史的小企业成就了黔菜知名企业，紧接着的不到十年间，当时成都市七大餐饮品牌中卞氏菜根香、飘香老牌川菜馆、巴国布衣和在川渝地区极负盛名的重庆七十二行、陶然居、德庄火锅、德庄厨娘和成都大蓉和、狮子楼、温鸭子、家家粗粮王、猪圈火锅，武汉宗江老川菜、北京俏江南等企业纷纷入驻贵阳、遵义、六盘水、毕节、铜仁等贵州一二线城市，一时间成为这些城市的餐饮亮点与时尚，为所在地川人带来了家的温馨，为本地人送来了异域饮食文化的新鲜。

可是好景不长，在黔经营一两年、两三年后，大多数企业歇业、撤退。红极一时的七十二行、陶然居、大蓉和、俏江南等企业在2011年落下帷幕，《中国烹饪》杂志发表我的《川菜败走贵阳城》，《中国食品报》分上、中、下三期发表我的《川菜败走贵阳的启示》，此时的黔川媒体，反倒是低调了许多，很少提及川菜在贵州之事，只有一直关注着餐饮动向与川菜在贵州发展的专业人士是否紧盯不放。

就在撰写本文期间走访中，成渝来黔的最后一家川菜名企业卞氏菜根香也在易名装修，宗江老川菜是否早已本土化，只是未换名而也。加上最近几年本地企业贵阳雅园将旗下的雅园朝天门重庆火锅改营本土的豆米火锅，并将这款曾经由菜肴转化为小火锅的产品，升华为数家大型连锁餐饮企业本名牌，可以说，贵州彻底将川菜从进军、进攻贵阳，到川菜低迷贵州、败走贵州。

今天的贵州餐饮，在川菜十数年的大势推动下，成就了黔菜的跨越式发展。在政府和行业协会、产学研的推动下，企业求生存求发展的引领下，全省各民族同胞齐努力，明确了黔菜概念、树立了黔菜品牌、推进了黔菜发展。并谋求和推进黔菜出山。算得上是川菜企业进贵州成就的黔菜第一品牌、拥有连锁品牌和企业十数家分店的贵州老凯俚餐饮有限公司丁董事长说，没有川菜的大势入驻和带来的先进经营管理经验和不服水土而撤走，企业的发展不可能如此的迅猛和如今的坚如磐石。

3 川菜在贵州的问题

餐饮业是中国朝阳行业中蓬勃发展的一种新兴古老产业。"古老"是因为自从产生了社会分工就有了餐饮业，可以说伴随了整个人类社会发展的每一个阶段。"新兴"，今天的餐饮业已经与以前的餐饮业有了很大的不同，无论从观念上、功能上、经营模式上，都有了极大的变化。

纵观历史，餐饮行业的飞跃，都受一种超前的创新意识来推动，随着国民经济的快速发展，居民的收入水平越来越高，餐饮消费需求日益旺盛，消费方式也逐渐向多元化发展，消费更加理性化，营业额一直保持较强的增长势头。贵州餐饮业发展也毫不例外，增长率始终保持在10%以上，川菜大势进入贵州的2004年时全省餐饮业实现零售额突破100亿元，达到102.3亿元，增长速度之快前所未有，贵州餐饮业正呈现出良好的发展势头。

然而作为目前国内市场化程度最高的行业之一的餐饮业。在最近的二十多年里，各地的餐饮市场犹如战场，竞争异常激烈。各个餐饮商家短兵相接，你死我活地进行着拼杀，竞争的结果是，大大小小的餐厅酒楼每天都有开业的，也有关门停业的，真个是你刚唱罢我登场，各领风骚三五年。贵阳的川菜市场变化尤为如此。是什么原因导致川菜在贵州如此大的变化？川菜在贵州到底遭遇到了什么问题？为什么？

3.1 根深蒂固的川黔味概念麻痹着川菜在贵州的特点与特色

四川与贵州历来交往密切，尤其是黔西黔北地区隶属于古四川的一部分，行政区域上的多次划分和管辖，导致人员交往产生的口味相近、饮食习俗异同。换言之，贵州相当区域家庭菜肴与市场上的食肆菜川化严重。

就解放前后由四川前来贵州的名厨开设的多家命名为成都餐厅、成都味的川菜馆来看，是很能适应市场的，口味上也较为适应。当然作为包容性极强的移民城市贵阳、遵义等城市，那时候涌入大量的川人，也推进川菜美食和饮食文化的入侵。

随即的公私合营，带进当时较为先进经营管理经验的川菜经营者和受过川菜大师点拨的川菜厨师，都得到重用，进入合营后饭店工作。工作中突出贵州本土特色时，严重带有川味特色和四川经管经验。以至于黔味、川黔菜概念一直在民间流传和沿用。换言之，是改革开放，促进民族地区发展，贵州民族菜肴与贵州民族民间饮食文化得以发展和弘扬，贵州各地方风味、各民族特色逐步显露，催生地道川菜在贵州的概念。

大家一直念念不忘的口袋豆腐、烧方、龙凤鱼翅，就是解放前在贵阳开设成都味餐厅，后来担任河滨饭店经理的赖炳荣大师的主要作品。随着时间的推移，赖氏传人如今将其更加黔化后，将口袋豆腐、八宝甲鱼等作为主要品种，开办赖氏黔菜企业，多元化经营。

如同赖家相当的，还有当时贵阳丁派、邹派、胡派和遵义的"三少"等，不同的则是当时入黔，后来成就事业的大量川人黔厨，他们大多跟随当时的贵州和四川厨师，带着儿时已定四川口味的习惯烹饪菜肴，成名后虽是黔菜厨师，但成名拿手好菜菜品却多带着浓郁的川菜风格，供职于遵义地委的四川内江人沈远华、沈远明兄弟的眉眼腰花、鲜花肚头、宫煲鸡球等菜品，在如今四季春酒楼里，虽为黔菜代表，但川味影子仍然存在。

3.2 单兵作战零星入黔，竞争不力促黔菜发展

尽管许多年前重庆风味的四川火锅就进军贵阳，并与贵州的传统火锅互相融合，互补发展，本土知名连锁企业早年就有重庆朝天门火锅门店。

1998年成都的"粑子火锅"登陆贵阳后又神秘地退出，2000年，著名的"谭鱼头"火锅进入贵阳后，成都的"光头香辣蟹"火锅也于2001年年底登陆贵阳。"光头香辣蟹"在开业后的短短几个月内站稳了脚跟，开设分店，但不久谭鱼头悄然离去，随即重庆小天鹅、重庆苏大姐火锅热情登场。虽然都在一条大线上，但是各自风光一两年，苏大姐被加盟商换店牌"重庆杨大姐"，小天鹅直到前两年也换成了本地名。

成就了与"光头香辣蟹"紧紧相邻的，当年只有不足八年历史的"老凯里酸汤鱼"火锅。该店面积不大，远比入黔川企小气得多，且受拆迁影响，不过生意仍然很好，作为邻居，酸汤鱼火锅店的老板当年就深有感触地对笔者说：四川同行在经营上比较有气魄，所以取得了成功。贵阳的许多火锅店生意也很好，但却一直没有把火锅这块"蛋糕"做大。四川火锅在贵阳发展，对我们当地的火锅来说，无疑也是一种启发和促进，看来我们的火锅的确需要新的营销理念了。

十多年后回头分析，真是四川火锅成就了酸汤鱼，成就了老凯里。谭鱼头、光头香辣蟹盐务街店离开时，店面都"交给"了当年的小店"老凯里酸汤鱼"。当年老凯里酸汤鱼如今已经是拥有本土特色的酸汤鱼、乌江鱼和苗族菜等多元化发展的"老凯俚餐饮管理有限公司"了，旗下餐饮门店十余家，经营面积早已不是小店，全是当年接管四川火锅那般的大店，气势恢宏，民族风味浓郁，植根于贵州百姓的饮食宴请和消费中。

当年红极一时的成都家家粗粮王，2001年入驻贵州后红火一阵，并开设分店。但水土不服。仍然败给自助单价一直要高9元的本土快餐企业贵阳火凤凰，在一轮品牌助推后，火凤凰在保持着30年老店基础上，转型本土特色中餐酒楼和卤菜、面食连锁。

成都卞氏菜根香是川菜名企业中，进贵州最早，在贵州经营时间最长的，贵阳店刚刚更名为"卞式菜根香"装修，延续了十多年。当年就成就了从遵义来贵阳发展的赤水情连锁，赤水情老板、贵阳市烹饪协会副会长何越庆当年说，我们早先川企4年瞄准贵阳餐饮市场上黔北菜

的空白，从遵义进入贵阳的。在贵阳开了好几家连锁店。其生意不会受到"川军入黔"的影响，四川餐饮企业进入贵阳是意料中的事。"即使现在没来，他们早晚也会来的"，而且他们来了以后，会给贵阳的餐饮市场注入新的活力。同样成名于该时期的贵阳仟纳黔菜连锁董事长、贵阳市饮食服务行业商会副会长俸勇近日对笔者说，在黔菜概念正朦朦胧胧时，川菜知名企业大势入驻，带来了新的理念，注入新鲜血液，促进黔菜快速稳健成熟发展是必然的，我们就是抓住这一契机，直线上升而成就梦想的。

3.3 连锁加盟利益所趋，售后服务欠缺导致败走麦城

连锁加盟餐饮发展模式，是指餐饮企业通过连锁经营和特许经营的方式进行扩张。根据国家商务部发布的《特许经营管理办法》，连锁企业必须具备2店1年才有出售特许经营权的权利。

连锁餐饮是餐饮业发展到一定程度时的一个必然的产物，是特色餐饮的一种发展模式。很多创业者都会选择加盟连锁餐饮，但也有不少人找不到方向。这时可以选择较为专业的之道招商加盟网来作为自己活得连锁餐饮加盟项目的渠道。

自2000年前后，一轮川菜连锁加盟之风刮向全国时，影响最小的当数贵州。然而，21世纪初，突如其来的川菜登陆贵阳、川菜进军贵阳和川菜进攻贵阳，让这座不大的移民城市乃至全省紧靠四川、重庆的遵义市、毕节市、六盘水市和铜仁市城区，均是川菜馆、重庆火锅独霸半边天。

然而，近年来餐饮连锁加盟中，问题就出在加盟上，贵阳的川菜馆和重庆火锅基本上都是加盟，设在成都、重庆的总部均不投资，只提供品牌和相关支持。

曾经加盟重庆外婆桥，如同今日"卞式菜根香"和未能成功的"杨大姐重庆火锅"一样的贵阳黔外婆餐饮连锁，在加盟重庆外婆桥不长时间，完成了一个阶段合作后，依然更名，并经营黔菜菜系，一口气开了三个店。重庆七十二行、成都飘香老牌川菜馆、成都温鸭子酒楼、成都巴国布衣酒楼、重庆陶然居酒楼、成都大蓉和酒楼、北京俏江南酒楼等知名川菜企业都没有成都卞氏菜根香那么幸运，他们不是成就了本土品牌企业，就是遭加盟商更名或者关闭，最为稀奇的是俏江南加盟商，约见记者，当众砸掉牌子，放弃经营餐饮。

究其原因，业内人士均表示，川菜企业进入贵州，基本上是加盟型连锁。加盟连锁最大的问题就是相互利益最大化，如果品牌企业的品牌后续支持不够，也就是"售后"做得不好的话，加盟商自然不会"善罢甘休"，轻则采取易名，重庆苏大姐火锅易名杨大姐火锅、重庆陶然居易名贵凰酒楼、成都大蓉和易名天河酒楼后光荣离去；重庆外婆桥易名黔外婆酒楼、坚持十多年的成都菜根香也被盖上了"卞式菜根香"。可见，川菜在连锁加盟中，是否忽略了距离最近的贵州的实际情况呢？还是这已经是餐饮加盟连锁的"通病"。

3.4 人才稀缺，利益所向，难成大事

餐饮企业的竞争，核心在人才。2000年前后，正是黔菜的新的一轮起步期，在竞争中成就事业的黔菜企业，正是这个时候黔菜企业给出高薪招聘管理人才，甚至直接上川菜馆去，挖走有用的职业经理人，再找不到就老板跑一趟成都，走一趟重庆，人才就进家门。实在没有办法的企业，如同大蓉和酒楼，听信自称是当地烹饪协会领导的厨师的大话，胡搞一通后离开。早期的川菜贵阳加盟店，据说都是加盟商花钱到总部"购买"管理人员和厨师，但是人才的流失，导致了企业难以承受花钱雇员、花钱挖员和为别人培养人才之苦。贵州省食文化研究会副会长、贵州侗家食府有限公司董事长李茂盛说，川菜的败走，我们很受伤，到四川招聘时很少有人敢来这座城市，不得不取道前往湖南寻找管理人才。同时呼吁贵州的职业院校尽快开设贵州厨师和餐饮职业经理人的高级研修班，呼唤前往四川旅游学院（原四川烹饪高等专科学校）学习的贵州学子能早日归来，服务贵州餐饮。

除了以上原因，对于川菜在贵州出现的问题这一现象，笔者认为，"一方水土养一方人"，虽然川菜与黔菜在烹制方法和口味上相近，但贵阳也如同其他城市一样，有自己的老牌和新兴的餐饮名店，外来的餐饮企业和菜品不可能长时间地吸引当地的客源，贵州人毕竟还是更加偏爱本土的黔菜。不过，外来餐饮企业的进入所带来的竞争意识，带来的新的营销理念，会不同程度地促使本地餐饮企业去学习和借鉴，最终提高了自己的菜品质量和管理水平，使自己的发展上一个新台阶。随着川菜再次前来贵州契机，黔菜企业也努力去提高自身的竞争力，使贵州餐饮真正繁荣起来，做到黔菜川菜双赢。

4 川菜在贵州对策

改革开放30多年来，四川餐饮一直保持着持续、快速发展，川菜的发展创造了"人间奇迹"。

川菜走向全国走出国门的步伐非常快，目前全国县级以上的城市都有大小不等的川菜馆，川菜已成为在全国普及率最高的菜系。据相关数据表明，在全国大多城市外来菜系中企业总数稳居第一；在台湾川菜馆占了30%。在更远的美洲大陆和澳大利亚，很多城市都可看到川菜馆的招牌。大本营四川和重庆更是处处都能强烈感受到川菜火热的繁荣景象和良好的发展氛围。川菜馆比比皆是：琴台路火锅街、一品天下餐饮文化一条街、文殊坊休闲区、天下耍都等，不仅规划起点高，颇具观赏价值，而且香气四溢，生意异常火爆。人们谈川菜、吃川菜、享受川菜，人人都以川菜为荣，个个都以川菜为美。川菜实实在在成了四川一张响亮的名片。

川菜势头发展劲头旺，良好的发展态势使四川人尝到了甜头，也找到了自信，大有将川菜扩张成"中国菜"的代名词从而一统天下的雄心壮志。川菜目前的发展趋势表现在川菜品牌进

一步提升、川菜产业进一步向上下游延伸、川菜菜品的标准化建设获得了长足发展、川菜对外交流日益频繁。

川菜在稳固和拓展国内市场时，瞄准更大的国际市场，时刻为实施"走出去"的海外扩张做准备。川菜的发展已完全步入了良性发展轨道。川菜的发展得益于推广，川菜的繁荣也不是一时形成的，而是上下合力促成的，是多年苦心经营换来的。观察川菜的发展轨迹，不难发现，领导重视、教育支撑、协会助推是其重要法宝，值得借鉴。

然川菜在贵州有着割舍不清的历史渊源，解放前后的大势融合和世纪之交的登陆、进军、进攻和败走，以致于目前的低迷状态，如何应对这一现实状态呢？

4.1 总结经验，再谋入黔

2001年，刚刚开业的成都"卞氏菜根香"贵阳分店负责人介绍，在当初进入贵阳之前，他们已作了详细的市场调查。得出的结论是，尽管贵阳的餐厅酒楼众多，但大多数还属于单兵作战，竞争力不强。加之当地餐饮目前处于非理性消费时代，一个酒楼新开张时，不管其菜品和服务质量如何，充满了好奇心的消费者都会前往光顾，让酒楼红火一阵子，这对外地商家来贵阳新开酒楼十分有利。再则，贵阳的餐饮市场竞争同已经达到白热化的成都相比，还只能算是一块"处女地"。因此，他们最终选择了进军贵阳，并且选择了在盐务街开分店。当时的成都卞氏菜根香贵阳酒楼生意一直火爆，即使在"神仙难过二八月"的餐饮淡季，这里每天仍然是顾客盈门。

但是慢慢的显现出来的，是贵阳人的婚宴与四川习惯完全不同，全部开在晚上，加之贵阳人的午餐多选择当地特色粉面和糯米饭等单一品种，等于每日只开一餐，中午基本上处于闲置状态，人工成本大大提高，房租压力明显增大。卞氏菜根香贵阳酒楼一度做起了"成都茶馆"，试图改变一下中午经营状况，笔者也几次前往体验和消费，不过这一行动并不是贵阳人心中的茶饮消费好去处，最终放弃，最后的结果是菜品逐步黔化，结局是门头被盖上"卞氏菜根香"喷绘，继续营业，会再坚持多久？不得而知。

今天这家川味"小品牌"，明天那家川菜"小名牌"的杂牌小企业连锁加盟店的起起落落。建议真正的川菜品牌企业重新考察贵州市场、采取直营或者联合经营模式，重走贵州，收回失地，收复川菜低迷贵州现状。

同时希望川内规范以收加盟费为目的的部分小企业，尤其是各类火锅，放弃在贵州"折腾"，改变贵州人对川菜企业在贵州的形象，树立新的"川菜价值观"。

4.2 川菜院校扩大贵州招生规模

"市场的竞争，最终是人才的竞争"。针对川菜在贵州出现的人才被"抢"事件，最为有效的川菜院校扩大在贵州的招生规模。自四川烹饪高等专科学校开设到如今的四川旅游学院，每年在相邻省份的贵州招生人数几乎是全国最少的，几人，最多几十人。如果能够提高招生人数，并增加贵州中职对口四川高职院校烹饪和酒店管理专业的对接，必将有大量的贵州学生到四川学艺学习，回乡后，不用过多的要求，已经习惯"豆瓣饮食"的同学，自然会选择家乡的川菜馆工作，大大减轻川菜企业大本营人才匮乏之压力。

对四川的院校而言，只要政府相关职能部门对接好，扩大招生并不困难。而贵州本土，开设烹饪中职的学校仅有4所，每年毕业的学生只有几百人，且自今未开设烹饪专科和烹饪相关本科教育，导致黔菜都稀缺人才，哪会用心去钻研其他菜系呢？在本土的QQ群和其他圈子中，越来越多的本地厨师，喜欢将自己的名字备注为"黔菜+姓名"，完全与前几年以本地人是川菜厨师为荣的局面。烹饪如此，酒店管理、餐饮管理专业的学生总体也难以适宜日益快速发展的贵州川菜连锁餐饮业。

如果解决了大量热心餐饮的贵州籍学生入川学习的问题，川菜到贵州的发展将有利有力得多，并会快速的增进黔人进川企的大好时机。

4.3 加强交流，强化组织，深入调研，谋求发展

川菜在贵州最为低迷时期的2013年，由金宫味业发起，在省会贵阳市举办川黔顶级名厨高端交流峰会暨川菜进贵州活动。活动的目的是为进一步推动川菜产业的发展，让川菜走出巴蜀大地，让各地的美食家、烹饪高手能感受到川菜的魅力，同时增进四川与各地的美食的交流和共同繁荣，让川菜文化与各地美食文化进行有机的融合，并通过融合达到有效的嫁接和发展，将川菜与美味进行传递。

国家级烹饪大师、中国烹饪协会名厨专业委员会副会长、中国餐饮业国家一级评委史正良大师现场说。川菜的魂在于味，如何调味出来依托专业厨师的烹饪技术，调味品在川菜中也发挥着非常重要的角色：如何运用好如豆瓣、豆豉、泡菜、醋等众多具有浓郁地方特色的调味品，让他在菜品种发挥各自的特色，同时让味道在菜品种相互的融合，让人们感受到美食与美味的魅力，就需要行业内如金宫味业、保宁醋、恒星豆瓣等优秀企业和餐饮行业共同搭建一个交流学习的平台，成为川菜腾飞的助推器。

史大师的话刚刚说到点子上，如果四川餐饮行业协会组织川内外川菜品牌企业、业内专家联合四川旅游学院、四川商业学校等机构，与2006年6月就在贵阳成立的贵州省四川总商会及相关商会、贵州餐饮业相关协会、学校和企业，重点发挥川企在贵州的实力和影响，深入调研和出谋划策，争取在黔发展的川企参与投资经营，抱团行动、连片发展，争取川企川菜，避免本土企业，尤其是如同部分矿业老板似的"暴发户"盲目"心血来潮"投资加盟，"胡乱"管理，和不顾一切的"毁坏"川菜知名企业在黔形象等类似情况滋生。

有贵州省四川总商会和贵州各地四川商会、贵州四川各地市州商会的参与发展，形成新的

模式，必将进一步推进川菜在贵州发展的高潮，甚至可将该模式推向全国各地和海外，川菜的第二春必将到来。相应的川菜院校扩大、川菜产业链上各行业将需要极大的突破和提高。

历史上，川菜一直影响着黔菜，推动着贵州餐饮业的发展，但市场的变化是无情的。市场没有永远的赢家，川菜近20年在贵州的大起大落，从进军、进攻到败走、低迷。更加让我们期盼真正的川菜大牌能够再次精准的策划，前来贵州发展，在贵州占有一席之地，更好更快的发展和促进贵州本土餐饮企业的发展。

参考文献

[1] 贵阳遵义路饭店. 黔味菜谱[M]. 贵阳: 贵州人民出版社, 1981 .

[2] 本书编写组. 贵州特产风味指南[M]. 贵阳: 贵州人民出版社, 1985.

[3] 贵州省饮食服务公司. 黔味菜谱(续)[M]. 贵阳: 贵州人民出版社, 1993.

[4] 吴茂钊. 川菜进军贵阳[J]. 四川烹饪, 2002(07).

[5] 中国黔菜编委会. 中国黔菜[M]. 北京: 中央文献出版社, 2003.

[6] 吴茂钊. 川菜进攻贵阳[J]. 川菜天地, 2004(01).

[7] 吴茂钊. 美食贵州[M]. 贵阳: 贵州人民出版社, 2004.

[8] 杜青海, 蒋剑华. 中华食文化大辞典黔菜卷[M]. 北京: 中国大百科全书出版社, 2007.

[9] 万得修. 川菜败走贵阳城[J]. 中国烹饪, 2012(01).

[10] 吴茂钊. 近现代川厨黔行记[N]. 中国食品报, 2013-07-30.

[11] 吴茂钊. 黔菜血脉里的川菜印记[N]. 中国食品报, 2014-04-29.

[12] 吴茂钊. 川菜助推黔菜繁荣发展[N]. 中国食品报, 2014-05-20.

泸菜形成与发展研究

石自彬 [1]，代应林 [2]，赵晓芳 [1]，周占富 [1]，张丰贵 [2]

（1.重庆商务职业学院，重庆　401331；2.泸州市餐饮行业协会，四川　泸州　646000）

摘　要：泸菜，有着悠久的历史和厚重文化。狭义而言，泸州菜的定名称法；广义而言，是对古代泸水流域各地方菜的总称。泸州"大河帮小河味"泸菜是川菜三大地方风味流派之一，泸州高坝小米滩是川渝火锅最初起源地。泸菜烹调兼收并蓄，尤其擅长以蒸、炒、煎、焖、烧、烤、煮、炖、烩、卤等烹调方法，调味凸显以清鲜醇浓并重，擅长麻辣香甜，突出味多、味浓、味厚、味重、味醇、味香、味广的大河帮小河味综合风味。泸菜由泸州川菜、泸州火锅、泸州小吃组成，尤其泸州河鲜为烹鱼一绝。

关键词：泸州；泸菜；火锅；小吃

1 川菜溯源概述

川菜作为中国四大菜系、八大风味之首，起源于古代巴国和蜀国，秦汉时期初现端倪，汉晋时期古典川菜成形，以"尚滋味""好辛香"为其特点。唐宋时期的古典川菜进一步发展，川菜出川，"川食店"遍及都城开封和临安，以其"物无定味，适口者珍"的风味特色而赢得众多食客青睐，川菜作为一个独立的菜系在两宋时期形成。明清时期，川菜进一步发展，直至民国时期，近代川菜最终形成"一菜一格，百菜百味""清鲜淳浓，麻辣香甜"的特点，并发展成为中国菜的第一菜系。

辣椒引进四川进行种植并广泛运用于川菜烹调中，是古代川菜与近代川菜划分的一个分水岭，被视为近代川菜初现雏形的开始，这个时期大致在清朝初期的康熙时代。康熙二十七年（1688年）陈淏子撰写出版的《花镜》一书在第五卷中有记载："番椒，一名海疯藤，俗名辣茄……其味最辣，人多采用，研极细，冬月取以代胡椒。"这里的番椒，就是辣椒，也称海椒、秦椒等。而辣椒与蚕豆（即胡豆）的完美结合创制出的被誉为川菜灵魂的四川豆瓣被广泛运用于川菜烹调中，则被视为近代川菜形成的标志。豆瓣，俗称胡豆瓣，在品种繁多的四川豆瓣中，以郫县豆瓣最为著名。继而泡椒、泡菜在川菜烹调中的革新运用，以及川菜三大类24

作者简介：石自彬（1980—　），男，重庆商务职业学院餐饮旅游学院烹饪教师，中式、西式烹调高级技师，《泸州餐饮发展与传播研究》课题主持人。研究方向为烹饪教学与管理、饮食与传统文化。

注：本文为四川省哲学社会科学重点研究基地、四川省教育厅人文社科重点研究基地——川菜发展研究中心，2015年立项课题（项目编号：CC15W13）《泸州餐饮发展与传播研究》阶段性研究成果。

种常用味型、54种烹调方法和3000余款经典传统名菜的形成，是近代川菜最终成形并成为中国四大菜系之首的标志，这个时间在民国中后期。

辣椒原产南美秘鲁，在墨西哥被驯化为栽培种，15世纪传入欧洲，16世纪末，即明朝后期从海上传入中国。因从西方国家传入，故又被称为"番椒"，又因是从海上传入，故被称为"海椒"，而四川的辣椒是从关中传入蜀地，故又被称为"秦椒"。由于川菜以善于用辣椒和花椒而著称，辣椒和更早前一直使用千余年的花椒是川菜烹调饮食的一大特色和代表，故在今天，西方对花椒的翻译，是最直接的翻译为"四川胡椒"（Sichuan Peper），足见花椒和川菜在世界的影响。

辣椒最初被当作花卉进行种植，后来逐渐用作调味料。辣椒在我国最早记载见于明代高濂于公元1591年成书的《草花谱》，书中记载："番椒，丛生，白花，子俨秃笔头。味辣，色红，可观，子种。"说明当时也有人尝过其味，但未提及是否用于烹饪。明代汤显祖在万历二十六年（1598年）完成的《牡丹亭》一书中列举有"辣椒花"，仍是主要作为观赏花卉。到徐启光所著《农政全书》才指出了辣椒的食用价值："番椒，亦名秦椒，白花，子如秃笔头，色红鲜可爱，味甚辣。"至清代康熙年间，辣椒既用于观赏，也开始用作辣味原料，朱彝尊在《食宪鸿秘》中正式将辣椒列为36种香辛料之一。乾隆年间（1742年）刊行的农书《授时通考》在蔬菜部分收录了辣椒。从清代开始，我国的华南、华中、西南和西北等地均大量种植辣椒，并培育出许多新品种供烹饪食用。从此，辣椒广泛运用到川菜烹调中，最终促使近代川菜进一步发展，直至最终成型。

古代川菜初期以"尚滋味""好辛香"为其特点；中期以"物无定味，适口者珍"为其特色；近代以来，直至今日，川菜以"一菜一格，百菜百味""清鲜醇浓，麻辣香甜"为最大特点。现代川菜以"传承不守旧，创新不忘本"的思想理念，以"海纳百川，兼容并蓄"的开放姿态，以"融会贯通，食古化今，集众家之长，成一家风格"的与时俱进的创造性，不断发展和前进，屹立于中国菜系之首，使川菜成为遍布于全中国、全世界的真正大众民菜，川菜是"民以食为天"理念的最好体现，使川菜有"民菜"之誉。"驰名世界，誉满全球"是对川菜的最高褒奖！

2 泸菜形成与发展

2.1 泸州得名泸水

泸州，古称江阳，又名泸川、泸阳、泸南、雒南（洛南）。《华阳国志·蜀志》记载"江阳县，郡治。江、雒会。"这里的"江、雒会。"江，指长江；雒，指雒水，即沱江，沱江古称雒水；会通汇，指长江和沱江在泸州这里交汇。《水经注》记载："江阳县枕带双流，据江、雒会也。汉景帝六年（公元前151年），封赵相苏嘉为侯国。"这是泸州有确切历史纪年的开始，也是泸州有确切政历域名的开始。南朝梁武帝大同三年（537年），在马湖江口置泸州，领江阳郡，州治在忠山麓，即宝山，一名泸峰，泸州建置于江阳，从此相沿成名。

北宋乐史《太平寰宇记》："梁大同中置泸州，远取泸水为名。"同为北宋时期的李植在《西山堂记》中说梁武帝建泸州，"远取泸水以为名，治马湖江口。"清朝李元《蜀水经》"郡得名为泸者，盖始因梁大同中尝徙治马湖江口置泸州。马湖即泸水下流，因远取泸水为名。"清朝段玉裁说："梁置泸州，治马湖江口，以马湖江即泸水，故口'泸州'也。"

泸水，古时也叫马湖江，其具体所指范围无准确记载，历史上有多种说法。一般研究认为，马湖江主要指三峡至金沙江一段长江河道，别称泸水。而泸州乃至整个川南境内的长江、沱江、岷江、金沙江，在历史上也被统称为"泸水"。官修《宋史·列传第九十三·林广传》记载林广替代韩存宝征剿泸州夷人乞弟，就说宋军"讨泸蛮乞弟……陈师泸水"。北宋文人唐庚长居泸州时，在其所作《云南老人行》一诗中有"自言贯属泸水湄，泸水边徼滨獠夷。""问翁致此何因缘，道是江阳太守贤。"之句。宋绍兴三十二年（1162年）晁公武在泸州将芙蓉桥后罗城上水云亭改建为登南楼时所赋诗中有"更筑飞楼瞰泸水"一句。直到1944年，章士钊访问泸州，还在说与旧友"一笑重逢泸水湄。"这些都充分说明泸州因泸水而得名。

古代泸州管辖地域，远比现在要大，大抵包括现在长江上游的江安至合江、沱江和赤水河流域的中下游，远及资中、内江、自贡、富顺、荣县和赤水、习水、仁怀、毕节、大方诸县，以至于遵义一带。整个川南及滇黔交界少数民族聚居区域，皆在古泸州行政管辖之内。

2.2 泸菜释义

泸菜，是川菜三大地方风味流派之一，是川菜体系的重要组成。泸菜有小泸菜和大泸菜之分。小泸菜，狭义上言之，泸州川菜的定名称法，本文所研究的泸菜即是指狭义定义的泸州川菜，即小泸菜。大泸菜，广义上言之，川南古泸水流域川菜的统称，即川南菜或川南川菜，尤其以泸州的河鲜菜和商贾菜及大众菜，自贡的盐帮菜，内江的糖帮菜为典型代表；以城市而论，川南地区的乐山、内江、自贡、泸州、宜宾等地域菜品，皆属大泸菜范畴。

川菜体系三大地方风味流派，是以川西上河帮成都风味为代表的蓉菜，川东大河帮（也称下河帮）重庆风味为典范的渝菜，川南大河帮小河味泸州风味为特色的泸菜。蓉菜以岷江上游流域菜品为代表；渝菜以重庆境内长江、嘉陵江下游流域菜品为代表；泸菜以川南古泸水流域（亦称马湖江）菜品，尤其以泸州菜为代表。这三大地方风味流派共同构筑了川菜的特色品牌，代表了川菜艺术的最高水平。至于川北及攀西地区，其菜品影响力不足，没有形成菜品上的地方风味流派。但是，川北小吃，与川南小吃、成都小吃并驾齐名，这三大地域小吃共同构成了四川小吃的最高水平，其中以川南小吃最为丰富和著名，尤其以泸州小吃为典型代表。

严格的说，广义上的泸菜，其风味类型是由小河帮风味和大河帮小河味共同组成。具体而言，是以自贡的盐帮菜、内江的糖帮菜为代表的小河帮风味，以泸州河鲜菜和商贾菜及大众菜为代表的大河帮小河味风味共同组成。狭义上的泸菜，即泸州川菜，其风味类型从清末明初的小河帮风味，经过民国时期的融合发展，兼容并蓄，在20世纪40年代发展和丰富，形成大河帮小河味，并经几代泸州厨师传承至今。

2.3 泸菜及其风味形成概述

泸州作为川南经济文化中心，促进了泸州餐饮业的繁荣与发展。尤其是民国时期，1937年国民政府迁都重庆以后，大批外省人员涌入重庆，由于重庆地方狭小，无法容纳下如此庞大的外来人口。因此，作为成渝中点站的泸州，自然成为外省进川人员第二个落脚生存之地。泸菜随着政治的浮沉跌宕、社会的动荡起伏、经济的繁华萧条，一起经历无数的兴衰荣辱，一路艰辛走来，不断发展。

民国时期，国民政府迁都重庆，将重庆作为陪都之后，各菜系都涌入重庆融合发展，并影响到距离重庆最近的泸州的烹饪发展。尤其是以毛派、刘派厨师为代表的泸州本土厨师，在吸收三江码头宜宾、长沱两江码头饮食文化和烹饪精华；学习成都、重庆的名厨，商人、军阀私人厨师的厨艺；兼收并蓄重庆、宜昌、武汉、江浙等长江流域烹饪技法和风味，尤其擅长以蒸、炒、煎、焖、烧、烤、煮、炖、烩、卤等烹调方法，突出味多、味浓、味厚、味重、味醇、味香、味广的特点，独创出以清鲜醇浓并重，擅长麻辣香甜风味浓郁的大河帮小河味综合风味，创造出一大批著名的汤菜、名菜、名小吃、河鲜系列、九大碗田席等菜品。泸菜的形成与发展同整个近代川菜的形成与发展一脉相承、与时俱进。大河帮小河味泸菜的形成，并成为川菜三大风味流派之一，也是在民国中后期完成。

民国版《泸县志》记载："其烹调有蒸、煮、烧、炸、煨、炖、卤、腌诸法，油、盐、酱、醋、糖、豉以调其滋味，椒、姜、茴、奈、葱、蒜以助其芳香，豆粉以佐其滑泽。"泸州原本的"小河味"得到了进一步提升和发展，博采各大菜系之长，集"大河帮"等燕蒸菜精粹，兼收并蓄，独创泸州地域大河帮小河味的泸菜风格。至此，到20世纪40年代，近代泸菜风格成形，到今天不断进步发展，使大河帮小河味泸菜驰名巴蜀、誉满全川、影响全国、遍及海外。据统计，泸菜烹饪技法共有54种，素有"食在四川，味在泸州！"之说。泸菜的河鲜更是"河鲜美食之城"的一大风味特色，独冠一绝！

大河帮小河味从字面上讲，应是"大河帮特色，小河帮风味。"说的是泸菜同时具有大河帮和小河帮两派的特色风味。大河，从地域上讲，是指沿长江流域一带。大河帮风味流派的基本成形，主要以承办各类筵席、零餐，接待达官贵人、商人的菜品基础上发展而来。烹调上以烧、蒸为主，特别擅长烹制河鲜，对烹鱼有独到之处。小河是指四川重庆境内长江的各条支流，最主要的包括沱江、金沙江、嘉陵江三大江为主的流域，因为是长江支流，所以都可以叫小河。但是三江流域的小河帮，虽名字叫法相同，但菜品风味特色却不同。这就是形成了大家对小河帮风味的不同理解。泸州的"大河帮小河味"里的"小河"，主要是指沱江流域，沱江在泸州城汇入长江。"小河味"的味型以泸州的商贾菜及大众菜、自贡的盐帮菜、内江的糖帮菜，富顺、隆昌的商人菜、挑夫菜风味为构成主体，其味突出味咸、味浓、味辣、味厚、味重，擅长使用花椒、辣椒，尤其以善于使用鲜辣椒调味。以小煎、小炒、烧、蒸、烩、煮、拌等烹调方法为主。

泸菜的风味，是泸菜在历史发展中不断融合吸收而形成的。民国早期以前的泸菜，其风味归味小河帮风味，同内江、自贡川菜风味相同，都是川南地域小河帮风味。民国中后期，国民政府迁都重庆后，泸州烹饪受到大河帮风味以及江、浙、沪等全国各省菜系烹饪技艺的影响，吸收了外菜系的优点，将小河帮风味丰富和发展成为大河帮小河味风味。

由此可见，大河帮小河味泸菜包含了极其丰富多彩而又独特的地方风味和历史文化，是在历代前辈厨师们对厨艺的不断提升，挖掘创新，长期锤炼，博采众家之长的基础上逐步形成。并具有浓厚的地方"综合味"，即被定名为"大河帮小河味"风味。泸菜一菜一格，百菜百味，既味中有味、浓淡之分，又有轻重之别，以味多、味厚、味浓为尊，又以清鲜淡雅见长，无论是热菜、冷菜、风味小吃，品味上都达到较高的水平，成为川菜三大主流地方风味流派之一。大河帮小河味泸菜集中体现了大众饮食风味，彰显了丰富多彩的大众饮食文化。长江和沱江流域的饮食习俗和风味也共同构成了历史悠久的泸菜饮食文化。

2.4 川菜地方风味流派述评

川菜地方风味流派的划分，历史上没有严格的区分标准，其实是川菜各地方厨师帮派之间，其烹饪技法和菜品风味的相互借鉴、相互影响、相互吸收、相互交融的，在大同之中存有地域性的差异。这一大同就是川菜川味的特色保持一致不变，注重清鲜醇浓、善于麻辣香甜。差异就体现在不同地域其味的微妙变化，如成都地区蓉菜的鱼香味和重庆地区渝菜的鱼香味就存在味感的差异，成都地区蓉菜的鱼香味追究各味的相互平衡，而重庆地区渝菜的鱼香味则讲究甜味稍有突出。成都地区蓉菜的鱼香肉丝和重庆地区渝菜的鱼香肉丝，其配料、调料上都有显著的差异。成都地区蓉菜的鱼香肉丝配有木耳丝、小香葱葱花等，重庆地区渝菜的鱼香肉丝则是纯肉丝，配以大葱丁。而川南泸州地区居于成渝中点，泸菜的鱼香肉丝在味道上既讲究各味的平衡，又稍注重主味的突出，尤其是泡椒和甜酸口味较为明显，在配料上，大葱使用葱粒，俗称墩墩葱。再如回锅肉，成都地区蓉菜是配以蒜苗，重庆地区渝菜则额外加入青椒块等配料。泸州地区泸菜回锅肉则常使用蒜苗、莲白等炒制回锅肉，家庭做法甚至不放配菜，直接以纯肉炒回锅肉；调料上不放甜面酱，一般情况也不加酱油，以豆瓣的红色着其色为菜品之色泽。世人都以为成都川菜比较典雅温和，重庆川菜豪放火辣。其实不然，很多清淡的川菜都是出自重庆地区，如鸡豆花、开水白菜、酸菜鱼、荷包鱼肚这样的非麻辣特色经典川菜，都是发源于重庆，兴盛于成都。尤其是鸡豆花这道经典川菜，起源于唐朝时期的重庆黔江地区的郁山镇，有一千多年历史，是渝菜中的经典历史名菜。成都川菜为何名气要大于重庆川菜，最重要的原因是成都地区聚集了一大批研究川菜的文化学者，在他们的大力推动下，繁荣和发展以成都地区蓉菜为代表的整个川菜，使川菜成为八大菜系之首。

过去厨师之间口传的各种帮派，实乃厨师由厨师帮派演变为味型上的地方风味流派。今天再以帮派来称呼川菜的地方风味流派，其实已不适应时代的发展，应该摒弃这种旧时的称谓。厨师帮派是旧时代的历史产物，带有明显的袍哥江湖气息，显示了厨师行业之间的同行竞争和小团体之间的团结独立，反映了厨师在旧时代生活的艰难不易。这种帮派之间的相互竞争内斗，技术相互保守，使得彼此小团体之间做菜的技法风格都有所不同，才在那个时代产生了味道的大同中存差异，从而逐渐形成了大的地方风味流派。随着社会发展进步和餐饮行业天翻地覆的变化，这种厨师之间的小帮派团体彻底消失在历史长河中，但各地方川菜饮食的差异性却因为习俗的差异性或多或少的保留并遗传了下来。直至今天，经过众多川菜文化研究学者和烹饪人士的不断总结和完善，形成具有一定差异性的川菜地方风味流派，厨师帮派的概念也就衍生为地方风味流派。

2.5 麻辣火锅起源泸州概述

中国的火锅起源古老，历史悠久。至少在西周时期甚至更早到新石器时期就出现了。《韩诗外传》中记载，古代祭祀或庆典，要"击钟列鼎"而食，即众人围在鼎的周边，将牛羊肉等食物放入鼎中煮熟分食，这就是火锅的萌芽。历经秦、汉、唐代的演变，直到南宋理宗淳祐年间（1241—1252），福建泉州人林洪撰写的《山家清供》一书中才真正有了关于火锅的最早文献记载：

游武夷六曲，访至止师，遇雪天，得一兔，无庖人可制。师云："山间只用薄批，酒酱椒料沃之，以风炉安座上，用水少半铫。侯汤响一杯后，各分一筋，令自筴入汤、摆熟、啖之，及随宜各以汁供。"

林洪照做，将热汤中的肉片反复拨动，而肉片色泽宛如云霞，便将此佳肴取名为"拨霞供"，并作诗云："浪涌晴江雪，风翻照晚霞"。这就是历史上最早的涮兔肉火锅的明确记载。

直到明清时期，火锅才真正兴盛起来，但那时起的火锅还不是麻辣的，而是北方清淡口味的火锅。麻辣火锅，即我们今天所说的川渝火锅（四川火锅和重庆火锅），是在清朝中后期才开始逐渐产生。

一般人以川渝火锅起源于重庆，其证据是以四川作家李劼人在其所著的《风土什志》中所说的四川火锅发源于重庆。他写道："吃水牛毛肚的火锅，则发源于重庆对岸的江北。最初一般挑担子零卖贩子将水牛内脏买得，洗净煮一煮，而后将肝子、肚子等切成小块，于担头置泥炉一具，炉上置分格的大洋铁盆一只，盆内翻煎倒滚着一种又辣又麻又咸的卤汁。于是河边、桥头的一般卖劳力的朋友，便围着担子受用起来。各人认定一格，且烫且吃，吃若干块，算若干钱，既经济，又能增加热量。直到民国二十三年，重庆城内才有一家小饭店将它高尚化了，从担头移到桌上，泥炉依然，只是将分格式盆换成了赤铜小锅，卤汁、蘸汁也改由食客自行配合，以求十净而适合人的口味。"

然而，川渝火锅真正的发源地是长江之滨的酒城泸州的高坝小米滩。川渝火锅最初出现在明朝初年，麻辣火锅的形成最晚大约在清代的道光年间（1821—1851）。泸州本土著名作家、著名饮食文化学者陈鑫明先生曾查阅大量文献资料，在成都、重庆、泸州多次实地走访，专门进行考察考证，并写出《巴蜀火锅源于泸州考》一文，论证和确立了川渝火锅起源于泸州小米滩之说。小米滩位于泸州市长江下游约五公里处，是宜宾至重庆航道著名的枯水险滩之一。由于小米滩是枯水槽滩，因此适合停船休息。往返于长江边上的船工们便常常停船于小米滩，三块石头一口锅，垒灶生火做饭，煮食各种食材，并添加辣椒、花椒以祛湿。据传当时辣椒的重要性有"菜当三分粮，辣椒当衣裳"之说。这种麻辣汤汁烫食各种食材吃法简单、快捷、易做，适应了船工省事省时烹调的需要和快速烫食的便捷，同时麻辣火锅一改过去北方火锅清淡无味的吃法，转而以味浓、味厚、味重的吃法又满足了船工拉船出汗后进行补充精力的饮食需求，深受船工们喜爱，隧被船工带到重庆江北，并逐渐形成火锅一条街，被船工们亲切的称为"小米街"。

麻辣火锅的起源，与盐运的繁荣息息相关。正是沱江、长江盐运的空前发展，对船工的大量需求，促使了这种粗犷豪放的麻辣烫食饮食成为麻辣火锅，并因其广受大众喜爱而生生不息。自贡作为盐都，但当时并无自贡一名，历史上长期属于富顺县、荣县管辖，虽是井盐的出产地，实际只是大大小小作坊而已。自贡建市是在民国时期的1939年8月，在富顺县自流井和荣县贡井中各取一字组合，命名为自贡。过去陆路运输不发达，不如水路运输方便。川南地区有长江、沱江、岷江等江河，使得水上盐业运输极为发达。泸州主城仅大型码头就有36个之多，泸州作为陆上丝绸之路、茶马古道的重要枢纽站，成为云贵川结合部的商贸中心、中转港口，商品交易频繁，经济繁荣，饮食发达。早在北宋年间，泸州就已经是每年征收商税10万贯以上的全国26个商业城市之一。

据民国版《泸县志·食货志·商业》记载："盐糖皆非本地出产，但运输必由此地，于商业中甚占重要位置也。"盐业：富盐下驶渝、万，上转永宁，旁运赤水。商船泊泸盘验，就地接买，颇称便利。盐商富力常冠于诸商。糖业：小河糖由资、简、内、富运来，产额甚丰。……

各商在泸装置糖桶，下运渝、万、宜、沙，转销合川，溯江转运永宁、毕节，又或运习水、遵义。"茶叶：清时城内设官茶店，行销腹引三十三张城乡设分店领销，价照官店，所销为云南普洱春茶"，"民国后无官店，业此者皆自由购销，以下关沱茶及毛尖为大宗。"可见自贡生产的井盐，全部直接运到泸州，再从泸州36个大码头进行中转集散，销往全国。

民国版《泸县志》还记载，清光绪二年（1876年），清政府将食盐供应改为官运商销，在泸州设滇黔边计盐务官运总局，合江、叙永等地设口岸。实行人口统计，食盐定销。这一官方政策更加巩固了泸州原有的盐业中转中心城市的地位。民国时代，这一地位继续得到保持并加强。民国2年（1913年），英国太古公司"蜀通"号轮船，参入到长江货运行列，往返航行于重庆、泸州、叙永之间。民国3年（1914年）7月，国民政府在泸州城设盐务稽核所川南分所，负责川南地区盐税征收、振解。可见当时盐业成为政府税收的重要来源。盐业带来的滚滚利润，也让兵荒马乱时代里的土匪看红了眼，盐商成为他们打劫的首要目标，地方志记载，民国4年（1915年）4月8日，土匪在马岭场外劫走叙永永边公司解缴盐税、盐本银3.9万两，护送官兵被打死10多人。从这么一次被打劫财产的数量之巨就可以看出当时的泸州盐业的发达和对税收贡献的巨大作用。盐业的高度发展，需要大量的船工，这也促进了麻辣火锅也在那个特殊的时代快速得到发展和大众的喜爱。泸州经济的高度发展，役牛的数量众多，被淘汰的役牛都被卖到当时有川南最大的宰牛场之称的泸州城区宰牛场进行宰杀，从而牛肉以及价廉的毛肚等内脏被广泛用于麻辣火锅的烫食之中。

麻辣火锅随船工从泸州沿长江传到了重庆，并且在重庆得到了进一步的发展，进而在麻辣火锅的基础上创制出了重庆毛肚火锅、重庆鸳鸯火锅两种代表重庆火锅名片的品牌火锅。过去重庆江北长江边的一条火锅街被称为"小米街"，就是因为这种麻辣火锅是从泸州小米滩传来之故，现在许多书上都说四川火锅发源于重庆江北之说，实则是因重庆火锅声名卓著的误解。真正事实是麻辣火锅起源于泸州，发展于重庆。泸州火锅文化也融入到泸州饮食文化之中，泸州火锅构成了泸菜三大组成之一。

2.6 近代泸菜的发展阶段

2.6.1 民国初期至1939年阶段

据《泸州商业志》记载，民国初年，泸州在地方军阀的统治下，工商业萧条，饮食业落后。当时泸州除几家豆花便饭和一般炒菜小饭馆外，并无一家餐馆和包席餐厅，大小宴会均由厨帮承办。

自1918年起，泸州开始城区道路改造，原来的石板路逐渐改造为水泥路，至1939年日机轰炸泸州期间。交通条件改善，泸州市场得以逐渐复苏，餐饮业也随之兴旺起来。一些较大的餐厅和包席馆应运而生，并逐渐形成了厨帮、燕蒸帮、本城帮、成都饭帮、小河帮、杂帮等六大帮共存。那时期，泸州的筵席，通常是以攒丝杂烩、红苕杂烩为头菜的九大碗，较高档的筵席一般是四道凉菜、六道大菜、一道甜点或甜羹、一道尾汤。除此，在冬天的筵席也有增添生片火锅为上桌菜品之类。

泸州有记载的著名餐饮食店众多，代表餐饮饭店有民国时期最早闻名的大河街和济饭店，老板是滇军九军团军需官文全兴，经营零餐、包办筵席；钟鼓楼蜀都饭店，老板是滇军军官许如州开办，经营零餐，承办筵席，于1919年开业至1926年停业；南门铜店街的永发祥饭店（黑房子）是一家大型的饭馆，以便饭、炒菜为主，代表菜品臊子千张、蒜泥白肉。1930年至1937年，泸州先后开业了一批各式各样的小吃店，各种面食、点心、小吃遍布城市每个角落。

1937年11月20日，国民政府迁都重庆，随之而来的达官贵人、军阀、商人等各行业人士一并拥入重庆，江、浙、鲁、粤各大菜系相继渗透重庆。在陆路交通不十分方便的情况下，水路成为泸州和重庆之间往返的主要交通形式，餐饮通过水路从重庆又转传至泸州。如当时以上海菜肴著称的中央酒家、南京饭店，以广东菜肴著称的冠生园，以福建菜肴著称的交通银行食堂，以淮扬菜著称的燕京酒家、五福园、朝阳楼，以北方风味面食著称的三六九、排骨大王、北方馆等外来菜馆；省内以成都风味闻名的海国春、成都版店，以重庆风味闻名的重庆凯歌归泸州分店等，相继在泸州开业。以当时的帮口划分，有以下诸多餐厅和饭店。

（1）燕蒸帮帮口餐馆　和济饭店、蜀都饭店、日日新餐厅、大餐楼、宝华园。

（2）本城饭馆帮帮口餐馆　义泰生、九老洞、陶然春、永发祥饭店、顶丰恒、新丰春、醉仙楼、悦心饭店、楼外楼、永和福。

（3）成都饭帮帮口餐馆　迎宾园、五福元、孟章饭馆、悦来饭店、会州饭店、香江饭店、南京饭店、海国春、民生咖啡厅、如意春、怡福食店、协同春。

（4）小河帮帮口店堂　土地池面馆、沈和尚点心店、共乐大面馆、周伯南面馆、长春鸡面馆、一口钟。

2.6.2　1940年至1949年阶段

1937年抗日战争爆发后，川滇公路通车，原西南运输公司及国民党的汉阳兵工厂先后搬来泸州，逃难的全国各地豪绅巨贾已不断涌入江城，在这一段时间，官盖云集，工商兴旺。尤其是在1939年日机轰炸后又恢复的泸州，原西南汽车运输公司迁至兰田镇何家坝。川滇公路的终点站设在兰田。1942年兰田机场开始修建，因此，该镇成为泸州第二市场。随着市场的兴盛，南北风味的大、小餐馆增加了许多。在钮子街、会津门、管驿嘴一带，银行、钱庄、商业各界业务兴盛，一片繁荣景象。特别是逢"关期"（每月农历初一、十五两日），这一片就成了各行各业的交易场所。随着美国空军飞行员来到泸州，泸州历史上第一家西餐厅仰光中西餐厅在泸州公园路开业。后来又相继开业民生咖啡厅、集美餐厅西餐馆和中西合璧型餐馆。当时重庆有"小上海"之誉，泸州有"小重庆"之称。

一些贪官污吏投机倒把，发国难财，整天寻欢作乐、花天酒地、醉生梦死、竞逐豪奢。当时广为流传的是："前方吃紧，后方紧吃"这句话，这也是当时泸州的真实写照。泸州的饮食业就在这样一个时代背景下畸形繁盛起来，除原有的饭店外，又新开了一批饭馆和小吃店，真是南馔北食、争芳斗艳、中餐西餐，应有尽有。有记载的如：竹林小餐、桃花坞、醉华春、裕光饭店、北方馆、排骨大王、燕京酒楼、白宫餐厅、中央酒家（下江馆）、成都味、凯歌归、陈家饭铺、明春食店、万兴园、陈陈饭铺、成渝饭店、树林饭店、新新饭店、潘福泰饭馆、八万春、宾丰餐厅、海东饭店、普乐饭店、新心餐厅、异味鲜牛肉馆、集美餐厅、泸田餐厅、无所谓餐厅、成都食店、约而桂饭店、五分斋、醉华楼、五福楼、朝阳楼、三六九等五户下江菜馆等。泸州餐饮业食店数量在四十年代明显增多，由1936年的22户上升为96户；在规格品牌上，既是中西合璧，又是南北荟萃，可谓集京、沪、扬、川西、川东、川北之风味汇于江城。

2.6.3 解放初期至改革开放前阶段

1949年12月泸州解放，此时餐饮业食点能继续经营的只有普乐方店、新新饭店、一口钟面馆、黄相如面馆、永和福、八万春六户。显然，这仅有的几家饭店是不能满足市场发展的需求。于是从1951年初开始，市场上又新开了一批饭店，它们是人民食堂、大象乐园、成都食店、公共食堂、五星饭店、海东饭店等。

1952年底"三反""五反"运动基本结束以后，除公共食堂外，有的企业停业了，有的转为集体，由饮食总店统一管理，继续经营饮食业务。这些饭店是新新饭店、八万春、永和福、一口钟面馆。对工人来说，除留店工作外，一部分转为党、政机关炊事员。为了进一步发展餐饮事业，保证市场的需要，在党的领导下，有计划、有步骤的又创办了一批饭店。其中有泸州旅馆、泸州饭店、跃园食店、长江宾馆、大众食堂、交通食堂、青年餐厅、江城饭店、泸州名食店、泸州豆花馆、泸州白糕店、泸州猪儿粑、泸州培训餐厅、北城饮食总店、南城饮食总店、小市饮食总店、安富饮食总店、高坝饮食总店、茜草饮食经营部、江城面店等数十家饭店。

2.6.4 改革开放至今阶段

随着改革开放的开启，百废待兴的泸州餐饮业迎来了历史发展的新机遇。旧店复业，新店开展，一时间餐饮业如雨后春笋般异军突起，成为引领第三产业经济发展、解决大量劳动力就业的突出行业，为丰富和提升人民大众的生活水平起到了重要促进作用。这时期泸州著名的酒店、酒楼有南苑宾馆、酒城宾馆、泸州老窖大酒店、天华宾馆、龙城大酒店、泸州餐厅、贵丰园酒楼、金民居美食店等知名品牌，以经营泸菜为主体。据不完全统计，仅泸州城区规模以上酒店、餐饮企业就超过1000家。随着肯德基、麦当劳、必胜客等外资品牌餐饮企业进驻泸州开店，泸菜也面临外来菜系的竞争，同时也必将促进泸菜进一步吸收创新，迎来新的发展机遇。

3 泸菜菜品体系构成

从泸菜狭义的定义来说，泸菜整体由泸州川菜、泸州小吃、泸州火锅三大部分构成。其中大河帮小河味川菜包括大众家常菜、社会肆市菜、高端筵席菜、江鲜河鲜菜、九大碗田席菜、地方特色菜等组成。

据不完全统计，泸菜已超过3000款代表菜品。《泸州美食》一书是第九届泸州市职工职业技能大赛获奖选手优秀作品的集合，并兼收了泸菜一个时期以来的名优菜品和长江河鲜、与酒文化有机结合的菜品，是研究泸菜的重要资料，全面地反映了泸菜的烹饪历史和文化。

3.1 大河帮小河味川菜

（1）大众家常菜 大众家常菜乃指家家户户大众百姓一日三餐常烹制的菜品，大众而普通。多以净炒回锅肉、火葱炒猪肝、苦藠烧茄子、藿香泡菜鱼、豆瓣烧鱼、韭菜肉丝、芹菜肉丝、火葱炒肉丝、青笋肉片、胡萝卜肉片、萝卜干炒腊肉、清炖土鸡、土豆烧鸭、魔芋烧鸭、酸萝卜炖老鸭汤、泡椒爆炒仔鸭、海带炖猪蹄、莲藕炖猪蹄、红苕粉蒸肉、清汤酥肉、豆粉滑肉、萝卜肉片汤等为常见。

（2）社会肆市菜 社会肆市菜是指大众餐厅、街边餐馆等饭食店销售的常见菜品。常用菜品包括回祸肉、鱼香肉丝、宫保鸡丁、水煮肉片、火爆肥肠、凤尾腰花、蒜薹肉丝、木耳肉片、泡椒兔丁、水煮肉片、水煮鱼、酸菜鱼、麻辣鱼、红烧鱼、瓦块鱼、鱼香茄子、番茄炒蛋、粉蒸泥鳅、鲊肥肠、粉蒸排骨等。与四川各地餐厅菜谱菜名差别不大，几乎一样。只是在烹调上有所不同，呈现的味道丰富多彩。

（3）高端筵席菜 高端筵席菜以泸州著名的高星级酒店和著名酒楼为代表，多为商贾的商务宴请，也称商贾菜。如泸州王氏大酒店的缠丝扣肉、贵丰园的泸州头碗，金民居的精品连锅汤等。菜品制作精细，偏向于工艺菜制作。展现高端、大气、上档次。多在传统名菜基础上革新发展而来，也有自家研制开发的新菜品。

（4）江鲜河鲜菜 泸州作为长江河鲜美食之城。河鲜作用城市饮食的特色菜品，以其高端消费而著称。以城区长江、沱江、濑溪河，以及赤水河等大江大河上的餐饮渔船餐饮为代表。代表菜品有：合江肥头鱼、大蒜烧鳝鱼、干烧水密子、清蒸江团、酸菜黄腊丁、冷吃脆皮鱼、飘香水煮鱼、青蒸三夹鱼、葱烧怀胎鱼、龙眼鱼肚、五柳鲜鱼、冷吃脆皮鱼、荷花乌龙鱼、淬石鱼等。

（5）九大碗田席菜 田席，四川农村传统筵席，又称坝坝宴、流水席、九大碗、九个碗、九斗碗、八大碗、水八碗、十盘九碗等。田席是川菜筵席的重要组成，是四川民间乡饮宴会的主要形式，主要是以三蒸九扣的形式制作菜品的筵席，因多在农村田间院坝里举行，故得名田席。其始于清朝康熙时期的"湖广填四川"大规模移民运动，移民们在各种劳动中，常常相互帮助，集体劳作、集体用餐。主人家热情大方地拿出大鱼大肉款待帮忙干活的人，在田边地头挖灶做饭，帮忙的人围坐一起吃饭，这就是田席的雏形。原始的田席经过三百多年的发展，形成了今天完备的格局。

民国版《泸县志·礼俗志·风俗》记载："凡宴宾客必盛馔。仅备土物八味者谓之土八碗，九味丰盛者谓之九大碗，是为常席；更具山珍海味配以碟子点心者，为上席。席有上、下、首、末之别，尊贵年长者恒列上座。主人有整桌几、举杯箸、进酒、进膳之仪，醉饱乃已。家常小酌，率具鸡黍豆乳腊肉，风味颇佳。近年喜酒寿宴，家资饶裕者多用上席特别招待，尤喜用舶来品之肉类、果类、鱼类等，罐头、香烟、鸦片，犹普通也。"九大碗作为泸州地区乡民主要的宴饮形式，继承了川菜田席的传统风格，是川菜筵席的重要组成。在泸州一带，吃九大碗又叫吃酒、吃酒席、赶酒席等，因为无酒不成席，故此，以吃酒代指吃九大碗。九大碗是泸州农村广大民众宴饮形式的直接载体和宴饮风俗的高度涵融。

一般九大碗菜式由干碟、凉菜、正菜、尾菜构成，其中正菜又由蒸菜、烧菜、烩菜、炖菜、煨菜等组成。尾菜由炒菜、煮菜、凉拌素菜、泡菜等组成。九大碗仍然是以清谈、清鲜的菜品为主，多采用蒸、烧、烩、炖等可大批量制作的烹调方法，以小煎小炒的烹调方法为补充。常见经典九大碗菜品有：攒丝杂烩、清蒸酥肉、扣鸡、扣鸭、三鲜汤、糖醋脆皮鱼、膀（即肘子）、坨子肉、夹砂肉（即甜烧白）、酒米饭（即糯米饭）、银耳汤、粉蒸肉（即鲊肉，又叫鲊笼笼）、扣肉（即咸烧白）等。出菜时，在这些传统菜的顺序见间插着出其他的烧、烩、炖、煨、煮等不过蒸笼蒸的菜。如清炖蹄花、排骨炖藕、大蒜肚条、红烧鳝鱼、干笋烧牛肉、芋儿烧鸡、香菇烧鸡、魔芋烧鸭、大蒜烧肥肠、土豆烧肉。等整个筵席的最后一个收尾菜固定的是泡菜，泡菜上桌，至此，整个筵席上菜结束。

泸州是中国酒城，以泸州老窖和郎酒两朵金花闻名于世；泸州地处大小丘陵与高山地带，又是两江交汇、三水并流，盛产鸡鸭鱼等。因此泸州九大碗有两讲究，一是无泸酒不成宴，二是无鸡鸭鱼不成席，只有有酒有鸡鸭鱼的筵席才能算是正宗九大碗田席。

（6）地方特色菜　泸州作为饮食繁荣之域，各类特色美食精彩纷呈。具有代表性的有泸县观音场月母鸡汤、泸州白马鸡汤、泸州老卤匠肖鸭子、泸州合江烤鱼、泸州江门荤豆花、木姜菜蘸水豆花、叙永头碗、叙永白斩鸡、泸州白果鸡、泸州王府霸王鱼等。同时，泸州地处西南滇黔交界处，少数民族众多，其饮食独具特色，同为泸菜地方特色菜品之构成。其中以苗族和彝族菜品最为代表，如叙永奢香公主酒楼、古蔺高山牛肉等都是地方特色饮食的典范。

3.2 泸州火锅

泸州高坝小米滩，作为川渝麻辣火锅的发源地，有着深厚的历史文化底蕴。泸州火锅发展现状和社会影响力虽不及成都、重庆火锅，但泸州火锅品种更为多样，其味型更为醇厚、香浓，更符合大众食客的健康饮食和味感需要。泸州火锅不仅有原始发源地火锅的魅力，更具有原始发源地的火锅历史文化和人文价值。

泸州火锅的知名代表品牌有：泸州五味鲜火锅、泸州川味轩火锅、泸州麻辣空间火锅、泸州斗帝煮火锅、泸州程氏月母鸡汤火锅、泸州川江流鱼火锅、泸州大贰火锅、泸州六合鱼火锅、泸州星座火锅等。泸州火锅以天下食材融一锅，煮尽人生浮沉的哲学深受酒城食客喜爱。

3.3 泸州小吃

"小吃"一词最早见于宋代吴曾的《能改斋漫录》一书中记载："世俗例，以早晨小吃为点心"，但见诸文字记载的小吃品种，却可以上溯到距今三千年左右，至少在周代已有记载。《周礼·天官》中有"羞笾之食，糗饵粉糍"的记载，这是当时的米、面小吃品种。汉代小吃，已经初成体系，经历汉晋南北朝、隋唐五代、宋元明清的连续发展，小吃已成为中国烹饪和饮食文化体系中自成一派、独具特色的一大饮食文化，小吃成为人民大众的喜爱点心。

泸州小吃，作为泸州美食名片的代表之一，和泸州的历史文化一样悠久灿烂，千百年来，深受酒城人们喜爱。最为著名的小吃代表品种有：泸州白糕、泸州黄粑、泸州猪儿粑、泸州糍粑、泸州蜘蛛粑、泸州浑水粑、泸州高粱粑、泸州煎麦粑、泸州烘蛋、泸州酒香蛋酥、泸州两河桃片、泸州伦教糕、泸州凉糕、泸州马拉糕、泸州熨斗糕、泸州五香糕、泸州雪风糕、纳溪泡糖、醪糟汤圆、醪糟开水蛋、高坝牛肉面、泸州川盐担担面、泸州臊子面、泸州凉面、叙永豆汤面、旦二娘豆汤面、泸州胖汤圆、泸州范抄手、泸州米粉、泸州层酥肉饼、古蔺麻辣鸡、古蔺毛条牛肉干、炒米糖开水等一系列品种。

黄炎培先生对泸州纳溪的泡糖更是情有独钟。1939年到1940年8月黄炎培曾在泸州任川康建设期成会泸县办事处主任，期间最喜爱的小吃便是纳溪泡糖。1939年12月10日，他乐呵呵地写下《泡糖》诗三首，收录印进他的《苞桑集》。诗前，还冠有小序："泡糖惟纳溪江干桂林斋肆最美，味甘脆。以泡菜下淞江泡饭，佐以泡糖，可称'三绝'。即为三绝句以张之。读若慎勿涎垂三尺。"风饧揉作玉玲珑，实者虚之美在中。粒粒芝麻涂附着，大含细嚼味无穷。"车掠眉山厣老饕，纳溪夜市又停桡。菜根香脆糖丝脆，没齿无忘蜀二泡。"吾乡炒饭亦宜泡，朝食家家白水淘。此菜此糖将此饭，战时犹许食单抄。"1983年，纳溪县出品的"云溪牌"泡糖还评上了"全国优质名特产品"。第二年载入《中国食品年鉴》，誉满四方。

据不完全统计，泸州小吃已超过200款代表品种。《泸州名小吃》一书是2013年中共泸州市委、泸州市人民政府第八届职业技能大赛餐饮类获奖名小吃汇编，并收录其他泸州著名小吃品种，共计八十余款。为泸州餐饮史上第一本介绍泸州小吃的专著，所收录的泸州小吃品种足以代表泸州本土特色风味小吃，是研究泸州饮食文化、制作泸州小吃的宝贵资料。随着社会经济的发展，泸州本地的著名小吃也在不断增多，新兴小吃产品不断涌现，满足和丰富着人们的生活需要。泸州小吃是川味三大小吃的组成，以其独特的魅力被大众广泛喜爱，泸州小吃代表着酒城泸州悠久厚重而浓郁芬芳的地方饮食文化！

4 泸菜文化厚重

泸州位于四川南部，属亚热带气候，地处长江上游，川滇黔渝结合部，是历史上"陆上丝绸之路""茶马古道"必经重镇之地，是川南商业的集散中心。长、沱两江在这里交汇，赤水河穿流而过，有"两江交汇，三水并流"的地域优势。是历代统治者控扼三江两河（长江、沱江、岷江、永宁河、赤水河），柔治川滇黔结合部的西南会要之地。古代曾先后分属巴国、蜀国更迭管辖。泸州全境沃野千里，物华天宝，自古就是富庶之地、宜居之城。

《华阳国志·蜀志》所载"其卦值坤，故多斑彩文章。其辰值未，故尚滋味。德在少昊，故好辛香。"就记载了当时蜀国地域经济发达，物产富饶，国富民丰，所以人们讲究穿戴和饮食。穿戴上讲究穿着五彩多姿的华丽服饰，饮食上既注重营养、也讲究味道，同时注重选择各种新鲜的食材。五谷收获之后，注重饮食祭祀习俗；由于蜀地地处西南，气候潮湿，因此在饮食上也注重食用一些辛辣的食物和调料。《华阳国志·蜀志》又载"其山林泽渔，园囿瓜果，四节代熟，靡不有焉。"更是直接直白的描述了蜀地物产丰富，各种动植物原料，一年四季轮流产出，无所不有。因此，泸州素有"川南鱼米之乡"之誉，更有"中国小江南"之称。

泸州是中国酒城，泸州老窖、郎酒出产于此。1915年除夕朱德在泸州与友人共度佳节，因有感而作诗一首："护国军兴事变迁，烽烟交警振恬恬，酒城幸保身无恙，检点机韬又一年。"酒城因此而得名。泸州的江河文化、码头文化、名酒文化、茶文化与中原文化、西南民族文化在这里碰撞融合，形成川南地域独具特色的"大河帮小河味"饮食文化在内的泸州地域文化。

唐贞观四年（630年），程咬金奉命出任泸州大都督，主政西南近30年，管辖整个泸南地区，包括今天的泸州长江以南直至滇黔边境的少数民族沿线。《新唐书·列传第十五》记载："贞观中，历泸州都督、左领军大将军，改封卢国。"程咬金来泸，不仅留下了"程咬金醉酒定泸州"的历史事件。自平定泸州后，从此泸州百姓安居乐业，酒业兴旺蓬勃，饮食业随之兴盛。程咬金还从长安带了官厨来泸，将帝都长安的饮食之风带到了泸州，并在上层社会阶级广泛盛行，尤其是唐朝的宫廷菜，第一次引入到泸州，在历史中与泸州本地饮食习俗进行融合，成为泸州饮食文化的一部分。

"大河帮"风味展示了长江鱼鲜饮食文化。西晋文学家左思在《蜀都赋》中就有"吉日良辰，置酒高堂，以御嘉宾，金罍中坐，肴隔四陈，觞以清漂，鲜以紫鳞"。《酉阳杂俎》中"鱼妙于味，工于味，酷于味……"唐杜甫过泸戎有"蜀酒浓无敌，江鱼美可求。"陆游过泸州题有"杯湛玻璃春，盘横水精鳞。"宋代泸州商贸繁荣，年征商税10万贯以上，在四川与成都、重庆鼎足而三。北宋唐庚《泸川县城楼题壁》诗云："百斤黄鲈脍玉，万户赤酒流霞。余甘渡头客艇，荔枝林下人家。"

明代状元杨慎寓居泸州时饮酒咏史而作的《廿一史弹词》（又名《历代史略词话》）中有"滚滚长江东逝水，浪花淘尽英雄。是非成败转头空。青山依旧在，几度夕阳红。白发渔樵江渚上，惯看秋月春风。一壶浊酒喜相逢。古今多少事，都付笑谈中。"描写泸州长江与美酒的千古绝唱，虽尽管是一壶浊酒，有酒即是美酒，相逢又岂无美食下酒乎？在其《升庵外集》中更有"嘉鱼出丙穴，多脂、煎不假油也。"之句，皆是赞美泸州河鲜鱼肴之肥美鲜嫩。除此还有明朝何景明作《永宁舟中》："霜降水还漕，舟行不觉劳。顺风欹浪疾，乱石下滩高。渔舫依红蓼，人家住白茅。乡园待归客，应已熟香醪。"等饮食诗歌词赋文章。

乾隆五十七年，张问陶到的泸州，曾对泸州的美酒佳肴赋诗三首："城下人家水上城，酒楼红处一江明。衔杯却爱泸州好，十指寒香给客橙。""旃檀风过一船香，处处楼台架石梁。小李将军金碧画，零星摹出古江阳。""滩平山远人潇洒，酒绿灯红水蔚蓝。只少风帆三五叠，更余何处让江南。"皆是描绘泸州江上河鲜美食伴美酒的盛宴。

清朝戊戌六君子之一的刘光第有《同人约食退秋泛舟宝华寺下》诗四首传世，记述沱江河鲜鱼肴与美酒，其中就有"酒美同消夜，鱼香话退秋"之句。退秋，鱼名，出水即死，学名铜鱼，俗名出水烂，乡人多于舟中食之。《江阳竹枝词》中："麻柳沱中鱼传名，豆瓣拌来味最精。江岸煮鱼帘影动，沽酒一杯醉先生。操舟追鱼漏洞子，辣子鱼肥盘自倾，潜龙无声皆垂头，清炖红烧待我宾。泸阳两江汇城西，肥鲇青鲅色胜银，渔人漾舟撒大网，拦江一起抓百鳞。"等赞美泸州河鲜之美的诗句。1944年，著名律师潘伯鹰同章士钊、行严、温翰桢在泸州饮宴时赋诗有："儒林丈人尊章先，携我远游泸水边。温家老窖三百年，泸州大曲天下传。"以及"如泥合在江阳筵，泊门安用东吴船！"之句等。生动描写了江阳筵席上美酒佳肴大快朵颐的场景。

泸州的烹鱼技艺，更是突出体现了"大河帮"风味流派的烹调技艺水平和河鲜饮食文化，"大河帮"河鲜菜品的风味重在一个味，以味多、味厚、味浓为尊，在烹鱼的质地上讲究鲜嫩。泸州川菜家常风味浓厚，尤以大蒜烧鳝鱼、干烧水密子、清蒸江团、酸菜黄腊丁、豆瓣鲜鱼、冷吃脆皮鱼、飘香水煮鱼等菜品最受老百姓喜爱。

5 结束语

泸菜者，狭义而言，泸州川菜的定名；广义而言，川南古泸水流域川菜之统称，盖今之泸州、宜宾、内江、自贡、乐山等川南地域。泸菜风味由小河味、大河邦小河味共同组成。泸菜、蓉菜、渝菜共同构成川菜体系三大风味流派，代表川菜最高水平。须特别说明，古泸水与今之云南省怒江州泸水县无任何地缘名字关系。泸州川菜作为泸菜的代表，理当扛起为泸菜正名、振兴泸菜的历史大旗，与川南其他四地川菜一起，共同实现泸菜中兴。

2011年四川省商务厅厅长谢开华向泸州市商务局建言："泸州可以尝试在河鲜美食上做一做文章，推出独具地方风味流派的名菜、名宴，再为泸州创一张'美食名片'。"随即，泸州市商务局提出把泸州打造为"中国长江河鲜美食之乡"。2013年泸州市人民政府提出把泸州打造为"河鲜美食之城"的餐饮发展战略。泸州市餐饮行业协会，积极响应政府号召、践行泸州餐饮发展战略，于2013年成功举办了"第八届泸州市职工职业技能大赛泸州名小吃评选活动"；2014年成功举办了"第九届泸州市职工职业技能大赛泸州'美食名片'评选活动"；2015年成功举办了"第十届泸州市职工职业技能大赛泸州餐饮名店评选活动"。结集出版了《刘天福精品川菜》《泸州名小吃》《泸州美食》《泸州餐饮名店》等系列泸州餐饮成果专著，启动编写《泸州餐饮志》等文献资料。2015年6月，《泸州市餐饮发展与传播研究》课题成功被四川省哲学社会科学重点研究基地和四川省教育厅人文社科重点研究基地——川菜发展研究中心正式立项（课题项目编号：CC15W13），标志着泸州"大河帮小河味"川菜和川渝火锅发源于泸州小米滩的理论在川菜研究学术界得到认可和确立！泸菜的理论构建和泸菜餐饮的发展已经迎来新的开始！

诚然，泸菜体系的构建是复杂的系统和庞大的工程，需要众多热心于泸菜研究，致力于泸菜发展的志士能人，共同参与完成。泸菜发展之路任重而道远，泸菜的品牌需要进一步开发与提升，尤其需要政府在宏观政策上给予扶持，行业协会发挥行业权威与领导作用。积极应对餐饮业转型发展，寻找新的经营增长点，带领泸菜企业做大做强，全面打造泸州"美食之城"的城市名片，让泸州美食与泸州美酒完美结合，让泸菜走出四川，走向全国，实现泸菜中兴。

参考文献

[1] 王禄昌. 泸县志[M]. 台湾: 学生书局, 1982.

[2] 泸州市人民政府地方志办公室. 泸县志[M]. 北京: 方志出版社, 2005.

[3] 泸州市地方志办公室. 泸州市志[M]. 北京: 方志出版社, 1998.

[4] 泸州百科全书编委会. 泸州百科全书[M]. 北京: 方志出版社, 2005.

[5] 泸州市就业局. 泸州商业志[M]. 重庆: 西南师范大学出版社, 1998.

[6] 代应林, 石自彬. 泸州名小吃[M]. 泸州: 泸州市餐饮行业协会, 2014.

[7] 代应林. 泸州美食[M]. 成都: 四川美术出版社, 2016.

[8] 熊朝辉, 李自文. 刘天福精品川菜[M]. 泸州: 泸州市餐饮行业协会, 2005.

[9] 石自彬. 四川泸县农村传统筵席格局探析[J]. 江苏调味副食品, 2014(01): 41-44.

[10] 石自彬. 红白喜事都要办九大碗, 泸州人自己的筵席[J]. 酒城新报, 2014(10): 31-37.

[11] 石自彬. 家乡泸县的"九个碗"[J]. 四川烹饪, 2015(04): 68-70.

[12] 袭著臣. 泸州美食风味的历史形成与地域特色[J]. 泸州史志, 2013(01): 43-48.

[13] 沈涛. 四川麻辣火锅起源地辨析[J]. 中华文化论坛, 2010(02): 108-111.

漫谈淮扬菜与家庭饮食养生

高岱明

（淮安市淮扬菜美食文化研究会，江苏　淮安　223001）

摘　要：作为"中国淮扬菜之乡"和中国传统医学"山阳医派"的发源地，淮安人两千多年来，始终把"药食同源""药补不如食补"等中医养生理念实实在在地融贯于日常饮食生活之中，熔炼出以"六适"饮食箴言，作为养生圭臬。其经验与方法，庶几可为异彩纷呈的人类现代生活，多提供一种科学、益生、经济、唯美的饮食理念与养生方式，造福亿万大众。

关键词：淮扬；饮食养生；流派

　　饮食于人类，有维生、养生、悦生三层功用。中华民族，是珍视生命、热爱生活、精于饮食养生且崇尚美食的民族。中国也是世界上首屈一指的拥有众多饮食流派和博大精深的烹饪技艺的国度。在川、淮、鲁、粤四大传统菜系中，淮扬菜被公认为是最符合现代养生理念的一个流派。

　　古人云："食者，生民之天，活人之本"。近三十多年来的经济发展，使国人对健康长寿的追求有了雄厚的物质基础，而其中至关重要的就是要有科学理论指导饮食养生。李时珍在其《本草纲目》开卷即曰："饮食者，人之命脉也，营卫赖之。"故饮食不当，最是人生大忌。药王孙思邈甚至断言："不知食宜者，不足以存生也"。

　　淮安位居淮河下游，通江达海，湖环河绕。沃野平畴，物产丰饶。春秋末年，城市因水而兴，一举成为南北枢要。崇尚天地人和，追求健康长寿，注重以食养生等优秀文化传统积染此地乡风民俗。作为历史悠久的美食之乡、中国淮扬菜之乡和中国传统医学"山阳医派"的发源地，两千多年来，淮安人始终把"药食同源""药补不如食补"等中医养生理念实实在在地融贯于日常饮食生活之中，大多数人家精于食补食疗，慎于求医问药。偶遇身体不适，除急症外，也坚持"洞晓病源后，以食治之，食疗不愈，然后命药。"正是人民大众点点滴滴的生活体验与理性感悟，才积淀凝成了淮扬菜"和精清新"的风格特征与食养食疗的科学规范，这就是依季节时令变化为经，依身体特质为纬；以淮产优良食材为丝，以精湛高超的烹调技艺为梭，精心编织的养生保健、祛病延年的强身健体网。淮扬菜养生的经验与方法，如能广泛传

作者简介：高岱明（1955—　），女，生于江苏淮安中医世家。淮安市文联副主席、中国淮扬菜文化博物馆名誉馆长，淮安市淮扬菜美食文化研究会会长。

播，庶几可为异彩纷呈的人类现代生活，多提供一种科学、益生、经济、唯美的饮食理念与养生方式，造福亿万大众。

按中国传统医学理论，所有动植物食材皆分属寒、热、温、平四性及酸、苦、辛、咸、甘五味。所谓饮食养生保健、祛病延年，乃是指以食物的偏性来矫正先天体质和脏腑机能的偏性，中和时地气候对人生理的影响，实现人体气血阴阳虚实的平衡。固本培元，达到身心和谐，才能有效抵御疾病的侵袭。淮安代代相传"适生为宝，适体为贵，适口为珍，适时为佳，适量为宜，适意为快"的饮食箴言，作为饮食养生的圭臬。

1 适生为宝

淮安人生活哲学中很重要的一条，就是充分享受人生，绝不挥霍人生。饮食的第一要义，在于存身养生。美味享受，要服从于这个大前提。"饮食不节，百病不歇。""不节醉饱，取死之道。""肥肉厚酒，满腹生痰"。但凡骄奢恣纵，耽乐是从，能臻于上寿者有几人？"悦生乃至于无生可悦，纵欲乃至于欲纵不能。"损寿延龄，只在自家一念之间，所以，逞志肆欲，穷身极娱的赔本买卖，不能干！当人们以沧桑冷眼，阅尽繁华后，就能注意尽量远离戕生害命的"酒食地狱"。懂得"少饮酒，多喝粥；多茹素，少食肉。"肥腻易于黏滞，不利肠胃，故崇尚淡煮清蒸、急炒速烩、一席半斋。鱼虾蟹鳖，最好现捕现烧现吃，淮白、鳜鱼以清蒸为妙；鸡鸭鸽、马蹄鳖等，也多清炖保真，无需投放味精、鸡精等现代增味剂，力求原汁原味。淮扬菜的各类菜点无不以味取胜，不刻意追求姹紫嫣红、花团锦簇的目食效果，不添加现代色素。以独特的烩焐烧煨焖之法，使各类羹汤菜汁或浓厚而不油腻，或清鲜而不淡薄。以精妙入微的炒技，使一道菜在十几秒或半分钟内完成烹饪，色香诱人且保留了绝大多数营养成分，即有滋有味。有些法则如宁炒毋煎，能煎勿炸；先洗后切，急火快炒；炒好即食，不留下顿等，尤其是坚持"一席半斋"，即清爽宜人的村野素馔在餐桌上占到一半，每天约进食10种以上蔬菜水果，与现代人养生食尚（20%谷类，20%豆、奶类，10%肉类，50%蔬菜水果类）不谋而合。传统中医养生家认为："酸多伤脾，甘多伤胃，辛多伤肝，苦多伤肺，咸多伤心。""故五味虽所以养人，多食则反伤人也。"道理如同"水可载舟，亦可覆舟"：水小则胶着难行甚至搁浅，水大则巨浪汹涌，随时会翻船。人凡嗜味有所偏，必生有所偏之疾，甚至因所嗜丧其身。民谚说"五味不过偏，三分小神仙"是很有道理的。淮扬菜崇尚五味调和，淮安人在味道上追求口感适中，讲究"咸淡酸甜苦辣鲜"各味，必须"适得其中，妙契众口"，使男女老幼都能吃且觉得好吃。各种味道过与不及，皆不可取，也不协淮菜宗风。孟子曾揭示一条生活哲理："口之于味，有同嗜焉。"所谓"同嗜"，即普天下人都觉得好吃。这也是淮扬菜和历代厨师孜孜追求的特色和优势。

2 适体为贵

遗传基因，时地气候，甚至宗教信仰等因素，不仅决定每个人的先天身体特质，即"虚实寒热"等各种禀赋，也影响后天的饮食习惯与需求结构。"鱼稻宜江淮，羊面宜京洛。"乃地理气候使然。所谓"身土不二"，即一方水土养一方人，地产食材，当地饮食习惯，一般来说对当地人最宜。这是泛言之，即使同一个人，一生中不同的年龄段，不同的生存状态下，对饮食的具体要求也是不尽相同的。如七十以上老人，泛言之：食要早、烂、热、少、洁。但具体到某一个体，某个季节甚至某天某顿，如何正确进食，就大有学问在了。凡精于饮食者，皆年登上寿，康健不衰。故妙解自惜的淮安人抱定："人不一定从医，但不可不知医。"尤其人到不惑之年，与自身小宇宙周旋相知日久，虽不能了如指掌，但对什么时候，需要进些什么饮食，应该悉心摸索、潜心总结出一些经验与规律来。通行的大路"食单"，甚至"放之四海而皆准"的"营养表"，仅供参考，尽信书不如无书，尽信网不如无网。倒是家人或乡人的经验最有借鉴价值。淮扬菜崇尚组配谐和，味众至和。原辅料的配伍以及拼盘组菜，既重荤素、品状、质感、色泽相协调，更强调依据原辅料"寒热温凉"不同性味，适应不同气候下的风寒暑湿燥火之变以及男女老幼身体禀赋；坚持依据季节时令，选择食材。除了穆斯林外，当地百姓一般夏季不吃牛羊肉，立冬后方买牛羊肉；冬春多吃鸡，夏秋多吃鸭，四季吃鹅；春季以吃鲫鱼为主，夏季首推银鱼、秋季鳜鱼当令、冬季白鱼为美，四季都吃小杂鱼；重阳前后开始吃螃蟹，小雪过后只吃醉蟹。猪肉、鳖、长鱼（黄鳝）则是一年吃到头。

3 适口为珍

所谓美味，主要是对口感而言的，过了喉下三寸，即无意义。况方丈之食，不过一饱。人乃地球上强者智者，不应欺凌弱者愚者，甚至竭天地万物，以奉口体之欲。真有一天，鸟兽殚，草木竭，人类也就走到了尽头。或云："取乐今日，遑恤我后！"即便如此，稀有难得之物与美味之间也没有等号。龟、龙、麟、凤，古人称"四灵"。由龟不如鳖味美，穿山甲鲜不如蟹，雁不如鸭、鸹不如鹅好吃等推之，真有龙，未必胜鱼。麟又岂必赛猪？凤，还真不一定如鸡！人们在品鉴美食时，应该有足够的底气和自信，注重个人体验，不迷信书本权威，不轻信广告宣传。"韭菜白菜，各人所爱。"对时之所尚，人之所趋，应该开阔放达、从容冷静得多，不以耳餐目食为珍。御膳官馔，未必就是人间至味；皇帝阁老，更未必人中知味。故而不屑跟风随波。

4 适时为佳

蔬菜瓜果总是在它正常上市，即当令时品质最佳，对人体也最有益。为了显示富有或与众不同，总喜反季节吃早吃少，实在是个误区。尤其老年人"非时果瓜，少食为佳"。要按不同季节，注意饮食调适，春天尤其要多吃绿叶蔬菜以养肝，如能找到药食两用的野菜，如淮杞头、板蓝根、茵陈蒿、马兰头、菊花脑、豌豆头等则再好不过；夏季要多吃红色、黄色食物，以养心脾；秋季要多吃白色食物，如淮山、蒲菜、百合、芡实、香梨等，以润肺养肺；冬季要多吃黑色食物，如黑芝麻、黑豆、木耳、香菇等，以补肾。还有就是要适应时令变化，如"冬朝莫空心，夏夜莫饱食。""冬不欲极温，夏不欲极凉。"冬令吃火锅要搭一两样凉菜，夏日必须有一两样热菜等。"适时"更深层的要义，是"不饥不食，不渴不饮"。因为"强食伤脾，强饮伤胃"，且"食饱无滋味"。传说朱元璋曾问大臣们什么最好吃，刑部尚书杨靖答曰：饥最好吃。即《孟子》"饥者易为食，渴者易为饮"及俗谚"晚食以当肉"之意。但对老年及身体虚弱的人来说，则要"先饥而食，先渴而饮，食不过饱，饮不过多"。

5 适量为宜

淮人坚持饮食切不可过量，"吃饱了撑得慌"，尤其是晚餐，"饱腹膨膨，终夜不宁"。营养过剩还容易发胖，老子所谓"余食赘形"，岂虚言哉。更为严重的是"食过肠胃结，饮过成痰癖"，内伤五脏精气，疾由斯作，积之于微，其害不可端倪。北宋淮阴张耒《明道杂志》云："世言'眉毫不如耳毫，耳毫不如老饕'。此言老人饕餮嗜饮食最年老之相也。此语未必然。某见数老人皆饮食至少，其说亦有理：'食取补气，不饥即已，饱生众疾，至用药物消化尤伤和也。'"淮安人千年一条腔，反复强调："饱病难医。""不怕吃不饱，独怕饱不吃。""鱼生火，肉生痰，白菜豆腐保平安，半饥不饱九十三"。自古及今，淮上多出寿星，建了不少"百岁坊"。据淮安人罗振玉《五十日梦痕录》载："予邻旧多老寿，有至八九十者，惟贫窭甚，鹑衣百结，日或不得一饱，至可悯矣。"若能有基本生活保障，寿逾百年岂难哉。婴幼儿万万不可填鸭催肥，淮安人有句口头禅："要得小儿安，须带三分饥和寒。""婴儿有常病，病在饱食；父母有常过，过在媚子。"坚决反对自小将孩子的肠胃胀粗撑大，种下日后肥胖症的病根。

6 适意为快

人须衾影无惭、俯仰无愧，才能吃得香，睡得着。"人把心事焦，吃龙肉也不上膘。"同光间，淮安知府顾某，每于疑似间擅杀往来行人，故平时起居常常疑神疑鬼。偶于夏日命庖人以西瓜汁下面条食之，忽觉碗内尽鲜血，惊骇大叫而亡。淮扬菜不以陆海珍藏、殊方异类为极品，尤反对野蛮残忍地捕杀濒绝稀有之物。主张以博大精深的烹饪技艺，推出变化无穷的美食精品，而无需以失去人与自然的和谐为代价。在淮安人眼里，并非顿饭成席，吃出蹊跷古怪才可口可乐，才产生快感。"人生贵适志，适志则恬愉"。逢年过节，车船劳顿往回赶，一大家人欣喜团聚，吃好吃孬是另一回事，那种惬人意的欢快，沁人心的真情，是任何应酬筵席所不能比拟的。偶备几样小菜，适二三素心人相聚，把盏雄谈，击箸高歌，亦人生之快事也。饮食审美与求乐的学问中蕴藏着大智慧，要有一定的境界与阅历才能参得透。何时进何食，是一门科学，将养生的菜点做成可口的美味则是艺术。否则，让家人每日三餐进食如吞药进补，岂非苦不堪言？纵活百年，又有什么意思？"食能悦神爽志"，即美食的悦生功能。一代又一代淮安主妇，在"食"上竭才尽智，不断推陈出新，即使凡鱼村蔬，甚至粗粝野菜，也要费尽心思，做得有滋有味、悦人益生。

每个人一生中对于美食最难忘的就是母亲做的家常菜，哪怕走遍天涯海角，尝遍人间美味，那绕在舌尖的、刻在胃壁的、积在心底的记忆，仍然是那个味道，对从小吃惯的家常美味的渴望索求，既有心理上的主观暗示，也是生理上的客观需要。中国家长们值得为孩子们健硕的体格、健全的人格，走进博大精深的中国美食文化，去学习交流精研厨艺，在东西各种文化猛烈碰撞争夺的世界潮流中，竭力为中国文化坚守家庭美食文化这一为数不多的最后阵地。

参考文献

张印生. 孙思邈医学全书[M]. 北京: 中国中医药出版社, 2009.

中国名宴与清江浦

高岱明

（淮安市淮扬菜美食文化研究会，江苏　淮安　223001）

摘　要：清末百科全书《清稗类钞》"饮食类"载有中国最有特色的五种筵席，皆诞生于运河沿岸，其中满汉全席、全羊席即最终形成于河道总督驻节的淮安清江浦。

关键词：名宴；清江浦；流派

中国人称宴客的成套肴馔及其台面为筵席，源自古代。《周礼·司几筵》注："铺陈曰筵，藉之曰席也。"直至唐代，中国人宴会仍无椅凳。筵和席都是宴饮时铺在地上的坐具。贴地铺於地上者为筵（早期多是篾编而成），加于筵上后半部的坐垫为席（多为草或蒲编）。人席地而坐，酒食咸置之筵的前半部。久之，筵席一词逐渐由宴饮的坐具演变为酒席的专称。清末百科全书《清稗类钞》"饮食类"载有中国最有特色的五种筵席，皆诞生于运河沿岸，其中满汉全席、全羊席即源自河道总督驻节的清江浦。

1　清江浦

中国地形西高东低，天堑阻隔南北。夺天之功、补地之憾的京杭大运河诚如一条脐带，使海河、黄河、淮河、长江、钱塘江交织为一体，血脉得以贯通。作为漕运指挥中心、河道治理中心、漕船制造中心、漕粮储备中心、淮盐集散中心及南船北马交通枢纽，淮安之于运河，犹如八达岭之于长城，"运河之都"实至名归。清江浦就是世界文化遗产中国大运河上最重要最精彩的一段。

明永乐十三年（1415年）深秋，南方各省漕船满载赋粮陆续抵淮，首尾连泊于清江浦。这是一条循北宋老鹳河故道新开的运河，由淮安府城外东南角公元前486年开凿的邗沟折向西北，连接管家湖、徐家湖，直抵清河县马头镇北径入黄河，并建有严格启闭的闸群防止黄河泥沙倒灌淮运。明清两朝近500年赖有此河，方使漕船避开山阳湾倾覆之险，免于五坝盘驳之累，减轻漕丁夫役之苦，功莫大焉! 随着礼炮震响，屹立于清江浦南岸漕运门总兵大纛下的平江伯陈瑄，宣布开闸，一时千帆竞发，鱼贯而过清江大闸。至此，三千多里明代京杭大运河全

作者简介：高岱明（1955—　　），女，生于江苏淮安中医世家，淮安市文联副主席、中国淮扬菜文化博物馆名誉馆长，淮安市淮扬菜美食文化研究会会长。

线通航，将运河的作用与价值推向极致，揭开了中国大运河史上最辉煌的篇章。由此，推动淮安这座城市超常发展，造就了近500年的兴盛繁华，孕育了包容天下的淮安精神，涵濡了接踵相继的淮安名人、催生了瑰丽多彩的世界名著与地方戏剧、曲艺等艺术，且臂助中国淮扬菜系脱颖而出。

史称清江浦"人士流寓之多，宾客燕宴之乐，远过于一般省会"。达官巨商、富绅名士云集聚居，盛馔侈靡之风大行淮上。白银如水，官衙如林，商旅如潮，名庖如云，正是这独特的区位优势，空前庞大的多层次饮食需求，有力的经济支撑和开放的文化氛围，极大地刺激和推动了餐饮业的发展兴盛。延续四百多年的巨大商机，吸引了烹坛各专项技艺顶尖高手，汇集南北美食之长，在淮争妍竞秀，相融相长。山阳城南一直到清河马头镇，"清淮八十里，临流半酒家。"沿清江浦两岸从事饮服业的，最多时达十万余人。尤其是河漕盐榷衙署、淮北盐商私邸的金穴琼厨，为淮地烹饪技艺的突飞猛进和淮扬菜体系最终形成，提供了空前绝后的实验基地和孵化器，使烹饪技艺达到了前所未有的高度，这对淮安成为中华美食发展历史重镇，及专家通人为菜系冠名时首择"淮"字，起到了决定性影响。

2 满汉全席

《清稗类钞·饮食类》载："'烧烤席'，俗称'满汉大席'，筵席中之无上上品也。……于燕窝、鱼翅诸珍错外，必用烧猪、烧方，皆以全体烧之。"满汉全席菜品繁多，最少108种，取材广泛，用料精细，山珍海味无所不包。烹饪技艺精湛，富有地方特色。突出满族菜点特殊风味，满菜以烤乳猪领衔，烧烤、火锅、涮锅必不可少；同时又展示了汉族烹调的特色，煨、焖、炖、炒、扒、炸、熘、烧等兼备，实乃中华菜系文化的瑰宝。

满汉全席被世界公认为是中国烹饪发展顶峰的标志。其最终形成于清江浦河道总督署。

清康熙、乾隆帝各有六次南巡，皆以淮安为首要目的地。供官献媚邀宠，铺张接驾之风虽愈演愈烈，但与以河道衙门为代表的显官肥吏们惊天动地、空前绝后、丧心病狂的大吃大喝相比，又小巫见大巫了。今天的人们做梦也想不到：在河道总督署"清宴园"中，曾经摆过骇人听闻的华筵盛宴，大肆挥霍公款，花费白银近三亿两（仅乾隆中到道光末年，每年从国库领取六百万至一千万两不等的白银，治理河道、贪污行贿、吃喝靡费约各耗三分之一）。乾隆四十九年除夕，皇宫举行贺岁大宴，仅皇帝一席用了猪肉65斤、菜鸭3只、肥鸭1只、肥鸡3只、肘子3个、猪肚3个等，被西方视为奢侈远超法国皇帝路易十五。这要让他的臣子——河道官员们知道，还不知怎么偷着乐哩！据薛福成《庸庵笔记》、李岳瑞《春冰室野乘》、欧阳昱《见偶琐录》、黄钧宰《金壶七墨》等清人笔记所载：清宴园一碗驼峰要宰两三头骆驼，一品里脊肉要用活猪数十头，取其一块精华后，其余皆委之沟渠。种种暴殄天物的奢汰行径，令中西帝王望尘莫及。故当时淮安百姓作讽刺联云："烹！山海绝奇珍，全没心肺；吃！天下无敌手，别有肝肠。"乘夜贴于河帅府辕门外。然而，笑骂归你笑骂，官吏照吃不误。只不过，如此靡费国帑，他们也不敢让皇帝知情。在清宫御膳档中，乾隆南巡至淮，漕运总督和南河总督呈献的肴馔，不过是些烧家野（家鸭野鸭合烧）、蒲菜炒肉、淮山鸭羹、淮饺、肥鸡豆腐片儿汤（即平桥豆腐）而已！

据台湾清史专家高阳考证，一直"出身不明"的"满汉全席"，即诞生于清宴园。其饮食文化专著《古今食事》中《河工与盐商》一章中探讨了满汉全席的源头："长驻淮安的河道总督衙门岁有经费450万两，最多只需1/3，其余巨金'挥霍而已'。公开'公款消费'的官府只此一家，绝非作为私人的盐商可比。饮宴不仅要有钱更要有闲，而河工每年只忙一季。河工一场宴席要三天三夜，食客'从未有能终席者'。"由此高阳提出了大命题："我想，所谓'满汉全席'，大概就是由河工上这需三昼夜才能吃完的筵席演变而来。"

中国烹饪协会研究中国饮食文化专家高成鸢、中国名厨联谊会会长李耀云合著的《满汉全席源自淮安说》也认为："满汉全席"之名是"满席"和"汉席"的合称。据《大清会典》和《光禄寺则例》等书记载，清宫中有这两种宴席名目，自然也流行于官府。最早记述这类宴席的袁枚《随园食单》："今官场之菜……有满汉席之称。"满席、汉席最早的合璧不在宫廷，而是发生在清江浦的河工衙门。河道总督署的清宴园"脂膏流于街衢，珍异集于胡越"，更求新求异，博采兼容，糅合南北满汉风味于一炉。臭名昭著的各种虐杀烹饪方法，如活炙鹅掌、鱼羹、活食猴脑、剥驼峰等，皆在此上演，无日无之。其直属的各道厅亦上行下效，据《清朝野史大观·河厅奢侈》载：仅小小里河厅，"凡买燕窝皆以箱计，一箱则数千金。……海参鱼翅之费，则更及万矣。其肴馔则客至自辰至夜半，不罢不止，小碗可至百数十者。厨中煤炉数十具，一人专司一肴，目不旁及，其所司之肴进，则飘然出而狎游矣。"每位厨师只做一两道菜，终生朝于斯，夕于斯，苦心孤诣，精研绝活。正是在清江浦宽松的社会环境、超强的经济实力、深厚的文化积淀、厨师高手云集、水陆交通便捷等诸多因素共同作用下，才达到了中国烹饪艺术的巅峰。

3 全羊席

专用某一种普通食材做主料或辅料，烹饪出色香味形各异的几十乃至上百道菜肴点心，完全靠的是技艺，属于全席中的巧席。最早记录巧席的史料是《淮南子》："今屠牛而烹其肉，或以酸，或以甘，煎熬燔炙，齐味万方，其本一牛之体。"说的是荆吴地区的全牛席，运用多种烹制方法，多种调料，在甘、酸的基础上产生许许多多的味的变化，虽仅是一头牛，却能用其各部位烹制出无穷多的风味来。

全羊席的出现应该也不会晚于汉代。但《清稗类钞》所载诞生于十九世纪下半叶的清江全羊席，与古今他方全羊席大不同，不光是以羊作为主要食材做出酸甜苦辣咸各种味道的菜肴这么简单，其更卓异的是用羊的不同部位，替代豹胎、熊蹯、鹿尾、驼峰、猩唇、象鼻、猴脑、果子狸等珍稀食材，通过高超的烹饪绝技拟形拟味，做出与之形味相近的佳肴来。

《清稗类钞·饮食类》载"清江庖人善治羊，如设盛筵，可以羊之全体为之。蒸之，烹之，炮之，炒之，爆之，灼之，熏之，炸之。汤也，羹也，膏也，甜也，咸也，辣也，椒盐也。所盛之器，或以碗，或以盘，或以碟，无往而不见为羊也。多至七八十品，品各异味。号称一百有八品者，张大之辞也。中有纯以鸡鸭为之者。即非回教中人，亦优为之，谓之曰全羊席。同、光间有之。"

明代以来，尤其是十八世纪中叶以后的百多年间，河道总督、漕运总督、淮关监督，盐运司使、盐商巨贾，同举弥天之网，搜罗海内名厨。如巨鱼奔大壑，鸾鸟栖深林，烹坛各专项技艺的顶尖级高手，云集两淮。故高阳在《古今食事》中极有见地地指出："河工与盐商对于中国烹调艺术的发展，发生过极大的作用。"同治初年，裁撤南河总督，由漕运总督兼理治河。漕运总督吴棠将漕运总督署由淮城迁至清江浦河道总督署后，即严令所属各衙门不准远购水陆八珍名贵食材，唯以淮产烹淮菜。在河道总督署及各道、厅署献技的一大批名厨们，原本每人终身只做一两道菜，朝斯夕斯，苦练绝技在身，无人能出其右。一下子断绝了名贵食材的供给，即无用武之地，巧妇难为，只好另辟蹊径：各自运用看家本领，诸如烹制鹿尾、熊掌、驼峰、豹胎、猴脑等技法，以羊的喉舌耳眼脑、头尾蹄内脏，分别作主料，无不著手成味，共同组席，号称108品全羊席。除了形味差可混珠，还大胆地直接冒用原菜名，菜单上通篇不见一个"羊"字。如炖驼峰、炸鹿尾、犀牛眼、红炖豹胎、香糟猩唇、糟蒸虎眼、黄焖熊掌、清烩鹿筋、烩鲍鱼丝、炸鹿茸、炒鹦哥、爆荔枝、熘燕服、天鹅方腐等，可谓"山寨"版的先驱。

1958年，江苏省商业厅厨师考察团来淮调查传统名菜，淮厨们毫无保留地献出了"全羊席"资料，其中，八十品注有选用部位与烹调方法。可惜当时没有录制音像的手段，文字资料已在"文革"中散失。如今洪泽县黄集"全羊席"二十余品，烹技就是晚清查姓名厨带回乡的，已传了五代。

综上所述，经过数千载的深厚积淀，四百余年的病蚌育珠——以数亿两白银投入洪炉大冶中，方炼出"淮扬菜"这一精金美玉。在中华大菜系中共有2700多道经典肴馔，淮安独创或首创了400多道，占1/7强。今天，淮安市委市政府高度重视振新淮扬菜文化大产业，在不断做强做大淮产名优特食材种养殖、冷链物流、中央厨房、高中低档餐饮服务窗口、文化创意等全产业链的同时，首先抓住了淮扬菜传统烹饪技艺的传承、养生理论研究和美食文化交流，专门负责此项工作的淮扬菜美食文化研究会及其申遗基地，就坐落在清浦区里运河岸边。目前已有近

300道淮帮菜点列入江苏省非物质文化遗产项目名录（为全国地级市饮食类入选最多的城市），正在向国家级非遗项目冲刺，并最终合力形成以川、淮、鲁、粤四大传统菜系为主的中华大菜系，向联合国申遗。不久的将来，淮扬菜将与大运河联袂成为淮安大地上的世界遗产。

参考文献

[1] 徐珂 [清] . 清稗类钞[M]. 北京: 中华书局, 2010.

[2] 薛福成 [清] . 庸庵笔记[M].

[3] 黄均宰 [清] . 金壶七墨[M]. 上海: 上海古籍出版社, 2002.

[4] 高阳. 古今食事[M]. 北京: 华夏出版社, 2007.

食文化的思想内涵

饮食与中国人的品格优势

万建中

（北京师范大学文学院，北京　100000）

摘　要：饮食本是人们生存的基本需求，它与纯粹精神领域的文化和一个民族的文化性格有着十分密切的关系。在中国，吃什么与怎么吃绝不仅仅是饮食本身的问题，而是关涉到人们生活的方方面面，尤其表现为对性观念和行为的取代，以及对民族性格和文化行为的影响。在中国的饮食习惯里，具体而微地体现出中国文化和中国人的显著特征。

关键词：饮食；男女；中国文化；西方文化

饮食本是人们生存的基本需求，它与纯粹精神领域的文化和一个民族的文化性格有着十分密切的关系。在中国，吃什么与怎么吃绝不仅仅是饮食本身的问题，而是关涉到人们生活的方方面面。譬如，临行饯别的习俗是非常普遍的，上至帝王将相，下至平民百姓，亲友相别时总要聚会饯行。一般是邀请临行人吃一顿丰盛的饭菜，席间一定要敬酒壮行，说一些祝福的话。讲究的人家还要包顿饺子款待，因为饺子的形状像个金元宝，吃了饺子出门，定能广开财路，顺利平安，所以，民间流传有"出门饺子进门面"的说法。在中国的饮食习惯里，具体而微地体现出中国文化和中国人的显著特征。

1 两大本性的理性取舍

台湾张起钧教授著有《烹调原理》一书，他在序言中说："古语说'饮食男女人之大欲存焉'，若以这个标准来论，西方文化（特别是近代美国式的文化）可说是男女文化，而中国则是一种饮食文化。"从宏观而言，这一判断是有道理的。因文化传统的缘故，西方人的人生倾向明显偏于男女关系，人生大量的时间及精力投注于这一方面，这在汉民族是难以理解的。因为汉民族对于男女关系理解的褊狭，仅仅把它看作是单纯的性关系，而在传统文化中把性隐蔽化、神秘化和罪恶化，"万恶淫为首"，甚至认为"女人是祸水"。性被蒙上一层浓厚的羞耻和伦理色彩，对于现实的性，便只能接受生理的理解。"男女之大防"，将男女关系与性关系等

作者简介：万建中（1961—　　），男，江西南昌人，北京师范大学文学院教授、博士生导师，民俗学与文化人类学研究所所长，中国民间文艺家协副主席，兼任中国民俗学会副会长。主要研究方向为饮食文化、民间叙事文学、民俗史、民俗学理论等。

注：本文为北京市社会科学基金重大项目"北京饮食文化发展史"（编号 15ZDA37）阶段性成果。

同起来，所以对性的认识也是肤浅的。而且这一切都还只能"尽在不言中"，说出来便有悖礼教，认为道德沦丧了。由于对性的回避、排斥，中国人把人生精力倾泻导向于饮食，这样，不仅导致了烹调艺术的高度发展，而且赋予饮食以丰富的文化内涵。

食色乃人之两大本性，食色欲望为狂欢的原动力。食色本能充分的宣泄便是狂欢最基本的表现形态。满足基本欲望的狂欢才是真正的狂欢，是出自本能的狂欢。在此种场合，社会的等级、差别、不平等被消解殆尽，荣誉、名望、地位等被视如粪土，社会规范和道德法则变得无足轻重。其他的诸如文学、舞蹈、歌谣、庆贺、庙会及种种的带有狂欢性的仪式都是这两种基本狂欢的延伸和发展。

既然食色活动民间最核心的狂欢形式，为何两千多年前的儒家圣贤选择了饮食而排斥色欲？这反映了我们的祖先对食、色活动可能导致的不同后果有清醒的认识。

人类最早的两性关系，相当时间内仍是沿用动物界里没有任何规范约束的杂乱群居婚。当时的两性关系，纯是一种兽性的表现。为争夺异性，常常发生大规模的拼死搏斗。为性而无休止的争斗，瓦解了群体的团结和生存力，严重的甚至会毁灭整个群体的生命。这绝不是危言耸听，人类史上曾有这样的记录。考古学家发现十万年前，欧洲有一个种族，学界称其为尼德特人。遗留的骨骼化石表明，该人种身材高大，体魄强健，在原始人群中颇有先天的优势，可是，后来他们神秘地消失了。科学家们百惑不解，他们到哪里去了？他们的后裔是现在欧洲民族中的哪部分？现代欧洲民族哪一个似乎都与他们没关系。经过考古和人类学家、民俗学家的共同努力，谜终于找到了，他们消失了。消失的原因，既不是天灾，也不是病魔，而是两性生活无规则的恶果。无约束的杂婚，为争夺异性，相互拼斗残杀。成批年轻力壮的男女惨死在性的争斗中。最后，终于一蹶不振，日趋衰落，直至消亡。进入文明社会以后，"性"和战争以及其他的争斗同样是紧密联系在一起的。"爱情是排他的"这句名言也说明了这一点。基于这些由性交活动所产生的社会恶果，以维系社会秩序为己任的儒家，自然要极大限度地限制"性"的发展空间。

而饮食就不一样。在中国，饮食文化得以充分展示的是在节日期间。任何一个宴席，不管是什么目的，都只会有一种形式，就是大家团团围坐，共享一席。筵席要用圆桌，这就从形式上造成了一种团结、礼貌、共趣的气氛。美味佳肴放在一桌人的中心，它既是一桌人欣赏、品尝的对象，又是一桌人感情交流的媒介物。人们相互敬酒、相互让菜、劝菜，在美好的事物面前，体现了人们之间相互尊重、礼让的美德。虽然从卫生的角度看，这种饮食方式有明显的不足之处，但它符合我们民族"大团圆"的普遍心态，便于集体的情感交流，因而至今难以改革。这种"聚餐"及"宴饮"的社会功效，在年节期间得到更为明显的表现。古人云："饮食所以合欢也"。除夕、春节、元宵要吃"团圆"饭，端午节吃粽子，冬节吃汤圆，其他繁多小节，如观音节、灶王节等，也要蒸糕、改膳，用吃来纪念先人，用吃来感谢神灵，用吃来调和人际关系，用吃来敦睦亲友、邻里，并且进而推行教化。中国人是要通过同桌共食来表现和睦、团圆的气氛，抒发祈愿平安、幸福的心情，这就是为什么中国的大小节日都要以聚餐、会饮为主要内容的原因。

在食色文化长期发展过程中，饮食逐渐取代了性，饮食行为常常作为关于"性"的表述而成为富有象征性的符号。性交行为只能通过饮食行为表达出来。新婚时，新郎和新娘喝"交杯酒"就是一个最为典型的事例。法国结构主义大师列维—斯特劳斯在文化学方面的一个重要贡献，就是揭示了食色的同一性。他说："在相多的语言中，二者甚至以同样的词语表示。在约卢巴人中，'吃'和'结婚'用同一个动词来表示，其一般意义是'赢得、获得'；法文中相应的动词'消费'（'consommer'）用婚姻又用于饮食。在约克角半岛的可可亚奥人的语言中，库塔库塔（kuta kuta）既指乱伦又指同类相食，这是性交与饮食消费的最极端形式。"紧接着，他又说："两者之间的关系不是因果性的，而是譬喻性的。甚至在今日，性关系与饮食关系也是相似的。"[1]既然如此，在筵席上，人们在饱享口福的同时，还尽情讲述着"荤"话语也就不足为怪。

人有两大本性，即饮食和男女。儒家在这两大本性之间，选择了饮食，是极其英明的。"饮食所以合欢也"，儒家之所以大力倡导饮食文化，而排斥性文化。原因即在此。性是会引起争斗的，而饮食却能融洽关系。中国人喜欢"有话摆在桌面上"，毛主席也说，"革命不是请客吃饭"，把革命斗争与请客吃饭对立起来，非常恰当。革命是你死我活的，而请客吃饭则是欢聚和加强亲密的关系。可见，饮食和餐桌文化对中国人的思想观念产生了多么深的影响。

2 饮食行为对性的超越

食色乃人之两大本性，食色欲望为狂欢的原动力。从人类学的角度来思考，食物和性的关系就更密切了。初民为了存，必须依赖劳动（冒险）从自然界中获取食物（猎物）。等饥饿问题解决后，才有体力和心思遂行性交（生殖）活动。但是紧接而来子嗣的增加，反倒又扩大了食物的需求，于是人们只好加倍劳动以填补食物的不足，饮食与性交如因果般互相滋长，人类文明也就于焉开展。食色本能充分的宣泄便是狂欢最基本的表现形态。满足基本欲望的狂欢才是真正的狂欢，是出自本能的狂欢。其他的诸如文学、舞蹈、歌谣、庆贺、庙会、歌会及种种的带有狂欢性的仪式都是这两种基本狂欢的延伸和发展。

既然食色活动民间最核心的狂欢形式，为何两千多年前的儒家圣贤选择了饮食而排斥色欲？这反映了我们的祖先对食、色活动可能导致的不同后果有清醒的认识。

于是，在中国，性的欲望完全让位给了生育信仰，生育话语完全排除性话语。而且生育话语的表达也往往交付给了食物和饮食行为。新婚洞房应该是性和生育信仰的隐喻，而这两者却通过饮食行为显露出来。过去，纳西族摩梭人的婚礼上，就有类似"合卺"仪式。新婚前夕，人们端出公羊睾丸一个、酒一杯，请新郎新娘共同饮食。另外，解放前，湖南宁乡地区的婚礼中，也有类似的仪式。当摘了盖头以后，新娘便脱去青衣青裤与青裙，换上花红衣服。然后，由两名妇女各捧两杯，茶内有枣子数颗，交给新郎新娘饮用。饮时不得独自饮完，留下一半相互混合再饮，俗称为"合面茶"。婚礼上，新婚夫妇共食公羊睾丸以及枣子（早子）的行为，显然表达了对生育的信仰。

在古代，结婚的主要目的是生育，而在生育信仰的场合，往往伴有饮食活动，以饮食来激发人的生殖欲望。通过新婚夫妇共饮共食的方式，以及食物本身的隐喻功能达到抒发生殖欲望的目的。因此，"合卺"的象征寓意是多层次的。但这些寓意又是相关联的，简单说，就是新郎新娘合二为一、结为一体，以求产生新的生命。

在食色文化长期发展过程中，饮食逐渐取代了性，饮食行为常常作为关于"性"的表述而成为富有象征性的符号。这类符号有往往与某一信仰相关联。性交行为只能通过饮食行为表达出来。新婚时，新郎和新娘喝"交杯酒"就是一个最为典型的事例。所用之"卺"俗称苦葫芦。葫芦形圆多籽，类似于十月怀胎的孕妇。在上古洪水神话中，人类被洪水淹灭，只有一对兄妹因躲进葫芦中才死里逃生。后来兄妹结为夫妻，再造人类，成为人类始祖。葫芦与人类生殖有着密切关系，而"交杯酒"显然又是建立在葫芦信仰基础上的。

男女话语之所以可以转化为饮食话语，主要在于饮食能够使人产生"性"的联想。与饮食最相关的两个空间，一个是煮食的厨房；一个是吃食的餐厅。厨房是最常常出现在饮食文本中的空间，此厨房所以产生情色的联系，主要是因为厨房是女性的专属空间，而其烹煮出的食物，能带给人身心的满足。而餐厅则是由于共食时的人际互动，透过用餐时唇齿的活动（吃与说），还有用餐的行为，可以观察到在双方行止中透露的情色。还有，火是食材成为食物的重要因素。火虽然不是食材，但它加入烹煮的过程，使食物的本质产生质变。在男女的情欲之上，我们也常会用"火"来比拟情感，如：形容情感的浓烈；我们会说"热情如火"、形容情欲的炽盛，我们会说"欲火焚身"；行容男女两造激情的触动，我们会说"天雷勾动地火"；形容男女两人交往的热络，我们会说"打得火热"。可见"火"这一个物质对食物及情感所产生的微妙影响，令人玩味[2]。

饮食与其他物质生活形态有着鲜明的不同，有人在上海穿一个傣族的服装，人们会觉得很奇怪。而在上海开设一个有民族特色的饮食店，人人都可以去吃的。饮食与服饰、居住环境不一样，饮食是不容易发生冲突的。饮食具有很强的融合性和兼容性，排除对抗，而趋于适应和迎合。因此，将节日的基本活动定位于饮食，更表现节日的合欢性质。

3 吃出来的民族品格

凡饮食都离不开菜。在中国"菜"为形声字，与植物有关。据西方的植物学者的调查，中国人吃的菜蔬有六百多种，比西方多六倍。实际上，在中国人的菜肴里，素菜是平常食品，荤菜只有在节假日或生活水平较高时，才进入平常的饮食结构，所以自古便有"菜食"之说，《国语•楚语》："庶人食菜，祀以鱼"，是说平民一般以菜食为主，鱼肉只有在祭祀时才能吃到。菜食在平常的饮食结构中占主导地位。

中国人的以植物为主菜，与佛教徒的鼓吹有着千缕万丝的联系。东汉初年佛教传入我国，到南北朝时，佛教在我国的发展形成高峰。当时，南北各地，广修佛寺，佛教信徒人数大增，"南朝四百八十寺，多少楼台烟雨中"，正是对这一史实的写照。脱俗为僧，入寺吃斋，他们视动物为"生灵"，而植物则"无灵"，所以，他们主张素食主义。

西方人好像没有这么好的习惯，他们秉承着游牧民族、航海民族的文化血统，以渔猎、养殖为主。以采集、种植为辅，荤食较多，吃、穿、用都取之于动物，连西药也是从动物身上摄取提炼而成的。

中国人过去见面，首先问"你吃了吗"，可见饮食在中国人心目中的位置。国际上流传一句俗语："花园楼房，日本老婆，中国菜。"有一位法国营养学家说过："一个民族的命运是看他吃什么和怎么吃。"中华民族饮食文化的悠久历史、艺术魅力和文化意蕴，再一次证明了我国人民所创造的高度文明。"烹调之术，本于文明而生。非深孕文明之种族，则辨味不精。辨味不精，则烹调之术不妙。中国烹调之妙，亦足表文明进化之深也。"（孙中山《建国方略》）音乐、舞蹈源于得食之乐和果腹之喜；酒类的制造，萌发了古代化学；至于古代医学、哲学、文学、礼仪等，无不伴随人类的饮食活动而产生和发展……一个民族吃什么，怎么吃，决定了这个民族的文化发展走向。

饮食是一个民族最基本的民俗文化行为，对一个民族的性格会产生很深刻的影响。有学者根据中西方饮食对象的明显差异这一特点，把中国人称为植物性格，西方人称为动物性格。之所以这么称谓，是因为以中国人为代表东方民族的饮食是以草为主，而以美国为代表的西方民族饮食主要以肉为主。反映在文化行为方面的，西方人喜欢冒险、开拓、冲突、暴力、征服，性格外向；而中国人则安土重迁，固本守己，友善，保守，内向，含蓄。的确，西方人如美国人在开发西部时，他们把整个家产往车上一抛，就在隆隆的辎重声中走出去了。在中国，三峡工程成功的关键不是资金技术，而是移民。这与中国人"根"的情结有关。中国人则时时刻刻记挂着"家"和"根"，尽管提倡青年人要四海为家，但在海外数十年的华人，末了还挂着拐杖来大陆寻根问宗。这种叶落归根的观念，人文精神，不能不说是和中国人饮食积淀相通合，它使中华民族那么的富有凝聚力，让中国文化那么的富有人情味。所有的中国人都知道"春运"的含义，此词若译成英文，则意义全无。年关临近，火车站，汽车站，飞机场皆人山人海，各自奔向自己的家乡。俗话说，"有钱没钱回家过年"。在这里，"根"的观念表现为家庭及家族的团圆。

中国还有一句古语，叫做"咬得菜根，百事可做"。菜根条件意味着艰苦卓绝的生活。中国人凭着"咬菜根"的决心和气魄，创造了全世界最古老最灿烂的文明。中国人也很善于吃苦，"吃得苦中苦，方为人上人"，中国人很会读书，并不是中国人聪明，而是非常刻苦，这都与中国人吃草有关系。中国人"根"情结的深重，也反映在对古代文明的传承方面，而当我们回过头来看的时候，古巴比伦、古希腊、古埃及这些食肉民族的文明，都已经消失或黯淡了。再比如，中华民族的象征之一的长城，是用来防守的而不是用来进攻的，充分体现中国作为吃草民族的友善性格。

饮食可以反映性格、感情，如四川人嗜辣，则四川姑娘性格刚烈。口味的偏好可以看出个人的性格，而性格又影响到情感的表达。食物最能忠实反映一个人的性格。饮食爱好是骗不了人的，不像人们在腋下夹一本书就可以装风雅。在改革开放初期，邓小平同志在南方划了一个圈，搞经济特区，他为什么去广东省划一个圈呢？为什么不划到别的地方？中国有一句俗语叫："大连人什么衣服都敢穿，北京人什么屁都敢放，广东人什么东西都敢吃！"一般来说，中国人比较保守，但在吃的方面，中国人又是最开放的，而最最开放的是广东人。一个地方的人什么东西都敢吃，什么事情不敢干？小平同志能够意识到这一点，是非常伟大的。一个地方的人什么东西都敢吃，什么事情也都敢干，这是很了不起的性格。比如吃一个苹果吃到一半，什么最可怕？看到剩下半只虫子在苹果里，要是广东人，把另外一半也吃掉！这是广东人能够把经济特区搞成功的重要原因之一。

中国一些体育项目成绩的好坏，也与吃草有密切关系。男子足球的表现，一直令国人大失所望；中国的拳击和篮球项目在世界也是弱项。并不是这些项目的运动员不刻苦、不爱国，而是中国人的民族性格使然。这些项目的双方运动员身体相互碰撞，吃草民族的运动员在吃肉民族的运动员面前，显然处于劣势。中国人委实不善于正面对抗和冲突。相反，乒乓球运动一直是我国传统优势项目，为我国争得了不少荣誉。因为打乒乓球是你来我往的运动，而非身体直接对抗。中国人吃的是草，饮食的器具——筷子也由植物制作而成。中国人拿筷子的手法与乒乓球直拍运动员握拍的手法的一致的，西方人由于不会使用筷子，乒乓球运动员自然也不会使用直拍。中国一些超一流乒乓球选手都是直拍，如刘国梁、马林、王皓等。西方乒乓球运动员使用的都是横拍，握法与他们用餐握刀叉的手法一致。而握刀叉与握菜刀、锄头无异，中国人同样擅长。这就决定了中国人打乒乓球有直拍和横拍两种打法，而西方人只有横拍一种打法，一种打法怎能战胜两种打法呢？

自古以来，中国社会从总体上来说能够长治久安，人与人、家庭与家庭之间能够和睦相处，这与我国的饮食和餐桌文化是分不开的。在餐桌上，大家互相谦让，相互敬酒，相互劝菜，人与人之间的关系越来越融洽，即便有矛盾，也在酒菜中化解了。用餐圆桌的格局，大家团团围住，共享一席，客观上造成聊欢共享的气氛，人和人之间的距离就越来越近了。

还有，特定时间里的饮食活动使我们的生活变得更有意义和安全。譬如，现代生活水平提高了，食品工业已很发达，月饼随时可做，可售、可吃。但是，平时人们很少吃月饼，不到农历八月市场上很难见到有月饼，即使有，也鲜有人问津。时临八月中秋，人们便蜂拥至商店，争购月饼。只有在中秋的月色下，人们才能充分享受到月饼的美味和过节的乐趣。中秋一过，月饼柜台又冷冷清清，大批月饼不得不以"过时商品"降价处理。这种情况在全国，近十几年，年年如此。在民俗的维度之中，人们的生活在不断重复，延续成模式化的生活，这使得人们对未来的日子有了预见和期待，生活变得更有规律和意义，社会趋于安定和祥和。

参考文献

[1] [法]列维—斯特劳斯.野性的思维[M].北京：商务印书馆，1987.

[2] 游丽云.怎样情色？如何文学？——台湾饮食文学中的情色话语[D].台湾：台湾国立中央大学中国文学研究所，2008.

莫言小说的饮食思想

徐兴海，胡付照

（江南大学，江苏　无锡　214000）

摘　要：莫言2012年获得诺贝尔文学奖主要由于小说《丰乳肥臀》和《酒国》以及《蛙》所持有的批判精神。《丰乳肥臀》写了所谓的"困难时期"的吃，《酒国》则是写了官僚们怎样的饮酒，在饮食描写的背后，莫言寄托了自己的饮食思想，揭露吃人，批判，控诉。

关键词：莫言；小说；丰乳肥臀；酒国；批判

莫言在2012年获得了诺贝尔文学奖，获奖主要由于小说《丰乳肥臀》和《酒国》，另外还被提到的是《蛙》。《丰乳肥臀》主要的是因为写了吃，《酒国》则是因为写了喝，不管是吃还是喝，都是饮食，都是饮食文化。在饮食描写的背后，莫言寄托了自己的饮食思想，揭露吃人，批判，控诉。

诺贝尔文学奖是世界级的大奖，有着广泛的影响，在外国人对中国了解甚少的情况下，人们往往通过莫言的小说来体味中国，得出结论。这些小说中所描写的饮食生活就会成为世界上其他国家的人了解中国人的生活，饮食习惯，饮食思想的重要窗口。也因此，有必要分析莫言小说所反映的饮食思想。

1《丰乳肥臀》

《丰乳肥臀》的时代背景有一段是大饥荒时代，正好与上面所列顾颉刚的饮食生活一样成为那个时代的人们饮食生活的侧面例证。

从饮食思想的角度看，本篇小说揭示了食物与生命的关系，描述了食物匮乏到要断送生命的时候人们的反应，血淋淋的直面饥饿的时候生命与尊严、伦理、道德之间的博弈。直白的说明，死亡线上的人，获得食物的需求是第一位的。

美国作家约翰·厄普代克评价这部小说："1955年出生于中国北方一个农民家庭的莫言，借助残忍的时间、魔幻现实主义、女性崇拜、自然描述及意境深远的隐喻，构建了一个令人叹

作者简介：徐兴海（1945—　），男，江南大学文学院教授，中国《史记》研究会常务理事、江苏省语言学会常务理事。曾任江南大学担任首任文学院院长、江南大学食品文化研究所所长。研究方向为《史记》研究、食品文化研究。

注：本文摘自徐兴海，胡付照．中国饮食思想史．南京：东南大学出版社，2015.

息的平台。"其所说的残忍，如知识分子右派乔其莎所说："我快要饿疯了。"右派分子政治上臭了，失去了人格，被集中起来劳动改造。"饿殍遍野的1960年春天，蛟龙河农场右派队里的右派们，都变成了具有反刍习性的食草动物。每人每天定量供给一两半粮食，再加上仓库保管员、食堂管理员、场部要员们的层层克扣，到了右派嘴边的，只是一碗能照清面孔的稀粥。但即便如此，右派们还是重新修建房屋，并在驻军榴弹炮团的帮助下，在去年秋天的淤泥里，播种了数万亩春小麦。"

如果说这不算残忍的话，那就是"吃人肉的故事"了。"农场里没得浮肿病的人，只有十个。新来的场长小老杜没有浮肿，仓库保管员国子兰没有浮肿，他们肯定偷食马料。公安特派员魏国英没有浮肿，他的狼狗，国家定量供应给肉食。还有一个名叫周天宝的没有浮肿"，他担任着全场的警戒任务，白天睡觉，晚上背着一支捷克步枪，像游魂一样在场内的每个角落里转悠。他栖身的那间铁皮小屋，在废旧武器场的边角上。常常在深更半夜里，从他的小屋里散出煮肉的香气。这香气把人们勾引得辗转反侧难以入睡。郭文豪乘着夜色潜行到他的小屋旁边，刚要往里观望，就挨了重重的一枪托。黑暗中周天宝的独眼像灯泡一样闪着光。"妈的，反革命，偷看什么？"他粗蛮地骂着，用枪筒子戳着郭文豪的脊梁。郭文豪嬉皮笑脸地说："天宝，煮的什么肉？分点给咱尝尝。"周天宝瓮声瓮气地说："你敢吃吗？"郭文豪道："四条腿的，我不敢吃板凳，两条腿的，我不敢吃人。"周天宝笑道："我煮的就是人肉！"郭文豪转身便跑了。

周天宝吃人肉的消息，迅速地流传开来。一时间人心惶惶，人们睡觉都睁着眼睛，生怕被周天宝拉出去吃掉。

如果这还不算残忍，那下面的故事就是残酷了，女人们为了吃上一口，出卖着肉体，"张麻子在饥饿的1960年里，以食物为钓饵，几乎把全场的女右派诱奸了一遍，乔其莎是他最后进攻的堡垒。"张麻子是个什么人？居然这般有本事？他是一个炊事员，炊事员居然这般有手段？或者说女人们就这样傻？女人们不是主动出卖肉体，是被诱骗着，赤裸裸的牵引着，还不就是为了吃上一口，为了保命。命都没了，尊严值几个钱，羞辱算什么？

最恶心的强奸就发生在乔其莎身上，诱奸的就是张麻子，那个炊事员。一个是知识分子，校花，最漂亮的，最自负的，一个是龌龊的，没有什么资本的，但是却一个愿打一个愿挨，然而无法掩盖世界上最为肮脏的交易，竟是为了一个馒头：

炊事员张麻子，用一根细铁丝挑着一个白生生的馒头，在柳林中绕来绕去。张麻子倒退着行走，并且把那馒头摇晃着，像诱饵一样。其实就是诱饵。在他的前边三五步外，跟随着医学院校花乔其莎。她的双眼，贪婪地盯着那个馒头。夕阳照着她水肿的脸，像抹了一层狗血。她步履艰难，喘气粗重。好几次她的手指就要够着那馒头了，但张麻子一缩胳膊就让她扑了空。

张麻子油滑地笑着。她像被骗的小狗一样委屈地哼哼着。有几次她甚至做出要转身离去的样子，但终究抵挡不住馒头的诱惑又转回身来如醉如痴地追随。在每天六两粮食的时代，还能拒绝把绵羊的精液注入母兔体内的乔其莎在每天一两粮食的时代里，既不相信政治也不相信科学，她凭着动物的本能追逐着馒头，至于举着馒头的人是谁已经毫无意义。就这样她跟着馒头进入了柳林深处。上官金童上午休息时主动帮助陈三铡草得到了三两豆饼的奖赏，所以他还有克制自己的能力，否则很难说他不参与追逐馒头的行列。女人们例假消失、乳房贴肋的时代，农场里的男人们的睾丸都像两粒硬邦邦的鹅卵石，悬挂在透明的皮囊里，丧失了收缩的功能。但炊事员张麻子保持着这功能。

人们会问，不吃嗟来之食，这是知识分子人格和尊严之所在，为什么右派分子中最为高傲的乔其莎会是这样？那还可以再问一句，谁将她置于此地？作家莫言在小说中回答了这些问题，不过是掩藏在对于女人乳房的描写之中，丰满的乳房，肥大的臀部之下深藏着的是批判精神。

小说要人们明白，那个年代里，人们逃离了家园，总想着会有个吃饭的地方，但是"逃难的人有半数饿昏在大堤上。没昏的人蹲在水边，像马一样吃着被雨水浸泡得发黄发臭的水草。"

小说中最崇高的形象是母亲，"伟大"的形容词是配给她的，只有她配得上。可是在送别儿子的时候，她所嘱托的只是活着，希望儿子活着，逃到别的不管什么地方，只要能够活着。害怕儿子舍不得走，甚至引用了《圣经》：

母亲抱着鸟儿韩和上官来弟遗下的孩子送我到村头。她说："金童，还是那句老话，越是苦，越要咬着牙活下去，马洛亚牧师说，厚厚一本《圣经》，翻来覆去说的就是这个。你不要挂念我，娘是曲蟮命，有土就能活。"我说："娘，我要省下口粮，送回来给您吃。"娘说："千万别，你们只要能填饱肚子，娘自然就饱了。"

母亲是怎样的活着，这个伟大的母亲在人民公社的磨坊帮工，母亲把偷来的豆子吃下去，回家再吐出来。她用手捂着嘴巴，跑到杏树下那个盛满清水的大木盆边，扑地跪下，双手扶住盆沿，脖子抻直，嘴巴张开，哇哇地呕吐着，一股很干燥的豌豆，哗啦啦地倾泻到木盆里，砸出了一盆扑扑簌簌的水声。吐出的豌豆与黏稠的胃液混在一起一团一团地往木盆里跌落。终于吐完了，她把手伸进盆里，从水中抄起那些豌豆看了一下，脸上显出满意的神情。

但是母亲也有着愧疚，受着良心的谴责，向儿子诉说："娘这辈子，犯了千错万错，还是第一次偷人家的东西……'第一次往外吐，要用筷子搅喉咙，那滋味……现在成习惯了，一低头就倒出来了，娘的胃，现在就是个装粮食的口袋……'"

食物是充饥的，一旦食物的供应不能满足生命保存的最低量的时候，人就会想尽办法去获得食物，这似乎是天经地义的，是不需要证明的道理。生命的价值高于尊严、人格，这就是本小说所要说明的。知识分子本是社会的良心，他们有着高傲的头颅，有着宁死不屈的倔强，等等的优秀品质，可是在小说里，他们苟延残喘，为了一口馒头出卖肉体、出卖灵魂。伟大的母亲，竟然为着一口吃食，沦落为小偷。小说并不是仅仅为了描写这些，而是要刺激读者找寻背后的原因，是谁主宰着食物的分配，为什么只给每天一两多，六两多？是谁在对社会负责，是什么原因使得社会扭曲，人格扭曲？作者启示着读者的回答。

2《酒国》

《酒国》以酒为线索，更多地写到了吃，然而吃得太得残酷，真的是血淋淋的吃人。汉语中有食其肉、寝其皮，置之死地而后快这样的成语典故，对外国人无法解释得通，所表达的极度愤怒吃人肉是历来不被允许的。

如果说《丰乳肥臀》还没有很明显的托出应该诅咒的对象，那《酒国》就要直截了当得多，批判的对象是官僚体制，腐败体系。对20世纪90年代的公款吃喝等不正之风进行了深刻的批判，对禁绝这种歪风也感到无奈无助。明代小说《水浒传》《西游记》中大肆渲染人吃人的情节，反映了中国历史上经常出现的吃人肉的风俗。而《丰乳肥臀》一样的揭示此一陋习，在《酒国》里同样的。但有吃人，吃人肉，而且是堂而皇之的，所描绘的情节更强烈、更夸张、更刺激、更令人窒息。《酒国》中，最美味的佳肴是烤三岁童子肉。男童成为很难享受到的食品。而女童，因无人问津反而得以生存，女婴被流产，女孩子不够好，都没人愿意吃她们。莫言将此一主题更加充分的展示在另一部小说《蛙》中。在莫言的笔下，吃人肉象征着毫无节制的消费、铺张、垃圾、肉欲和无法描述的欲望。只有他能够跨越种种禁忌界限试图加以阐释。

《酒国》更加直接的和饮食思想发生了关联。"酒国"被说成是一个城市，显然不通，中国历程历代都没有把一个城市叫做"国"的，中国的政治对城市有着严格的规定，除了国都可以称"国"，其余一概不允许，不允许这样的命名城市，那就是明明的造反。"酒国市"显然就是中国。

"酒国"俨然是酒的国家，中国历史上有许多文人想象的酒国，如晋代陶渊明有《桃花源记》，唐代的王绩就有《醉乡记》，那里没有政治，只有酒和安乐享受。莫言的"酒国"除了酒和安乐之外，充斥着政治、斗争、血淋淋、赤裸裸。这里每一个人都是酒鬼，每一个人的酒量都大得吓人，这里的人从不喝茶只饮酒，这里的一切事情都解决在酒席上。这里有专门的研究酒的大学，大学的教授专门研究如何将三岁的男婴烹制成美味。酒国的人十分自豪，"咱酒国有千杯不醉、慷慨悲歌的英雄豪杰，也有偷老婆私房钱换酒喝的酒鬼"。"放眼酒国，真正是美吃如云，目不暇接：驴街杀驴，鹿街杀鹿，牛街宰牛，羊巷宰羊，猪厂杀猪，马胡同杀马，狗集猫市杀狗宰猫……数不胜数，总之，举凡山珍海味飞禽走兽鱼鳞虫介地球上能吃的东西在咱酒国都能吃到。外地有的咱有，外地没有的咱还有。不但有而且最关键的、最重要的、最了不起的是有特色有风格有历史有传统有思想有文化有道德。听起来好像吹牛皮实际不是吹牛皮。在举国上下轰轰烈烈的致富高潮中，咱酒国市领导人独具慧眼、独辟蹊径，走出了一条独具特色的致富道路。"酒国的口号是："要让来到咱酒国的人吃好喝好。让他们吃出名堂吃出乐趣吃出瘾。让他们喝出名堂喝出乐趣喝上瘾。让他们明白吃喝并不仅仅是为了维持生命，而是要通过吃喝体验人生真味，感悟生命哲学。让他们知道吃和喝不仅是生理活动过程还是精神陶冶过程、美的欣赏过程。""酒国"高举酒的旗帜，将它视为神圣的信仰："酒味里有一种超物质在运行，它是一种精神，一种信仰，神圣的信仰，只可意会不可言传——语言是笨拙的——比喻是蹩脚的。"

《酒国》小说中主要人物都是为着便于饮食思想的展开而设计的，李一斗，酒量一斗，豪爽型的，他是酒国酿造学院勾兑专业的博士研究生；李一斗的岳母、岳父，都是酿造学院的教授。李一斗有一部酒史，有如何评价美酒的独到理论：

老师，偌大个世界，芸芸着众生，酒如海，醪如江，但真正会喝酒者，真正达到"饮美酒如悦美人"程度的，则寥若晨星，凤其毛，麟其角，老虎鸡巴恐龙蛋。老师您算一个，学生我算一个，我岳父袁双鱼算一个，金刚钻副部长算半个。李白也算一个……"举杯邀明月，对影成三人"，何谓三人？李一人，月一人，酒一人。月即嫦娥，天上美人；酒即青莲，人间美人。李白与酒合二为一，所谓李青莲是也。李白所以生出那么多天上人间来去自由的奇思妙想，概源于此。杜甫算半个，他喝的多是村醪酸醴，穷愁潦倒，粗皮糙肉，都是枯瘦如柴的老寡妇一个样，所以他难写出神采飞扬的好诗。曹孟德算一个，对酒当歌就是对着美人唱歌，人生短暂，美人如朝露。美是流动的、易逝的，及时行乐可也。从古到今，上下五千年，数来数去，达到了饮美酒如悦美人的至高艺术境界的，不过数十人耳。余下的都是些装酒的臭皮囊。灌这种臭皮囊，随便搅和一桶辣水即可，何必"绿蚁重叠"？何必"十八里红"？

作家莫言也是小说的主要人物，莫言生在酒乡，志在酒文化，小说中他的自我介绍说：

我的故乡，也是酿酒业发达的地方，当然与你们酒国比较起来相差甚远。据我父亲说，解放前，我们那只有百十口人的小村里就有两家烧高粱酒的作坊，都有字号，一为"总记"，一为"聚元"，都雇了几十个工人，大骡子大马大呼隆。至于用黍子米酿黄酒的人家，几乎遍布全村，真有点家家酒香、户户醴泉的意思。我父亲的一个表叔曾对我详细地介绍过当时烧酒作坊的工艺流程及管理状况，他在我们村的"总记"酒坊里干过十几年。他的介绍，为我创作《高粱酒》提供了许多宝贵素材，那在故乡的历史里缭绕的酒气激发了我的灵感。

我对酒很感兴趣，也认真思考过酒与文化的关系。我的中篇小说《高粱酒》就或多或少地表达了我的思考成果。我一直想写一篇关于酒的长篇小说。

莫言还有名言："酒就是文学"，"不懂酒的人不能谈文学"。

莫言崇拜酒，他对李一斗博士想改行写小说大为不解："莫言：你是研究酒的博士，这的确让我羡慕得要命，如果我是酒博士，我想我不会改行写什么狗屁小说。在酒气熏天的中国，难道还有什么别的比研究酒更有出息、更有前途、更实惠的专业吗？过去说"书中自有黄金屋，书中自有千种粟，书中自有颜如玉"，过去的黄历不灵了，应该把"书"改成"酒"。你看人家金刚钻金副部长，不就是仗着大海一样的酒量，成了酒国市人人敬仰的大明星吗？你说，什么样的作家能比得上你们的金副部长呢？"

莫言口中的金副部长就是这个国中巧舌如簧的金部长金刚钻，这个人物形象极具象征意义，他犹如戈培尔，同样的担任宣传部长，同样的掌握着金刚钻，翻手为云覆手为雨，颠倒黑白。他的酒量酒国第一，他所吃的肉孩不计其数，就连省里来的特级侦察员也都被蒙蔽了。省人民检察院的特级侦察员丁钩儿奉命到酒国侦察金刚钻部长吃婴儿的案件，他已经查清了事实，但是在酒席之中醉了，他也吃了肉孩，而且是和金部长一起吃的。"丁钩儿同志与我们同流合污了，你吃了男孩的胳膊"，这时金刚钻又做丁钩儿的思想工作，说："哎哟我的同志哟，你可真叫迂。开玩笑逗逗你吗！你想，我们酒国市是文明城市，又不是野人国，谁忍心吃孩子？你们检察院的人竟然相信这样的天方夜谭，一本正经地派人调查，简直是胡编乱造的小说家的水平嘛！"

小说最为震撼人心的是宴席，人肉宴席。然而餐具和先上的凉菜很一般：丁钩儿继续观察：圆形大餐桌分成三层，第一层摆着矮墩墩的玻璃啤酒杯、高脚玻璃葡萄酒杯、更高脚白酒杯，青瓷有盖茶杯，装在套里的仿象牙筷子，形形色色的碟子，大大小小的碗，不锈钢刀叉，中华牌香烟，极品云烟，美国产万宝路，英国产555，菲律宾大雪茄，特制彩盒大红头火柴，镀金气体打火机，孔雀开屏形状假水晶烟灰缸。第二层已摆上八个凉盘：一个粉丝蛋丝拌海米，一个麻辣牛肉片，一个咖喱菜花，一个黄瓜条，一个鸭掌冻，一个白糖拌藕，一个芹心，一个油炸蝎子。丁钩儿是见过世面的人，觉得这八个凉盘平平常常，并无什么惊人之处。

在中国，在当代，你吃过人肉吗？你吃过三岁男孩的肉么？为什么吃人？他们为什么要吃小孩呢？小说通过男婴的口中说道："道理很简单，因为他们吃腻了牛、羊、猪、狗、骡子、兔子、鸡、鸭、鸽子、驴、骆驼、马驹、刺猬、麻雀、燕子、雁、鹅、猫、老鼠、黄鼬、猞猁，所以他们要吃小孩，因为我们的肉比牛肉嫩，比羊肉鲜，比猪肉香，比狗肉肥，比骡子肉软，比兔子肉硬，比鸡肉滑，比鸭肉滋，比鸽子肉正派，比驴肉生动，比骆驼肉娇贵，比马驹肉有弹性，比刺猬肉善良，比麻雀肉端庄，比燕子肉白净，比雁肉少青苗气，比鹅肉少糟糠味，比猫肉严肃，比老鼠肉有营养，比黄鼬肉少鬼气，比猞猁肉通俗。我们的肉是人间第一美味。"

"他们吃我们（小孩）方法很多，譬如油炸、清蒸、红烧、白斩、醋熘、干腊，方法很多哟，但一般不生吃。但也不绝对，据说有个姓沈的长官就生吃过一个男孩，他搞了一种日本进口的醋，蘸着吃。"

为什么会发生吃人的事情呢？在酒国的一把手胡书记、蒋书记（"我们酒国市委蒋书记用童便熬莲子粥吃，治愈了多年的失眠症。尿神着哩，尿是世界上最美好的液体，更是最深奥的哲学。"李一斗语），金部长等党政领导人只是穷奢极欲地讲究感官享受，而且花样翻新，求新求怪求刺激地十分变态地竟然到了吃红烧婴儿的地步，酒国自认为"酒国市领导人独具慧眼、独辟蹊径，走出了一条独具特色的致富道路"，并且带动了国营企业、大学都陷入酒的泥潭。小说的取景来自中国酒风流行，奢华风靡，竞相比吃，比豪华，比奢侈的现实。小说批判的对象十分清楚。这就是《酒国》的主题思想，就是莫言的饮食思想：酒毁灭着这个国家，吃蚕食着这个国家；吃遍了天上的，吃遍了地上的，就会吃人；某些行为致使社会风气重男轻女，就是吃人；腐败使得国将不国。而责任者，就是领导者。

人为地、强力地、长期地干预生育，不仅会导致严重的经济问题，也会导致严重的社会问题。加剧的第二胎的生男现象强化了性别比失调，导致下一代中更加缺少女性，有学者指出到2020～2030年将有五分之一的中国男人终身不可能结婚。而这又将是暴力犯罪的温床。

《酒国》所提出的问题是借着酒劲，耍着酒疯提出来的，实际却是十分认真的。

文学艺术作品，以刻画人物形象为中心，通过故事情节和环境描写来反映社会生活，表达作者的思想。作品中的饮食生活来自社会生活，又比社会生活更集中，更有代表性。从文学艺术作品关于饮食思想的表述，可以看出一个时代的饮食思想，其流变，其发展的方向。

莫言小说的人物描写充斥着对饮食的描写。通过饮食以反映时代的特点，反映地域的特点，反映人物性格的不同。不同的人对待饮食有不同的态度，不同的习惯，而这些又被归结于人物所处时代的时代精神，展现的是人物的个性、生长环境等。因而饮食成为小说中人物交流的平台，是背景，又是情节发展的推动力。

莫言的小说标识着他对下层人民生活的关注，开拓了人们的视野；而其小说随着对普通人的更多关注，对饮食的描写也把关注对象扩展到普通民众。

一部小说的成功与否，往往决定于对于饮食文化描写的广度与深度，其场面的描写，饮食品种的描写，更取决于其所反映社会生活的深度与高度。小说对饮食文化的描写受制于两个方面，一是作家本人对于饮食的经历、记忆，这取决于他的家庭、世族的经济条件，另外还有他对饮食的理解、描摹的能力；二是作家所处时代的饮食的发展程度，所处地域的发展程度，这直接影响到作品中的饮食展现的规模、水平等。从这个意义上说，一部小说中饮食文化的描写首先受制于作家本人的家庭经济条件，及所可能提供的体验。而在这两个方面，莫言都是佼佼者，他是美食者，又是成功的对于美食的描写者，他升华了美食，使其成为观察一个时代的政治的切入点。

简净悟空——生活茶艺的禅观照

胡付照

（江南大学食品文化研究所，江苏　无锡　214122）

摘　要：近年来，茶艺成为一种新的时尚，渐入人们的家庭日常生活及小型聚会之中。生活型茶艺与表演型茶艺的分殊，使得观看或参与茶艺中的人有了不同的感受，或更亲近了茶，或更远离了茶。文章提出亲近佛法的爱茶者以"简净悟空"的生活茶艺为方便法门，在日常饮茶生活中，艺茶吃茶，感悟禅思想，身心兼修，清净心灵。倡导爱茶者将生活茶艺融入日常生活之中，便打开了一扇生活茶艺的禅修之门。

关键词：生活茶艺；禅茶茶艺；禅智慧；简净悟空

中国是茶的故乡，人们对茶的利用历经食用、药用和饮用的发展过程。从汉之煮、唐之煎、宋之点、明清之瀹，到当代的泡、煮等饮茶方式，茶是人们家庭生活中的必备待客之品，也是家庭生活中不可或缺的传统饮品。随着生活水平的提高，人们日常饮茶方式从经济欠发达时期的"搪瓷缸泡茶"已经演化成越发讲究程式的饮茶方式。

1 生活茶艺与禅茶茶艺的学术文献概况

以全文中含有"生活茶艺"及"禅茶茶艺"关键词分别对中国知网的期刊学术论文进行检索（2015年11月24日检索），以"全文检索"方式发现，含"生活茶艺"词语的文章有79篇（1992—2015），较有影响力的文章有：刘方冉等中日茶人对茶道精神的印象比较研究（《农业考古》2013年5期）；林素彬，口吐莲花·红袖添香——生活茶艺与口才相结合的教学探索（《福建茶叶》2011年1期）；沈甫翰，生活茶艺（《农业考古》2007年5期）；朱红缨，中国茶艺规范研究（《浙江树人大学学报》2006年4期）；陈文华，论当前茶艺表演中的一些问题（《农业考古》2001年2期）；吴华，漫谈现代生活与茶艺（《茶业通报》2001年4期）；吴雅真、庄任，生活、艺术，艺术、生活——再论茶艺（《农业考古》1992年4期）等。含"禅茶茶艺"词语的文章有54篇，较有影响力的文章有：董慧，禅茶文化研究综述（《农业考古》2012年5期）；黄岚岚，清水佑民禅茶茶艺创编思路（《中国茶叶》2011年4期）；刘斌，宜春禅茶文化的法律保护研究（《中国商界》2009年11期）；阿飞，禅茶——当代心灵的抚慰之术（《西部广播电视》

作者简介：胡付照（1973—　），男，江南大学食品文化研究所、无锡区域经济与旅游发展基地研究员，研究方向为食品文化与产业规划、审美经济与品牌策划等。

2008年12期）；茶清心径、大茶，禅涤心源——径山禅茶弘扬刍议（《农业考古》2008年5期）；寇丹，喝茶中的禅（《农业考古》2005年2期）；沈佐民等，试论九华山佛教与茶叶的互动作用（《中国茶叶加工》2005年2期）；陈文华，关于禅茶表演的几个问题（《农业考古》2001年4期）；陈晓璠等，禅茶茶艺的来龙去脉（《农业考古》2001年4期）等。

硕博文库中以主题方式检索"禅茶"，有15篇，其中较有影响的有：张祎凡，"禅茶"的内涵及其民俗文化学研究（华东师范大学，硕士，2010年）；丁氏碧娥（释心孝），禅茶一味（福建师范大学，博士，2009年）；王科瑛，南岳禅宗与禅茶一味（湖南师范大学，硕士，2009年）；殷玉娴，唐宋茶事与禅林茶礼（上海师范大学，硕士，2008年）；李海杰，中国禅茶文化的渊源与流变（陕西师范大学，硕士，2007年）等5篇。以主题方式检索"生活茶艺"为0篇。从以上检索的结果来看，禅茶茶艺方面的研究已成为较为明显的学术研究方向；生活茶艺方面亟待学者增加关注度。

近年来在图书市场上，以生活茶艺为主题的茶文化书籍出版很多，尤其以图文并茂的方式，深受读者欢迎。但这些图书多以茶商品、茶艺知识科普为主，研究型的著作较少（有兴趣的读者可以到较有名的当当网、亚马逊网、茶书网、京东商城图书网等搜索比较）。

互联网媒体的发展，令人们足不出户即能欣赏到各种程式的茶艺演示。互联网媒体中有关茶艺视频的影像资料中以年轻女性茶艺师为多，演绎的过于夸张、花哨，令观者对茶艺产生了"矫情、假模假式、造作、虚浮"等误解。微博及其微信上大量的"茶席"照片及其与茶艺相关的图文信息爆炸性增长，夹杂着商家售卖茶叶、手串、香艺制品等信息，令浏览者产生反感情绪。伴随着"土豪"称谓的流行，人们把佩戴手串、闻香、喝茶等讽刺为"新土豪"的外在特征。

2 学校及茶艺培训机构中教育误区

当前，国内有多个高校及其大专院校中有茶文化或茶艺方面课程的开设。这其中既有作为公共选修课程的学习，也有作为茶艺专业的专门培养。在茶文化专业设置方面，有高职、专科和本科三个学历层次的培养。在学校开设的这类茶艺课程中，常存在着训练学时不足，学生学艺动机不强，理论与实践脱节等问题，而使得茶艺学习流于形式，仅仅成为汲取传统文化素质的一种补充。

近年来在都市中纷纷开办了各类茶艺培训企业。一些茶艺培训机构中的茶艺师培训中常见问题是按照茶馆茶艺师服务的标准去实施培训的。以考证为目的，讲究刻意的程式、优美的解说词，这种方式训练茶艺师，是把茶艺师当作服务员对茶客实施服务的方式，内心是向外的，以一种取悦他人的方式习练茶艺。这种方式与茶艺修养身心的内核是偏离的。当然，作为培训机构，培训的内容是多元化的。在非考证的培训中，生活茶艺也受到更多的都市人的青睐。

因此，现实生活中虽然存有生活茶艺的学习参照，但囿于各种原因，仍需要茶文化从业者予以高度重视，以简单易学"生活茶艺"方式，主动向社会推广。

3 生活茶艺及禅茶茶艺的误区

在当代茶艺中，若要泡好一杯茶，应注意协调六个关系。即是："人、水、茶、器、火、境"。所谓人，就是艺茶之人，是最具能动和活力的主导因素。水，是决定一壶茶汤的关键，茶艺中无好水，再好的茶也将无法展示其茶性。茶，是真茶，方能展现自然造物之美，借由真茶，人则回归真性。器乃容器，茶之载体，展示茶性的舞台。火，加热煮沸泡茶之水，不同的火对水的影响不同，以活火为妙。境，饮茶之环境，以清幽、闲静为佳。人以智慧来协调五个要素，使得茶道精神示现。

茶文化与佛教相互吸收，共同发展。通过僧侣与文人的不懈努力，茶成为沟通僧俗两界的桥梁。禅茶茶艺，是以通过茶艺程式来感悟佛教教义，明心见性，在沏泡、品饮一杯茶汤过程中用心参悟禅机佛理，感受佛教文化的氛围，实践以茶修禅的目的。灵隐寺光泉法师认为："禅茶是僧人在寺院借以传递禅定内涵与境界的茶。也就是说它是佛教的茶文化，寺院的茶文化，是世上所有'禅茶'的基础，没有这个严格意义或者说狭义的禅茶文化，其他所谓的'禅茶'都将是无本之木。"仁空法师认为："禅茶"是禅和茶的结合融溶，是佛教禅宗的参悟，茶则是参禅的助缘，以茶为媒，传承禅机。禅茶茶艺的基本特征是在茶艺中融入了禅机或以茶艺来昭示佛理。"茶禅一味"是中国佛教茶文化中的一个重要特征，它既是对茶与禅内理的精辟概括，又指饮茶和参禅修行方法上的一致。

净慧法师认为：禅茶的真正精髓，应该是真正达到无我的境界。禅是无我的境界，茶也要达到无我的境界，那才真正是禅茶文化的精神，那才是既博大又精深。他提出禅茶茶道精神是"正清和雅"，禅茶文化的功能——感恩、包容、分享、结缘。正、清、和、雅的综合完整地体现了禅茶文化的根本精神。将正气溶入感恩中，将清气溶入包容中，将和气溶入分享中，将雅气溶入结缘中。

饮茶的"精行俭德"境界，佛家的"圆通无碍"体征，茶可以使人步入理想的禅境，同时禅境也与茶人胸怀契合。

3.1 生活茶艺常见的误区

3.1.1 休闲散漫，有茶无艺

懒洋洋随意闲坐，一杯茶、一本书有一种休闲的惬意。在这种放松的状态下，疲惫的身心得以片刻的歇息，未尝不好。此时的饮茶，难说有什么艺术风格特点。此种休闲饮茶，主要是

给饮者身心带来恬淡放松，止渴，补充水分的功效。

3.1.2 以照搬表演入生活，令人反感

有初学茶艺者或茶艺不知变通者，常以在某些培训机构学习的表演型的茶艺照搬入日常生活，而令参与其间者以"忍受"的心态与他共饮，茶艺在此毫无艺术美感。尤其是令茶友受不了的是，还喋喋不休地把各种茶艺工具细细地介绍一遍。

3.1.3 局限于茶味争斗，斗茶怄气

因痴迷而爱上茶，自然对茶就有特别的偏爱。当自己把奉若"圣汤"的好茶与众茶友分享之时，可能会有茶友不喜欢此茶的风味。虽然是真实表达，但因言辞不当，争执在所难免，反而因茶而伤了和气。本因茶而美好相聚的茶会，却留下了因茶而化友为敌的聚会。这种茶聚，因人而败。若有众茶友参加，当自心警觉为是。

3.1.4 古董开会，恋物执贪

因好古雅，艳羡那种茶席设计大展或网络微博上晒的茶席图片，而特别追求古董茶器。内心的好古追古，而滋生对物品的贪恋之情。又因看重利益得失，因众古董开会，生怕他人夺取或碰坏，虽摆了茶席，但因过于小心，而品茶受到拘束，无法自然开怀。同时，带给尚未饮茶或初学茶艺者以误会：古董太贵，稀缺而无法收集到，茶艺离自己太遥远。这种感觉，反而让茶艺远离了人群。

3.1.5 追求奢侈茶，异化分别心

天价茶、某某古树茶，古董茶等，近年来的媒体新闻以价格、稀缺为新闻点频频报道，各路茶商也没少炒作。茶商品知识缺乏的消费者受其影响，而盲目追求奢侈茶，偏离了茶艺修身养性的精行俭德的核心。

3.2 禅茶茶艺常见的误区

3.2.1 禅茶茶艺过于繁琐，流程设计有待简化

茶艺设计者也许为了显示专业，或在形式上显示佛法的博大精深，特在程式上设计繁琐。常见有18式、16式、10式、9式等。笔者倾向于9式或9式以下的流程。因为越简单才越容易学会，简单易学才便于茶艺的传播，尤其是方便指引初学者进入茶艺之门。

3.2.2 过于重形式，内容弱化，偏离了禅茶核心

茶艺既有形式又有内容，二者不可偏废。当今一些禅茶茶艺多偏重于形式，弱化内容。尤其是弱化内容的设计。甚至有些直接把冲泡各类茶艺的程式，未加任何变化，直接以穿着宗教服饰的茶艺师来区分对应的宗教茶艺。另外还有些企业打着禅茶的名号，售卖"禅茶"，掺杂世俗迷信而走入了神秘主义的误区。

3.2.3 茶器过于奢华，鲜见质朴平常器物

在茶席的布设上，常选取精致高档的古董作为"道具"，令观者产生一种错觉：只有这样的茶器，才能代表禅茶。笔者认为，在有豪华古董布设的茶席茶艺展示时，应有相应的质朴而平常的茶器茶席展示，给人一种"适用"即美，素朴与华美的平等。在禅茶行艺的茶艺活动中，以艺示禅，无有分别。套用一句广告语"没有买卖就没有伤害"，尤其是受国家保护的动植物制成的器物，如象牙之品（常见手串、摆件等）、犀角制品等都不应在茶事活动中出现。

3.2.4 执着于器物，走入误区

常见在茶禅茶艺布设茶席上，器物繁杂，以多而满的状况较为常见。器物繁多，易带给初观者以复杂奥妙、茶禅茶艺博大精深的体会，但同时也带来了禅茶茶艺若是如此程式，则难以学习的感受。这样的感受，若没有禅茶演绎者主动进一步说明，则这种误会容易形成传播障碍，对传播禅茶不利。

茶禅茶艺存在着诸多的不足，笔者认为，既有茶艺者主观的原因也有世俗文化影响的原因。沈冬梅博士在首届杭州国际禅茶文化论坛上指出：禅茶表演的问题出在"主体的缺失"，禅茶表演大多缺乏向禅修禅的茶人主体，表演者只是在表演，而不是在将自己对茶，对于禅，对于生活的理解传递给大家。

4 落实生活茶艺的禅智慧

富有修养的茶人以慈祥之目，和蔼之容，谦恭之身，平和之心，宁静之魂，带给人以亲近庄严之美。在研习茶艺的过程中，以从容淡泊之心面对茶艺，以生活茶艺感悟佛理，捕捉禅机，借由茶把心由外辗转向内观。笔者认为，生活茶艺的禅意理念为"简净悟空"，简，即是流程简化，茶席布设简单，茶器精简，以素朴为上；净，身体干净，双手洁净，内心无有杂念，茶器洁净，茶品优质；悟，茶艺者注重内心感悟，不向外欲求，通过茶及其茶艺行为，反观自我，内省自心；空，体悟佛法之"空性"。依此四字，作为以生活茶艺习禅悟佛，能拓阔心胸、放下烦恼忧思，自信自立。一席茶禅，渐顿兼修，茶禅一味，处处禅机。

4.1 回归经典，研习佛理

以茶作为吸引物，从日常生活中体悟佛理，从富有灵性的芽叶和一盏茶汤里，感悟佛法的伟大。以茶入禅，习练禅茶茶艺，在思考、行为的过程中亲近佛法，感悟佛理，回归佛法原典。所谓依法不依人，在学习佛教经典、落实生活的过程中，以茶修养身心，祛除身心"污垢"，清净身心。

4.2 简之又简，简净为上

在习练茶艺的过程中，茶艺程式流程应简单，茶具简净，茶席的布设简约而不繁杂。所用

物品以真朴为上，不以奢华为上。著名陶艺家白明先生认为："朴素，其实就是真理呈现的一种独特方式。朴，不矫揉不造作，不饰不魅，发乎本真，源于心灵。素，纯真、纯粹、纯净、纯正；素与自然有关，与天真有关！朴、素相加，还具有坦荡与无碍的境界。朴素，是天真另一种状态！"以眼前素朴的器物令自己和观者产生出一种亲近感，观者愿意接纳眼前的一切，并以喜悦之心想加入其中。这样生活茶艺的禅意才实现了茶艺的价值。

4.3 向内观心，不炫于外

在茶艺过程中，肢体随泡茶程式而变化，心要向内收，不向外索求。所谓向内收，是茶艺操作者与茶、茶器之间形成的沟通系统，从取茶冲泡到出汤之间，不与周围参与茶事者沟通。而要身心合一，专注于每一个细微的动作，一个动作完成，心念即止。随即心念与动作即刻转到下一个流程中去。分茶与茶友时，以恭敬之心、分享之心与之。在茶艺过程中，无有炫耀技艺的心态，傲慢之心，或者争强好斗之心。令参与茶事者不仅能感受到真茶真情，还能增添一份对茶及茶艺的亲近欢喜之情。

独自习练茶艺时，更容易"自省"，向心内观照。通过茶艺的过程，反思自我，找到提升自我的着力点，体悟到放下、清净、自知、自在的内涵。

朱红缨教授提出茶艺三大规则：尽其性（沏茶技术要领、器具选配原则、以人文入茶境），合五式（位置、动作、顺序、姿势、线路）、同壹心（器之心、茶之心）以此为指导中华茶艺程式的演绎。笔者认为，艺茶者通过生活茶艺，不仅在物质层面茶叶保健了身体，而且在精神层面茶叶带给人以清净、从容豁达、宽容的心态，祛除散漫、骄奢，不以外物为荣、不炫一己特技，更能让内心更为明澈，放下我执，利益社会。吴言生教授指出：佛法存于茶汤，存在于日常生活中。在一杯茶中感受到禅意，吃茶时吃茶，将我们的身心安住于当下，同时终日吃茶不沾一滴水，洒脱无执，即可将生命的每一瞬间化为永恒。

5 结语

由艺茶者为主体，运用综合茶艺技艺，调和"茶、水、器、火、境"之涉茶元素，构建茶艺关系，形成"简净悟空"的茶艺清韵，即是生活茶艺，又是禅茶茶艺，日常品茶中感悟禅意，以茶及茶艺助益培植学佛之信心，在通往内心觉悟之路上不断行进。

注释

[1] 茶禅18式：礼佛—焚香合掌、调息—达摩面壁、煮水—丹霞烧佛、候汤—法海听潮、洗杯—法轮常转、烫壶—香汤浴佛、赏茶—佛祖拈花、投茶—菩萨入狱、冲水—漫天法雨、洗茶—万流归宗、泡茶—涵盖乾坤、敬茶—普渡众生、分茶—偃溪水声、闻香—五色朝元、观色—曹溪观水、品茶—随

波逐浪、回味—圆通妙觉、谢茶—再吃茶去。

[2] 空性(sunyata), 音译作舜若多, 指空之自性、空之真理。佛教认为, 空性就是依空而显之实性, 它是一切法(dharma, 指一切事物和现象)的真实本性。

参考文献

[1] 关剑平. 中国高校茶文化专业建设状况浅析[J]. 浙江树人大学学报, 2008(06): 99-103.

[2] 马晓俐. 灵隐寺与少林寺禅茶文化的比较研究[J]. 茶叶科学, 2012(6): 559-564.

[3] 关剑平. 禅茶: 认识与展开[M]. 杭州: 浙江大学出版社, 2012(9).

[4] 释仁空. 浅谈禅茶文化思想和意义[J]. 楚雄师范学院学报, 2014(4): 1-6.

[5] 余悦. 净慧法师对当代禅茶文化的贡献及学术史意义[J]. 江汉论坛, 2014(4): 131-135.

[6] 胡付照. 习茶概要[M]. 北京: 中国财富出版社, 2013.

[7] 毛欢喜. 说不破的禅茶说得破的商机, 中华合作时报［EB/OL］. http://www.zh-hz.com/dz/html/2012-05/22/content_61183.htm.

[8] 董慧. 茶禅文化研究综述[J]. 农业考古, 2012(5): 215-222.

[9] 朱红缨. 中国式日常生活: 茶艺文化[M]. 北京: 中国社会科学出版社, 2013.

[10] 吴言生. 茶道与禅道的文化意蕴[J]. 中国宗教, 2007(12): 30-32.

日本食文化中的正食料理
——简述正食料理的 5 个基本原理

蔡爱琴

（日本正食协会，日本　东京　102-0093）

摘　要：当今社会，因不良的生活方式和饮食习惯而引起的疾病肆意蔓延，这些大多数是由人们自己喜欢享乐而造成的不良结果，饮食习惯也同样地直接影响到每个人的健康。正食料理以其独特的饮食文化思想，通过食物调节身体的结构平衡，完善自我。

关键词：饮食习惯；正食料理；生活方式

正食料理，最初以明治时期的一位食医——石塚左玄（1850—1909）的"食物养生法"为基础，之后由樱泽如一先生（1893—1966）融汇了中国古代大智慧的易学思想，推出阴阳辩证式的"无双原理"论，引申出如何通过正确的饮食方式，摄取与自身所处环境一致的食物，提高保护环境的意识，是人类与大自然和平共处的一种综合性的生活方式。

正食料理以五个基本原理为中心，即为身土不二、一物全体、谷物菜食、阴阳调和、正确食法。

1 身土不二

所谓的"身土不二"指身体与土壤（农作物）之间的关系是紧密相连的、不可分而言之。

日本有句俗话：吃三里四方的食物可以长寿。意思为经常食用居住地12公里范围以内的食物可以长寿。摄取当地收获上来的食物，对受居住地和季节变换影响而造就的身体有很大的作用。食物的生长原本按照地区分布的不同而定，不同的地区生产的食物各有不同。根据

图1　正食料理教室的作品-1

作者简介：蔡爱琴（1971—　　），女，日本正食协会会长助理，日本国立神户大学音乐学硕士。主要从事饮食文化、音乐文化研究。

自己的生长环境来选择日常生活中的食物。在这天地万物之中，人类必须和周围环境融为一体才能保证健康。

然而现在变的怎样呢？不仅是南方北方的食物可以互通互利，就是东西方的食物也可以相互触手可得。为了防止食物的腐烂，就必须喷洒防腐剂、添加剂等各种药物。由此就出现食物安全性的问题。

在物资流通高速发达的现代，让我们增加了对食物的选择性，完全如原始社会一样的生活是不现实的。不过，在各自所处的环境中能够尽量保持最好的健康状态、控制多余的能量消费、保护自然环境的最佳状态，这些都是与"身土不二"，换句话说，亦是"一方水土养一方人"的道理同出一辙。

2 一物全体

大自然中的食物，其本身具有整体调和的功能。

1977年美国公布了以改善民众膳食的营养目标报告（the McGovern Report）。其中就发表了尽可能摄取未精制的谷物、蔬菜等。

大米以糙米的营养价值高。白米放入水里一段时间观察发现，它是不会发芽的，而糙米却能发芽成长，说明糙米具有强大的生命力。

图2　正食料理教室的作品－2

与白米相比，糙米的维生素、矿物质、膳食纤维的含量更丰富。糙米的外皮称为米糠，米糠的汉字写成"米"字旁加上健康的"康"，正说明了米糠是一种健康的营养成分。

食盐，以选择含有矿物质盐卤成分的天然盐代替精制盐。蔬菜类，比如牛蒡、白萝卜、胡萝卜等不需要去掉它的外皮，即使含有苦涩味，也是通过料理的制作，使它变得美味。

由此而知，一物全体式的料理食物时，选择食物时必须是无农药、无化学肥料栽培出来的才可以放心食用。

3 谷物菜食为主

自然界中的每个生物，都有自己的主要食物。比如鸟类、马、大象、长颈鹿、狮子等，他们的主食是什么？迄今为止是以什么食物延续了生命？

从生物学观点来看我们人类，选择以谷物为主的饮食结构是最理想的。如何理解肉食和素食比率呢？我们可以从牙齿的结构来理解它们之间的关系。

成人的牙齿为32颗，包含了臼齿（20颗）、门齿（8颗）、犬齿（4颗）。

臼齿用于磨碎坚硬的谷物，门齿用于切碎蔬菜和水果，犬齿则用于咬碎肉食。从中而知，人类是以谷物为主食，以蔬菜为中心，加入少量的肉类食物，如此的膳食平衡搭配为最理想。

过于倾向肉食，造成脂肪和胆固醇增多，身体容易变得不健康。

图3　正食料理教室作品－3

4　阴阳调和

所谓的阳性性质，是指具有收缩性，向心力的能量。阴性性质是指具有扩散性，离心力的能量。

以下（表1，表2）介绍如何在特定条件下判断出食物的阴阳性质。

表1　植物性食物阴阳性质的判断条件

阴性（▽）	条件	阳性（△）
越往南越大、越多	分布地区	越往北越大、越多
冷季（10月～3月）	气候	暖季（4月～9月）
离心力 扩大	成长方向	向心力 缩小
速度快	成长速度	速度慢
与地面平行、横向成长	地面以下的成长方向	往地下垂直延伸
向高处、直立生长	地面以上的成长方向	与地面水平、横向生长
个头高	长短	个头低
偏软	软硬	偏硬
水分多	水分的多少	水分少
白紫蓝青绿	色彩	黄橙茶红黑
变软	加热后的变化	变硬
时间短	煮沸花费的时间	时间长
开水煮	烹调时间长短	冷水煮

表2　动物性食物的阴阳性质判断

阴性（▽）	条件	阳性（△）
速度慢	动作速度	速度快
长	颜面、身高	短
多	水分	少
温顺	性格	活泼
南下热温	喜好地带	北上寒冷
慢	呼吸速度	快
高大	体型、骨骼	低矮
柔软	肉感	坚硬
偏低	体温	偏高
色淡量少	血液	色深量多
快	成长速度	慢
温暖	分布地域	寒冷
草食为主	摄取食物	肉食为主
少	氧气需求量	多
冬眠	冬眠状态	不冬眠
越往南越大	成长与环境	越往北越大

用以下12个基本原理，判断理解正食理论中阴阳性质的概念：

（1）宇宙万物以其阴阳秩序而展开。

（2）阴阳秩序是无止尽地周而复始，相依相存。

（3）阴为离心力，阳为向心力。（阴的离心力具有"扩散、轻浮、寒性"等性质，而阳的向心力具有"浓缩、沉重、热性"等性质。）

（4）阴中有阳，阳中有阴。

（5）宇宙万物万象皆是阴阳搭配。

（6）万事万物的阴阳组合皆是在不断地循环往复，不停止地运动。

（7）不存在绝对的阴或阳，需要相对而言。

（8）任何事物不存在中性，只有阴阳的多寡而已。

（9）宇宙万物引力，存在其阴阳物质的对应比例。

（10）阴阳互斥也互补。

（11）阳极转阴，阴极转阳。即"物极必反，否极泰来"的道理。

（12）万物内阴外阳，正如老子说"万物负阴而抱阳，冲气以为和。"

图4　正食料理教室　实习操作

图5　正食料理教室　分享学习成果

5　正确的食法

即使是对身体健康的食物，没有正确的方式方法，也起不了它的作用。每一口饭菜，要保证咀嚼30次以上。多咀嚼，可以提高消化、吸收功能，减少对胃肠的负担，同时促进下巴的肌肉发达，有益于牙齿的排列，提高记忆力，帮助分泌唾液，对吞咽、发音、虫牙和牙周炎等起到预防作用。

结语

当今社会是一个物资泛滥成灾的时代。喜爱的食，物应有尽有，过着奢侈的生活。与此同时也存在着环境受到破坏，尽管提高了医疗设备和技术，仍然改变不了病人的增加等一系列严重现象。

食物自身也是有生命的。从它的出生，成长，料理后成为佳肴，被人体吸收变成营养，这些都是一个既花时间又费力的漫长过程。食物和我们生长在同一个空间，都是大自然的一分子，对待食物我们需要具备一种感恩之心，充分利用大自然的力量，通过正确的生活方式，健康的饮食习惯，安全安心的自然环境，提高增强我们的生命力。

正如老子所说：人法地，地法天，天法道，道法自然。人类凭借于大地而生活劳作，繁衍生息；大地依据于上天而寒暑交替，变换万物；上天依据于大道而运行变化，排列秩序；大道则依据自然之性，顺其自然而成其所以然。自然之道融会贯通于天地人，天地遵循自然之道，人也遵循自然之道，人与自然和谐共生，必感恩于自然，达到"天人合一"这种健康和谐的最高境界。

论史前饮食审美崇拜

赵建军

（江南大学人文学院，江苏　无锡　214122）

摘　要：中国初民的饮食图像、图腾记录着早期中国人种的生存信息，植物和动物图腾隐含着食物的存在意义，因而很多图腾原本就是饮食图像。饮食图像在被赋予符号化的表现形式时，便意味着其负载着一定的精神价值方面的蕴涵。原始亚觋通过其非现实与信仰化的实践，强化了饮食图腾的超自然意义，于是祭祀性的饮食逐渐衍化为表达群体政治和生活化艺术的媒介和载体。

关键词：原始饮食；图腾；巫术；祭祀

人类对饮食的依赖，在突破本能的饮食欲望时，便在精神上赋予其以特殊的含义。在远古漫长的历史时期，人类寄予食物的感觉、幻想调动了其对于种族、性以及生存的观念认知，从而使饮食作为崇拜对象被建立起来，饮食图腾便是这种生活意义最初的精神表达。在中国先民的饮食图腾中，人与神的联系通过食物被混淆在一起，由此开辟了中国关于自然、神话和文化的饮食人文阐释。

1 图腾与饮食图像形式

图腾一语，为美洲印第安语，系奥吉布瓦人阿尔贡金部落的方言"奥图特曼"的音译，原意是"兄妹亲属关系"。人类最初在对自身个体、种族给予生存性的体认时，便通过图腾标志完成了认知性的集体图像。维柯于1725年出版的《新科学》中说："在西印度群岛，墨西哥人曾被发现是用过象形文字书写的，而姜·德·莱特在对新印度的描述中谈到印第安人的象形文字时说，它们像各种动物、植物、花卉、果实的头，并且提到印第安人凭界柱上的图腾符号来区别氏族，这正和我们这个世界中用家族盾牌一样。""在美洲印第安人中间，图腾或图腾符号用来代表某某家族。"维柯是一位人类学家，他的说法看似是从氏族标志（符号）提出"图腾"概念的，但"它们像各种动物、植物、花卉、果实的头"暗示了符号的所指属于一些动物或植物。这表明，"图腾"最初是从与原始人生活密切关联的动植物食品开始其标志的。换言之，图腾作为社会集团性的符号标志，是通过食物得到建立并完成统一认知的。日本生态人类学家

作者简介：赵建军（1958—　），男，内蒙古临河人。江南大学人文学院教授。主要研究方向中国美学史、西方美学及文化美学、艺术美学。

田中二郎指出："食物的获得和人类自身的生产是有关人类生存的最基本的活动。而旨在获得食物所产生的集团、活动和技术等则被称之为生产形态。在考察人类的生存结构时，应该研究食物资源分布、生产形态和繁衍方式三个问题。"生产形态根据人要获得的食物及其分布而形成，故而部族社会最基础性的"图腾"原本隐藏在早期饮食图谱之中。

图腾源于饮食，使"图腾"文化含义基于人的食色之性而成为写实性图像。中国早期的图腾多与动物相关，如伏羲氏为"蛇首人身"图腾，黄帝氏族为"有熊"图腾，炎帝人首牛身，为牛图腾，还有以其他动物为图腾的，显示了对动物食物崇拜的社会风尚。植物"图腾"似乎不像动物图腾那样具备明显的超自然性，但《山海经》所载可食的草本植物中具超自然功效的多达51种，这些先民食用过的"食物"，在人类饮食文化的发展历程中都曾被格外关注过，并因这种关注而赋予其多方面的生活功能和意义。或许我们可以认为，植物在被食用的过程中，由于品种繁杂，且常以静态出现，不像动物那样与人建立了一种立体的、移动的生存角力关系，因而动物多被作为图腾的标志。但从文化发展的意义来说，无论是后来发展为相对固定的"图腾"，还是不能成为图腾的植物"图像"，都通过"食"与部落氏族的生存联系起来，因而其意义都在生活崇拜的基点上建立，并由此而扩展至其他方面。

原始宗教和美学就是这种饮食图像、图腾崇拜的衍生形态。可以相信，即便是动物的图腾，当其作为图像被确定为部族之标志时，其呈现方式已经由原来的动态转为现在的静态了，即已经由生活化转化为符号化的存在了。而一旦被作为符号的图像来把握和理解，其作为饮食的功能特征就会随着图像的衍生而发生变异，以致发展到某种程度，宗教的含义被凝结在上面，图像、图腾的形式美感及其所表达的生活意义也显现为实体性的，可以离开该"食物"自在的实用功能。这时，饮食美学之意蕴便得到了较为充分的显露。

通过人类早期的饮食图像、图腾，可以得到关于人类生存的宗教、美学解码。通常这种解码表现为对初始饮食生活的理解性还原，因为原始时期遗留下的饮食图像除了石刻、岩画等之外都难以复其初，但宗教、美学解码还可能通过饮食图像的认知基点的转换识别来完成，这种认知基点主要体现在从自然到神话再到文化的转换历程中。上述动植物的饮食图像就显示了自然含义的解码，至于神话和文化，在逻辑上与自然最初也是一体的，只是后来才发生了分化。

2 巫觋饮食的审美功能过渡

饮食图像是饮食的实用功能向精神功能的一个过渡形式。图腾的标志一经确立，图腾所指称的植物或动物就具备了超越饮食功能的意义。因此，所谓图腾崇拜，与其说是一种亲族血缘的标志，毋宁说是亲族意识通过此中介完成了宗教性的心理祭拜。于是，在统一的部族图腾标志下，原始人开始向这些图腾奉献食物，所谓宗教饮食就以最朴素的形式与自然发生着疏离。

但饮食对于原始人来说，毕竟是不容易得到的。因此，他们需要一种权威力量来指导宗教饮食的奉献，并基于神灵的意旨来对饮食进行分配。《帝王世》言"黄帝使岐伯尝味"。岐伯是一个医巫，通过品尝草木来寻找药味，然后将其分发给病人吃。岐伯分给病人的"药草"仍然是一种食物，只不过是一种寄托了神灵医治病患效力的食物而已，几乎所有的食物在那个时代都要通过巫来分配。最好的食物是献给神灵的，然后依类分食。可以推测，最初巫在部族里很多，他们能够从一些偶然的迹象发现食物的特殊效果。后来，最有能力的巫就成为部落的领袖。而这个时候，所谓巫觋的法术，也早已由饮食扩展到生活领域的方方面面。

巫觋的意义，最初是由于他们会操弄通神之术而异于常人。巫术的宗教意义并不体现在"术"上，而在于"通神"。因为"通神"完全是心理的感应或幻觉，是非科学的假象，因此，巫术被某些人类学家解释为审美形态或"艺术"。著名人类学家弗雷泽在阐释巫术时就使用了"巫术艺术（The Magic Art）"的概念。他把巫术艺术分为两类：一类是"模仿巫术"；一类是"触染巫术"。按照他的理解，通过近似模拟性的巫术操作和对操作对象（人、物）的某部分施加动作，就可以真实地对目标对象产生超乎寻常的影响。弗雷泽的巫术理解非常客观地注意到"术"的"巫"性及其操作特点，但这是否属于精神性的宗教或艺术呢？对于这个问题，人类学家提出了不同的看法。如有的认为原始生活的实用性、神秘性导致了巫术信仰，但这种巫术主要是从生活经验和巫术的功能出发的，在精神观念上并不具有充分性；也有学者认为原始巫术是原始思维的一种现实化的形态，内在地具有自己的逻辑，这种逻辑是非科学的，属于一种原逻辑，但确实具有其自身的观念推导性；还有学者认为巫术是想象和幻想的产物，通过对自然物、动物的想象，原始人调动了他们的心智，进而以与其心智能力相协调的方式对这些想象物、幻想物进行整合，因此，巫术在本质上也是创造性与精神性的。这些观点从不同角度触及了巫术的本质。但笔者认为，上述这些观点在论及巫术的本质未能从巫术的宗教性切中其本质。关于宗教，按照如今的理解归属于精神信仰，其信仰的完成通道主要是精神、心理和意志对宗教教义的信奉，由此而实现信仰者个人对宗教终极阐释的皈依。根据这样的宗教观念，巫术的现实性显然不是完全吻合的，因为所有巫术的目的及其实际性的操作都很具体地指向了对象和实用性。就巫术的操弄者而言，其虽然有通神之宣称，但仍为现实中的人，因而单纯按照宗教的一般性概念很难解释巫术的本质，也很难确认巫觋活动的宗教性本质。

据人类学家的某种共识性见解，最早的巫术是从食物开始的。"凡是涉及需要、效益或便利的技艺，甚至涉及人类娱乐的技艺，都在哲学家们还没有出来以前，在诗的时期就已发明出来了。""人类在许多情况下从环境取得的食物，与食用它们的嘴并不直接联系在一起。人们要改变自然环境，以使获得食物的行动（如狩猎、采集、养殖等）变得更为容易。""原始人大多把生活中发生的事情与超自然存在联系起来考虑，绝少例外。"若从人与自然的一般关系而论，最早的食物应是植物，但实际似乎并非如此，因为远古的生存条件尚不能使人自觉地发现植物可食，他们从动物的噬杀本能出发，对动物的熟悉和敏感远远超过了植物。而巫术用于动物类食物，也是与猎狩动物进而吃掉动物的生活相关的。根据马林诺夫斯基的功能理论，食物对象对人所具有的功能，决定了其在人的巫术性观念中的地位与形象，而这些功能往往被放大，以致最初猎狩这些动物并以之为食的基本功能反被置于不重要的地位。动物的食物功能涉及两个方面：一是它们所具有的超自然力；二是它们被原始人直观到的怪异形象。《山海经·西山经》曰："西水行百里，至于翼望之山，无草木，多金玉。有兽焉，其状如狸，一目而三尾，名曰讙，其音如夺百声，是可以御凶，服之已瘅。有鸟焉，其状如乌，三首六尾而善笑，名曰，服之使人不厌，又可以御凶。"讙、诸动物之异形及其"御凶""医瘅""使人不厌"之功能都多少脱离了"充饥"的可食意义，却是在对它们作为食物对象的捕猎中发现和认识到这些怪异及超自然的特征、力量的，而这正反映了原始人开始生成并酝酿一种精神性的价值因素。但植物则较平实，纵然也有怪异的，却是对植物的可食性充分了解之后，由自身之想象附加于它们之上的。如《山海经·西山经》云"有草焉，名曰蕢草，其状如葵，其味如葱，食之已劳"。这里说的就是由观而食之的饮食程序，把观察所得在比较中赋予了形状怪异的图腾界定，而超自然力也恰由怪异的形象特征所赋予，无不与人的生活产生多方面的联系，终而由动物的可食扩展到了植物和其他的方面。《山海经·东山经》还写道，余峨之山上多梓楠之木，其山下多荆芑，各种水溪从这座山流出来，注入黄河。在这个山上，"有兽焉，其状如菟而鸟喙，鸱目蛇尾，见人则眠，名曰狳，其鸣自，见则螽蝗为败"。"见"则如何，显然已经超越了一般性的被食，而看见了就能引起蝗虫蚕食作物，并对人产生催眠般的力量，就不是单一对象的一种饮食功能意义了，而已经深入到该种物体之形象能够造成某种超自然的条件、氛围，以致可对人的生活产生很大的影响。通过《山海经》的饮食记述和相关的植物、动物类之形象、功能的描述，我们可以对原始时期以夸张、巫术口吻所描述的饮食有一个基本的认识：首先，巫觋饮食依于自然的朴素观察而延伸到想象，致使其巫术操作过程始终具有全身心投入的特点，因而其精神性并不因直观对象和施术的具体化、个别化而有所减弱。其次，巫术饮食代表了原始心性的诚朴信仰，崇拜与禁忌之心、肉体的张力都是这种信仰的构成要素，不能因其思维的非科学性而否认其信仰的诚朴，而宗教是绝对要求心灵的虔诚皈依的。再者，巫术的饮食对象存在由自然原态向人工化过渡的特点，这个特点虽反映了饮食审美的粗陋，却也以其直觉性具备向神灵一极发散的超现实特点，而超现实或非现实应是那个时期人类否定现实的最可能的形态。因此，说巫觋饮食具备原始宗教的否定、超越现实的精神性特征，当是可以确认的。

饮食图像和巫觋饮食的宗教本质，标志着原始人类的感觉与想象能力在生活各个方面向精神领域的扩张。在多神图像中，动物图腾是巫觋个人饮食意志参与客体化之精神建构的体现，植物图像则沉浸于动物图腾之中，起着整合、修补各类动物图腾的作用。因此，若论食物图腾的始建基者，自然属动物图腾，但从巫觋饮食之于人类精神内在发展的意义而言，则在植物图腾被大量建立之后。食物图腾把人类作为具备感觉与思维能力的智慧动物的潜能激发了出来，意识也由图腾之凝固形式而获得了沉静睿智的品格。正是在这个时期，饮食美学开始进入到由原始的蒙昧式感觉转向自为性创造的阶段。

这个阶段大体跨越了新石器的漫长时期，及至商末周初时期，中国人的饮食美学开始了功能明确的创造。其在精神功能方面，主要是绵延了原始巫觋饮食的非现实与信仰化特征，并把这种特征更细致地渗透于生活的方方面面，使生活中的饮食观念和饮食内容也具备了原始宗教的观念品格，且更有意地向人的意志表达一极转化。

商周至春秋以前，中国饮食美学的精神功能主要体现为祛秽与魅灵两个方面。祛秽，简言之，即祛除精神上的恐惧、不安、幻想、疑虑、焦躁、烦闷、无奈等负面情感。人面向自然可以自觉采取某种作为（巫术性质的努力），但在庞大的自然力面前还是被无数不可知解与预料的灾害及供给稀缺所困扰着，其内心为此时时萌生着看似简单却异常繁富的负面情感，销蚀着其对生活的热情与信心。为此，他们有意识地运用美学的方式，创造心灵意志的投射物，这在饮食创造和享用中被突出表现出来。

《尚书·尧典》记录了这样一段对话："帝曰：'夔，命汝典乐！教胄子直而温，宽而栗，刚而无虐，简而无傲，诗言志，歌永言，声依永，律和声，八音克谐，无相夺伦，神人以和。'夔曰：'予击石拊石，百兽率舞。'"对此，一般倾向于解释为尧帝对乐史官夔的一番叮嘱，强调情志和谐的根本道理。乐史官教注重性情的中和。饮食美学在根本意义上，也是一种心声的投射。这种投射愈是在后来，愈是向主体自主化观念一极靠拢。在这里，"神人以和"所表达的是"神"借助于图腾——这些图腾自然包括了食物图腾的表征——表现人在现实中的超自然意志。"人"相对于"神"似乎是渺小的，但"神人以和"则产生了美学化的神奇效力。这时"魅灵"就由向神献媚转向中和性情一极，日常心理被文化了，饮食心理被审美化了。"魅灵"的活动往往是集体化、仪式化的，逐渐衍化为祭祀活动的延递，由敬天而敬社而敬祖。饮食的审美化也通过这样的活动过程，一步步由原生性的饮食制作、工艺向现实化、人化的制作转化，深深地融入文化机体之中，在意蕴充实之间铸就自身的别致形式，由百家粗制逐渐趋向宫廷里的精工细作，以致到周代，饮食审美已经在宫廷里形成了完备的体制、程序和法度，这时包括饮食享用的方式、手段、氛围及意义的诠释，也都由官方提出了相对系统合理的说法。

3 奉祀性饮食的体制与风范

人类学田野调查采集到一些原始遗风尚存的少数民族，其在饮食祭祀方面即使简单的对自然神灵的献祭，也根据饮食的质地、价值而有区别。这从下面这个例子中可见一斑：

1950年代前的独龙族，自然神观念虽已形成，但山鬼、水鬼、河鬼观念仍存在。他们认为，山鬼能使人全身酸疼。若患此病，须以鸡和酒祭祀，如祭后病仍不好，须用猪或牛再祭。水鬼能使人患手疼或手肿等疾病，祭法是以一瓶酒或将荞面粑做成面人（用鸡血拌），先在病人头上转几下，然后拿出去挂在树上，接着口中念念有词："朋友你从远方来，你要什么都可以，请你莫追我们……"以祈求水鬼离开，到别的地方去。

鸡、酒比之于猪、牛，显然后者更为贵重。动物食品、植物食品都根据所拜祭的对象分出等别。其中大自然是植物类食品的作坊，凡易得则视为廉贱，难求则视为昂贵。植物为采集所得，植物的根、茎、叶、果实都在采集的选择范围内，而其味性又由所出之地性决定，"地性生草，山性生木，如地种葵韭，山树枣栗"。从而像锦葵、蔷薇、青青菜、人参果、枸杞、苦苦菜、地钱儿、洋芋、油菜籽、豌豆、大黄等都很早被初民所食，并把食用它们的功效根据自己的感受、认知、臆测和想象，与人的疾病、祸福、吉凶联系起来，发展为具有神药仙草性质的食品系列。植物类中由人类特别选择出来的，经过有目的的培植、采集然后加工食用的是大麦、小米、青稞、高粱、荞麦等作物。在新石器农耕文化逐渐形成的过程中，随着生产力水平的提高，粮食产品和家养动物逐渐丰裕起来，于是食物贮藏技术也开始发达起来，刺激了酿酒技艺的进步。在这时，奉祀饮食呈现出不同类别食品并享共祀的情况：

其一，食肉族的奉祀盛宴：人类在原始时期保持群体"共食"生活，到新石器中期，在植物、动物类食品出现剩余的情况下，人们开始贮藏食品。而宗族社祠的集体祭祀与共食之风依然被保持下来，较之先前食物奇缺、常常食不果腹不同，现在初民们的食物有了剩余，在祭祀方面也格外豪奢起来。据考古学发现，在大量的新石器遗址中存在动物零散的残骸："在泰安大汶口反映尤其明显，其中有45座墓随葬猪头或猪下颌骨；在胶县三里河，曲阜西夏侯、邳县刘林均有这情形；邹县野店还有两座墓以整猪随葬。陶寺龙山文化墓地有14座墓葬猪下颌骨，有一座墓随葬30多副猪下颌骨。"墓葬地的猪下颌骨是吃剩下的，它们空前集中，是群居共食的一种反映。有学者称那时存在一个"食肉族"，用来说明动物类食品的用量增加及其对生活饮食结构的影响，很有道理。但这毕竟是"群居共食"时代，阶级尚未完全形成，生与死的观念在巫术宗教中有了一定意义的分别，但并不像后人那样分明，因此北京山顶洞中的晚期智人化石被在山洞的边角部位发现，表明死者与活着的人都生活在同一洞区，只在空间上略有分别而已。那么，对于"食肉族"的食肉活动，就不能单纯理解为正常的生活饮食，其有可能也是祭祀性的饮食活动，因为只有祭祀性活动才能把如此多的动物性食品集中起来，把洞穴里生活的部族集中起来，或像在大地上半穴居的部族那样，形成公共性的奉祀祠堂，而饮食则成为集体奉祀活动的一项重要内容。

奉祀活动是公社制部落最重要的活动内容，奉祀自然天地和祖先，包括所有逝去的灵魂，以敬畏和祈愿之心促成集体性的精神意识，是奉祀活动的意义所在。饮食通过具体的食欲的满足，把精神和肉体的需要结合起来，必不可少地要在奉祀活动中起到作用。或有人疑惑，敬神的食品怎么可以吃掉呢？按照中国人的风俗，敬神是礼敬，至于食品则需人代食。现在在民间依然有某种风俗，就是把鸡、羊等奉祀食品摆上供桌，到后半夜由家族里的"外人"（如女婿之类）挑头，悄悄偷走吃掉。在原始时期，部落之间的战争很寻常，食物被抢是最要命的事情，因此，在集体奉祀活动中，不可能把食物拜祭后弃而不食。

其二，饮食用具和工艺也多样化起来：火的发现和对食物燔、炙等，都属于直接对食物加工，后来因为熟食的食用，水、火、器皿与食品的结合形成了早期饮食美学的媒介构因整合期。体现于祭祀饮食方面，是饮食用具和工艺得到刺激空前发展起来。如"煮"的饮食工艺在陶器产生以后变得很容易且渐渐普及开来。对陶器的制作，也由粗陋到十分讲究，从开始的色彩单一，讲究情绪暗示到后来的纹饰复杂，表现丰富的生活内容。山东曲阜西夏侯墓出土陶鬶，其造型已十分复杂。在新石器晚期，中国人已经能够制造这样的陶器了，且种类极多。此鬶口部有流槽，主要是流体饮食的用具。其下部三足受火，中间部分为容纳汤、酒等流体食物的部分。旁有把手，便于提拿。整个用器由"烹饪美学"到"享用美学"，充分显示了初民的饮食观念，在制作、用具和享用观念上，已经把天地自然、人的性情需求与用具的形式美感、食物的美味很好地结合起来，由此为中华饮食风格及其美学特征奠定了基本的范式。

其三，饮食奉祀对象要排位列等。奉祀活动并非仅祭单一神灵，而是分不同时间、场合对不同神灵进行祭祀敬拜。因此，神灵的排位体现着其在初民心目中的位置。按照马林诺夫斯基的理论，在巫术和宗教结合期，神灵的排位主要是根据功能而定的。也就是说，实用的价值是衡量神灵地位的基本前提。从自然神灵的情况来看，天地为尊，日月星雷火风雨以致山川草木相续排列。与西方崇拜日神与雷神不同，中国人敬天观念至上，因而最早的人格神也以"天帝"为名。北方、南方的诸神皆有其序列，大体方面一致，但也在个别方面存在区别，如北方对风神特别敬仰，南方则对雨神多有青睐。人类的社会群体化程度逐步发展完善之后，人格神逐渐取代自然神的地位，于是形成了由植物神到动物神再到人格神的转化机制。而对诸神的奉祀食品，也根据其对象的地位、等级分出不同名号，其祭拜体制一直延续到商周时期。《周礼》卷二十五曰："一曰神号，二曰鬼号，三曰示号，四曰牲号，五曰齍号，六曰币号。"郑玄注："号谓尊其名，更为美称焉。神号，若云皇天上帝；鬼号，若云皇祖伯某祇号……牲号为牺牲，皆有名号。《曲礼》曰：牛曰一元大武，豕曰刚鬣，羊曰柔毛，鸡曰翰音，齍号为黍稷，皆有名号也。”奉祀食品因神而贵，最贵重者为猪，其次是牛，然后是鸡羊之类。粮食类、植物类食物因为常用不显其特别，故在制作上特别讲究。于是，到新石器晚期，奉祀食品具有了真正意义上的宴祀味道。“食”的品质通过奉祀从群体性政治与生活美学逐渐发展到自身品质提高的美学，中国饮食美学逐步形成了自身的体制与风范。

参考文献

[1] 维柯. 新科学[M]. 北京: 人民文学出版社, 1986.

[2] 绫部恒雄. 文化人类学的十五种理论[M]. 北京: 国际文化出版公司, 1988.

[3] 祖父江孝男等. 文化人类学事典[M]. 西安: 陕西人民出版社, 1992.

[4] 何星亮. 中国自然神与自然崇拜[M]. 上海: 上海三联书店, 1992.

[5] 王充. 论衡[M]. 上海: 商务印书馆, 1934.

[6] 宋兆麟. 中国风俗通史[M]. 上海: 上海文艺出版社, 2001.

[7] 李伯谦等. 考古探秘[M]. 北京: 科学技术文献出版社, 1999.

中国传统饮食礼仪的现代功能及其传承途径

冯玉珠

（河北师范大学旅游学院　河北省　石家庄　050024）

摘　要：饮食礼仪是中国传统文化的重要组成部分，其中蕴含着中国传统文化的思想精华和道德精髓。它不仅能陶冶人心，规范人伦，净化社会风气，提高公民思想道德素质，改善人际关系，而且对构建社会主义和谐社会也具有不可估量的价值和作用。要传承中国传统饮食礼仪文化，必须加强理论研究，建立饮食礼仪学科体系；弘扬"家教"传统，重视家庭饮食礼仪教育。同时，要精心规划安排，完善学校礼仪教育体系，开展全社会饮食礼仪教育，不断提升公民的基本素质。

关键词：饮食礼仪；思想内涵；现代功能；传承途径

1　饮食礼仪的概念

　　饮食礼仪，简称食礼，是人们在饮食活动中应当遵循的道德规范与行为准则。其内涵极为丰富，不仅包括人们在饮食活动中的礼貌、礼节、仪表，有时还表现为一定的仪式。

　　礼貌是指人们在相互交往过程中以庄严和顺之仪容表示敬重和友善的行为方式，它是一种使自己和别人都感到愉悦的行为举止和内在修养。在饮食活动中，待人处事要文雅有礼，言谈举止要恭谨谦虚。礼貌是文明行为的起码要求，是饮食礼仪的基础。礼节是指待人接物的行为规矩，是礼貌的具体表现方式，包括待人接物、应对进退的方式，招呼和致意的形式，宴请场合的仪表、举止、风度等。礼节是人与人之间不成文的"法"，是人们在社会交往中必须遵循的表示礼仪的一种惯用形式。仪表是指人的外表，包括仪容、举止、表情、谈吐、服饰和个人卫生等，是饮食礼仪的重要组成部分。仪式则是礼的秩序形式，即为表示敬意或隆重，而在一定场合举行的、具有专门程序的规范化的活动，如婚宴、国宴、招待会等。

　　总之，作为"礼"的组成部分，饮食礼仪是筵宴方面的社会规范与典章制度，是饮食活动中的文明教养与交际准则，是一个人在饮食活动中仪表、风度、神态、气质的生动体现。

　　作者简介：冯玉珠（1966—　　），男，河北井陉人，河北师范大学旅游学院副院长、教授，主要从事研究烹饪教育与旅游餐饮文化研究。

2 中国传统饮食礼仪的思想内涵

2.1 追求和谐

《论语·学而》："礼之用，和为贵，先王之道，斯为美。"我国传统文化认为，和谐的内涵包括"自然的和谐""人与自然的和谐""人与人的和谐（即人际和谐）"和"自我身心内外的和谐"四个方面。在这四个要素中，"人与人的和谐"是其核心。只有实现人与人个体的和谐，才能实现整个社会的和谐。而人与人的和谐首先反映在饮食礼仪上。《国语·周语中》说："饮食可飨，和同可观，财用可嘉，则顺而德建。"亲戚宴享之礼，旨在"以示容合好"，和谐典礼，为民树立法则。饮食之礼，有助于消弧争斗，培养恭让谦逊的君子之德，由此形成天子燕然的和谐之治的王道。《礼记·乡饮酒义》解释饮酒礼的意义道："尊让、絜、敬也者，君子之所以相接也。君子尊让则不争，絜、敬则不慢，不慢、不争，则远于斗辨矣。不斗辨，则无暴乱之祸矣。斯君子所以免于人祸也，故圣人制之以道。"饮食礼仪，无形中起到了敦睦个人情感、整合人际关系、凝聚社会群体的作用。这样，饮食礼仪成为加强政治教化、强化伦理规范的一种凝聚剂，最终建立和谐社会。从这个意义上说饮食礼仪是社会公德的"晴雨表"，是提高民族文明素质的"磨刀石"，也是构建和谐社会的"润滑剂"。

2.2 敬信有序

敬信有序是我国传统饮食礼仪传达的基本精神，是饮食礼仪的应有之义。《礼记·进食之礼》曰："侍食于长者，主人亲馈，则拜而食；主人不亲馈，则不拜而食；……侍饮于长者，酒进则起，拜受于尊所，长者辞，少者反席而饮。长者举未釂（jiào 饮尽杯中酒，干杯），少者不敢饮。长者赐，少者、贱者不敢辞。……御同十长者，虽贰不辞，偶坐不辞。"尊重长者和尊者是彰显我国道德文化的重要内容，这一点在饮食礼仪中表现得尤为突出。在中式宴席的座位安排、菜肴摆放与进食程式上，都有相应的顺序与方式，从而体现出中庸、谦和。比如，在宴席开始前，作为宴请者要招呼客人，请主宾先就座，而后其他宾客依次入席，最后主人落座；如需点菜，要请客人先点。席间派菜的时候，要先宾后主，先长辈后晚辈。上鸡、鸭、鱼等重要菜肴时，须将头部朝向主宾或年长的人。无酒不成宴席，中国人喜欢在宴饮时以酒助兴，主人为客人、晚辈为长辈斟酒都有基本的礼节，而且富有节奏感。各种礼仪的目的都是为了让客人感受到主人的热情和自己受重视的程度。

2.3 守礼自律

饮食礼仪是餐桌上一种具有约束力的行为规范。从总体上来看，饮食礼仪规范由对待个人的要求与对待他人的做法两大部分所构成。对待个人的要求，是饮食礼仪的基础和出发点。遵循饮食礼仪少不了对自我的克制，"非礼勿视，非礼勿听，非礼勿言，非礼勿动"（《论语·颜渊》)。《礼记·曲礼》更是明确规定了人们在饮食过程中应该避免的行为，"共食不饱，共饭不泽手。毋抟饭，毋放饭，毋流歠，毋咤食，毋啮骨，毋反鱼肉，毋投与狗骨。毋固获，毋扬饭。饭黍毋以箸。毋嚃羹，毋絮羹，毋刺齿，毋歠醢。客絮羹，主人辞不能亨。客歠醢，主人辞以窭。濡肉齿决，干肉不齿决。毋嘬炙。"等。显然这些行为的限定就是希望人们能够保持一个符合当时要求的所谓"君子"形象。

3 中国传统饮食礼仪的现代功能

饮食，既催生人类文明，又展现人类文明。饮食礼仪之所以被提倡，之所以受到社会各界的普遍重视，主要是因为它具有多重重要的功能，既有助于个人，又有助于社会。

3.1 塑造良好形象，提高自身修养

"形象"一词的本意，是指能引起人的思想或感情活动的具体形状或姿态，在社交中则是指参与交往的主客双方在对方心目中的总的评价和基本印象。在餐桌上，有时我们是以个人身份去赴宴，此时表现的纯粹是个人形象；有时则是以个人形式代表组织或单位去赴宴，此时表现的则是组织或单位的形象；而有时一个人的言谈举止则被外界视为一个民族、一个国家的形象。所以欧洲旅游总会制定的旅游者应遵循的九条基本准则中第一条就这样写道："你不要忘记，你在自己的国度里不过是成千上万同胞中一名普通公民，而在国外你就是'西班牙人'或'法国人'。你的言谈举止决定着他国人士对你的国家的评价。"不管以什么身份，只要具有良好的饮食礼仪，应对进退，表现不俗，自然会塑造出良好的个人或组织形象。

在饮食活动中，礼仪往往是衡量一个人文明程度的准绳。它不仅反映着一个人的交际技巧与应变能力，而且还反映着——个人的气质风度、阅历见识、道德情操、精神风貌。因此，在这个意义上，完全可以说饮食礼仪即教养的表现。有道德才能高尚，有教养才能文明。这也就是说，通过一个人对饮食礼仪运用的程度，可以察知其教养的高低、文明的程度和道德的水准。由此可见，学习饮食礼仪，运用饮食礼仪，有助于提高个人的修养，有助于"用高尚的精神塑造人"，真正提高个人的文明程度。

3.2 协调人际关系，净化社会风气

饮食活动是人际关系的润滑剂和调节器。由于饮食礼仪的基本原则是敬人律己，真诚友善，因而它能联络人们相互间的感情，架设友谊的桥梁，协调各种人际关系，营造一个和谐友善的社交氛围；也有助于建立和发展人与人之间相互尊重和友好合作的新型关系。即使在人与人之间发生了某种不快、误会和碰撞时，通过一句礼貌用语，一个礼仪形式，便会化干戈为玉帛。重新获得彼此的理解和尊重；在饮食活动中初次相遇的陌生人。只要礼节周全，也会成为一见如故的知心朋友。

荀子说："人无礼则不生，事无礼则不成，国天礼则不宁。"遵守饮食礼仪，应用饮食礼仪，有助于净化社会的空气，提升个人乃至全社会的精神品位，有助于促进社会文明。

3.3 沟通有益信息，扩大视野和圈子

在当今社会，由于大众传播媒体的发达，各种信息的传播频率空前迅速，日益广泛。尽管如此，餐桌上的信息沟通仍具有大众媒体所不能替代的作用。而且餐桌上沟通的信息往往更生动、给人的印象更深刻、更富有启发性。饮食礼仪是一种行之有效的沟通技巧，要从餐桌上获得更多的有益信息，就得熟悉饮食礼仪，用饮食礼仪的相关行为规范指导自己的交际活动，更好的向交往对象表达自己的尊重、友善之意，以增进彼此之间的了解与信任。

3.4 适应全球一体化的需要，加强对外交往

随着全球一体化的步伐及我国综合国力的提高，饮食礼仪已成为我国人民走向世界、与世界交往的名片。作为我国公民，一方面要了解和掌握我国优秀的饮食礼仪文化传统，在涉外宴请中，展示中国人民的精神风貌。加深与世界各国人民的友谊与交流。同时，也要广泛吸收各国的饮食礼仪文化的优秀成果，逐步形成一套与世界各国礼仪接轨的现代餐饮礼仪，以适应与世界扩大交往的需要。

3.5 展示素质才华，有助事业成功

餐桌可以展示一个人的素质和才华，人们常常根据对方的外貌、举止、谈吐、服饰和应对进退等表面特征，给对方做出初步的评价和形成某种印象。这种印象往往使人产生某种心理定势，对人际交往的成败绝续和人际关系融洽与否起着重要作用。

4 中国传统饮食礼仪的传承途径

4.1 加强理论研究，建立饮食礼仪学科体系

饮食礼仪是一门综合性较强的行为科学，是人们在饮食活动中应当遵循的道德规范与行为准则。但是，在现实生活中，虽然请客吃饭的事情天天在我们身边发生，却很少有人真正留意过它，即使留意了，也只是流于凡俗，更没有几个人把它当作一门学问来研究。有些人甚至连哪是主桌，哪是主座都不知道；更不懂订餐、点菜、点酒、祝酒、敬酒、劝酒、劝菜、结账的礼仪；在宴席上衣着随意、高声喧哗、抢菜浪费、吃相不雅、满桌狼藉，以致使这种请客吃饭的好事变成坏事，甚至造成大客户走掉，朋友小看，职位不保等问题。饮食礼仪学的缺失是造成当今国人'失礼'行为不可忽视的重要因素之一。以饮食礼仪在传统文化中的地位及其对中国文化的影响而论，饮食礼仪学理当成为最热门的学科之一。应尽快构建饮食礼仪学学科体系，深入系统地研究当代中国饮食礼仪建设，不仅有学理的研究，更有对礼仪实践的总结和探研，特别是要对建立科学的饮食礼仪教育的体系，包括对饮食礼仪教育的适用范围、内容、模

式、途径等进行探讨研究，为现代礼仪教育提供理论支撑和有效指导。

4.2 弘扬"家教"传统，重视家庭饮食礼仪教育

古语曰：养其习，于童蒙。家庭是饮食礼仪教育的根基，根深才能叶茂，根正才能树高。幼儿正处在个性形成发展的重要时期，这时他的高级神经具有很大的可塑性，极易接受外界各种刺激，并在大脑中留下深刻的印象，这一时期养成良好的习惯比较容易，即使有了不良习惯，纠正也比较容易。根据这一特点，饮食礼仪应从小抓起。

在美国，儿童的礼仪教育始于餐桌。从孩子上餐桌的第一天起，家长就开始对他进行了有形或无形的"进餐教育"，帮助孩子学会良好的进餐礼仪。美国孩子一般2岁时就开始系统学习用餐礼仪，4岁时就学到用餐的所有礼仪；稍大一些，5岁左右的孩子都乐于做一些餐前摆好所有餐具、餐后收拾餐具等力所能及的杂事。这一方面可以减轻家长的负担，另一方面也让孩子有一种参与感，对于礼仪教育来说，这更使他们学到了一些接待客人的餐桌礼仪。在这样的教育下，美国10岁以上的孩子吃饭时，就很文雅了。

中华民族素有"礼仪之邦"的美称，讲礼貌是我国人民的传统美德。但一个人的饮食礼仪的养成不是天生具备的，也不是一朝一夕所能形成的，而是一个潜移默化、循序渐进的过程。当你有一天发现孩子在餐桌上，伸长手在抓最爱吃的菜或嘴巴里塞满了喜欢吃的饭菜；有时还旁若无人、口沫横飞地大声讲话时，就应该对孩子餐桌上的礼仪进行教育。

家庭饮食礼仪教育的一个最重要的目的就是培养孩子的饮食礼仪习惯。首先，父母要起表率作用。古人云："其身正，不令而行；其身不正，虽令而不从。"托尔斯泰也有句名言："全部教育，或者说千分之九百九十九的教育都归结到榜样上，归结到父母自己生活的端正和完善上。"其次，要严格一日三餐饮食礼仪规范。俗话说："坐有坐相，站有站相，吃饭有吃饭的相道"。家庭礼仪教育的实施，应该从自己家庭的一日三餐做起。当然，培养学前儿童良好的饮食礼仪行为不能贪多求全，应根据孩子的年龄特点和心理接受能力由浅入深、由近及远、有计划分步骤实施；要善于将大目标分解成若干比较容易达到的小目标，从细节和小事开始。

由于个人在餐桌上用餐的仪态确实会对别人造成某种程度的心理影响，因此父母自孩子进入青少年后，就应该抽出足够的时间在餐桌上陪伴孩子，以确保他们养成良好的餐桌礼仪。孩子上了中学后，至少就应该知道在餐桌上该有什么样的坐姿，以及如何在有人服务的餐桌上优雅的用餐，而这种能力日后将有助于他们在工作上发展事业。

4.3 精心规划安排，完善学校礼仪教育体系

饮食礼仪在一定程度上也属于社会公德的范畴，是每个公民在社会公共生活领域都应掌握和遵守的以示尊重的行为规范。因此，应将饮食礼仪教育纳入国民教育的全过程。特别是应将饮食礼仪作为学校现代礼仪教育的重要组成部分，统筹安排，方见成效。饮食礼仪教育是也一

项系统工程，应组织相关人员编写既有传统礼仪文化内涵，又富有时代特征的饮食礼仪教材，并将其贯穿小学（幼儿园）、中学、大学的全过程。

儿童的认知水平有限，所以在幼儿园、小学低年级应多采用灌输、示范等教育方法，通过游戏、角色扮演等方式对孩子进行饮食礼仪教育。在应试教育唱"主旋律"的中学课堂里，礼仪教育难以占有一席之地。中学时期，可根据中学生的文化水平和认知水平有必要让他们学习一些饮食礼仪理论，了解饮食礼仪文化内涵，特别要强调在公共场合，如餐厅、旅游景区、地铁、火车、飞机上的饮食行为习惯，培养孩子社会角色意识，提高礼仪修养。

学生这一层次的饮食礼仪教育，尤其应注重对饮食礼仪理论、文化内涵的探讨和学习，使大学生要知其然气更"知其所以然"，从而产生积极的道德情感和正确的道德判断能力。首先，可通过开设相关修课、专题讲座等形式向学生系统介绍中华饮食礼仪文化，传授饮食礼仪知识，同时可配合对学生进行饮食礼仪行为的模拟训练、角色扮演、举办饮食礼仪知识竞赛、主题班会等实践活动，引导大学生自觉规范自身行为，塑造良好自精神气质，提高个人综合素质。

4.4 开展全社会饮食礼仪教育，提升公民素质

社会是检验一个国家或个人的文明礼仪程度的最佳场所，是冶炼礼仪修养的大熔炉。走进餐厅，步入商场，登上公交车、地铁、飞机，一个人的文明修养和个人素质的高低都会受到现实的检验和印证。

饮食礼仪的培养和提高应该是内外兼修的。首先，要思想加强道德修养。饮食礼仪作为一种行为规范，是多层次的道德规范体系中最基础的道德规范，属于道德体系中社会公德的内容。如文明举止、谦恭礼让、礼貌诗人、与人为善、诚实守信、孝敬父母、尊敬师长、爱护公共卫生、尊重与爱护他人的劳动等，这些既是饮食礼仪规范的要求、又是中华民族的传统美德。道德是礼仪的灵魂，礼仪是道德的表现形式。有德才会有礼，缺德必定无礼，饮食礼仪修养要先修德，即应在加强道德修养上下功夫。

其次，要自觉学习饮食礼仪。俗话说，知书才能达"礼"。明礼行礼不仅需要有良好的思想文化素养，还要学习基本的饮食礼仪知识，掌展现代饮食礼仪的规范要求。一个人懂得的礼节礼貌知识越广博，越全面，他在待人接物时就越能应付自如，左右逢源。因此对我国及其他国家的饮食礼仪要注意搜集、学习、领会和实践。久而久之，自己的饮食礼仪也就能提高到新的高度。

第三，要躬行实践。"纸上得来终觉浅，绝知此事要躬行"。现代社会请人吃饭和被人请吃饭是经常的事情。要养成良好的饮食礼仪，就要多实践，不要怕出"洋相"，也不要自卑羞怯。通过不断锻炼，就能克服在讲究礼节礼貌时的羞怯症、自卑症、妄自尊大症等，增强自己

的礼貌修养。

对一个人来说，培养饮食礼仪的过程，实际上是在高度自觉的前提下使自己整体素质提高的过程，所以这不是一朝一夕的事。但是，只要肯下功夫，就能够达到理想的境界。

参考文献

[1] 曹建墩. 论周代饮食礼仪中的和谐之道[J]. 兰台世界, 2009(1): 69.

[2] 冯玉珠. 餐饮礼仪: 构建和谐社会的"润滑剂"[J]. 餐饮世界, 2006(12S): 35-35.

[3] 冯玉珠. 饮食礼仪全攻略[M]. 北京: 对外经济贸易大学出版社, 2005.

[4] 路琴. 礼仪教育的传统意蕴及其现代价值[J]. 闽江学院学报, 2009(4): 74-79.

中国传统食学文化中蕴含的营养思想

张炳文，张桂香，曲荣波

（济南大学商学院，250002）

摘　要：当前世界各国都在努力发掘、弘扬自己的传统饮食，比较瞩目的有日本的纳豆、韩国的泡菜等，中国传统食学文化中的营养思想，可以说在合理性、丰富性、科学性方面都值得向世界推广，本文从现代营养学的角度对中国传统食学文化中的营养思想做了一定程度的诠释，旨在引起各国民众对中国传统饮食的正确认识。

关键词：中国传统食学；饮食文化；营养思想

中国作为世界四大文明古国之一，在灿烂的文化遗产中积累了世代相传的、利用膳食保健的丰富经验。中华民族素有"凡膳皆药""药食同源"之说，在生活实践中体会到许多食物和防病、治病有着不解之缘，可以利用食疗的方法强健体魄、抗衰老、延年益寿。中华民族创造的"食物疗法"在世界医药学领域内，以历史悠久、内涵丰富、实用可靠而倍受青睐。

早在3000年前的西周时代，中国就建立了世界上最早的医疗体系，其医事制度中设有负责饮食营养管理的专职人员。当时医生分为四类，即"食医"（用五味、五谷、五药养其病、以酸养骨，以辛养筋，以咸养脉，以苦养气，以甘养肉，以滑养窍）、"疾医"（内科医生）、"疡医"（外科医生）与兽医。周代医疗体系以"食医"为先，"食医"的任务是"掌管王之六食、六饮、六膳、百馐、百酱、八珍之齐"。

1 中医药膳学与现代营养学

中国传统食学文化中的营养思想主要体现在中医药膳中，药膳就是在中医学理论指导下，用食物或食物与中药配合，经过合理的加工制作而成的，具有保健、预防和辅助治疗疾病作用的特殊食品。药膳所强调的是"膳"，食物是主体，中药为辅，所以中药的剂量要加以限制。药膳又是中医的产物，不能混同于现代添加维生素和微量元素的强化食品。

现代的营养学认为，营养是指人体吸收及利用食物或营养物质的过程，包括食物的摄取、

作者简介：张炳文（1970—　　），男，济南大学商学院副院长，教授。主要从事中国传统食品资源的科学评价与文化解读等方面的研究。

注：本文为国家社科基金项目（13BGL096）《我国食文化资源评价体系与激励机制研究》、山东省社会科学规划项目（09CJGZ56、09BJGJ13）的部分研究内容。

消化、吸收和体内利用等。营养学是研究人体在不同生长时期、不同生理和病理状态、不同劳动强度等条件下对各种物质的需要量、代谢规律以及缺乏和过量或不平衡时对机体的影响和纠正的方法。现代营养学的每一项结论的得出都有大量的科学依据，有大量的客观指标和实验数据说明问题。

纵观中国药膳学与现代营养学，发现二者在对人体饮食、保健方面均有其独到之处，各自都有对方不能替代的方面，因而如何利用现代营养学来研究中国药膳学方面的精粹，将是21世纪的一门边缘性热门学科，它以中国传统的食疗食养理论和经验为基础，运用现代营养科学、食品科学理论和手段来研究开发天然动植物资源，来指导人们保健养生的一门实用性科学。其内容既包括食疗食养的理论和经验，也包括食疗食养的贯彻和运用，对古代著作中的食疗食养的理论和经验的认真总结、系统整理、去伪存真，做到融合新知、古为今用。应用现代医学、营养学、分析化学、统计学等相关的自然科学知识来加以全面研究，进行科学验证，尽可能弄清药膳学中一些原料的主要成分以及配伍、烹调时发生的化学反应，阐明其获得疗效的机理和作用。

中国传统食学文化中的药膳学理论基本上由以下五大学说组成，即：① 味、形、气、精、五脏相关学说；② 食饮有节、五味调和学说；③ 食物性味归经学说；④ 医疗食养结合学说；⑤饮食宜忌学说。这些学说在千百年来一直指导着中国食疗食养的实践，证明其有强大的生命力。

2 从现代营养学角度解读中国传统食学文化中味、形、气、精相关学说

《内经》中记载："味归形，形归气，气归精，精归化。""精食气，形食味，化生精，气生形"。这里的"味"指饮食五味之泛称，"形"指人的形体，"气"指真元之气及其所产生的作用和功能，"精"则指食物化生的精微及精气（也称阴精）。以人而言，五味可充实形体，形体充盛强壮，则真元之气旺盛，真元之气能化生阴精，阴精又可促使生化不断。

《素问》谓："夫五味入胃各归所喜。故酸先入肝，苦先入心，甘先入脾，辛先入肺，咸先入肾，久而增气，物化之常也。《灵枢》谓："五禁，肝病禁辛，心病禁咸，脾病禁酸，肾病禁甘，肺病禁苦"；"五走，酸走筋，辛走气，苦走血，咸走骨，甘走肉"。均论述了饮食五味对五脏及筋、气、血、骨、肉等生理病理的影响。由于五味对五脏各有其亲和与排斥作用，如其味久服或偏嗜，就会引起某一脏气的增加而偏胜。人体某一脏气由于五味偏嗜或长期服用而发生偏胜，导致五脏之间失去平衡，往往成为疾病的根源。

从现代营养学的观点来看，味形气精相关学说实则是机体各部在人的生命中所起的功能和作用（气），与食物化生的阴精是密切相关的理论。有机体从环境中获得食物，食物在体内经

过代谢产生能量来维持生命及供给人体活动的需要。现代营养学上，食物在机体内许多酶及递氢体的催化作用下进行的生物氧化还原反应而产生能量的过程，称之为代谢。代谢包括生物体内所发生的一切合成和分解作用，合成为分解准备了物质前提，分解为合成提供必需的能量，也为机体的活动提供能量。食物在体内氧化时，放出其所含的化学能，此化学能若用以维持体温则变为热能，若用以支持动作则变为机械能，若用以发生电流则变为电能。这一系列的生物化学变化与古人所讲的味与形、气、精之间的关系是一致的。

3 从现代营养学角度解读中国传统食学文化中食饮有节、五味调和学说

饮食数量的节制，即食饮有节。葛洪言："善养生者，食不达饱，饮不过多。"李东垣在《脾胃论》中说："饮食自倍，则脾胃之气既伤，而元气亦不能充，而诸疾之由生。"将饮食不节看作是脾胃消化功能受损及引起不少疾病的主要原因。

重视饮食质量的调节，即五味的调和。《内经》云："味过于酸，肝气以津，脾气乃绝；味过于咸，大骨气劳，短肌而心气抑；味过于甘，心气喘满色黑，肾气不衡；味过于苦，脾气乃厚；味过于辛，筋脉沮弛，精神乃央。"五味是入五脏的，五味调节适当则能滋养五脏，反之有损于五脏。提倡饮食不必过度丰厚，崇尚清淡素食而五味调和、不偏嗜。

重视膳食组成的合理性和完整性。《素问》曰："五谷为养，五果为助，五畜为益，五菜为充"，是以米谷类为主食，各种肉类作为副食，同时补充一些水果蔬菜类食品。

重视饮食的温度，主张不可吃得过热过冷，同时强调与自然气温（天气）相适应。《灵枢》言："饮食者，热无灼灼，寒无沧沧，寒温中适，气将持，乃不致邪僻也"、形寒饮冷则伤肺"。

现代营养学认为，食物中营养素供给的不平衡可引起诸多疾病。人长期摄入脂肪过多，超过机体需要，会诱发高血脂症、动脉粥样硬化及冠心病；世界各地的调查结果表明，凡饮食中脂肪含量较高的地区，人群中血清胆固醇和脂蛋白水平也较高，冠心病的发病率也较高；反之，如果某些营养素如维生素、微量元素等摄入不足，会出现贫血、软骨症、夜盲症、浮肿等营养缺乏病。

一般谷类食物中缺少赖氨酸，而豆类食物缺少蛋氨酸富含赖氨酸，而这两种氨基酸在体内是不能合成的，通过谷豆合理搭配则可相互补充。近代营养学的研究证明了膳食纤维摄入的重要性，膳食纤维在人体肠道中有其特殊的代谢过程，它对增强肠道功能，通便吸附肠道中某些代谢毒物等均有显著作用。另外，肉类蛋白含量高的膳食，可增加尿钙、草酸盐和尿酸的排泄，是引起钙结石形成的主要危险因素之一。现代流行病学调查结果表明，维生素A、维生素C、维生素E的摄入量在一定范围内均与肿瘤的发生率为负相关的关系，许多的医学生化实验证明，维生素C、维生素E在体内外均能阻断N-硝基化合物的合成，因而具有防癌作用，各种

维生素在动植物性食物中含量均不同，故膳食的合理搭配对于营养素的平衡摄入起很大的作用。

近年来，许多医学专家也指出，饮食过热、过冷，不定时暴饮暴食等不良饮食习惯，均影响体内各种代谢作用，天长日久，必会破坏正常的代谢平衡，疾病由之而生。

4 从现代营养学角度解读中国传统食学文化中食养结合学说

食养结合是中国医学中很为突出而有实际价值的理论，药膳是其理论的具体运用之典型，它将中药和中餐有机地结合起来，将药治和食治结合起来，既可疗病，也可使患者获得需要的食养。唐代医学家孙思邈强调说："若能用食平和，释情遣疾者，可谓良工，长年饵老之奇法，极养生之术也。夫为医者，当需先洞晓病源，知其所犯，以食治之，食疗不愈，然后命药。"食治与药治是不可分割的两个方面。

当今世界，西医面对着由于滥用化学性或抗生素药物所引起的奇怪疾病束手无策。一针青霉素注射下去，可能置人于死地；几片解热药片吃下去，也可能引起哮喘，甚至出血等副作用，确实应了中医"凡药三分毒"的警世铭言，以致目前在欧美兴起一门新学科，称之为"药源性疾病学"。

世界医学界已把中医的气功、按摩、导引和食物疗法列入天然疗法范畴之中。现代医学和营养学均认为在疾病的治疗中，为了能增强患者的体力，促进其恢复健康，或由于治疗的需要，调整饮食营养或给以特殊的饮食，如医院为配合糖尿病、胃溃疡患者等的治疗，特意制作的各种病号餐，疗养院为各种疗养病人准备的康复类膳食等。

欧洲有关坏血病的记载最早见于13世纪十字军东征。1498年，Gama号船绕好望角航行时，160名船员中有100名死于坏血病，但是中国古代的远洋船队却没有船员患坏血病的记载，从明代郑和下西洋的史料中了解到，当时中国船队的食谱中，有用新鲜蔬菜制作的"泡菜"，有用黄豆发制的黄豆芽以及随船携带的茶叶，船员正是食用了富含抗坏血酸的上述食物，才奇迹般地免遭坏血病的威胁，这一历史事实再次证明了中华民族传统膳食结构深厚的营养科学内涵。

5 从现代营养学的角度解读中国传统食学文化中的食物性味归经学说

每种食物，含有的营养素成分不同，且其含量的多寡也不一样，因此常常表现为不同的生理功能和作用，其所表现出来的特性也就是"食性"。"食性"是指食物具有的性质和功能。"食性"理论基本上包括四气、五味、归经、升、降、浮、沉等。古人限于条件无法进行对食物成分的分析和研究，往往是在大量长期的服食实践中，来观察和了解食物的性味和作用的。

"四性"指的是寒、热、温、凉。寒凉性食物具有清热、泻火、解毒等作用，故常适用于热性病症。温热性药具有散寒、温里、助阳等作用，故常适于寒性病症。例如温热性的食物：鸡肉、海参、蒜、生姜、酒、红糖、醋等；寒凉的食物：鸭肉、冬笋、猪肝、菠菜、海带、苦瓜、冬瓜、西瓜、绿豆等。

"五味"指的是辛、甘、酸、苦、咸。不同味的食物有不同的治疗作用。辛能散、行气血；甘能补益和中，缓急而止痛；酸能收涩、止汗、止泻；咸能软坚散结消硬块、便秘等。性和味是运用药膳的主要依据，性和味的关系非常密切，每一种食物既具有一定的性，又具有一定的味，由于性有性的作用，味有味的作用，因而必须将性和味的作用综合起来看待。

归经，是说明某种药物对某经（脏腑经络）或某几经的病变起着明显或特殊的选择性作用，而对其他经则作用较小或没有作用，也就是指明药物祛病疗疾的作用范围。各个脏腑经络发生病变产生的症状是各不相同的，如肺有病变时，常出现咳嗽、气喘等症；肝有病变时，常出现肋痛、抽搐等症。药物对机体具有选择性作用。如川贝母、杏仁能止咳，说明它们能归入肺经；用茯苓能安神定悸，说明它能归入心经。药物归经的理论是具体指出药效的所在。

对食物的性味归经功效的认识，现代营养学基本上从成分分析、生理生化等角度去解释。如晋代葛洪《肘后方》中所载的"海藻酒方"乃是昆布等能治疗"瘿病"（即甲状腺肿）。经现代科学实验分析得知，海藻、昆布类食物中，含有极丰富的碘质，而缺碘正是人体患甲状腺肿的原因。唐代孙思邈《千金翼方》载：用谷白皮煮汤熬粥吃治疗脚气病，现代分析证明，谷皮中富含的维生素B_1起主要作用。

《本草纲目》："山楂性味酸、甘、温，有健胃、补脾、消内食积，引结气、活血、助消化之功"。现代营养学试验证明，山楂果实中含有脂肪酶，可促进脂肪的分解，含有丰富的有机酸，可促进胃液分泌，增强明蛋白酶、脂肪分解酶等酶的酶解作用，促使食物特别是蛋白型、脂肪型食物的消化作用。山楂中含有多种黄酮甙及复杂的多聚黄烷和二聚黄烷类，具有显著的降压、强心之作用，可扩张冠状动脉、舒张血管、增加血流量、缓解心绞痛。

身体中某一器官，若因病需减轻其负担时，则一切可使该器官增加负担的营养素应予以减少。如盐是由肾排泄的，若有肾病的患者，就要少用或禁用食盐，以减轻肾脏的负担，如糖尿病患者，胰腺分泌胰岛素增加，负担加重，就应限制糖的摄入，可使胰腺减轻负担。增加某些营养素以治疗因该种营养素缺乏而引起的疾病，如因蛋白质摄入不足而引起的营养性水肿，就应多给予蛋白质饮食；因缺铁而引起的贫血，可吃含铁较多的食物来辅助治疗。限制某些营养素的供应，如患高血压、心脏病、冠心病及动脉粥样硬化的患者，应严格控制其对胆固醇食物的摄入，则可达到降低血脂、改善病情的作用。

6 从现代营养学的角度解读中国传统食学文化中饮食的宜忌学说

汉代《金匮要略》中言："所食之味，有与病相宜，有与病为害。若得宜则补体，害则成疾。"故用相宜食味治病养病，谓之"食疗"或"食养"。而不相宜食品则禁之，谓之"禁口"或"忌口"。

食忌可分为一般食忌和服药食忌二类。一般食忌是指通常要注意的食物间的相互禁忌和常见病症的食忌；服药食忌是指在服用某种药物或方剂同时必须停止摄食某种食物，否则就会引起副作用和不良反应的情况。

饮食宜忌主要有① 寒症：宜食温热性食物；忌用寒凉、生冷食物。② 热症：宜食寒凉平性食物，忌食温燥伤阴食物。③ 虚症：阳虚者宜温补，忌寒凉；阴虚者宜滋补，清淡，忌用温热；一般虚症病人忌吃耗气损津、腻滞难化的食物。阳虚病人不宜过食生冷瓜果、冷性及性偏寒凉的食物；阴虚病人则不宜吃辛辣刺激性食物。④ 实症：常见实症如水肿忌盐、消渴忌糖，是最具针对性的食治措施。

服药食忌，即通常所言的忌口。如服人参的病人忌吃萝卜，因一为补气、一为耗气，这样人参起不到治疗作用。古代文献上有甘草、黄连、桔梗、乌梅忌猪肉等。

中国古代的饮食宜忌实际上包含了食物与个体的适应性，食物与疾病、食物与药物以及不同食物同时进入人体时对人的影响等问题。这里面包括了物理、化学、生化、免疫、药理、毒理等多方面相互作用关系等比较复杂的问题。食物总是程度不等地含有不同的营养成分和理化性能，对人体的代谢功能、生理、生化过程起着不同的作用。如半乳糖血症，由于遗传性磷酸半乳糖尿苷转换酶缺陷而引起的，临床上可见婴儿于出生后一周出现黄疸、肝脾大，继之有肝硬化、肝功能衰竭及智力发育迟缓等，此类病儿停止使用乳类食品，用谷类另加维生素、无机盐及按时加辅食，症状可以控制。

各种食物同时进入人体时，对人体的影响可以是产生协同和相加作用，有时可起拮抗作用而相互抵消，甚至也可产生对机体的有害作用。如苋菜中的草酸对牛乳中钙吸收的影响情况，发现苋菜与牛乳同服时，可阻止钙的吸收，但通过烹调可以除去苋菜中的草酸后，就可降低上述有害作用的产生。

7 中国传统食学的营养理念对人类饮食的积极影响

中国地大物博、地理气候条件万千，粮食、蔬菜、果木等植物种类繁多。"天人合一、身土不二"的生态观；"药食同源、寓医于食"的食疗观；"审因施食、辨证用膳"的平衡膳食观；"调理阴阳、阴平阳秘"的健康观构成了中华民族传统食学的哲学内涵。

中国传统饮食结构的特点是以植物性食物为主，谷物作为主食；副食则是新鲜的天然果蔬；不作精细加工；烹调大多使用植物油且搭配豆酱、醋等发酵食品。食物中70%的热量与67%的蛋白质均来自占人均膳食60%～65%的主食谷物。这一膳食结构具有的广杂性、主从性和匹配性，不仅符合东方人消化道的组织结构，适应人体全面营养的需要，更有助于人类的健康和种族的繁衍。

中国药膳已有两、三千年的历史，在漫长的实践中，中国的药膳丰富了中国乃至东亚、东南亚地区的饮食文化。例如中国很多人都看过韩国电视剧《大长今》，被剧中所展现的浓郁的传统药膳文化，多样的韩国料理所感染，学做韩国菜成了今日时尚，有人甚至参加旅行团到韩国体验宫女生涯、了解传统饮食文化。当前韩国的药膳美食格外引人注意，韩国人喜食药膳、研究药膳已经达到令人惊叹的地步。

东南亚一带的国家由于华人较多，对于中医药膳养生保健理论颇有研究，长寿的人居多，心、脑血管疾患者少，其主要原因就是他们深受中国医食同源思想的影响，懂得如何利用食物来养生保健。

现在不少欧美人也对中国药膳发生了浓厚的兴趣，漫步于巴黎、罗马、旧金山的一些食品店、保健品商店，很容易发现有中国标记的竹叶酒、橘皮茶、松子糖、姜汁糖等。在美国劳德代尔堡的天然食品市场和餐厅中炮制的草药补品销量特好。一种所谓的"聪明食品"，最早流行于加州，基本上以粉末状或流质提供给消费者，有的可加入苹果汁或橘子汁中饮用，其配方包括一些独特的草药制剂，这种食品能给人体细胞提供额外的养分，增加细胞的活力。如今许多上班族一改中午饮用咖啡的习惯，而是到"聪明酒吧"去喝上几杯健脑饮料。

流行在意大利的大黄酒，原配方见于《千金方》，这种由十多味中药调配的酒如今在意大利成为专利名食用酒，这种饭前开胃、饭后消食、益寿延年的药酒，极受当地人和旅游者的欢迎。

参考文献

[1] 钱伯文, 孙仲法. 中国食疗学[M]. 上海: 上海科学技术出版社, 1997.

[2] 路新国. 中国烹饪与中国传统食养学[M]. 扬州大学烹饪学报, 2004.

[3] 陈元朋. 中国传统食疗文化的当代呈现——以台湾相关商业贩卖为主体的个案探讨[J]. 健康与文明——第三届亚洲食学论坛(2013绍兴)论文集. 杭州: 浙江古籍出版社, 2014.

[4] 周希瑜, 凌伯勋. 中国药膳的渊源、现状与思考[J]. 岳阳职业技术学院学报, 2011(11).

[5] 张炳文. 用现代营养学的方法研究中国药膳学的精粹[J]. 食品科技, 2000(3).

美味、美器与美名

刘志琴

（中国社会科学院近代史所，北京　100006）

清代是中国饮食文化发展的高峰，满汉饮食的交融，形成别具一格的风味，在中国最具盛名的四大菜系，苏菜、粤菜、川菜和鲁菜从明代形成，在清代发展成熟，主要表现在烹饪技艺的日益精致和烹饪理论体系的完备。

宋明以来，中国的烹饪著作就非常丰富，清代的食书更多，出现了许多美食家，他们不仅精于品尝和烹饪，也善于总结烹调的理论和技艺，在中国饮食史上有经典之誉的《随园食单》，作者袁枚就生活在清朝中叶时期。其他如朱彝尊的《食宪鸿秘》、曾懿的《中馈录》、李化楠的《醒园录》、薛宝辰的《素食说略》、佚名的《调鼎集》、顾仲的《养小录》、李渔《闲情偶寄·饮馔部》、张宗法的《三农记》等有关烹饪著作，承前启后，多有创意，形成美食文学。在笔记小品中的零散作品举不胜举，几乎很少有笔记小说不记述百姓日用的，但凡记有民众生活的笔记小说，往往以美食和宴饮最为炫人耳目，详细记载了清代的饮食习惯和风尚。

1 美食的重点是菜肴

与主食搭配的是菜肴，美食的重点也是在菜肴。中国土地广博，山南海北，地理气候，千差万别，各有自己的特产。吃什么？怎样吃？随着风俗、地区、季节和环境的变化有不同的原料和喜好。山东为齐鲁之邦，临海多水产，擅长制作海鲜；四川为天府之国，农产丰富，味型多变，有"味在四川"之誉；江苏是鱼米之乡，口味清爽、恬淡；广州食多兼容，喜好鲜嫩，煲汤，有"食在广州"之称，这是中国四大菜系的发源地。一般说，北方人嗜食葱、蒜，口味重；粤人爱食鱼生和蛇，口味淡；湘、鄂人喜辛辣，无椒芥不下饭；黔人喜酸辣，好饮酒，鱼虾难得上桌，塞北人爱食乳酪，苏州人喜甜品，菜肴多用糖调味。即使同一地区嗜好也有差异，同在浙江，宁波人嗜腥味，醉虾、醉蟹美在鲜活，绍兴人多以虾蟹制酱，待发酵至有臭味方以为美味（"食品之有专嗜者食性不同，由于习尚也。兹举其尤，则北人嗜葱蒜，滇、黔、

作者简介：刘志琴（1935—　），女，江苏镇江人，1960年毕业于复旦大学历史系，中国社会科学院近代史研究所研究员，撰有《中国文化史概论》《晚明文化与社会》《礼俗文化研究》《商人资本与晚明社会》《晚明史论》《张居正评传》等论著，主编有《近代中国社会文化变迁录》专著以及《中华智慧集萃》《都市潮》《百年变迁》等丛书。

湘、蜀人嗜辛辣品，粤人嗜淡食，苏人嗜糖。即浙江言之，宁波嗜腥味，皆海鲜；绍兴屠有恶臭之物，必俟其霉烂发酵而后食也。"）

"闽、粤之人食品多海味，餐时必佐以汤。粤人又好啖生物，不求火候之深也。"湘、鄂之人日二餐，喜辛辣品，虽食前方丈，珍错满前，无椒芥不下箸也。汤则多有之。"（徐珂．清稗类钞．北京：中华书局，1986．）

"贵州物产有竹荪、雄黄之类，蔬菜价值亦廉。居民嗜酸辣，亦喜饮酒，惟水产物极不易得，鱼虾之属，非上筵不得见。光绪某岁，有百川通银号某，宴客于集秀楼，酒半，出蟹一篑，则谓一蟹值银一两有奇，座客皆骇，地足以见水产物之难得而可贵也"（徐珂．清稗类钞．北京：中华书局，1986．）

各地区的物产不一样，饮食习惯有很大的差别。地处东北的满族，以游猎和捕捞为生，其先民喜食牛鱼之醢，鹿尾之浆，海东头鹅，安西尾羊，号称女真四珍，肉厚味重；以农耕生产为主的汉族地区多以蔬菜为主，口味清淡。因此有"满州菜多烧煮，汉人菜多羹汤"之说，满人和汉人饮食风尚不同，相互由不适应而相互吸收，是为清代菜肴的重要特点。

北方人爱吃烤肉，京味就有文吃、武吃之分。武吃是自烤自吃，手执长筷，把和好作料的肉烤成一圈，中间打个鸡蛋，叫"怀中抱月"，老、嫩、焦、煳、甜、咸、辣味各色俱备，烟熏火燎，吃得痛快淋漓。文吃则由厨师用刀切出柳叶片，腌渍入味，放在铁条上炙烤，供食客们一一品尝。在京师有著名饭庄正阳楼的炮烤羊肉，薄如纸片。街市有手推车，上载酒肉、锅炉、木炭，边吃边烤，食者立于车旁，持箸而食。从贵胄到平民，文吃武吃兼容并赏，是满汉饮食活动融合之一例。

按时令用料，是制作美食的传统。袁枚的《随园食单》记述，江南的正月、二月应时食品有小黄鱼、水鲞、春笋。此时的塘鲤鱼肉最松嫩，或煎、或煮、或蒸，或加腌芥作汤羹，甚为鲜美；三月清明，食青团、麦糕，用米粉捏"清明狗"；四月、立夏吃苋菜，"三烧五腊四时新"指烧鹅、腊肉、鲫鱼、新麦仁、甜酒酿、边笋；五月食大黄鱼、乌贼鱼、比目鱼；七月有鲜藕、莲蓬；九月有栗糕、老菱。十月有脐蟹，腌咸菜。在时令菜中有些精品享誉全国如嘉定三黄鸡、金坛的鹅、广州乳猪。南京的鲫鱼、河豚、刀鱼；西安的石斑鱼，长江口的鳗鱼，宝坻的银鱼，辽东的海参，太湖的莼菜、鲈鱼，合称"莼鲈之思"，福建有荔枝、蛎房、子鱼、紫菜，号称"四美"。浙江的金华火腿、云南的宣威火腿，享名全国。南方人喜食盐渍菜，家家有菜缸，腌菜，制作咸菜、甜姜、腌蒜、辣芥等各色风味小菜。豆腐称"菽乳"，豆腐店为"甘旨店"，生产豆干、豆腐、豆丝、糟豆腐、酱豆腐等各种豆制品。

专业腌菜和制作调料的称酱坊，多为前店后坊式的生产与经营方式，规模不大，家家不可缺少，消费的对象主要是城市居民。创立在清代而流传至今的百年老店有，康熙八年（1669

年）的王致和南酱园，同治八年（1869年）的天源酱园。做冷荤的有乾隆三年（1738年）的天福号，乾隆二十年（1755年）的月盛斋等，其时北京六必居、扬州三和四美，长沙九如斋和广州致美斋，是为晚清的四大酱园。

诸多特产往往伴有某些风俗佳话，如辽东海参，又称"海男子"，象征男根，寓意人丁兴旺；舟山产鲞，传说为吴王所创，因食而思其美，故鲞以美起头；广东的"鱼生"有两种，鱼（鱼+乍）和鱼脍，都是用活鱼剖成薄片，薄如蝉翼，轻可吹起，前者由女性制作，后者由男子制作。女于出嫁，必做数十罐，甘酸适口，善制的则为好媳妇。

烹饪菜肴讲究的是精工细作，《随园食单》记述了烹饪有14个注意事项，20个操作要求。对蔬菜摘之务鲜，洗之务净。切葱之刀，不可以切笋；捣椒之臼，不可以捣粉。酱有清浓之分，油有荤素之别，酒有酸甜之异，醋有陈新之殊。煎炒用武火，煨煮用文火。味浓而不可油腻；清鲜而不可淡薄。物味取鲜，全在起锅的火候恰到好处，种种要领至今仍视为必要的规范。

美食家冒襄描述董小宛的烹饪技艺："火肉久者无油，有松柏之味。风鱼久者如火肉，有麂鹿之味。醉蛤如桃花，醉鲟如白玉，油鲳如鲟鱼，虾松如龙须，烘兔酥雉如饼饵，可以笼食。菌脯如鸡（土+凶+八+又），腐汤如牛乳。""黄者如蜡，碧者如苔，浦藕笋蕨，鲜花野菜，枸蒿蓉菊之类，无不采入食品，芳旨盈席。"如此制作的菜肴堪为精美绝伦。

最昂贵的美食是八珍，早在魏晋就有"八珍之味"的记载，对于八珍的原料内容各种记载稍有出入，清初的思想家朱舜水也是一位美食家，明朝灭亡后他东赴日本讲学，介绍的八珍是猩唇、豹胎、金虀、玉脍、紫驼峰、熊蹯、龙肝、龙髓。其中的金虀是黄鱼舌下物；玉脍即鲈鱼。金虀、玉脍，是东南的佳味。清代有玉面狸即果子狸，在明代并未列入珍品，清代称为"味之圣者"，喻为杨贵妃，视为珍肴（清.朱之瑜：《朱舜水谈绮》卷下《饮食》，上海古籍1994，370页。钮琇：《觚剩（清）》卷四·燕觚，上海古籍1986，248页）。

煨汤是用水烹饪的技能。古老的食具如鬲、釜、甑、鼎、罐等都是水煮的炊具。从水煮到液态食品就是汤，古人称为羹食，是上古的主肴，到汉代称汤，可荤可素、可浓可淡，不分贵贱都爱食用。（《礼记·内则》："羹食自诸侯以下至于庶人无等"。）明清时饮食水平提高，菜肴品种丰富，羹汤已不再是当家主菜，但制作的原料却愈益精贵，古人称为羹、浆、汁的，清人通称为"汤"，"宁可食无馔，不可饭无汤。"昂贵的如燕窝汤、鱼翅羹，家常食用的有肉汤、鱼汤、菜汤等。蹄汁稠，肉汁肥，鸡鸭汁鲜，火腿汁香，江北人最称道卤锅老汤，江南人喜食菜汤，"莼羹菰饭原无价"，以莼菰作汤有无价之誉。煨汤是提味的技艺，也是厨师技能的表现，因此有"唱戏的腔，厨师的汤"一说。

美食家在清代又称为"（饵）啜家"，许多王公贵族，文人墨客都雅尚这一称号。他们大都主张口感清淡，认为清淡是食之本味，真味。一般来说蔬菜素净，肉食浓酽，主张清淡的都以素食为主。白菜口味最淡，又因为四季常青，寒冬不凋，清素自如，备受赞美。李渔以蔬食第一为命题，认为饮食之道，脍不如肉，肉不如蔬。清淡的奥妙是在于："论蔬食之美者，曰清、曰洁、曰芳馥，曰松脆而已矣。不知其至美所在，能居肉食之上者，只在一字之鲜。"[清.李渔《闲情偶奇》卷五《蔬食第一》，浙江古籍出版社，1985年版] 他用陆之蕈、水之莼、蟹之黄、鱼之肋，做成的"四美羹"，名盛一时。士大夫们更以吃遍天下鲜为人生一大乐事。在明清以前对美食往往用"甘鲜"两字来评论，李渔则将"鲜"与"甘"分离开来，认为"鲜即甘之所出也，"鲜出于甘更高于甘，成为美味的最佳评价。他在万余字的《饮馔部》中，使用鲜字有36处，袁枚的《随园食单》记载的鲜字达40多处，对淡鲜美味的再发现与推崇是清代美食思想的重要贡献。

2 美器配以美名

古人素有美食不如美器的说法，重视餐具是中国饮食的传统。《浪迹丛谈》记述，清初有官员聚会"其时十人，各制酒器十事，互相招邀。"内刻诸人姓氏，旁镌"宫僚雅集"，互相媲美，可见对食器的钟爱。百姓日用餐具主要是陶瓷制品和就地取材的竹、木、螺、蕉叶、葫芦等，如云南的竹筒饭，竹香与盛器，混然一体；山东的明火海螺，螺壳内盛螺肉菜肴，形味俱备。专用造型的盛具如坛子肉，鱼头煲的特有餐具，用金属支架的铁板牛柳，明炉桂鱼等。美食与美器和谐统一，碗、碟、盆、勺，都要求有精湛的质地，华贵典雅的造型，有的还镶以金银珠宝，景德镇因生产优良的瓷器而名满天下。餐具讲究搭配："宜碗者碗，宜盘者盘，宜大者大，宜小者小，参错其间，方觉生色。"（清.袁枚：《随园食单.器具须知》）。从《膳底档》记载所见，乾隆时期宫廷中已有西洋餐具的使用。（"乾隆十八年四月初七日，……传旨：将金地红花西洋锦照样做单膳单一件，红地金花西洋锦 照西洋布垫单一样做垫单一件，周围边要匀，中间不要边。钦此。"《膳底档》，乾隆十八年四月初七日。第一历史档案馆）。

运用食具是进餐者风度的表现。箸，是中国饮食文化中特有的用具。执箸，适用于多人围坐共餐，大家都用右手操作，互不干扰。使用者通过两个小棍的取位、姿态、开合的角度、速度和距离的不同，运用夹、放、挑、拣、搅、拌、拨、分、刺、穿、割、翻、捞、卷、托、压、运等20多种技巧夹菜吃饭，机动灵活，即入即出，进退有序。箸的造型上方下圆，蕴有天圆地方的寓意，在运转中时分时合，相辅相成，得心应手，体现了温、良、恭、俭、让的风采。

中国人喜欢口彩，用吉利话表示美好的祝愿，给美食以美名更是清人的时尚，菜的命名有各种类型，如引用典故的佛跳墙、八宝饭；表现特殊技法的熟吃活鱼、焖炉烤鸭；以造型烘托美食的有彩蝶迎春、孔雀开屏；挂靠名家的在宋代有东坡肉，清代有王太守八宝豆腐，程立万豆腐，丁宝桢的宫保鸡丁，杨中丞西洋饼，扬州洪府粽子等等，都成为一方的名优特产。

有的菜名洋溢着浓厚的富贵气息，如"御带虾仁"，将虾剥皮时，中间留一段虾壳，炒熟后，拦腰一圈红色，形似官员朝服的革带。"带子上朝"，用一只鸭子和一只鸽子配制，意思是父子当官，代代上朝。"御笔猴头"，用鸡蓉做毛锋，用火腿、猴头蘑切成丝和末，装饰成12支笔的造型。还有"玉带羹""锦带羹""玉糁羹""碧涧羹"，珠光宝气，官味十足。

平民百姓同样向往吉利、好运，在菜名上精雕细刻，把豆芽称作"如意"、鸡脚称"凤爪"、菜心称"玉树"、蛋饺称"元宝"、竹笋炒排骨是"步步高升"、发菜炖猪蹄是"发财到手"、冬菇烧青菜是"金钱满地"、烤鲥鱼称"时来运转"，红烧鼋蹄称"一团和气"，南瓜童鸡称"寿比南山"，还有什么"四喜丸子""黄金万两""全家福""松鹤延年"等来表示喜庆、祝寿、祈福等美好祝愿的菜名，不胜枚举。

3 重视养生与卫生的传统

清代饮食水平的提高还表现在讲究饮食的养生与卫生，崇尚自然的道家，主张茹素的佛教，以清净为本的伊斯兰教，三大教派的饮食思想对清代饮食有重要的影响。

道家以养生为尚，讲究服食和行气，以外养和内修，调整阴阳，行气活血，返本还元，以得到延年益寿。大凡追求长生不老的人都倾向素食，以谷物、蔬菜、水果为主要食粮，甚至以"辟谷"益气长寿，虽然某些灵异的记载，不免有牵强附会，但却表现出返璞归真和素食的爱好。道教所服的药饵主要有，枸杞子、茯苓、黄芪、何首乌、天门冬、菊花、白术、苡仁、山药、杏仁、松子，白芍等，经现代科学检验，这些药材都富有人体需要的许多营养要素，也可以加工成美味的食品。

道家的益气养生学说促进了"食补"和"食疗"的发展，在中国开拓出"药膳"这一独特的食物品种。由于以食防病、治病的功效深入人心，民间才有"医食同源""药补不如食补"的说法。从医学观念来看，饮食得当，营养均衡，有助于延年益寿；饮食失当，又可能成为致病之由，以科学的食物配方改进人体的营养状况，完全符合现代营养学的要求。某些"药膳"还与民俗结合，形成特殊的食俗，如端午节的雄黄酒、重阳节的菊花酒，或是驱邪祛风，或是明目清心，一直沿袭至今。

中国佛教从印度传入本土，与中原传统文化相结合而形成的中国教派，中国佛教与印度佛教不同的一大特点是，在饮食上以茹素作为斋戒，形成禁欲修行和素食的制度。在印度佛教中的小乘教派并不笼统地反对吃肉，禁止肉食是中国教派从大乘教义中引申的戒律。吃什么不吃什么有所禁忌，才能做到"法正"，即"法食"或"正食"。食，在梵语中称阿贺罗，是有益身心的意思。法食就是遵循法制之食，依法之食必然是正食。适合僧侣的有五种净食，食物用火烧熟的谓之火净；用刀去其皮核的谓之刀净；以爪去壳的谓之爪净；将果物薾干，失去生机才取食的谓之薾食；取食被鸟啄残的食物谓之鸟啄净。不能做到火净、刀净、爪净、薾净、鸟啄净的就是"邪命食"，是佛家的禁忌。

素食的"素"在佛家是洁白的意思，也就是非鱼肉和动物类的食物，不言而喻，素食是指植物性原料的制成品。僧侣的进食称为吃斋，"斋"在印度佛教中的原意与"过午不食"的戒律有关，按照规定的时间进食就称为"斋"，所以这"斋"字有节制饮食的意义。中国佛教中的"斋"与印度的"斋"不同的是，从遵时进食，发展成不食荤腥的素食主义，成为汉传佛教的传统。

在饮食中最受佛家重视的是饮水，佛家戒律认为，未经过滤的水中有虫，喝带虫的水是犯戒，在佛教经典中就有赶路的僧人宁可在水井旁渴死，也不饮有虫之水的故事。所以云游四方的僧人，都要随身佩带一个漉水囊，以便过滤饮用水就是这个原因。

佛教的素食和斋戒对中国人饮食习惯最大的影响，是在社会上大开吃素的风气，促进了对素食的精益求精，并创造出素菜荤做的烹饪技术。京城的法源寺、常州的天宁寺、镇江的定慧寺、杭州的烟霞洞等一些著名的寺院，都以制作精良的素菜扬名于世。有些斋食广为传布，腊月八日吃腊八粥的传统，就来源于腊月八日这一天，释迦牟尼在进食用野果熬成的粥后，坐在菩提树下冥想成佛的故事。罗汉斋等素斋已融入汉族菜系成为全民族喜好的名菜。

伊斯兰教又称清真教，清真是"清净无染""真乃独一"的意思，这是对伊斯兰教义最简明、精粹的概括。伊斯兰教的教义非常重视心灵的纯洁和健全的体魄，要保持这一状态必须对入口的饮食有特别的关注。《古兰经》规定进食的原则以清净相宜，禁止污浊。清代伊斯兰名著《天方典礼择要解·饮食》明白宣示说："饮食所以养性情也。以彼之性，益我之性。彼之性善，则益我之善越境彼之性恶，则滋我之恶性；彼之性污浊不洁，则滋我之污浊不洁性。"规定的禁食品种多达20余种，凡是没有经过口诵真主之名而宰杀的、勒死的、捶死的、跌死的、觚死的、自死的以及野兽吃剩的动物都不准进食。即使可食的牛羊，也必须经过虔诚的穆斯林诵真主之名而宰杀放血后才能食用。有些食物仅仅因为其貌不端，也在禁忌之列如海参；有的喜食生肉的攫类如鸷鸟、虎、狼，也不得入口。从这些禁忌看来，动物因患病、衰老或中毒致死的肉质变性不能入口；血液是输送养料的渠道，残存有害物质也不可食，这些都有益于身心的清净和健康。

在上述禁忌中对中国人生活习俗影响最大的是对猪肉的忌讳。清代伊斯兰著名学者刘智对此作过说明："勿啖豕，畜类中污浊之尤者也。其性贪，其气浊，其心迷，其食秽，其肉无补而多害。乐从卑污，有锯牙，好攫啮生肉，愈壮愈惰，老者能附邪魅为祟，乃最不可食之物也。吾人禁忌独严，而诸教以为常食，故特出戒令。"（清．刘智：《天方典礼择要解》卷十七，"饮食"）伊斯兰的斋戒中规模最大的是斋月，每年的九月，除了老弱病残和孕妇外，所有的人必须封斋一月，每天从太阳升起到日落前不进饮食，在晚上或日出前才可进食。执行这个规定的主要是伊斯玛仪教派和塔及克族，其他人无须按此限定。但开斋节（又称肉孜节）和宰牲节（又称古尔邦节）却成为信奉伊斯兰教各民族的盛大节日。在这一节日除了进行各种宗教礼仪外，还置办各种精美食品招待来客，济贫施舍，在亲朋好友中相互馈赠礼品，表现出好客和重视友情的古风。

由于信奉伊斯兰教的民族爱吃牛羊肉，对牛羊肉的烹调也就成为高手，受到汉族和其他民族的喜爱。由伊斯兰教信徒主厨的清真饭馆开遍大江南北，北方的清真菜以爆和烤为特点，爆炒羊肉，全羊席是代表作；南方的吸收汉族的技艺开发出溜熘里脊、涮羊肉的杰作，清真菜已成为中国菜系中的名品。

道家、佛家和伊斯兰的饮食丰富了清人的食谱，提高了养生水平。这在袁枚的《随园食单》中有明确的反映。如三餐要定时，有节制，食品中以富於滋养料而又易于消化者为上品，牛乳饮时必煮沸，牛豚及鱼等肉，不宜生食，对海鲜、谷物、豆类、根叶、瓜果、茶酒等都有其要求，并列有专章《食物消化时刻之比较》，"於饭食而讲卫生，宜研究食时之方法，凡遇愤怒或忧郁时，皆不宜食，食之不能消化，易於成病，此人人所当切戒者也。"（徐珂：《清稗类钞》第十三册《饮食类》，中华书局，1986年，6234页）。

自明清以来，在追逐享受和讲究吃喝的风气中，有一股为了满足口腹之欲而不择手段虐待动物的现象，如活炙鹅掌、生啖猴脑、炮烙甲鱼等。

清代的美食家称这一现象为"虐生"，非君子行为："至于烈炭以炙活鹅之掌，刺刀以取生鸡之肝，皆君子所不为也。""以生物多时之痛楚，易我片刻之甘甜，忍人不为，况稍具婆心者乎？"

反对"虐生"的人并非都是吃素不吃荤食，凡有荤食也莫不是用动物烹制的食品，同样也是"杀生"者，又何以反对"虐生"？怎样看待"杀生"者反对"虐生"这一看似矛盾的现象？李渔以鱼为例，提出自己的见解说："鱼之为种也似粟，千斯仓而万斯箱，皆于一腹焉寄之。苟无沙汰之人，则此千斯仓万斯箱者生生不已，又变为恒河沙数。至恒河沙数之一变再变，以至千百变，竟无一物可以喻之，不几充塞江河而为陆地，舟楫之往来能无恙乎？故渔人之取鱼虾，与樵人之伐草木，皆取所当取，伐所不得不伐者也。我辈食鱼虾之罪，较食他物为轻。兹为约法数章，虽难比乎祥刑，亦稍差于酷吏。"反对"虐生"的提出，表明饮食伦理中的人文关怀已经从人与人的关系扩大到人和动物的关系，在人和自然的和谐发展中满足口腹之欲，这是清代饮食文化中最有价值的思想。

民　族　食　文　化

追溯中国饮食哲理的祖宗
——碎片化的阴阳五行说

季鸿崑

（扬州大学，江苏 扬州 225009）

摘 要：阴阳五行说是中国古代的思想律和自然哲学基础，在不同的历史时期略有不同的表现形式，但其基本框架没有太大的变化。然而，在"西学东进"和封建王朝覆灭的大背景下，其所覆盖的学术范畴日渐式微，至今只有中医仍以它作为理论框架，并且作为人类非物质文化遗产受到保护而继续传承和演进，而原本就没有系统引用阴阳五行的中国传统饮食，也依然若隐若现地存在于它的哲理之中，本文称之谓"碎片化的阴阳五行说"。当我们探索中国饮食文化的哲理基础时，应该、而且、必须认识这种"碎片化的阴阳五行说"对中国人饮食生活的影响，并且以批判性的思维对它进行扬弃。

关键词：中国饮食；哲理；碎片化；阴阳五行说

　　学术界对中国饮食文化的广泛研究，国外主要始于日本，国内则始于20世纪80年代的"烹饪热"。当时的研究大体上可分为两个方面：一是在中国古籍中寻章摘句，二是在各地的饭店宾馆中寻菜访点（心）。当然也取得了一定的成就，建立了一个组织——中国烹饪协会，创办了一个刊物——《中国烹饪》，整理了一批古书——"中国烹饪古籍丛刊"，出版了两种专业辞书——《中国烹饪辞典》和《中国烹饪百科全书》，创办了几所烹饪高等院校。应该说，成就是相当大的。但是，和任何新生事物一样，一开始不可能是完美无缺的，主要表现在学术思想和理论思维方面的不成熟。

　　笔者于1987年介入这个领域，当时有三个响亮的结论进入我的脑海：第一是中国烹饪"博大精深"；第二是"烹饪是文化是科学是艺术"；第三是中国烹饪的特点是"以味为核心，以养为目的"。这三个结论一下子使我蒙了，理性的科学思维使我本能地觉得，中国烹饪有这么高大吗？对新领域的不理解迫使自己从技术和理论两个方面去寻找答案。关于中国烹饪技术体系很快就找到了答案，即烹饪技术的三要素是刀工、火候和调味，并且作了系统的论述[1]（P316-332）。但是在理论方面，我一直没有得到满意的答案，而实际工作的需要迫使自己只能用近代营养科

作者简介：季鸿崑（1931— ），男，江苏阜宁人，江苏扬州大学教授，研究方向：饮食文化。

学来搪塞。一句话，还是在自然科学的框架内找答案，而对中国饮食的哲理基础始终没有理出头绪来。为了寻找这个头绪，看到许多饮食学者比较普遍引用《礼记·中庸》："人莫不饮食也，鲜能知味也"。于是"以味为核心"几乎成了公认的中国饮食的哲理基础。然而"味"是什么？生理的"味"和哲学的"味"是否是一回事？生理的味，仅是一种感觉；哲学的味，乃是一种境界，二者如果要统一，就需要有一个共同的理论模型，在中国古代，这个模型就是阴阳五行说。

1 阴阳五行说溯源

中华传统文化的成熟期应当定在春秋战国时期，今天反复引用的那些古代哲人语言，绝大多数产生在这个时期，尽管号称"诸子百家"，但影响最大的还是儒道墨法四家，经过秦始皇的"焚书坑儒"和汉武帝采纳董仲舒建议的"罢黜百家，独尊儒术"后，实际上只剩下儒道两家。所以，我们今天探讨中国古代哲理，基本上是非儒即道，它们的鼻祖分别是孔子（公元前551—前479）和老子（他的生卒年代已无考，应该是春秋时人，基本上与孔子同时代）。为了使大家能够认识先秦哲学流派的衍生状况，在这里列举一些代表人物的生卒年代：管子（管仲？—前645年）；晏子（晏婴？—前500年）；孙子（孙武，春秋末期，吴王夫差时人）；墨子（墨翟，约公元前468—前376年）；庄子（庄周，约公元前369—前286年）；孟子（孟轲，约公元前372—前286年）；孙膑（战国，约与孟子商鞅同时）；荀子（荀卿，约公元前313—前230年）；杨朱（战国初期）；邹衍（约公元前305—前240年）；韩非（约公元前280—前233年）；李斯（？—前208年）；列子（列禦寇，战国时期）；吕不韦（？—前235年）；等等。

按照这个名单，他们在世的先后次序大体是：管仲——老子、晏婴——孔子——墨子、孙武——庄子、孟子、孙膑、杨朱、荀子——邹衍——韩非、李斯、吕不韦。这些人除杨朱外，都曾有著作传世，但邹衍的著作已散佚，而《管子》《晏子春秋》《列子》可能是后人的伪作，现在传世的《孙子兵法》《论语》《老子》《墨子》《庄子》《孟子》《荀子》《孙膑兵法》《韩非子》等，其中虽然可能杂有他人的作品，但基本上能反映他们本人的学术思想，至于《吕氏春秋》原本就属杂家，对有关学派能起参佐作用。此外，《周易》《尚书》《诗经》《三礼》《春秋》等传统经典，或为孔子所作（如《春秋》），或经过孔子及其后学所整理，都是公认的儒家经典。

上述古籍虽有不同的学术流派，但阴阳和五行的概念是它们所共有的，这就说明了阴阳五行说是中国古代固有的思想律，是中国古代哲学的最高形态。从这些古籍出世先后次序看，《周易》和《尚书》无疑是最早的（当然还应该有《诗经》），故而这两者实际上是中国古代哲学的元典。而对时空的认识则始于《老子》，继而是《庄子》，郭继民引用方东美的说法是：以老、庄为代表的道家是"太空人"，而影响更大的儒家思想，"有两个主要传统，一为《尚书·洪范》篇，一为《周易》。前者重在继承、衔接，暗示永恒的一面；后者则重创造、开拓，重视流变的一端"[2]。实际上，这两个传统不限于儒家，诸子百家概莫能外，只不过在讨论具体问题时，各执其有利的一端而已。

的确，《尚书·洪范》中的"五行"，是中国人对世界万象进行分类的基本方法。从古到今，行有两个主要读音。《说文》中说："人之步趋也"。段玉霖作注时说读"户庚切"，即读xing。但又说："行，列也"。段又注："今音读如杭"[3]（P78），即heng，据此，"五行"的"行"，应读heng《洪范》"九畴"的第一条就是"五行"，原文是："一、五行：一曰水，二曰火，三曰木，四曰金，五曰土。水曰润下，火曰炎上，木曰曲直，金曰从革，土爱稼穑。润下作咸，炎上作苦，曲直作酸，从革作辛，稼穑作甘"[4]（P188）。对此，孔颖达疏《正义》曰："此章所演文有三重：第一言其名次；第二言其体性；第三言其气味。言五者性异而味别，名为大之用"。就是说，这个次序不是胡乱安排的，这很值得注意。至于"大用"，孔颖达引《书传》（按：当为孔安国所传）云："水火者，百姓之求饮食也；金木者，百姓之作兴作也；土者，万物之所资生也。是谓人用五行，即五材也"。用现代科学观点看，五行就是构成世间万物的五种元素。

再说《周易》，从它诞生的那一天起，作注者不计其数，科学与神秘并行，但确有合理内核，朱熹为它作注时写了个简短的序，其中说："故易者，阴阳之道也；卦者，阴阳之物也；爻者，阴阳之动也"。其实在孔子之前，它只是一本卜筮之书，可以预测吉凶（当然也不会准确），可自从孔子作《十翼》以后，它就成了一本哲学书，此乃"韦编三绝"之功。特别是《系辞传》，就靠"一阴一阳之谓道"，引得世间多少人为之"皓首穷经"[5]。

《周易》中的"阳"以"—"表示，叫做阳爻；"阴"以"— —"表示，叫做阴爻。为什么要用这两个符号，学界有多种不同的说法，我们不妨姑妄听之。我们古人是很聪明的，他们在用阴爻和阳爻组成八卦时，用的是三个符号的组合，这样$2^3==8$。如果只用两个符号，那就是$2^2==4$，即阳阳、阳阴、阴阳、阴阴，易学家依次称为太阳、少阴、少阳、太阴。如果在这4种组合上再加一爻，那就成了八卦，所以《系辞传》第十章说："是故易有太极，是生两仪（阴、阳），两仪生四象，四象生八卦。八卦定吉凶，吉凶生大业"。但八卦所预测的物象毕竟不多，于是加倍重迭而得六十四卦，孔子在《系辞传》中再作说明："易之为书也，广大悉备，有天道焉，有人道焉，有地道焉。兼三才而两之故六。六者非它也，三才之道也"。《易》可以表达天地人三才之道，那不是哲学么？也就是孔子，对六十四卦中的阴阳概念作了许多类比的归纳，使得每个卦都有了人文含义。

其实在《周易》中，阴阳平衡的概念并不明显，八卦中的阴爻和阳爻数不可能相等，故每个卦都是不平衡的，即使演变成六十四卦，由三个阳爻和三个阴爻组成的卦有20个，其中连续三阴在上、三阳在下的叫泰卦；而连续三阳在上、三阴在下的叫否卦，这是阴阳转变最剧烈的一种，所以有"否极泰来"的成语。更有趣的是未济卦，其爻位上下次序是：阳阴阳阴阳阴；而与之对应的既济卦，则是阴阳阴阳阴阳。看来卦画次序与卦名并不一定有什么必然关系，朱熹也说："非卦画作易之本指也"。但是这种符号游戏必然引起人们的好奇心，所以从古到今，解《易》者不计其数，笔者以为绝大多数是无稽之谈，徒然陷入神秘主义之泥坑。但世上事物的两重性，实乃阴阳之本义，即使在现代科学中，阴阳模型仍是常用的，甚至还在发扬光大，容后再述。

年龄略大于孔子的老子，留下的只有五千多字的《老子》（道教尊为《道德经》），其中有一段话说："道生一，一生二，二生三，三生万物。万物负阴而抱阳，冲气为和。"[6]这可是阴阳范畴最经典的解释，不过又拖出一个"气"的概念，令人高深莫测。老子也是五行说的赞同者，他的"五色令人目盲，五音令人耳聋，五味令人口爽"（第十二章），就是一个明证。在老子之后的道家人物中，著名的如文子（老子弟子）、庄子和列子等，都以阴阳为核心的"道"说明他们的学术主张。在他们看来，阴阳是根本，五行仅是五种材料而已，如《庄子·说剑》："制以五行"，"开以阴阳"[7]（P156）就是一个典例，而《列子》根本不提五行，却始终离不开阴阳[8]。由此可见，以老子为代表的先秦道家是中国古典自然哲学的缔造者，对中国古代科技有重大影响。

与老子不同，孔子的观察重点在于人类社会，最突出的是他的"内圣外王"的政治哲学，他留下了一笔宝贵的文化遗产，他作《易》之"十翼"，却未能说出《老子》第四十二章那段宏论，他的后学弟子如"七十子"之流、他的孙子子思和子思的弟子孟子，也没有把阴阳五行当回事，子思作《中庸》，阐述了中国人至今引以为豪的"中和"思想，却没有和阴阳或五行挂钩。孟子也是这样。一直到了唐朝，孔子后代孔颖达在疏《周易正义》时才说：《易系辞》曰：天一地二，天三地四，天五地六。天七地八，天九地十，此即是五行生成之数。天一生水，地二生火，天三生木，地四生金，天五生土，此其生数也，如此则阳无匹，阴无偶，故地六成水，天七成火，地八成木，天九成金，地十成土，于是阴阳各有匹偶而物得成焉，故谓之成数也"，算是把阴阳和五行接了头。

略晚于孟子的荀子，很受五行说的影响，所以在传世的《荀子》中，以五命数的概念特多，诸如五行（《非十二子》）、五卜五刑（《王制》）、五綦（《王霸》）、五采五祀（《正论》）、五行（《乐论》）、五官（《正名》）、五罪（《宥坐》）、五仪五窍（《哀公》）等。这里五行，在《非十二子》指的是"五常"，即仁义礼智信，是批判子思和孟子的；而《乐论》中的"五行"，指音乐教化的效果，即"贵贱明，隆杀辨，和乐而不流，弟长而无遗，安燕而不乱。"[9]荀子还是属于儒家，可他的两个弟子，李斯和韩非，则都是著名的法家人物，他们热心的是政治哲学。

作为兵家的孙武，在分析战争形势时，势必使用阴阳和五行的变化关系，《孙子·虚实》："五行无常胜"。《墨子》也有此说，《经下》："五行毋常胜"。《经说下》："五合，水土火，火离然，火铄金，火多也。金靡炭，金多也。合之府（腐）水，木离木"。这段佶屈聱牙的天书，清人孙星衍曾作过解释，但仍异说纷呈，唯"五合"系指"五行相合"一解，就可以使我们知道五行之间的关系，这是用来解释"五行毋常胜"的[10]（P342）。墨子已经将天干用于表达方位，《贵义》："且帝以甲乙杀青龙于东方，以丙丁杀赤龙于南方，以庚辛杀白龙于西方，以壬癸杀黑龙于北方，以戊己杀黄龙于中方"。在《备城门》诸篇中以五色旗帜表示兵阵的布置，他还用阴阳解释四时的变化（见《三辨》《天志中》）。

综合以上各家对阴阳和五行的解释，可见直到战国末期，仍未能把阴阳和五行结合在一起形成完整的阴阳五行说，而据史载，真正完成这个杰作的是齐国人邹（驺）衍（约前305—前240年），《汉书·艺文志》在道家中列有他的两种著作。《邹子》49篇和《邹子终始》56篇，但均已散佚，以至于今天只能从司马迁《史记·孟子荀卿列传》中见到他的思想和研究方法。司马迁说"邹衍睹有国者益淫侈，不能尚德，若《大雅》整之于身，施及黎庶矣，乃深观阴阳消息而作怪迂之变……其语闳大不经，必先验小物，推而大之，至于无垠"。指导封建皇朝更迭的"五德终始说"就是他的杰作，所以他在当时很受战国各君主的欢迎，可以说自他以后，阴阳和五行正式组合在一起，形成阴阳五行说了[11]（P600）。

其实，早在春秋"五霸"时期，大政治家管仲在治国理政时，已用阴阳、五行作为其政治哲学基础，然而今天传世的《管子》却是成书于战国时期，有人认为是齐国稷下学者的杰作。今本《管子》的《乘马》篇有"阴阳"一节说："春秋冬夏，阴阳之推移也。时之短长，阴阳怪气之利用也。日夜之易，阴阳之化也"。还有《四时》篇，说四时与五行的关系，《五行》篇说五行与方位的关系，而《幼官》和《幼官图》两篇则已经是常见的阴阳五行说，这显然是后人硬加给他的。

阴阳五行说最早的完整阐述是《吕氏春秋》的"十二纪"。"十二纪"从形式看，讲的是五行，而每个"行"的背后都蕴含着阴阳关系。《吕氏春秋·审分览·执一》篇说："天地阴阳不革（改也）而成万物不同"，是对《老子》第四十二章的精辟解释。而我们熟知的《孝行鉴·本味》篇，其五味调和，"阴阳之化"，完全是阴阳五行说在烹调过程中的应用。《吕氏春秋》是一部杂家著作（实际上《管子》也是杂家著作），它对阴阳五行学说作了系统的总结。

西汉刘安（公元前179—前122年）的《淮南子》也是一部杂家著作，其第一篇《原道训》便说："神托于秋毫之末，而大宇宙之总。其德优天地而和阴阳，节四时而调五行"。明确地安排了阴阳五行说的崇高地位，其《天文训》主讲阴阳，《时则训》主讲五行，与《吕氏春秋》

"十二纪"一脉相承。《淮南子·诠言训》有一句名言："有百技而无一道，虽得之弗能守"。这说明认识事物基本规律（道）的重要性[12]。

真正把阴阳五行说彻底引向神秘主义道路的是汉人董仲舒（公元前179—前104年）。他主治《春秋公羊传》，因此，推崇"大一统"之说，他与汉武帝的对策，详见《汉书》本传，他最后建议汉武帝说："臣愚以为诸不在六艺之科孔子之术者，皆绝其道，勿使并进"。这便是汉武帝"罢黜百家，独尊儒术"的由来，他把原本是朴素唯物论和辩证法的先秦阴阳五行说，改造成为推测灾异变化的神秘主义，他有时做的胡乱猜测，使得他自己也会害怕，所以晚年辞官在家。他的学术观点集中反映在其代表作《春秋繁露》之中，他的"天人感应"的唯心主义在该书中得到明显的印证[13]，其中最为突出的是他对五行学说的改造，例如《春秋繁露·五行之义》："天有五行，一曰木，二曰火，三曰土，四曰金，五曰水。木，五行之始；水，五行之终也；土，五行之中也。此其天次之序也。木生火，火生土，土生金，金生水，水生木，此其父子也。木居左，金居右，火居前，水居后，土居中央，此其父子之序"。还有五行相受的次序，于是"故五行者，乃忠臣孝子之行也"。需要指出，这里的"五行"应当是"五常"。将他这段话与《洪范·五行》的次序对照，发现董仲舒对五行学说的改动，是从唯物论到唯心论的根本错乱。又如《春秋繁露·阴阳义》说："天地之常，一阴一阳，阳者，天之德也；阴者，天之刑期也"。他据此推定"阳尊阴卑"。于是，原本作为自然秩序的阴阳五行说，一下变成了治理万民的封建社会秩序，从董仲舒起，阴阳五行说完全堕落了，成了天道和皇权的理论基础，并且以灾异、祥瑞加以制约。

班固（32—92）在《白虎通德论》中，也有《五行篇》，是将《洪范·五行》和董仲舒的说法杂揉在一起。而其《情性》篇则以阴阳之气比对人的五脏六腑，与中医有密切的关系[14]。班固撰《汉书》时，列《五行志》记历年灾异，这是正史有五行志之始[15]，此后有多种《五行志》。

王充（27—约97）曾师事班固之父班彪，一生反对宗教神秘主义和目的论，捍卫和发展了古代唯物主义，批判灾异祥瑞之类不遗余力，连孔孟也不放过，在其代表作《论衡》中，对阴阳学说广泛采用，但并不神秘，而对五行说的无限夸大，他是全力批判的，例如，在《论衡·物势》篇，他便批判将五行相胜相克的规则用于十二生肖"相贼害"的谬说，不过他对"气"的概念非常推崇[16]。

汉魏以后，由于玄学的兴起，阴阳五行说成为人们解释各种自然和社会现象的根本手段，但对学说本身的阐述反而是停滞的，各种学术流派在引用它的时候，也基本上是各取所需。道教理论家，被称为"外儒内道"的葛洪（约281—341）的代表作《抱朴子》，就很少直接引用阴阳五行说，但也未公开批判这个学说，正如他在《抱朴子外篇·尚博》开头所说："正经为道义之渊海，子书为增深之川流。"[17]历史上的魏晋玄学、宋元理学、甚至王阳明的心学、明末清初的顾炎武、黄宗羲、王夫之，都是如此。其间虽有"反传统"的声音，但都无伤大雅。中国人对阴阳五行说的批判，正式开始于五四运动以后，但自先秦杂家和董仲舒以后，纯儒纯道都是罕见的。

2 中国古代科技中的阴阳五行说

新版《辞海》有个词条叫"术数"，其第一义为："一称'数术'。'术'指方法，'数'是气数。即以种种方术观察自然界现象，指测人和国家的气数和命运。《汉书·艺文志》列天文、历谱、五行、蓍龟、杂占、形法等六种，并云：'数术者，皆明堂羲和史卜之职也'。但史官久废，除天文、历谱外，后世称术数者，一般专指各种迷信、如星占、卜筮、六壬、奇门遁甲、命相、拆字、起课、堪舆等。"[18]（P1406）显然，在术数各领域，阴阳五行说是必不可少的理论基础，而上述各项，用现代的观点看，都是科学和迷信杂揉的，这也是阴阳五行说的致命弱点，它的科学价值更突出表现在中医和中华武术。

中医是阴阳五行说应用最为成功的科学领域，不妨引用汉代张仲景在《伤寒论》原序中的一段话："夫天布五行，以运万类，人禀五常，以有五藏；经络俞府，阴阳会通；玄冥幽微，变化难极。"[19]中医的三大元典《黄帝内经》《神农本草》和《八十一难经》，离开了阴阳五行说，等于抽去了它们的脊梁骨，其中尤以《黄帝内经》为最。

现今传世的《黄帝内经》分《素问》和《灵枢》两部分，学术界一般都认为它成书于春秋战国时期，故《汉书·艺文志》存录，但以后有所散脱，直到唐朝，其《素问》部分才由王冰补订成现在这个样子，至于《灵枢》，当然不会早于《素问》，有人甚至说是王冰所伪讬[20]。不管怎么说，《黄帝内经》绝不是一时一人之作品，即令它最初诞生于春秋战国时期，但秦汉甚至魏晋期间，肯定有多次变化，特别是董仲舒的"天人感应"论出现以后，对《内经》必有重大的影响，有学者曾将《春秋繁露》和《内经》加以对照，证据非常确凿，但要就此断定《内经》成书于西汉以后，恐怕有些武断[21]（P327—328）。

《黄帝内经·素问》的第一篇叫《上古天真论》，开头托名岐伯关于健康体质的一段话是："上古之人其知道者，法于阴阳，和于术数，食饮有节，起居有常，不妄作劳，故能形与神俱，而尽终其天年，度百岁而去"。很明显，"法于阴阳，和于术数"，就是人的一生要在阴阳五行的指导之下生活劳动，才能健康的度过天年。今本《黄帝内经·素问》的前十二篇和王冰所补的运气七篇，更是充分运用阴阳五行的基本概念，特别是《金匮真言论》中的"五脏应四时"那一段，和《吕氏春秋》"十二纪"和《淮南子·时则训》高度相似，至今仍为中医所遵奉。

至于中华武术，原本附于中医，是一种强身健体的方术，后来和阴阳神仙术结合在一起，成为道教长生修炼的一部分，叫作炼丹术。现在学术界公认的最早的炼丹著作是东汉人魏伯阳撰写的《周易参同契》。炼丹术的英译叫alchemy，通常译成錬金术或点金术，是化学的原始形态，主要目的是将贱金属转变成贵金属，与人的生理现象并无关系。但是中国古代从战国时就有人追求长生不死，希图通过服食仙丹达到成仙的目的，从事这项研究的人叫方士，他们的研究活动叫做炼丹，也叫做神仙术或炼丹术。中国炼丹术和西方的錬金术不同之处在于：中国炼丹术追求长生不死，西方錬金术追求发财致富；中国炼丹术的内容涉及生理学和化学，西方錬金术主要是涉及化学。两者的研究动机都是荒诞的，但在错误目的指引下的实验活动，也会产生意料之外的科学成果，所以恩格斯把錬金术称为"化学的原始形态"，而中国炼丹术的内容更为广泛，现在传世最古的炼丹书是东汉时的《周易参同契》。

称为"万古丹经王"的《周易参同契》有数十种不同的注释本和上百种版本，在这里采用的是五代时后蜀彭晓的注本[22]。其中的阴阳概念自然不在话下，同样也涉及五行，如"如是应四时，五行得其理"，"日合五行精"，"推演五行数"，"五行守界"，"五行之初"，"五行相剋"等句，足见它的哲学基础是阴阳五行说。《周易参同契》的正文有多种不同的排列次序，但全文并不长，不过其文字古奥难懂，给注释者留下许多想象的空间，其中有许多使用隐语表述的化学知识，通常称为外丹术，也有用相同隐语表述的生理知识，称为内丹术，无论是外丹还是内丹，都是为了使肉身修炼成仙，这个目的显然是荒唐的，是不可能成功的。修炼外丹的矿物原料多为汞、铅、硫、砷等有毒元素的化合物，这样的仙丹当然是有毒的，令服食者慢性甚至急性中毒而死亡，仅唐朝就有五个皇帝为此丧命（包括雄才大略的唐太宗）。于是人们对炼丹术士产生了怀疑，连术士自己也意识到这一点，于是便调整了研究方向，把主要精力放在内丹上，从而丰富了以气功和体育锻炼为核心的中华武术，并且与中医产生了千丝万缕的联系，成为中华传统养生学的重要组成部分。

3 阴阳五行学说对中华饮食的影响

前面用相当大的篇幅来叙述阴阳五行说本身的源流，这并不是它的全部，而本文的主题是阴阳五行说对中华饮食的指导作用，笔者过去曾有零星阐述，但总是不成体系，不过本文不打算重新引述原著中那些过于冗繁的引文，而是扼要阐明阴阳五行说对中华饮食的影响。

3.1 关于营卫学说

"营卫"也作"荣卫"，《黄帝内经》中对它有明确详细的解释，笔者在过去曾经多次引用过，这里以列表的形式对"营"和"卫"分别加以比较，然后再谈当代中医对它们的解读。

《黄帝内经·素问·痹论》"营者，水谷之精气也。和调于五脏，洒陈于六腑，乃能入于脉也。故循脉上下，贯五脏，络六腑也。卫者，水谷之悍气，其气剽疾滑利，不能入于脉也。故循皮肤之中，分肉之间，熏于肓膜，散于胸腹。逆其气则病，从其气则愈；不与风寒湿气合，故不为痹。"《黄帝内经·素问·调经论》"取血于营。取气于卫。"《黄帝内经·素问·逆调论》"营气虚则不仁，卫气虚则不用，营卫俱虚，则不仁不用，肉如故也。人身与志不相有，曰死。"《黄帝内经·灵枢·营气》"营气之道，内谷为宝。""谷入于胃，乃传之肺，流溢于中，布散于外。"《黄帝内经·灵枢·营卫生会》"人受气于谷，谷入于胃，以传与肺，五脏六腑，皆以受气，其清者为营，浊者为卫，营在脉中，卫在脉外，营周不休，五十而复大会。"

《黄帝内经·灵枢·五乱》"营卫相随"则"顺"；"营气顺脉，卫气逆行，清浊相干，乱于胸中，是谓大悗"。即生出各种病症。

《黄帝内经·灵枢·卫气》"五脏者，所以藏精神魂魄者也。六腑者，所以受水谷而行化物者也。其气内于五藏，而外络肢节。其浮气之不循经者，为卫气，其精气行于经者，为营气。阴阳相随，外内相贯，如环之无端。"

《黄帝内经·灵枢·天年》把受孕说作："血气已和，营卫已通，五脏已成，神气舍心，魂魄毕具乃成为人"。而伴随人一生的生理过程，都与"营卫之行"相关。

除上述各篇以外，它如《灵枢》之《五味》《水胀》《卫气失常》《动输》《卫气行》诸篇，都使用营卫概念[23]。也就是说，"营卫"成了重要的中医学概念，其地位与近代医学中的营养相当，古籍中凡是论及人体健康问题时，都离不开"营卫"，例如，葛洪《抱朴子内篇》、孙思邈《千金要方》等，都是如此。

然而，在20世纪80年代，"烹饪热"兴起以后，营卫学说并未引起人们的关注，反而把《黄帝内经·素问·藏气法时论》篇中"养、助、益、充"当作传统的营养学说，至今仍有人坚持此说。他们把营卫理论和食物结构混为一谈。在饮食文化界，笔者首先关注营卫学说的存在，甚至在中医界，关注的人也不多，用中医学家周东浩的话说："我终于醒悟到中医的真正精华并不在于阴阳，而在于营卫。阴阳不过是古人研究的哲学方法论，属于朴素的系统论和辩证法，而营卫才是'属于自然科学范畴的东西'，是阴阳哲学和医学科学相结合的物质基础。"[24]现代中医理论界对"营气"的认识基本上是一致的，即相当于近代营养学中的营养素，而对"卫气"则偏向于免疫能力。笔者并不懂多少中医理论，但从近代营养学的角度看，卫气是否即是我们平常所说的"能量"，因为卫气属阳，行于脉外筋肉之间，性轻浮而剽悍，这显然是维持生命运动的能量，也许就是生物化学中由三磷酸腺苷（ATP）的"高能磷酸键"（P—P），用《寂静的春天》作者索迪·卡逊的比喻，它相当于动力机械（如电动机）和工作机械之间的传动皮带，没有它，电动机只会空转而不能做功。把这个原理用于人体，没有了ATP，人体许多运动机能便会停止，当然就是生病了。这是西方现代科学和解释，是基于把人体看作是一台复杂的机器的设想，即某些人所诟病的机械论。而笔者以为在讨论某一种特定的生理行为时，这种机械模型还是管用的。

3.2 关于"养、助、益、充"

《黄帝内经·素问·藏气法时论》的主旨是以食物应四时五行治病的理论模型，描述食物性味与疾病治疗的关系，于是总结出一套食物性味与五行的关系，即"肝色青，宜食甘，粳米、牛肉、枣、葵皆甘；心色赤，宜食酸，小豆（也有作麻）、犬肉、李、韭皆酸；肺色白，宜食苦，麦、羊肉、杏、薤皆苦；脾色黄，宜食咸，大豆、豕肉、栗、藿皆咸；肾色黑，宜食辛，黄粟、鸡肉、桃、葱皆辛。辛散、酸收、甘缓、苦坚、咸软。毒药攻邪"。这一段食物模型，与同书的《金匮真言论》有相悖之处，读者不妨核对一下，立刻就会发觉它的牵强附会，不足为训。而由此而产生的食物结构模型是："五谷为养，五果为助，五畜为益，五菜为充，气味合而服之，以补精益气"。唐代王冰作注时，就是用前面的食物五行模型来解释的，例如"五谷"即指粳米、小豆、麦、大豆、黄粟，其他依此类推。他在解释最后一句时说："气为阳，化味曰阴，施气味合和，则补精益气矣。"《阴阳应象大论》曰："阳为气，阴为味。味归形，形归气，气归精，精归化。精食气，形食味。"又曰："形不足者，温之以气；精不足者，补之以味，由是则补精益气，其义可知"。接着还有一段是孙思邈的解释，其中有"是以圣人先用食禁以存性，以补精益气也。"[25]这一段权威的解释只能用神秘主义来概括它。事实上用这种解释来指导一日三餐，人是没法活下去的。甚至可以认为：这是五行说用于饮食的失败，它远不如当前俗说的"食物品种多样，荤素搭配得当"科学，具体模型就是中国营养学会推荐的《膳食宝塔》[26]（P172）。

3.3 从《吕氏春秋·本味》到《随园食单》

《吕氏春秋·本味》在"烹饪热"中曾被奉为经典。诚然，在3000年前，对烹调能有那样的认识，的确了不起，但本来发端于"说汤以至味"的政治说教是该篇的主旨。今天从饮食烹饪技术的角度去解读它，的确有阴阳五行学说的影子，"凡味之本，水最为始，五味三材（高诱注：五行之数水第一，故曰：水最为始。五味，咸苦酸辛甘。三才，水木火），九沸九变，火为之纪（高诱注：纪，犹节也。品味待火然后成，故曰火为之节）"，"调和之事，必以甘酸苦辛咸，先后多少，其齐（剂）甚微，皆有自起"，"阴阳之化，四时之数"。

《本味》篇成书前后，都有关于烹调技术的类比语言，但与阴阳五行说结合得如此明确的，莫过于此。且直到2000年后，袁枚作《随园食单》时，虽然有阴阳五行的思维方式，但并没有明确的文字阐述，仅在其《须知单》的"上菜须知"中说："且天下原有五味，不可振之一味慨（概）之。度客食饱，则脾困矣，须用辛辣以振动之；虚（虑）客酒多，则胃疲矣，须用酸甘以提醒之。"[26]（P7）这大概是仅有的关于阴阳五行说的具体说明。

从《本味》到《随园食单》，2000多年间，以《食经》为名的著述有近百种，几乎都是食谱，既无烹饪技术体系的明确概括，也无哲理方面的系统阐述，这真是应了近代科技史家公认的观点，即大凡一种技术或艺术，如果没有系统的哲理基础，那是成不了大学问的，形成这种情况的主要原因就是知识系统和工匠系统的分离之故，在"君子远庖厨"的魔咒之下，即如李渔、袁枚（更早的如苏轼、陆游）等人，也会有"厨者，皆小人下材"的偏见[26]（P17）袁枚为其家厨王小余作传一开头就说："小余，王姓，肉吏之贱者也。"[28]（P150）我们今天不必应用"大批判"去骂袁枚"反动"，这实在是那个社会的常态，正是由于一连串的历史常态，才导致我国科学技术的落后。因为知识系统和工匠系统的分离现象，至今也没有完全消失，至今在主流学术界不承认饮食技术是一门学问的大有人在，承认它是一种文化已经是到顶的评价。而古今中外，有关文化的定义有两百多种，使人越看越糊涂。最近，余秋雨先生拟了个"文化"的定义，他说："文化，是一种包含精神价值和生活方式的生态共同体。它通过积累和引导，创建集体人格。"[29]

笔者领会的"精神价值""生活方式"，对于不同人群来说是有很大差异的，这一点对于饮食特别重要。因此，对不同人群饮食生活方式的"积累和引导"就能创建出不同的"集体人格"。但是余先生的定义中没有物质因素的作用，以中国而言，南方吃米饭，北方人吃面食，是否也会产生不同的"集体人格"呢？阴阳五行说有其特定的精神价值，它很能影响人们的生活方式，但要创建某种"集体人格"，的确需要强有力的引导，这种"引导"甚至是强迫的，如董仲舒主张的"独尊儒术"。因此，强制的引导，也可以创建某种扭曲人性的"集体人格"。所以说，饮食不是生活小事，它同样事关"集体人格"，难怪先秦诸子在讨论社会的礼仪制度时，都常拿饮食或烹饪说事。可惜，他们的引导的重点是放在餐桌上，而不是在厨房或食品作坊里。也就是说，他们只管吃，不管做，结果使得饮食"有百技而无一道"（《淮南子》，见前文）。我们今天所说的"饮食之道"或"味道"，都是从"吃"的视角出发的。以至于现在要找出一点做的"道"来，基本上只能在《黄帝内经》中讨生活。

需要指出的是：历代古农书，几乎都没有提及阴阳五行说，秦汉时代以前的古农书大多散佚了，《氾胜之书》和《四民月令》都是不完整的辑佚本，而第一部完整的农书是《齐民要术》，出于南北朝时期，以后每朝都有农书出世，其集大成者当为明代徐光启的《农政全书》，它们几乎都摘录前代的论述，但都不及于阴阳五行说。这是很有趣的现象，中国以农立国，中国文人也常有"耕读为本"的说教，却没有引用阴阳五行说指导农业生产，而农业又是中国人饮食生活的物质基础，著名的古农书中都有涉及饮食技术的篇章。由于农家不讲阴阳五行，故而使得各种《食经》也没有系统的阴阳五行理论，这和中医显著不同，如前所述阴阳五行说是中医的脊梁骨，而在中国饮食技术（主要是烹饪术）中，仅有零星的阴阳五行说的解释，至于涉及人体健康的营卫学说和食物结构模式，则都来自中医。故而在今天探讨中华饮食的哲理基础时，我们常说的食为民天、孔孟食道、五味调和、本味主张、医食同源等，都是中华饮食表现形态的局部写照，它真正的哲理基础依然是中国古代自然哲学范畴的阴阳五行说，由于中华饮食在2000多年的时间内，没有什么大思想家真正终身介入，它的哲理基础只能是被碎片化了的阴阳五行学说，这些碎片主要来自中医，少量来自杂家的博采众长，所以只有数量庞大的食谱，而无系统的食论。

4 关于新食论的构建

最近30多年来，我国研究烹饪和饮食文化的学者中真正从哲理基础上去思考的人并不多，其中以天津高成鸢先生为代表，早已关注中国烹饪的哲理基础，他很推崇阴阳学说，把水火、主副食、饭菜、味和香等纳入这个二元的理论模型中，但是对五行说，说得很少。一个当代人，要在20世纪最后十年，在饮食文化研究中，重构用阴阳五行说为框架的哲理基础，坦率地说，那是相当困难的，因为近代自然哲学，已经容不下前科学时期的任何完整的哲学模型。加之高先生对近代营养科学持有不同的见解，也没有介绍中国传统医学中的营卫学说，所以他主张的依然是碎片化的阴阳五行说[30]。

其实与中国阴阳五行说相类似的古代自然哲学，在古希腊、古印度等文明古国都存在，其中古希腊的水、火、土、气四元素说影响最大，而且他们也有类似的阴阳概念，只不过以乾和湿表示而已。在近代科学特别是近代化学诞生以后，对于组成物质世界的基本元素已经完全认识了，如果还坚持五行或四元素等前科学概念，那就真的不合时宜了，特别是"火"，无论中外，古代自然哲学都把它当作基本元素，拉瓦锡的燃烧实验已经从根本上完全否定了，把一种物理现象当作实体元素肯定是不可行的，诸如俗说的人体"上火"之类。至于阴阳范畴，在近代科学中比比皆是，数学中的正和负；物理学中的作用和反作用、能量的吸收和释放等；化学中的离子、电子得失乃至氧化和还原等。特别是现代信息科学，离开0和1这两个符号就寸步难行，2012年的诺贝尔物理学奖获奖课题还是如此。这说明我们已经落后了，所以我们不能一味在原地打转。

台湾学者李亦园先生，对饮食文化研究有过精辟的见解，他认为全球性的饮食文化学术研究领域，可以用下表分类：

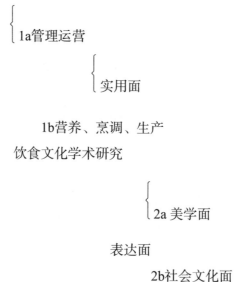

饮食文化学术研究

实用面
　1a管理运营
　1b营养、烹调、生产

表达面
　2a美学面
　2b社会文化面

对这些领域的综合归纳便是饮食哲学的任务，许多人都想用一个"和"来概括，他认为并不全面。他赞成日本石毛直道关于"东亚饮食文明圈"的主张，并且指出这实际上就是"中国饮食文化圈"，其范围除中国外，尚应包括日本、朝鲜半岛和越南等。他分别从"食物结构之和""五味之和""季节气候之和""鼎镬之和"以及表现饮食的人际之和诸方面，探讨由古代的阴阳五行学说奠定的文明成果，总结归纳为"致中和"的哲理基础，并引用子思《礼记·中庸》的"喜怒哀乐之未发，谓之中，发而皆中节，谓之和，中也者，天下之大本也；和也者，天下之达道也。致中和，天地位焉，万物育焉"，以此作为中国饮食文化研究的理论图像，也是中国人的基本价值观。无论饮食、医疗、养身、人际互动、超自然崇拜，乃至宇宙之间，都追求"致中和"这一伟大的指令。也就是说，"致中和"是中国饮食文化的最高指导原则，纵观国内各种地方饮食风格虽然存在各种差异，但都没有突破这个原则，但受中国饮食文化影响的日本和韩国，就存在显著的变化。为此，他以表格的形式进行了比较：

项目	地区	中国本土各区域	日本	韩国
饮食之和	食物结构之和	√	√	√
	调味之和	√	√	√
	鼎镬之和	√		
自然之和		√	√	√
人际之和		√		

这个表体现了中国人在饮食活动中，不仅追求自己身体内部的和谐均衡，同时也追求人际和自然的和谐均衡。应该说，李先生的见解既发端于中国的传统文化，也符合当代中国人的普遍追求，值得我们深思[31] (P1—6)。

看来，"中和"比单纯的"和"更重要，因为"中"是"天下之大本"，"和"只是"天下之达道"。单纯的"和"是不能达到和谐均衡的目的的，而且还有和同之辨的问题。《国语·郑语》有一段关于和、同关系的论述："夫和实生物，同则不继。以他平他谓之和，故能丰长而物归之；若以同裨同，尽乃弃矣。故先王以土与金木水火杂以成百物，是以和五味以调口，刚四支以卫体，和六律以聪耳，正七体以役心，平八索以成人，建九纪以立纯德，合十数以训百体。"[32] (P348) 这一段话是郑桓公和他的谋臣史伯议论周幽王的弊政时，史伯所应对的议论，这可能是古籍中讨论和、同关系时最早的论述。类似的还有齐景公与晏婴的一段对话，原文是："公曰：和与同异乎？对曰：异，和如羹焉。水火醯醢盐梅以烹鱼肉，燀之以薪。宰夫和之，齐之以味，济其不及，以泄其过。君子食之，以平其心。君臣亦然"。同样的词句亦见于

《晏子春秋》。故此"和而不同"成了人们常用的成语之一，发展到当代。"求大同，存小异"是处理各种人际关系乃至国家关系的重要原则，实为中华"大一统"思想的核心内容。

当代哲学家李泽厚说："中国阴阳五行图式就是一种类比想象而不是逻辑，类比是包括情感在内的心理活动，比逻辑宽泛自由得多，但缺乏抽象性和严密性。西方人为什么说中国没有哲学，重要原因是其中缺乏逻辑。"[33]按他的说法，今天如果要建构新的饮食哲学时，用阴阳五行说肯定是不行的，因为它缺乏逻辑。这话有一定的道理，"烹饪热"中提出的那些口号，就是因为它们不合逻辑，缺乏严密性，一问为什么，便站不住脚，已故的陶文台同志，有一次与笔者谈"淮扬菜"改"江苏菜"时，说某中央领导很不赞同，"这样提怎么能够通过呢？"由此可见，中国人对任何问题都要追求"通过"，学术讨论也要追究求"通过"。果真如此，哪来的"和而不同"呢？

毛泽东青少年时代的好友之一，诗人萧三的哥哥萧瑜，曾写过一本篇幅很小的《食学发凡》[34]。这是"食学"这个名词的首创者，他认为"食学领域与使命"应包括饮食的生理、心理、物理和哲理四大方面，并认为"全世界尚无一部关于研究四大方面的饮食学通典或通论"。他为此作了简短的解释，他说的前三条都可以理解，唯"哲理"一条，他几乎说不出什么新见解，足见饮食的哲理的确不易说清楚，这也是阴阳五行学说在饮食领域内被碎片化了的一大缘由。其实，饮食文化研究中，对李亦园先生所说的"人际之和"极为关注，也就是饮食礼仪习俗的研究，我们不妨称之为饮食的"伦理"。此外，由于人们饮食生活社会化趋势日益加大，在饮食类企业的"管理运营"中，单纯靠社会道德教育已经不足以抑制少数经营者的不良行为，为此必须动用法律手段，这也可以称为"法理"。对于这两者，萧瑜都没有提到。

笔者见到的《食学发凡》是1966年首发的，据说还有1955年的版本，可惜未见，不管是哪一种版本，在当时都没有引起社会的共鸣，"食学"这个词几乎没人提。但是当学术界对饮食文化作了一定深度的研究以后，人们发现有关饮食学科门类相当多，但彼此之间互不连通，有时甚至互相排斥，于是有人觉得有必要建立研究"饮食学通典或通论"的大学问，它的最佳名称就是"食学"。笔者以为，新的食学应该包括阴阳二元图像、致中和原理、天人合一、食为民天等历史上所有的文明成果。据笔者所知，目前国内至少有两拨人马正在撰著《食学概论》，我们期待它们出世，更希望它们不落入《烹饪概论》《饮食文化概论》的巢臼。

参考文献

[1] 季鸿崑.中国烹饪技术体系的形成和发展[A].林则普主编.中国烹饪发展战略问题研究,聊城:东方美食出版社,2001.

[2] 郭继民.道家就像"太空人"[N].光明日报.2012年9月23日.

[3] 段玉裁. 说字解字注[M]. 河南: 中州古籍出版社, 2006.

[4] (清)阮元校注. 十三编注疏[M]. 北京: 中华书局, 1979.

[5] 朱熹注. 周易[M]. 上海: 上海古籍出版社, 1987.

[6] 王弼注. 老子[M]. 上海: 上海古籍出版社, 1989.

[7] 郭象注. 庄子[M]. 上海: 上海古籍出版社, 1989.

[8] 张谌注. 列子[M]. 上海: 上海古籍出版社, 1989.

[9] 杨倞注. 荀子[M]. 上海: 上海古籍出版社, 1989.

[10] 孙星衍. 墨子閒诂[M]. 北京: 中华书局, 1986.

[11] 司马迁. 史记·孟子荀卿列传[M]. 郑州: 中州古籍出版社, 1996.

[12] 高诱注. 淮南子[M]. 上海: 上海古籍出版社, 1989.

[13] 董仲舒. 春秋繁露[M]. 上海: 上海古籍出版社, 1989.

[14] 班固. 白虎通德论[M]. 上海: 上海古籍出版社, 1990.

[15] 班固. 汉书·五行志[M]. 郑州: 中州古籍出版社, 1996.

[16] 王充. 论衡[M]. 上海: 上海古籍出版社, 1990.

[17] 葛洪. 抱朴子[M]. 上海: 上海古籍出版社, 1990.

[18] 辞源[M]. 上海: 上海辞书出版社, 1989.

[19] 张仲景. 伤寒论·原序[M]. 北京: 北京中国书店, 1993.

[20] 陈邦贤. 中国医学史[M]. 上海: 上海书店据商务印书馆, 1984.

[21] 邱鸿钟. 医学与人类文化[M]. 长沙: 湖南科学技术出版社, 1993.

[22] 彭晓. 周易参同契分章通真义(四库全书本)[M]. 上海: 上海古籍出版社, 1990.

[23] 正坤编. 黄帝内经(上、下)[M]. 北京: 中国文史出版社, 2003.

[24] 周东浩. 中医: 祛魅与返魅(复杂性科学视角下的中医现代化及营卫解读)[J]. 桂林: 广西师范大学出版社, 2008.

[25] 黄帝内经素问[M]. 北京: 人民卫生出版社, 1956.

[26] 中国营养学会. 中国居民膳食指南[M]. 拉萨: 西藏人民出版社, 2009.

[27] 李三译注. 食经[M]. 北京: 中国纺织出版社, 2006.

[28] 陈淑君等. 中国美食诗文[M]. 广州: 广东高等教育出版社, 1989.

[29] 余秋雨. 何谓文化[M]. 武汉: 长江文艺出版社, 2012.

[30] 高成鸢. 饮食之道——中国饮食文化的理路思考[M]. 济南: 山东画报出版社, 2008.

[31] 李亦园. 中国饮食文化研究的理论图像(第六届中国饮食文化学术研讨会论文集)[M]. 台北中国饮食文化基金会, 2000.

[32] 白话国语[M]. 长沙: 岳麓书社, 1994.

[33] 李泽厚, 刘绪源. 中国哲学如何登场? —李泽厚2011年谈话录[M]. 上海: 上海译文出版社, 2012.

[34] 萧瑜. 食学发凡[M]. 台北世界书局, 1966.

中国传统食品的科学评价与文化解读

张炳文，孙淑荣，张桂香，曲荣波

（济南大学商学院，山东 济南 250002）

摘要： 针对当前我国传统食品资源在国人心中定位不强、存在认识误区而导致消费水平低、消费能力差等问题，构建有代表性的中国传统健康食品的评价体系已迫在眉睫，评价体系主要包括科学评价与文化解读，如独特的传统工艺（非物质文化遗产）、产地、营养与功能保健价值、历史文化解读等，在注重我国区域差异性、特色性的基础上，构建系列中国传统健康食品资源的评价标准体系，进而建立起消费者对其的认知度和美誉度。

关键词： 中国传统食品；科学评价；文化解读

2013年8月19日习近平总书记在全国宣传思想工作会议上指出，每个国家和民族的历史传统、文化积淀、基本国情不同，其发展道路必然有着自己的特色。中华文化积淀着中华民族最深沉的精神追求，是中华民族生生不息、发展壮大的丰厚滋养；中华优秀传统文化是中华民族的突出优势，是我们最深厚的文化软实力；中国特色社会主义植根于中华文化沃土、反映中国人民意愿、适应中国和时代发展进步要求，有着深厚历史渊源和广泛现实基础。

许多发达国家十分珍视自己的传统食文化，保护和弘扬自己的传统食文化，甚至把它上升为维护民族权益、保护本国工农业的战略高度。近几年，随着孔子学院的对外交流，中国传统食文化与食材也在走向世界，国外许多学者开始对我国许多传统资源的研究颇感兴趣，如日本、法国、美国等研究者提出的"中国不同地域豆腐的制作机理""中国发酵豆制品的菌种及其演变""使用天然碱水的兰州拉面"等研究项目。

黄酒、醋、豆豉、豆腐、腐乳、泡菜、阿胶、粉丝、茶、拉面、凉茶等均是由中国人创造发明、在国人的饮食发展史中扮演过重要角色，且富有中国传统食文化特征。但当前许多消费者对其文化内涵不了解、传统食疗价值不清楚，认识上存在许多误区，导致当前我国传统食文化资源市场引领性差、在国人心中定位不强、消费水平低、消费能力差等不足，面临极大的市场挑战。当前急需对中华传统食品的文化内涵、科学价值讲清楚，引导消费者正确的认识、认

作者简介： 张炳文（1970— ），男，济南大学商学院副院长，教授。主要从事中国传统食品资源的科学评价与文化解读等方面的研究。

注： 本文为国家社科基金项目（13BGL096）《我国食文化资源评价体系与激励机制研究》、山东省社会科学规划项目（09CJGZ56、09BJGJ13）的部分研究内容。

知中国传统食品，进而认可中国传统食品。

中国传统食品是闪闪发光的金字招牌，是蜚声中外的传统名牌，是中华民族的珍贵遗产，有着百年悠久的辉煌历程，塑造了久负盛名、经久不衰的光辉形象。中国传统食品蕴含的智慧、科学与文化，值得我们耐心品味与借鉴，以启发现代经营管理的新思路。中国传统食品的成与败、兴与衰、经营之道、传承转折，乃至与政治、经济、社会风俗等各方面的关系，值得我们耐心品味。几千年来中华文明的史实证明，中国传统食品不仅符合中国以农耕为主的食物生产结构特点和自然环境条件，而且经过数千年经验总结，形成了非常合理、科学和多彩的食学内容。

1 当前中国传统食品发展的制约因素

当前中国传统食品保护传承不成体系、产业链不完整、产业开发无特色、或产业开发不标准、产业文化内涵不深挖、产业促销不积极、市场占有份额低、健康资源导向不足、市场引领性差，导致在国人心中定位不强。比较日韩对纳豆和泡菜的用法、用量、使用频率、重视程度、产业化水平、产业链对接、文化产业对接、药理和食疗延伸等等若干层面，我国传统食品消费上存在着诸多误区。

1.1 消费者对中国传统食品的关注程度低

当前中国传统食品的加工多呈现出单打独斗、散兵游勇的状态，规模化、产业化、标准化程度低，消费者存在对传统食品食用频率低、用量少、用法单一、重视程度不够等问题，由于缺乏必要导购知识，消费者消费水平低、消费能力差。如消费者对豆豉和腐乳的消费，多是从调料角度考虑，对阿胶的消费，多是在需时以药补角度考虑使用，等等。

许多消费者对中国传统食品文化内涵不了解、健康价值不清楚，认识上存在众多误区，产品本身缺乏统一的标准，特别是针对富有中国传统特色的食品的评价体系的匮乏，导致当前我国传统食品市场引领性差、在国人心中定位不强、消费水平低、消费能力差等不足，面临极大的市场挑战。

1.2 政府对中国传统食品的关注程度弱

政府对传统食品产业的关注程度，远落后于日本和韩国。各地差异性特点，导致政府对健康资源不关注或关注不均衡。在资源的非产区、非原料区，政府往往疏于关注；在资源的产区或原料区，政府关注程度也不一。

政府的关注，往往时冷时热、缺乏持续、持久的关注态度，往往伴随招商引资项目杠杆转动，投资中有与之相关的项目，关注度往往高涨；投资力度减弱，或投资不能久持，关注度又迅速降温。政府的关注，往往以经济轴为核心，功利性、粉饰性过强，忽高忽低性过多，导致该产业时兴时衰。政府的关注，有时又呈现出急功近利的特点，导致产业发展不成体系、产业发展时断时续，导致该产业的无序性、无规划性发展。

传统食品产业兴盛和发展是渐进过程，需要政府加强对资源的产业化、标准化、科技化、文化化、有序化的管理力度和关注思维。政府的关注，应充分借鉴韩、日经验，对该产业的发展应举一地之力，在该产业的保护与传承，应作为政府相关部门的己任。当然我国与日韩国情不同，在传统食品生产上，我国存在着原料产地多、制作技法多、生产过程多、区域差异大的特点，政府在关注该产业时，也应充分注重这些差异性。

1.3 研究者对中国传统食品资源的关注程度分散

研究者对我国传统食品总体上呈现越来越重视的状态，从现有的学位论文和期刊论文分析，国内对传统食品研究主要集中在资源本身的理化分析层面，侧重于食品的营养元素构成、营养成分比例等，对传统食品的科学解读评价、产业化生产、标准化要求、特色化包装、文化内涵深度挖掘，产业战略推进，国内市场占有率提升、国际市场推进等方面研究，重视程度明显不足。

有不少研究者限于专业领域偏于理化分析，有学者虽然在探索中国传统食品和文化产业的交合点，但限于多重因素，两者从理论到实践层面，始终未得到有效组合，更有少量学者甚至否定传统食品的保护与传承。恰当处理特色化与标准化、产业化与秘方权，是众多学者研究的又一重大课题，对此进行的研究重视程度亦远不足。对传统食品综合评价研究方面，国内学者也存在自然科学与社会科学无交融的现状，跨专业研究固然有难度，但更难的是二者结合点的寻找。

中国粉丝产销量居世界首位，品质良好的龙口粉丝大部分出口到日、韩等国，被推崇为健康食品，笔者所在项目组近几年的初步研究发现，龙口粉丝由于其独特的原料选择与工艺技术，是抗性淀粉含量最丰富的人类常食食物资源之一，抗性淀粉作为低热量组分在食物中存在，可起到与膳食纤维相似的生理功能，成为食品营养学的一个研究热点。类似的相关研究，如泡菜之乳酸菌、豆豉之溶栓激酶等等均应引起学者的关注。

2 对中国传统食品进行科学评价与文化解读的意义

对中国传统食品进行科学评价与文化解读，将引导消费者科学对待、充分认识中国传统好食品的安全性、文化性、科学性及其健康价值；将引起政府的积极关注，共同做好中国传统食品资源的传承与保护；将引起媒体的关注，扩大中国传统好食品资源及其文化在国内外消费者中的认知与认同。本研究对传承弘扬中华传统食文化、提高国民健康素质等方面意义重大，对于该产业的可持续发展具有良好的带动作用。当前急需对中国传统食品的文化内涵、科学价值讲清楚，引导消费者正确的认识、认知中国传统食品，进而认可中国传统食品。

2.1 对中国传统食品进行系统、科学、全面的评价与文化解读，有理论和实践的双重意义

国内对传统食品资源产业保护传承利用现状，显示出与日韩有较大差距。在对比日韩传统食品资源评价、保护、传承基础上，构建中国传统食品系统、科学、全面的评价体系与文化解读，首先在理论建设上，可进一步弥补我国传统食品资源理论研究的某些不足，进一步弥补该产业理论研究的弱项或缺失。其次借鉴本课题的理论成果，可用以指导中国传统食品资源产业的发展，改变当前产业保护体系不成熟、产业链不完整、产业发展不规范、资源文化内涵挖掘不深、市场占有份额严重不足的现状。

2.2 对中国传统食品进行系统、科学、全面的评价与文化解读，可指导中国传统食品走向国际

构建中国传统食品系统、科学、全面的评价体系与文化解读，将引领国际市场食品资源的时尚和走向，指导国内传统食品产业发展趋势和模式，特别是随着孔子学院的对外交流，扩大中国传统食品及其文化在国外消费者中的认知与认同，借孔子学院对外交流之东风，扩大输出产品与文化。

2.3 对中国传统食品进行系统、科学、全面的评价与文化解读，可引导消费者科学对待、充分认识中国传统食品的科学性、文化性

近年来国人的饮食生活出现了与传统饮食生活相疏离的倾向，当前国内消费者对中国传统食品资源存在众多消费误区，如与日本纳豆近似的中国豆豉、与韩国泡菜近似的中国泡菜长期作为传统的调味品，食用范围窄，产品没有系统开发，自身营养和活性成分没有得到充分地挖掘，限制了被消费者认同范围的扩大和市场的发展，类似原因导致阿胶、粉丝、黄酒等许多中国独特的传统健康食品被忽略。

2.4 对中国传统食品进行系统、科学、全面的评价与文化解读，可指导中国传统食品产业健康发展

改变当前该产业保护体系不成熟、产业链条不完整、文化内涵挖掘不深、市场占有份额严重不足、引领性差等缺陷，提高该产业在国人心中的地位，进而建立起消费者对其认知度和美誉度. 对于产业的营销宣传、可持续发展具有良好的带动作用，可明显提高中国传统食品原产地的知名度（城市名片作用）、产品形象及旅游文化的交流。可以指导中华传统食品立足国内，走向国际，特别是随着孔子学院的对外交流，进一步扩大中华传统食品及其文化在国内外消费者中的认知与认同。

2.5 对中国传统食品进行系统、科学、全面的评价与文化解读，契合习近平总书记提出的对宣传阐释中国特色要"四个讲清楚"的理念

2013年8月19日，习近平总书记在全国宣传思想工作会议上的讲话明确提出：宣传阐释中

国特色要讲清楚每个国家和民族的历史传统、文化积淀、基本国情不同，其发展道路必然有着自己的特色；讲清楚中华文化积淀着中华民族最深沉的精神追求，是中华民族生生不息、发展壮大的丰厚滋养；讲清楚中华优秀传统文化是中华民族的突出优势，是我们最深厚的文化软实力；讲清楚中国特色社会主义植根于中华文化沃土、反映中国人民意愿、适应中国和时代发展进步要求，有着深厚历史渊源和广泛现实基础。中华民族创造了源远流长的中华文化，中华民族也一定能够创造出中华文化新的辉煌。独特的文化传统，独特的历史命运，独特的基本国情，注定了我们必然要走适合自己特点的发展道路。对我国传统文化，对国外的东西，要坚持古为今用、洋为中用，去粗取精、去伪存真，经过科学的扬弃后使之为我所用。

3 对中国传统食品发展的建议——重视科学与文化的交融

中国传统食品具有丰富独特的文化内涵，是长期经验的积累和智慧的集成，具有良好的风味性、营养性、健康性和安全性。中国传统食品现代化需要科技先行，依靠现代科技，破解中国传统食品的科学奥秘。

3.1 中国传统食品品牌建设需要不断充值

发掘整理中国传统食品的核心竞争力是建设文化强国的一部分，中国传统食品品牌需要不断充值，重视品牌价值建设和提升，而品牌价值建设需要在品牌形象和品牌文化内涵方面下功夫。国家食物与营养咨询委员会副主任李里特教授指出，中华民族文化的主流是创新的文化、是先进的文化，也是全世界各民族敬仰的文化，应该认真分析中华饮食文化的历史、现状，系统调查、抢救、研究和开发我国各地的传统食品资源，让它们为人类再造辉煌。

3.2 政府与社会层面需建立相应的激励机制

针对我国传统食品产业，建议政府与社会层面建立起相应的激励机制，设立专项基金，加大优秀食文化资源的推广力度，运用主流媒体、公共文化场所等资源，在资金、频道、版面、场地等方面为精品力作提供条件，在奖项评定、知识产权保护等方面对其重点关注。

3.3 完成与旅游、文化等产业的对接

在建立起我国传统食品全面、科学、系统评价体系的基础上，完成与旅游产业的对接，如文化主题公园（博物馆）的建设、旅游礼品与线路的开发；在影视、动漫、出版、新闻等文化领域上拓展空间，大力发展食文化旅游产业；挖掘产品的文化内涵、突出特色、培育品牌；积极开发不同形式的旅游产品等方面加快我国特色传统食品旅游产业的大发展。

3.4 建立中国传统好食品联盟及相关标志产品的认证

由中国食文化研究会民族食文化委员会负责"中国传统好食品联盟"会员认定和相关工作，秘书处设在中国食文化研究会民族食文化专委会。申请认定产品的生产企业提出书面申

请，提交"中国传统好食品联盟"认定申报表及相应申报材料。委员会组织专家评审小组，以材料审核、现场审核走访相结合的方式，依据《"中国传统好食品"评分表》，对相关产品进行评审，并提出评审结果。委员会将评审结果通过相关网站、主流报刊等媒体进行公示，并接受全社会的监督和意见反馈（图1~图3）。

图1　中国传统好食品标志（初稿）

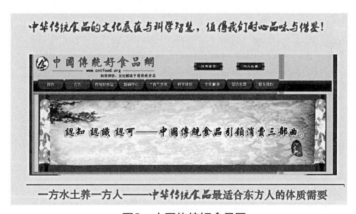

图2　中国传统好食品网

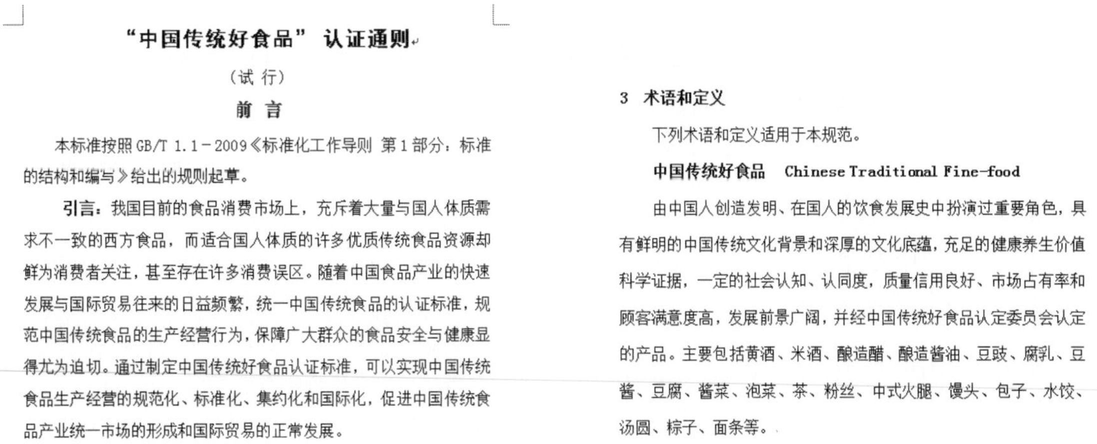

"中国传统好食品"认证通则

（试 行）

前 言

本标准按照GB/T 1.1-2009《标准化工作导则 第1部分：标准的结构和编写》给出的规则起草。

引言：我国目前的食品消费市场上，充斥着大量与国人体质需求不一致的西方食品，而适合国人体质的许多优质传统食品资源却鲜为消费者关注，甚至存在许多消费误区。随着中国食品产业的快速发展与国际贸易往来的日益频繁，统一中国传统食品的认证标准，规范中国传统食品的生产经营行为，保障广大群众的食品安全与健康显得尤为迫切。通过制定中国传统好食品认证标准，可以实现中国传统食品生产经营的规范化、标准化、集约化和国际化，促进中国传统食品产业统一市场的形成和国际贸易的正常发展。

3 术语和定义

下列术语和定义适用于本规范。

中国传统好食品 Chinese Traditional Fine-food

由中国人创造发明、在国人的饮食发展史中扮演过重要角色，具有鲜明的中国传统文化背景和深厚的文化底蕴，充足的健康养生价值科学证据，一定的社会认知、认同度，质量信用良好、市场占有率和顾客满意度高，发展前景广阔，并经中国传统好食品认定委员会认定的产品。主要包括黄酒、米酒、酿造醋、酿造酱油、豆豉、腐乳、豆酱、豆腐、酱菜、泡菜、茶、粉丝、中式火腿、馒头、包子、水饺、汤圆、粽子、面条等。

图3　中国传统好食品认证通则

3.5 组织编著《中国传统食品文化解读与科学评价》

其主要内容包括对中国传统食品资源中的文化解读、传统技艺归纳整理、科学解读，采用图表、照片等资料，翔实介绍中国传统食品资源传统技艺的悠久历史和发展现状，展示与当地经济发展、文化传统的紧密关系，以及在老百姓日常生活中的意义，表现出传统技艺、文化底蕴于产品独特的历史、文化、科学、教育和审美价值。

文化解读：围绕中国传统食品传统技艺的悠久历史和发展，搜集、挖掘与中国传统食品相关的名人轶事、诗词文赋、传说故事等，展示与经济发展、文化传统的紧密关系，以及在老百姓日常生活中的意义，表现出传统技艺、文化底蕴于产品独特的历史、文化、科学、教育和审美价值中。

科学评价：围绕中医食疗学、营养科学、活性成分研究等，对中国传统食品与人体健康的关系作系统、全面的科学证据分析，从中医食疗角度、营养科学角度、活性成分研究角度，以及独特的加工工艺技术、独特的原料选择与搭配等方面做深入浅出的科学、系统讲述。

编写大纲与案例

第一部分　中国传统食品概述

第二部分　中国传统食学文化概述

第一章　中国传统食学文化中蕴含的营养思想

第二章　中国传统食学中蕴含的艺术理念

第三章　中国传统食学中蕴含的文化理念

第三部分　分章介绍中华传统食品

中国黄酒、中国泡菜、中国陈醋、中国茶、中国阿胶、中国腐乳、中国豆豉、中国豆酱、中国馒头与面条、中国包子与水饺、中国汤圆与粽子、中国火腿等。

第一章　中国豆豉

第一节　中国黄酒的历史与文化渊源解读（历史古籍、名人轶事、诗歌辞赋、民间传说等）

第二节　中国黄酒传统技艺的解读

第三节　中国黄酒的科学评价（中医食疗评价、现代营养学评价、活性物质研究与功能评价）

第二章　中国豆酱

第三章　中国腐乳

第四章　中国黄酒

第五章　中国阿胶

第六章　中国陈醋

……

4 结束语

一方水土养一方人——中国传统食品最适合东方人的体质需要。中国传统食品的科学评价解读、文化内涵的弘扬不应被忽视，从某种意义讲它是更重要的文化遗产，也是人类食物营养科学进步的基础。

通过系列活动，如专家解读品鉴会、国家社科成果要报发表、中国传统好食品标志产品认证等形式，引导消费者科学对待、充分认识中国传统食品的安全性与健康价值；引起政府的关注，做好中国传统食品的传承、保护、推广、引领消费；引起媒体的关注，扩大中国传统食品及其文化在国内外消费者中的认知与认同。

参考文献

[1] 须见洋行, 马场健史, 岸丁憲明. 纳豆中のづロウキナ ゼ活性化酵素と血栓溶解能[J]. 日本食品科学工学会志, 1996(10).

[2] 李辉尚, 陈明海等. 日本纳豆食品工业发展对我国的启示[J]. 粮油食品科技, 2008(4).

[3] 蒋立文, 周双都. 曲霉型 (浏阳) 豆豉的现状和发展前景[J]. 中国酿造, 2003(6).

[4] 赵卫宏. 论赣菜的品牌塑造与营销——以韩国泡菜文化为例[J]. 企业经济, 2008(2).

[5] 陈功. 试论中国泡菜历史与发展[J]. 食品与发酵科技, 2010(3).

[6] 励建荣. 论中国传统保健食品的工业化和现代化[J]. 食品科技, 2004(12).

[7] 李里特. 中国传统食品的营养问题[J]. 中国食物与营养, 2007(6).

浅说北宋前中期理辽、夏边事的策略
——以"茶"为考察核心

陈圣铿

（北京大学政府管理学院，北京　100871）

摘　要： 茶是经济作物，却有政治价值。茶税始于唐德宗建中年间，到了宋代，茶已属于国有财产，天下禁茶，百姓不能私卖。北宋与边疆辽、夏的关系微妙，时战时和，因为茶是游牧民族的生活必需品，无茶则病，所以茶成为了北宋用以笼络、谈判或是实施经济制裁的筹码。北宋以茶博马、养兵，茶不但有经济价值，也是北宋朝廷对付边疆事务的政治资源。

关键词： 茶；茶税；游牧民族；边疆政治

1 前言

茶乃中国的特产，虽然茶的起源至今仍众说纷纭，但可以确定的是，茶在中唐时期，已经开始讲究制作工艺，逐渐从"药"转变成为单纯的"饮品"。到了北宋时期，茶的种类、产量逐渐丰富，并且逐渐普及开来，如崇宁年间的汴京城朱雀门外："以南东西两教坊，余皆居民或茶坊。街心市井，至夜尤盛。"或者较高级的"北山子茶坊，内有仙洞、仙桥，仕女往往夜游，吃茶于彼。"京城繁华可见一斑，从茶坊与民居混杂、高级茶楼以供宴游的字里行间，也可得知当时的"茶"已经与庶民生活紧密结合了。

茶也是西北边疆地区少数民族的生活必需品。由于茶产地的独特性，西北边民若要满足这项生活需求，就只能从中国进口，透过贸易或掠夺取得。于宋而言，作为经济商品的茶，对内用以增加税收，对外可以遏制少数民族，亦或是透过茶马贸易来装备战力。简言之，茶的政治地位来自于其经济价值。

北宋边关战事繁多，虽非皆因"茶"而起，但茶在其中实扮演着一个重要的角色，有着较为鲜明的地位。理清"茶"从经济（税收）到政治（理边策略）的地位与价值，是探讨北宋政治的理边策略中不可忽视的区块。

作者简介：陈圣铿（1987—　），男，中国台湾高雄人，北京大学政府管理学院中国政治思想方向博士生。

2 茶的地位：从经济到政治

作为具有政治意义的茶，必然不会只是单纯的商品，除了提供经济收益之外，还要兼具政治上的价值。具马端临考证：茶税起于唐德宗建中年间，因"时军用广，常赋不足，所税亦随尽，亦莫能充本储。"唐穆宗时欲加茶税，当时的右拾遗李珏谏曰："榷茶起于养兵，今边境无虞，而厚敛伤民，不可一也。"此可知茶税之源，用于支持军事经费，就李珏的观点而言，茶税不应该列入经常性的税收，而是国家有事财用不足时候的权宜之举。唐文宗时，宰相王涯自领榷茶使，"徙民茶树于官场，焚其旧积者，天下大怨。"自此之后，茶产业全部收归官有。宋太祖"诏民茶折税外，悉官买，敢藏匿不送官及私贩鬻者，没入之，论罪。"宋太宗也有"茶园户辄毁败其丛树者，计所出茶，论如法。"茶叶属于官方严格管制的货品，即便川陕、广南地区的人民可交易茶叶，却也限制出境，严格禁茶。

为何茶叶的禁令如此严苛？原因在于其产品的特殊性，涉及税收、军事、外交等重大层面：

雍熙后用兵，切于馈饷，多令商人入刍粮塞下，酌地之远近而为其直，取市价而厚增之，授以要券，谓之交引，至京师给以缗钱，又移文江、淮、荆湖给以茶及颗、末盐。端拱二年，置折中仓，听商人输粟京师，优其直，给茶盐于江、淮。

（至道）二年，从允恭等请，禁淮南十二州军盐，官鬻之，商人先入金帛，京师及扬州折博务者，悉偿以茶。

在养兵方面，茶叶虽不是军粮，但却可以让商人将军粮运至边关，官给交引供其提茶，从茶叶交易中来获得相等的利益，换言之，茶叶等同于现钞。当然，其背后必然需要有一套完整的物价系统支撑着，为免物价波动，官方必须采用管制经济的专卖手段，从中保证税收与商人的利益。以茶为钱的作法，也出现过供需失衡导致茶叶积滞廉价的状况，在此不做讨论。

北宋的茶叶分级明确，分片茶、散茶两大类。片茶中有十二等作为岁贡及邦国之用，其余的片茶依据产地不同，据马端临的统计，有二十六名之多。散茶也有十一名。又分腊、片、散三等，腊茶价格最高，片茶其次，散茶最廉。从当时库部官员的说法可了解，时人对茶的品级高下已有很好的认识：

建州上春采茶时，茶园人无数，击鼓闻数十里，然亦园中才间垄，茶品高下已相远，又况山林之异邪？

另有文献记载：

丁晋公为福建转运使，始制为凤团，后又为龙团，贡不过四十饼，专拟上供，虽近臣之家徒闻之而为常见也。天圣中又为小团，其品迥加于大团，赐两府，然止于一勒。唯上大齐宿八人、两府共赐小团一饼，缕之以金。

蔡君谟始作小团茶入贡，意以仁宗嗣未立而悦上心也。又作曾坑小团，岁贡一斤，欧文忠所谓两府共赐一饼者是也。元丰中，取拣芽不入香作密云龙茶，小于小团而厚实过之，终元丰时，外臣未始识之。……至元祐末，福建转运司又取北苑枪旗，建人所作斗茶者也，以为瑞云龙，请进，不纳。绍圣初，方入贡，岁不过八团。

姑且不论团茶是谁所创，从上述几段引文中，可看出北宋时期的贡茶带有工艺品的特质，已非单纯的饮品，龙团、凤团、小团等特贡之茶产量珍稀，外臣难见。除了专供的团茶之外，价格普遍便宜的散茶亦然：

草茶极品惟双井、顾渚，亦不过各有数亩。双井在分宁县……然岁仅得一二斤尔。顾渚在长兴县……两地所产，岁只五六斤。盖茶味虽均，其精者在嫩芽，取其初萌如雀舌者，谓之枪；稍敷而为叶者，谓之旗。旗非所贵，不得已取一枪一旗犹可，过是则老矣。

草茶即散茶。不管是团茶或散茶，总有人将其当成艺术品一般地讲究精致，从如此多层次的等级到制作材料方面的要求，可以看出北宋社会具备了商品经济的形态，作为日常必需品的茶，已然成为一种更高品味的奢侈品。或许，当时北宋的国家资源还算充足，国力并不贫弱。

在国力足以徕远人、怀诸侯，且西北边疆民族对茶有所需求之时，作为独有的特产茶就成为国家必须积极控制的资源，茶从的经济价值造就了其独特的政治地位。

3 茶在北宋朝廷理边策略的角色

3.1 茶在辽、夏方面的需求与政经地位

边疆地区，地多苦寒，不利农耕，在这样的环境下，畜牧便成为其维持生存的物质基础。单凭畜牧，民族难以扎根壮大，契丹之为辽，党项之成西夏，除了畜牧之外，必然还有其他的经济来源，例如契丹"人马不给粮草，遣数骑分出四野，劫掠人民，号为'打草谷'。"但透过掠夺获得资源，毕竟也有风险，不能长期为之，所以契丹首领阿保机"率汉人耕种，为治城郭邑屋舍廛市如幽州制度，汉人安之，不复思归。"以保障资源得以永续供应。党项人亦然，史金波先生研究西夏社会，指出西夏由奴隶社会转向封建社会的过渡其中，党项人为满足基础劳动力的需求，必须要掳人为己所用，因此西夏外发动的多次战役，掳人可能是其目的之一。党项人也同样需要汉民族的农耕技术，搭配上其发达的畜牧，采用牛耕的方式，方法与中原地区相似。为了保证足量的粮食生产，甚至曾派遣武装到宋界开垦生地。尽管契丹和党项都在原有的畜牧基础上，并用农耕与掠夺来维持资源，但受限于天然环境，资源依旧支撑不起一个帝国的运作，所以，在和平的条件下透过对宋贸易取得所需的资源，便显得相当重要。

游牧民族以肉为主食，饮食多油腻。宋人朱彧曾记录：

先公使辽日，供乳粥一椀甚珍，但沃以生油，不可入口。谕之使去油，不听，因给令以他

器贮油，使自酌用之，乃许，自后遂得淡粥。

从这段记载中，可以知道辽人的饮食重油，即便外客到来，也不改饮食本色。因为吃得油腻，便需要以茶助食。

元符末，程之邵言戎俗：食肉饮酪，故贵茶，而病于难得。

茶对于游牧民族而言，或许也有"药"的作用，能排除长期肉食所造成的生理负担，就苏东坡也有食肉之后以浓茶漱口来解颊腻之说。帮助王安石理西夏事的王韶曾言："西人颇以善马至边，所嗜唯茶，乏茶与市。"也有"夏人仰吾和市，如婴儿之望乳。"之说，都透露出辽、夏对茶的需求。

另外，在文化层面，辽、夏则表现出截然不同的风貌。如宋人苗绶云："议者重燕而轻夏。燕人衣服饮食，以中国为法；夏人不慕中国，习俗自如，不可轻也。"苗绶，应该就是《宋史》中的苗授，他很明确地指出辽、夏的不同之处，也许当时的辽人有逐渐汉化的现象，其茶礼亦然：

（宋）宰相礼绝於庶官……见於私第，虽选人亦坐，盖客礼也。唯两制以上点茶汤……庶官只点茶。

先公使辽，辽人相见，其俗先点汤，后点茶。至饮会亦先水饮，然後品味以进。但欲与中国相反，本无义理。

关于点茶、点汤的礼俗，常礼乃是"客来点茶，茶罢点汤。"，所以朱彧认为辽俗故意与中国相反，甚无义理可言。不管点茶、点汤的顺序如何，从上引的两段文字中可以看出：宋、辽官场皆点茶待客，但茶本中国之物，点茶亦中国之法，辽俗何有？或许是向中国学习而得。而"燕京茶肆设双陆局，或五或六，多至十，博者蹴局，如南人之茶肆中置棋具也。"辽国的茶也深入民间，在茶肆中设局赌博，和南方的宋人习性相似，在茶与社会文化这方面，或许有所趋同，同时可以看出"茶"在辽人官场或庶民生活中的重要性。

西夏则不然。所谓"夏人不慕中国"，赵元昊登基后尝犯中国，目的在于掠夺资源，且有意识地避免为中国所弱化。《东坡志林》中有载：

天圣中，曹玮以节镇定州。王鬷为三司副使……玮谓鬷曰……然吾昔为秦州，闻德明岁使人以羊马货易于边，课所获多少为赏罚，时将以此杀人。其子元昊年十三，谏曰：'吾本以羊马为国，今反以资中原，所得皆茶彩轻浮之物，适足以骄惰吾民，今又欲以此戮人。茶彩日增，羊马日减，吾国其削乎！'乃止不戮。

由此可知，西夏对中国茶彩的需求量大，在明德当政时期，多透过贸易手段满足国用，元昊对此提出警讯，正反映出西夏对中国的贸易依存度过高，以羊马牲口资中国，久将不利于西夏。所以，元昊登基后兴兵中国，企图单方面从中国获取资源，打破以中国为衣食父母的称臣现状。此外，茶也是西夏再次对外贸易的资源，如"本界西北连接诸蕃，以茶数斤，可以博羊一口。"总而言之，茶之于西夏，对内可满足民生需求，对外可向他族博买牲口，价值甚高。

辽、夏等游牧民族资源匮乏，必须透过贸易、掠夺，甚至是兴兵勒索的方式来获得他们要的资源。茶或许不是他们与中国交恶的唯一原因，但因为茶的商品特殊性高，又是游牧民族的生活必需品，茶、马贸易关系着是和是战的选择，宋廷的官员们也多有讨论，可知茶在北宋朝廷的理边策略上扮演着重要的角色。

3.2 茶在北宋朝廷边事上的价值

承上所述，茶对于辽、夏而言，有着较高的需求价值，影响泛及官场与民生层面。茶对于北宋朝廷而言，仅仅是一种经济作物，除了特殊几款精品茶贡与皇帝私用，再藉由皇帝之手转赐臣下的茶有一些政治功能之外，余下不出口的茶，基本还是民生经济的价值多一些。茶走出中国，尤其到了边疆事务上，其影响力就渗透到政治层面了。以下从北宋的理边策略，简要分项述之。

赏赐与招降纳叛

游牧民族饮食油腻，生理上对茶的依赖较大，故有茶为"酪奴"一说。北宋朝廷深明此理，在赏赐边境游牧民族的物品中经常有茶，史载众多，且举数例论之：

石、隰州副都部署耿斌言河西蕃部指挥使拽浪南山等四百余人来归，赐袍带、茶彩、口粮，仍令所在倍存恤之。

已未，秦凤经畧司言："（蕃部）今遣人贡马，颇有向化之心，欲月增大彩五匹、角茶五斤……旧军王李觉萨与转都军，主月增大彩三匹、角茶三斤，兄蕃僧遵锥格与赐紫，月给小彩一匹、散茶三斤，"从之。

庚子，以西蕃首领三班奉职吹同乞砂、三班借职吹同山乞并为左千牛卫将军，各赐帛三十四、茶三十斤，使还本族捍贼，始用富弼之言也。

赵德明遣使贡马，贺汾阴礼毕。赐德明衣带、鞍勒马、器币，宾佐将士银帛、茶荈。

朝廷当行封册为夏国主，赐诏不名，许自置官属……一如接见契丹使人礼……置榷场于保安军，岁赐绢十万匹、茶三万斤，生日与十月一日赐赉之。

这是宋廷对于归顺者的赏赐，所赐之茶的等级分为茶、茶荈、角茶、散茶，其中的"荈"是茶之老叶，散茶是宋茶中价格较廉者，至于角茶为何，暂不得而知，依李氏《长编》，"角茶"的记录起于仁宗宝元元年，较蔡君谟制小团茶早，一直持续至哲宗元祐元年，所赐对象为主动来附的西蕃部落首领，常与散茶并书，推测是宋茶中等级一般之茶。又"赐三路缘边部署、钤辖、将校腊茶。"此处直书"腊茶"，所赐对象为本朝官员将领，规格或许相对较高。在《画墁录》中有载：

熙宁中，苏子容使虏，姚麟为副。约："盍载些小团茶乎?"子容曰："此乃供上之物，俦敢与虏人?"未几有贵公子使虏，广贮团茶，自尔虏人非团茶不纳也，非小团不贵也。彼以二团易蕃罗一疋，此以一罗酬四团，少不满则形言语。

张氏特别强调"贵公子"，反映出小团茶乃达官显贵的专属之茶。熙宁中期之前用以贡辽的茶以团茶为贵，或许更多的是散茶。时宋辽为兄弟之邦尚且如此，更何况是其他的边疆民族? 但"宣和后，团茶不复贵，皆以为赐，亦不复如向日之精。"

茶既珍贵，除了主动的赏赐之外，还有以茶诱降或笼络者:

又诏蕃族万山、万迈、庞罗逝安、子都虞侯、军主吴守正、马尾等，能率部下归顺者，授团练使，银万两、绢万匹、钱五万缗、茶五千斤；其有亡命叛去者，释罪臻录。

知庆州、礼宾使张崇俊言：……藏才凡三十八族，在黑山前后，每岁自丰州赍锦袍、腰带、彩茶等往彼招诱，间将羊马入贡京师。

请且修缘边城池……仍须广土兵，减骑卒。盖土兵增则守御有备，骑卒减则转饷可蠲。优爵秩之科以诱兼并，宽茶盐之利以邀入中。

在国防理边的策略上，招降笼络不啻为一种解决争端的手段。宋廷理边，直接透过优渥的资源，宽其茶盐之利，让边疆民族旧守其地，一方面减少边关驻军的消耗，另一方面获得边疆民族的牲口进贡。在处理西夏问题上，茶与边关贸易同样是宋廷的谈判筹码:

甲午，张崇贵自延州入奏，诏谕以继迁昔时变诈之状，今当使德明自为誓约，纳灵州土疆，止居平夏，遣子弟入宿卫，送略去官吏，尽散蕃汉兵及质口，封境之上有侵扰者禀朝旨，凡七事；则授德明以定难节度使、西平王，赐金帛缗钱四万贯疋两、茶二万斤，给内地节度使俸，听回图往来，放青盐之禁，凡五事。

如前所述，时西夏正处于奴隶制度转向封建的发展阶段，常虏他国边民入夏充当基础劳动力，故本次德明称臣的条件有释放质口一项。西夏称臣，宋赐与大量资源，使西夏不必再冒险掠夺资源。在赏赐的清单中，茶与财宝、绢帛并列，足见其重要性。又战时:

永洛之役，一日丧马七千匹。城下沙烬中大小团茶可拾也，乃是将以买人头者。

永洛之役，即永乐之役，是神宗元丰年间的一场大战役，宋军败于西夏，善于治茶的转运使李稷死于永乐城。从这段文字，应可推测当时的小团茶较为普及，如同前文"苏子容使虏"所述，小团茶不再专贡国内显贵，边榷贸易也出现小团茶之踪影；其次，守将以大小团茶来买人头，作为赏赐军功之用，足见茶之价值。

金钱外交

以和平的手段换取和平，除了大量的赏赐之外，还有所谓的"岁纳"或"岁赐"，即每年定期交纳给辽或西夏的资源，以免去兵灾侵扰。这部分的财政支出，是在确保双方和平的前提之下，用以维持友好关系。

> 凡契丹主生日……锦绮透背、杂色罗纱绫縠绢二千疋，杂彩二千疋，法酒三十壶，的乳茶十斤，岳麓茶五斤……其母生日，约此数焉。

> 初元昊以誓表来上……朝廷岁赐绢十三万匹，银五万两，茶二万斤，进奉干元节回赐银一万两，绢一万匹，茶五千斤，贺正贡献回赐银五千两，绢五千匹，茶五千斤，冬赐时服银五千两，绢五千匹，及赐臣生日礼物银器二千两，细衣着一千匹，杂帛二千匹，乞如常数。

不管是生日礼单，或是岁赐清单，都能见到茶的身影。赠辽主的礼单出于真宗景德二年，在澶渊之盟之后；赐西夏主的礼单在仁宗庆历四年，正是宋夏议和之际，从礼单中可看出元昊索要了大量的茶。茶固然产于宋，但对游牧民族大量赐茶，容易导致后患，宋臣田况便提出警示：

> 甲申，知制诰田况言："近闻西界再遣人赴阙，必是重有邀求。朝廷前许茶五万斤，如闻朝论欲与大斤，臣计之，乃是二十万余斤。兼闻下三司取往年赐元昊大斤茶色号，欲为则例，臣窃惑之……若遂与之，则其悔有三，不可不虑。一则搬辇劳弊，二则茶利归贼，三则北敌兴辞。今茶数多，辇至保安军益远，岁岁如此，人何以堪？议者欲令商旅入中，可以不劳而致。且商旅惟利是嗜，非厚有所得，则诱之不行……今计利者谓，若令商旅入中，则一缣之费，未能致茶一大斤……今北敌嫚视中国，自欲主盟边功，苟闻元昊岁得茶二十余万斤，岂不动心？"

从田况的论述中，得知茶的运输过程商客劳动，成本高，又连年征战，国用消耗，茶利不可轻与。从政治的角度来说，西夏小邦尚得此大饼，若一破例，将让北辽更加索要无度，届时将可能造成更大的隐患。但也由此可知：辽、夏对茶的需求大，欧阳修甚至指出："今西贼一岁三十万，北敌又要三二十万，中国岂得不困？"此言虽有些夸张，但也透露出："茶利"实际上占了北宋经济的很大比例。

以茶博马养兵

边关战事，消耗钱粮，况茶税初为养兵而课，可以视为支撑军事的资源。在宋臣眼里，茶是取用不尽的资源："夫茶者，生於山而无穷，盐者出於水而不竭，贱而散之三年，十未减其一二。"正因如此，茶成为了北宋朝廷经济结构中很重要的一项，在连年的边事中，茶除了赏赐外族换取和平之外，也支应了一部分的军费。

> 然自西北宿兵既多，馈饷不足，因募商人入中刍粟，度地里远近，增其虚估，给券，以茶偿之。

上对辅臣言向来茶法之弊。文彦博曰："非茶法弊，盖昔年用兵西北，调边食急，用茶偿之，其数既多，茶不售则所在委积，故虚钱多而坏法也。"王安石曰："榷茶所获利无多。"吴充曰："仁宗朝茶法极弊时，岁犹得九十余万缗，亦不为少，茶法因用兵而坏，彦博所言是矣。"

战事导致边关的粮饷不足，商旅输粮至边，交换更高价值的茶引而归，用以降低朝廷在运输军粮方面的成本，同时达到养兵的效果，诚如文彦博和吴充所言，军粮来源过度依靠茶利而生弊端。另一方面，仁宗朝是北宋冗兵最多的时期，茶利可供军粮，可见茶利之高。

茶与马，在北宋的理边策略上大抵不可分开：

元丰四年，郭茂恂言：欲专以茶博马，以彩帛博粮谷，及以茶马并为一司……况卖茶买马事，实相须乞，买马通茶场。从之……熙宁以来，讲摘山之利得充廐之良，中国得马足以为我利，戎人得茶不能以为我害。

元符末，程之邵言戎俗：食肉饮酪，故贵茶，而病于难得。愿禁沿边鬻茶，以蜀产易上乘。诏可。未几易马万匹。

贸易或互市，实非单方面受益。输出次等的茶叶换取良马，非但益于提升战力，还能换取和平。故元昊曾谏明德曰："吾本以羊马为国，今反以资中原……茶彩日增，羊马日减，吾国其削乎！"朝贡或边关互市，在元昊的眼里是一种亲痛仇快的行为。中国缺良马，良马只能从游牧民族手上取得，也发生过游牧民族依附西夏，不肯卖马而遭宋军屠杀之事。为免"良马"过度依赖游牧民族提供，故王安石推行保马法，一时可谓"养马畜马者众，马不可得。"然马"非其地弗良也，非其人弗能牧也。水旱则困于刍粟，暑则死于疫疾。"当时中国不具备驯养良马的条件，只能透过边贸进口，以茶交易而得。总言之，边关互市所嘉惠者，实非仅有游牧民族，宋亦牟得其利。而以茶博得良马，就宋廷而言，不啻为一单损有余而补不足、提振国力的买卖。

限制茶出口，经济制裁

辽、夏与宋，受限于自然条件的不同，畜牧的经济型态较农业生产来得较不稳定，对外在资源的需求也就更大，经济依存度自然偏高。大中祥符元年，西夏旱灾，真宗皇帝"诏榷场勿禁西人市粮，以振其乏。"而仁宗庆历年间也发生过"诸路皆传元昊为西蕃所败，野利族叛，黄鼠食稼，天旱，赐遗、互市久不通，饮无茶，衣帛贵，国内疲困，思纳款。"西夏位处苦寒之地，农耕条件有限，壮大国力所需的资源必须从外邦获取，一旦失去"赐遗、互市"等渠道，其国内民生必出问题，饮无茶、衣帛贵，因此选择称臣。故马氏从地理环境来谈西夏的处境：

元昊倔强构逆，兵势甚锐，竭天下之力，不能少挫其锋，然至绝其岁次互市，则不免衣皮食酪，几不能以为国，是以哑哑屈服。……然不过与诸蕃部杂处於旱海不毛之地……仅足以自存。

认为再如何骁勇的民族，只要断其资源，终究必须屈服。

然而，欲行经济封锁，必须以强大的国力作为后盾，如史册所载：

淳化四年，转运副使郑文宝议禁池盐，用困继迁。数月，边人四十二族万余骑寇环州，屠小康堡，太宗乃遣钱若水弛其禁，因抚慰之。

此处记载乃太宗妥协于边人，虽然实施经济封锁，却遭到反扑而不奏实效。但《文献通考》所载刚好相反，而是"知环州程德玄等击走之，因诏弛盐禁，由是部族宁息，自是朝贡不绝。"参照李氏《长编》，所记内容与《宋史》相近，可能是马氏考证有所失误，但不管此次禁盐引发的战役胜败如何，都反映出少数民族对中国物资需求的急切性，之所以兴兵，也是因为资源问题，所欲者通商而已。回应到元昊之"饮无茶，衣帛贵，国内疲困，思纳款。"茶虽为经济作物，同时具有其"理边"政治价值。

4 结论

综上所述，茶自唐德宗始有税，至宋直接收为国有，百姓不得私卖，填补了北宋朝廷在军事上面的消耗。茶本为经济作物，却因边疆游牧民族的高度需求而跃上政治舞台，成为宋廷对外谈判、笼络维持和平，甚至是经济制裁的重要资源。论宋朝积贫积弱者，时而有闻，但从考察茶在宋辽、宋夏关系上的线索，参酌时人言论，发现北宋朝廷的国力并不算差，光是茶利便足以撑起西北用兵的军粮费用，同时还能满足各种赏赐花销。诚如时人吴充所言："仁宗朝茶法极弊时，岁犹得九十余万缗。"仁宗朝又是养兵最为多的时代，可见北宋朝之病灶不在外患。

《茶经》有言："茶之为饮，最宜精行俭德之人。"直接道出茶在思想上的意义，茶作为精行俭德的载体，应当有所感染力。有学者考证辽人茶礼遍及宗教信仰、政治与社会民俗三个方面，注重"礼"，表示契丹民族已经逐步脱离游牧民族的特性，慢慢向定居的生活型态演变，面对文化水平较高的宋，也有效仿的情况产生，这是一种文化的渗透力。元昊的政治敏锐度高，知道与宋交往，"所得皆茶彩轻浮之物，适足以骄惰吾民。"刻意不让宋文化输入过多，以免党项族人的特性流失。茶对西夏人虽然重要，却仅停留在民间需求的阶段，不似辽之发展出一套礼仪。

茶在政治上，许给了北宋朝廷一个可战可和的条件，然而，此"战"或许仅限於抵御外侮的守备态势，仁宗皇帝以范文正公理西北边事，起因在于西夏兴兵犯边，并非宋廷主动兴兵征讨西夏，茶利尚可支撑。神宗皇帝蓄谋多年，以安石理财，用王韶理西北边事，初虽有绩效，却复惨败于永乐之役，国力消耗惨重。如以结果论断，仁宗皇帝以前采用挟资源以制边境之策，巧妙地将茶、盐、绢帛等商品的经济价值转化为政治筹码，充分掌握供需要则，才是较为合适的理边策略。

参考文献

[1] 孟元老. 东京梦华录[M]. 北京: 商务印书馆, 1982.

[2] 马端临. 文献通考[M]. 北京: 中华书局, 1986.

[3] 欧阳修等. 新唐书[M]. 北京: 中华书局, 1975.

[4] 脱脱等. 宋史[M]. 北京: 中华书局, 1985.

[5] 庞元英. 文昌杂录[M]. 北京: 中华书局, 1958.

[6] 张舜民. 画墁录[M]. 北京: 中华书局, 1991.

[7] 王巩. 闻见近录[M]. 北京: 中华书局, 1984.

[8] 叶梦得. 避暑录话[M]. 北京: 商务印书馆, 1939.

[9] 史金波. 西夏社会[M]. 上海: 上海人民出版社, 2007.

[10] 朱彧. 萍洲可谈[M]. 北京: 中华书局, 2007.

[11] 章如愚. 山堂考索后集[M]. 北京: 中华书局, 1992.

[12] 赵令畤. 侯鲭录[M]. 北京: 中华书局, 2002.

[13] 吴广成. 西夏书事[M]. 台湾: 广文书局, 1957.

[14] 陈师道. 后山谈丛[M]. 北京: 中华书局, 2007.

[15] 袁文. 瓮牖闲评[M]. 北京: 商务印书馆, 1939.

[16] 苏轼. 东坡志林[M]. 北京: 中华书局, 1981.

[17] 李焘. 续资治通鉴长编[M]. 北京: 中华书局, 2004.

[18] 叶梦得. 石林燕语[M]. 北京: 中华书局, 1984.

[19] 李攸. 宋朝事实[M]. 北京: 中华书局, 1955.

[20] 王夫之. 宋论[M]. 台湾: 商务印书馆, 1979.

[21] 王洪军, 胡玉涵[M]. 契丹族人的饮茶、茶事与政治. 饮食文化研究 国际茶文化专号, 2006, (2): 107.

一日三餐中的筷子文化

吴 澎

（山东农业大学食品科学与工程学院，山东 泰安 271018）

摘 要：筷子是中华饮食文化的象征，在中餐文化中占有重要地位，本文通过筷子的起源传说、祈颂、禁忌三个方面，结合日常生活细节，总结了我国筷子文化，阐述了筷子的使用礼仪。

关键词：筷子文化；起源；祈颂；禁忌

出自儒家经典《礼记》的"夫礼之初，始诸饮食"道出了中华民族自古崇尚礼仪的传统，并认为礼制的发端是饮食活动中的行为规范。

中国人的通达和智慧体现在日常生活中，一饮一啄都有信仰和理念。所以自古以来，人们就深信用餐礼仪体现了一个人的家庭教养、文化修养和礼仪素质。

筷子是中餐中最重要的进餐用具，小小一双筷子中蕴含的深厚的文化。

我国是世界上最早发明和使用筷子的国家，现有的文献记载可以追溯到商代。《史记·微子世家》中有"纣始有象箸"的记载，纣为商代末期君主，以此推算，我国至少有三千多年的用筷历史了。

1 筷子起源的民间传说

关于筷子的起源，有三个广为流传的民间传说。

姜子牙与筷子流传于四川等地的，说的是姜子牙发达之前十分穷困。他老婆实在无法跟他过苦日子，就想用毒肉害死他另嫁他人。结果被神鸟指引用竹枝试出，知道任何毒物都能用竹枝验出来，从此每餐都用其进餐。后来效仿的人越来越多，用筷吃饭的习俗也就一代代传了下来。

妲己与筷子流传于江苏一带。说的是妲己侍奉喜怒无常的商纣，为讨得纣王的欢心，用头上长长玉簪给商纣王夹菜喂饭，这就是玉筷的雏形。以后这种夹菜的方式传到了民间，便产生了筷子。

大禹与筷子流传于东北地区。说的是尧舜时代，洪水泛滥成灾，舜命禹去治理水患。大禹

作者简介：吴澎（1972— ），女，博士，山东农业大学副教授，硕士生导师。中国食文化研究会专家委员会委员，山东食品科技学会会员，美国 AACC（谷物化学家协会）会员，中国农学会会员。主要从事食品法规与标准、食品安全性、中国饮食文化等课程的教学工作。

受命后，为节约时间，总是以树枝、细竹从沸滚的热锅中捞食，以省出时间来制服洪水。人们纷纷效仿，就这样渐渐形成了筷子的雏形。

促成筷子诞生，最主要的契机应是熟食烫手，古民就地取材。上述传说是将数千年百姓逐渐摸索到的制筷过程，集中到几个典型历史人物身上。其实，筷箸的诞生，应是人民群众的集体智慧，并非某一人的功劳。

中国人的筷子文化还包含祈颂和禁忌两部分。

2 祈颂

且不说我们日常生活中筷子上面印刻的那些吉祥如意的图案和画面，单说筷子的名称就体现了人们的祈颂。先秦时期称筷子为"挟"，秦汉时期叫"箸"。筷子古时被称为"箸"，明清时期运河上的船夫因为忌讳其与"停住"和"虫蛀"谐音，而取名"筷"以表达希望船行快速之意，经过几百年的时间在全国普及。

在易经文化中，两根筷子的组合成为一个太极，主动的一根为阳，从动的那根为阴，两根筷子可以互换，此为阴阳可变。筷子一头方一头圆。方的象征着地属坤卦，圆的象征着天为乾卦。手拿筷柄，用筷头夹菜，坤在上而乾在下，这就是《地天泰》卦，和顺畅达。

中国传统筷子的标准长度是七寸六分，代表人的七情六欲，每餐拿起一双筷子时意念上是控制七情六欲，阴阳相济，即为养生。

筷子是成双成对的，所以才有古时婚礼聘礼中有筷子的习俗，同时也是取"快生孩子"的谐音。

随着社会的发展筷子文化中还衍生出带有现代特色的一些言行，比如跟不小心打碎餐具大家会说"碎碎平安"一样，筷子落地可以齐说："快快乐乐"——"筷落"的谐音。

3 忌讳

3.1 摆筷

用餐前筷子一定要整齐码放在饭碗的右侧。

餐前发放筷子时，要把筷子一双双理顺，距离较远时，可以请人递过去，不能随手掷在桌上。将筷子长短不齐的放在桌子上，意为"三长两短"。古时人死后还没有盖棺材盖的时候，棺材的组成部分是前后两块短木板，两旁加底部共三块长木板，五块木板合在一起做成的棺材正好是三长两短，所以说这是极为不吉利的事情。

用餐的过程中，在暂时不需要用筷子揶食物的时候，将筷子整齐地平放在桌上，最好放在"筷子架"上或搁在自己的碟、盘边上。

用餐后，则一定要整齐地竖向摆放在饭碗口的正中。

切不可把筷子分置餐具左右，那就破坏了成双成对之意。也不可将筷子随便交叉放在桌上，因为在我们传统习惯中，批错题或枪决犯人才打叉号。

3.2 执筷

正确的方法讲究得是用右手执筷，大拇指和食指捏住筷子的上端三分之一处，另外三个手指自然弯曲扶住筷子，并且筷子的两端一定要对齐。执筷部位过低容易夹取不灵活，显得笨拙；执筷部位过高古有远嫁之说，又有自视甚高之嫌。

不要反拿筷子，给人饥不择食的感觉。

3.3 用筷

中国人使用筷子用餐从远古流传下来，日常生活当中对筷子的运用是非常讲究的，切忌以下的用筷方式。

敲击筷：即在等待就餐时，不能手拿筷子随意敲打餐桌、碗盏或茶杯。

插香筷：在用餐中途因故需暂时离开时，要把筷子轻轻搁在桌子上或餐碟边，不能插在饭碗里。

挥舞筷：在夹菜时，不能用筷子在菜盘里挥来挥去，上下乱翻；遇到别人也来夹菜时，要有意避让，谨防"筷子打架"；也不要在请别人用菜时，把筷子戳到别人面前，这样做是失礼的。

迷离筷：拿着筷子犹豫不决夹哪道菜。

滴水筷：在夹汤汁多的菜肴时用筷子抖掉汤汁。

多塞筷：一次性夹着多种菜肴塞到口中，这样的做法显得非常狼狈。

空回筷：已经用筷子夹起了食物，但是不吃又放回去。

嘬舔筷：不论筷子上是否残留着食物，用舌头去舔筷子。把筷子的一端含在嘴里，用嘴来回去嘬，并不时的发出咝咝声响。

借力筷：用筷子将碗挪到自己面前。

指挥筷：和人交谈时，一边说话一边像指挥棒似地挥舞着筷子，甚至用筷子指着别人，而不将筷子暂时放下。

拍打筷：放筷或说话时随便将筷子在桌上拍响，这是一种缺少教养的表现。

敬酒筷：端杯敬酒时，筷子还夹在手中，好像不拿着筷子敬完酒后就吃不到东西。这是对被敬酒的人不尊重。

先锋筷：在别人或主人动筷之前，自己的筷子就伴随着搜索的眼光先开工。

连续筷：当用筷子夹取不易夹取的食物，连续几次不成功还在继续。撷取食物，特别是花生、蚕豆、黄豆……这些颗粒状的食品，连续不停地夹吃，旁若无人。一般来说，连续夹食不超过三次。

牙签筷：用筷子当牙签剔牙，是极不文明、极不卫生的举动。

生活在礼仪之邦，了解小小的一双筷子中蕴含的深意，正确运用筷子，能够映射出中华民族深厚的文化积淀，让我们在享用现代的一日三餐同时也细细体味祖先留下的人生智慧。

参考文献

[1] 邢丽华. 义子、筷子、手指[J]. 中国食品, 1985(4): 32-36.

[2] 杜莉, 孙俊秀, 高海薇. 筷子与刀叉——中西饮食文化比较[M]. 成都: 四川科学出版社, 2007.

[3] 高成鸢. 筷子与中国饮食文化[J]. 科技潮. 1999(4): 21-26.

[4] 杨乃济. 筷子、刀叉及其他中西饮食文化漫谈之四[J]. 中国国情国力, 1993(6): 54-58.

[5] 吴澎. 中国饮食文化[M]. 北京: 化学工业出版社, 2015.

试论素食产生与发展的深层原因

李明晨

（武汉商学院烹饪与食品工程学院，湖北　武汉　430056）

摘　要： 新世纪，素食作为一种新兴而时尚的饮食理念和方式蓬勃发展。尤其在西方发达国家和我国的港台地区，素食成为一种饮食新趋向。任何事物的产生在偶然现象的背后都有着必然的原因。素食的产生与发展并非现代的事情，从历时性的视角审视素食，它经历了人类发展的多个历史阶段，经历了数千年的历史。尽管一直伴随着素食与荤食哪个更健康之争，在社会深层因素的影响下，素食从古代发展到了现在。在社会名流、动物伦理、宗教信仰和生态和谐等因素的综合作用下，古老的素食焕发出新的生命力。

关键词： 素食；养生；生活；生态保护

1 素食——古老的养生哲学

　　提到素食大家自然想到寺院、庙宇的僧尼，他们因信教而素食。其实在中国，素食之说并不是来源于佛教，而是来源于中国的古圣先哲。其源头可以追溯到先秦时期的"孔孟思想"，即儒家"仁慈"与"孝道"思想。《孟子·梁惠王》上曰："君子之于禽兽也，见其生，不忍见其死，闻其声，不忍食其肉，是以君子远庖厨也。"这是表示仁慈。

　　"素"在汉语中本义是指白色、干净和质朴。有专家作过考证，素食在中国古代有三种含义：一是指蔬食，此义与我们现代意义的素食重合，《匡谬正俗》中记载："案素食，谓但食菜果饵之属，无酒肉也。"在《庄子·南华经》中则直接用了"蔬食"一词："蔬食而遨游，泛若不系之舟"；二是把生吃各种瓜果植物，与现代意义上的天然纯素食有相近的地方；第三指无功而食禄，此乃由肚皮上升到大脑的高度了，已是社会学领域中的事。虽与我们今天的素食无关，但也是从物质到精神的层面，说明素食确能推动人们精神的提升。

　　在我国历代的医家看来，素食是一个重要的养生原则。古老的医学一直是主张多用清淡素食，少用肥腻厚味的。《黄帝内经》是我国的养生哲学的精髓，主张人们健康来源于"起居有常，饮食有节，恬淡怡情，精神内守"，如果过多食用肉类食物，则"高粱之变，足生大丁"。药王孙思邈在《备急千金翼方》中也说："食之不已为人作患，是故食最鲜肴务令简少。饮食

　　作者简介： 李明晨（1976—　），男，汉族，山东省阳谷县人。武汉商学院讲师，硕士研究生学历。主要从事饮食文化教学研究工作。

当令节俭，若贪味伤多，老人肠胃皮薄，多则不消。"即是说一定要少吃荤食，不要因贪鲜味而伤身体，尤其是老年人的消化吸收功能较弱，更要三思而食。他还进一步说："老人所以多疾者，皆有少时春夏取凉过多，饮食太冷，故其鱼脍、生菜、生肉、腥冷物多损于人，宜常断之。"明代医家李延认为，对中年人的精气亏损，唯素食调养，能气阴两补，助胃益脾，最为平正。《黄帝内经》《神农本草经》《饮膳正要》《本草纲目》等古籍中都记载有用蔬菜制作素食的饮食疗法，如现在人人都知道的常吃芹菜能降压、健胃、利尿；常吃萝卜、山药能健脾消食、止咳化痰、顺气利尿、清热解毒；常吃黑木耳、香菇等有清涤胃肠，滋胃降压、强心补肾脏等作用等。总之，从古至今，中国的文化传统和民间观念中，都保存有素食养生延年益寿的思想。

2 素食——古老而新潮的生活观念

吃的数量与质量有不同的衡量标准，上流的饮食水平在社会上起着引领和标杆作用。人们出于种种原因出现了素食、荤食、荤素搭配、杂食甚至是耳餐和目餐的区别。关于素食与荤食的分野自古就存在。人们吃素食的原因有经济原因、宗教信仰和生活观念等。对于粗茶淡饭来果腹的百姓人家讲，鸡鸭鱼肉等荤食是质量较高的食物。但是，对于素食爱好者和素食主义者而言，荤食是禁食的范畴或自觉拒绝食用的。因此对于荤食和素食哪一类是更为质量上乘的食物，对于不同饮食生活观念的群体来讲有着巨大差异。

中国的素食分为民间素食、寺院素食、市场素食和宫廷素食等类别。民间素食是百姓家庭在长时段的粗茶淡饭生活中形成和发展的一类素食。这类素食以面、米、青菜或野菜为主要原料经过简单的蒸、煮、腌、炒等烹饪技法制作而成，供家庭成员食用。农耕民族下层民众的清苦素食生活支撑起官吏、士大夫等上层社会的奢华饮食。今天的农村地区，尽管人们生活水平有了历史性的转变，不过一日三餐炒菜或荤素搭配的仍不多见。民间素食很大程度上是因为贫苦人家在经济条件达不到荤食原料日常化下的无奈选择。

寺院素食包括佛教、道教和中国的伊斯兰教等宗教场所的素食，是宗教素食的统称。佛教自东汉时期传入内地，据说是汉明帝梦到金光四射的人降临，大臣圆梦说是西方真人降祥瑞与陛下。汉明帝听信此言，派人西行迎接西方真人。在途中遇到了向东方来传播佛教的两位高僧竺法兰和迦叶摩腾。历史的巧合与偶然性使得佛教得以内传，佛教本土化后成为中国文化的主体架构之一。印度佛教并不完全禁止荤食，西藏的密宗（黄教和红教）和从西南传入云南的小乘佛教也不禁食荤食。一般认为佛教徒吃素始于南朝梁武帝萧衍颁布的《断酒肉文》。不过也有一些不严格遵行法正食的和尚，如五代时期的布袋和尚、清代扬州法海寺的和尚都过着"酒肉穿肠过，佛祖心中留"的饮食生活。这只是极个别的例外，绝大多数皈依佛门的人遵行素食。宗教素食的进食内容与形式都是围绕修行展开的。以心性空净，渐进佛境为修行旨归的佛教僧众认为通过素食有助于修行者心性空净，要戒除损慈悲之种的血肉之物以及刺激性的乱心性之物。

中国原生的道教讲求尊生贵德，本性自然，在饮食上有些门派主张素食修道，认为酒肉厚味使人偏离自然本性。有些甚至出现极端的做法如辟谷、食朝露灵花等。宗教素食是在森严教规下发展起来的。

市场素食是指对外经营的餐饮场所提供的素食菜肴。这是以营利为目的，迎合人们饮食需要而推出的形形色色的各类素食。烹饪过程中的辅料、调味料有时候也可能是荤料所做如肉酱、高汤、卤水等。宫廷素食是官府菜中的素食部分，钟鸣鼎食之家的素食制作相当讲究，制作也十分精美，丝毫不逊于荤食大菜。湘菜中的祖庵菜有一些是素菜。据说谭延闿（字祖庵）喜欢吃的烧菜心制作十分严格复杂，仅是选料要从两担小白菜中才能选择出做一盘菜的菜心。孔府菜和皇宫里面的素食制作也与彰显主人的尊贵地位紧密相连。

这些类型的素食是在政治地位、经济发展和宗教信仰影响下形成和发展的。

从国内外的饮食发展进程来看，由古及今存在着崇尚素食的群体。有些群体不是出于宗教信仰，也不是由于市场和官阶的原因，只是一种饮食态度，人们把这一类群体归为素食主义。在西方，素食主义者秉承"动物拥有或应该拥有道德地位"的理念。动物伦理研究者和信奉者也坚持动物有生命权，不应该成为人类的盘中餐。这种超越以人为中心的自然观甚或把动物与人等视的自然观支配着他们的素食行为。一般认为古希腊著名哲学家毕达哥拉斯（公元前580年—前500年）是西方第一个规定信徒食素的思想家。他认为"神祇只享用无血的仙果。动物被赋予了灵魂，人类与动物的灵魂有相同的构成，死后灵魂会轮回转生，非暴力是必须的，人类与动物存在着自然或超自然的亲属关系。"毕达哥拉斯的观点与中国佛教的轮回转世有相似之处，与萧衍《断酒肉文》的依据也有类同之处。这就表明，东西方的哲人在动物与人的哲学层面关系上有着近似的认识。

受其影响，波菲里撰写了著作《论禁食动物》，开章明义地提出禁食肉食。他认为"素食是节俭生活方式，它本身是美德的一部分，素食具有容易获取且不昂贵的好处"。他的观点对素食主义者产生了较为深刻的影响，这个群体多数认为吃素能够得到心灵的安慰，是仁慈爱怜甚至博爱情怀等美德在饮食生活上的体现。在中国佛教文化圈内，无论是出家修行还是家内研修的居士或广大信众，认为吃斋念佛有益于养成心怀善念的美德。儒家先哲孟子提出的"君子远庖厨"论广为流传。他的本意是劝谏国君推行仁政，以不进行屠杀人的战争和武力为原则，通过君子风度的仁爱教化达到天下大治的大同社会。不过人们没有给予正确理解，导致没有给予厨师尤其是屠夫应有的社会地位。以至于直到今天还影响着人们对厨师职业的看法。人们认为以屠杀猪牛羊等为业的屠夫生性凶残，一般不敢同他们产生矛盾。人们依照自己的逻辑认为他们在愤怒之下，会像屠杀动物一样杀人。无论是东方还是西方都曾宣扬人是万物之灵。中国上古九宣称"三才者，天地人"和"人是三才中心"。基督教宣扬"人和动物占据生命的不同国度，只有人类拥有不朽的灵魂"。这些以人为中心甚至于以自我为中心的论断在上层人物的宣扬下被大众无意识地接受。人们认为为了人的需要（出于生存、营养、社会交往和宣扬尊贵地位等）屠杀动物作为食物是十分自然不过的事情。

在宗教神学统治下的中世纪，素食主义被列为异端，倡导或遵行素食主义者会遭到逮捕、折磨甚至于处死。发端于法国南部和意大利北部禁止吃肉的"清洁派"运动发展迅速，13世纪基督教教宗英诺森三世下令十字军将其消灭。达尔文提出的"优胜劣汰"自然法则为反对素食主义者提供了强大的理论支持。人类在能力上、能够控制其他物种，也有把动物作为食物的权利。这在人与其他动物关系不紧张的生态环境下显得十分合情合理。随着人口数量的快速增加，人与其他动物之间的关系日趋紧张，以至于如果放任的话，一些动物将会在人的口中绝迹。14世纪的意大利圣者贝拉米内认为"动物也有灵魂，我们回应它们的方式是仁慈而非残酷"。他以类似于东方圣贤孔子的仁政观点指出"在力气、财富、权力占优势的人认为有理由支配、控制、压迫和剥削劣势者—这是一个令人类痛苦的倾向"。

文艺复兴带来人的意识觉醒，进而发展了人类中心主义，"我思故我在"的笛卡尔宣称"动物既没有意识的能力，也没有感觉痛的能力"。哲学家蒙田对此进行了回击，"人与非人动物之间存在一种亲密关系或相互联结，非人动物应该受到尊重与爱护……我们没有理由将我们凌驾于其他物种之上"。此后素食主义论者波姆、圣马斯·摩尔、洛克与人类中心主义者潘恩、莱布尼茨、休谟、卢梭等从各自的角度论述人与非人动物之间的关系。哲学家、思想家等社会精英们的相左观点表明人类关于素食与荤食的孰是孰非一直争论不下。在这些精英没有定论的思想论战影响下，素食主义和荤食沿着各自的轨迹发展。

3 素食与生态

人们的饮食生活日复一日地过着，直至工业化社会尤其是农业工业化到来，素食主义与生态危机结合再次引起现代人的关注。

进入20世纪，人类受到来自环境的困扰，全球人口数量增加、耕地减少、气候变暖。能源的危机，导致了自然灾害频发，带给人类以新的思考。

现代工业化，在给人们带来前所未有的物质繁荣的同时，也带来了无止境的物质欲望。根据联合国粮农组织提供的数据表明：在农耕经济状态，由于依靠纯粹的人力和畜力运输，劳作基本以个体的手工业为主体，社会结构发育极为简单。在该阶段人均粮食消费以满足人最基本的自然属性为主，人均粮食消费量最低。但在工业化和城市化及其对应的复杂的社会里，在形成复杂的社会经济关系的同时，人类生存所依赖的物质和能量，也由之前的以粮食为主转变为肉类、粮食和副食品等多元的结构。而且，工业化、城市化和社会结构复杂化演进程度越高，人类的肉类、粮食和副食品消费结构就越复杂，人均粮食消费量也越高。如印度所代表的农耕经济的人均粮食消费200千克/年至300千克/年；中国所代表的由农耕经济向工业化、城市化和社会结构复杂化演化过程中的社会的人均粮食消费400千克/年至600千克/年。而以欧盟等工业化、城市化和社会结构分化已经完成且进入稳定形态的社会的人均粮食消费量600千克/年至900千克/年。这个数值关系呈现出典型的递增和倍数关系。与人均粮食消费量呈现出倍数增加的同时。其人均能源消费量具有相似性。比如，初步工业化和城市化阶段人均能源消费量为3～4吨标准煤/年，工业化成熟和稳定阶段的欧洲人均能源消费量为6～8吨标准煤/年，信息化和超级强国的美国人均能源消费量为9～12吨标准煤/年，等等。

素食的提倡，让我们回到本来的物质消费水平上，减少对肉类、副食品的消耗，从实质上减少我们对能源和资料的需求量，素食更有利于环境保护。看一组有趣的数据：每制作一个汉堡包，就要砍伐掉相当于一块厨房大的热带雨林。20世纪70年代以来，中美洲已有2000万公顷的热带雨林消失。正如一道算术题目：吃一块牛排对地球变暖的影响，相当于一辆小车行驶两英里。我们用50千克黄豆喂猪，能回收12千克猪肉，喂牛，能回收10千克牛肉；为吃肉，我们浪费了90%左右的食物，还要以多出10倍的土地来耕种，为了足够的耕地，人类便要开垦草原、森林，我们的嘴通过肉食，不仅在进食森林、海洋，还在进食草原、耕地。

世界观察研究所报告指出"目前全球采用的饲养动物的方法使大自然付出了极大的代价：从最直接的影响——氮污染和草原西积的缩小——到最深远的——物种灭绝和气候变暖。过度发展的、资源消耗密集型的畜牧业是与地球生态保护不相吻合的。"农业工业化尤其是动物性食材规模化养殖和工厂化生产对全球的生态产生着越来越大的负面影响。动物规模化养殖、野生动物保护、传染性疾病与营养素获取、人的健康权以及生物科技的发展等问题成为素食和荤食孰是孰非争论的焦点。

人类对于肉食的需求尤其是城市居民的肉食需求，使得动物的规模化养殖日趋发展。工厂化生产无疑提高了动物的生长速度，这种依靠监禁式的（把动物控制在棚屋内）打破了动物的生长规律。牛、羊、猪、鸡、鸭、鹅等人类常食畜禽类在养殖场生长而成，它们是在狭小的空间内成长。动物保护组织尤其主张非人动物道德者认为在集约化的工厂内动物受到更为残酷的待遇。终生被监禁在固定的场所内，强迫受孕和强迫进食。规模化养殖追求的利益最大化引导者饲养者想方设法缩短动物的生长期。采取催眠（缺乏阳光、催眠药物）、多次进食带有激素等药物的催生饲料等方法将动物的生长期缩短了三分之一，甚至是二分之一。这违背了动物本身的生长规律，其生产的肉食，在品质上值得怀疑。有人提出我们在享用肉食佳肴时是在品尝美味还是在进食饲料。当人们怀疑规模化企业的肉食品质的时候，同时肯定了野生动物需求的合理性。在野生动物更加营养、更加绿色的饮食观念下，为数不少的野生动物成为荤食爱好者或猎奇者的盘中餐，甚至一些国家保护的动物也难免厄运。熊、穿山甲、灵猫、果子狸、孔雀、大雁、锦鸡甚至天鹅等珍稀野生动物变得更为珍稀和脆弱。这引起动物保护组织的强烈抗议和担忧，在组织成员看来素食是解决这一问题的有效途径。

素食者不仅从动物关怀的角度反对肉食，也从关照自身健康的角度阐述素食有理。受污染的肉食传播病菌，有些是致命的病菌。从某种程度上说，散发的、来自动物的病毒引起的病例是防不胜防的。2002年11月至2003年8月间的SARS病毒导致大范围内的传染病。29个国家报告临床诊断病例8422例，死亡916例。报告病例的平均死亡率为9.3%。2009年相关专家通过研究认为是野生果子狸把SARS病原体传染给人类。鸡鸭鹅等家禽传播的禽流感一度成为威胁人们生命的致命性流行病菌。但是这些肉食传播的病菌不管有多么恐怖，终将被科学战胜。我们不能因为此放弃或强迫人们戒除肉食，素食能够在一定程度上避免荤食传播的病毒，但不是防治的根本措施。

生态保护是素食主义者反对荤食的有力理由。因数以十亿计的庞大人口日常生活对肉食的需求推动着动物养殖者朝着更大的规模化和更为集约化发展。牧场、饲料、排泄物、流行病等导致了一系列严重后果，如水资源枯竭、粮食短缺、森林砍伐、大气污染等。尽管动物饲养不是这些问题产生和恶性化发展的元凶，但是却在助长着这些问题的发展。美国食品和农业组织表示，世界上大约14%的温室气体是由于农业所致。农业排放物中的很大一部分来自于甲烷，从造成全球变暖的程度来说，甲烷要比二氧化碳的危害大23倍。然而到2030年，农业甲烷的排放量会增加60%。全世界有150亿头牛和数以亿计的放牧牲畜排放出包括甲烷在内的大量的污染气体，其中有三分之二的氨气来自于牛。剑桥大学公共卫生专家约翰·波尔斯等人共同撰写的文章说，牛羊等反刍动物在消化过程中会产生废气，其成分主要是甲烷，而甲烷则会加剧全球变暖。如果人们少吃肉，就会减少全球的牲畜存栏量，从而减少温室气体排放。专家说，人们应该少吃牛排和汉堡包，如果全世界的红肉消费总量能下降10%的话，就会使牛羊的废气排放减少，从而为减缓气候变暖趋势做出贡献。

联合国粮农组织（FAO）一份题为《畜牧业长长的阴影：环境问题与选择》的报告中说，由于人类对肉类和奶类的需求不断上升，牲畜饲养业快速发展，牲畜产生的温室气体已经超过了汽车。如果用二氧化碳的释放量衡量，牲畜比汽车排放多18%。如果用一氧化二氮衡量，则人类活动（包括饲养牲畜）释放的一氧化二氮65%来自牲畜，而一氧化二氮的"全球变暖潜势"是二氧化碳的296倍。此外，人类活动产生的甲烷，37%来自反刍牲畜的消化道。而甲烷的温室效应是二氧化碳的23倍。

牲畜不仅产生温室气体效应，而且牲畜饲养与森林争地，导致有助于调节气候的森林的面积减少，从而进一步加剧了气候变暖的趋势。地球土地面积的30%现在都被牲畜饲养业占用。在全球可耕地中，33%被用于种植牲畜饲料作物。

粮农组织为今年世界水日发布的传单和海报中指出，肉食消耗的水是粮食的10倍，而且农业用水占总用水量的70%。生产肉食需耗费大量的水，生产1千克牛肉需要约10千克谷物、10万升的水。北京林业大学刘俊国博士指出饮食消费模式是使得水供应恶化的主要原因，把米、面等粮食转化为肉食是水缺乏的主要因素，他警告其他国家也会因为肉食大增而引发缺水现象。当然生产粮食谷物和蔬菜等素食原料也耗费水资源，相对于肉食素食原料消耗量较低。

畜牧业生产及肉食的生活方式加剧粮食危机。肉食的生活方式及与此相关的肉食生产把本可食用的粮食作为饲料，进行再生产，本身是不经济的。如果每个中国公民一年增加1磅猪肉，就需要增加250万吨谷物，这表明，人类饮食习惯的微小变化，都会给粮食生产带来巨大的影响。

素食主义者指出了上述肉食带来的全球生态问题，各类素食组织纷纷发表各类肉食带来的健康、生态恶化等问题的报告，力在说明素食才是人类与自然和谐的饮食选择。素食主义的研究成果及其观点遭到荤食者尤其是致力于肉食供给的企业及其协会的强烈反对。营养学家也反对素食尤其是全素，认为营养不均衡带来的健康问题超过了肉食造成的健康问题。生产谷物蔬菜使用的除草剂、化肥、农药、助壮素等也不同程度地污染着土壤和水资源。营养学家提倡荤素搭配、平衡膳食和合理营养，只有饮食平衡才能促进体质的健康，从人本主义角度批驳素食主义者的激进观点。围绕着人类的饮食结构问题，素食主义与荤食倡导者相争不下。这将是一个延续很长时间的人类饮食方式选择之争，其实是人类的饮食自我关注和人类可持续发展之争。

参考文献

[1] 杨伯峻. 孟子译注[M]. 第3版. 北京: 中华书局, 2010.

[2] 秦选之. 匡谬正俗[M]. 北京: 商务印书馆, 1970.

[3] 孙通海. 庄子[M]. 北京: 中华书局, 2007.

[4] 迈克尔·艾伦·福克斯. 深层素食主义[M]. 北京: 新星出版社, 2005.

[5] (英)菲利普·费尔南多-阿梅斯托著. 文明的口味—人类食物的历史[M]. 韩良忆译. 广州: 新世纪出版社, 2013.

[6] (英)杰克·古迪著. 烹饪、菜肴与阶级[M]. 王荣欣, 沈南山译. 杭州: 浙江大学出版社, 2010.

[7] 张海山. 素食主义与生态环境保护[J]. 赤峰学院学报(自然科学版), 2014(1).

回族饮食礼仪初探

关 明

（云南民族食文化研究所，云南　昆明　650051）

摘　要： 回族是中国境内分布最广的少数民族，为了适应其生存地域内多样性的环境，各地回族在伊斯兰文化的基础上，吸收了中国本土文化中不同地域、不同民族文化中相应的成分，并在住宅及其他建筑、服饰、饮食、生计方式、交通运输工具、婚俗、语言、节日等文化现象中表现出较强的地域色彩。而独特的饮食禁忌和生活习惯，成为促进族群认同与族群识别的重要因素。

回族饮食礼仪主要体现为："合法、佳美、洁净、节俭"。

关键词： 回族；饮食；礼仪

1 回族是个多民族成分形成的文化共同体

回族不是由中国古代的某个或某几个氏族、部族发展形成的，而是由来自域外信仰伊斯兰教的各族人，在长期的历史发展过程中吸收了国内多种民族成分，逐渐融合形成的。在这一过程中，伊斯兰教起到了极为重要的桥梁和纽带作用。伊斯兰教在中国不同历史时期有不同的称谓。宋、元称"大食教"，明代称"天方教"或"回回教"，明末至清称"清真教"，民国时期称"回教"。回族的饮食禁忌成为区分其他民族的显著标志，饮食生活习惯与礼仪成为维系民族发展的关键。第六次人口普查数据表明，全国二千多个县市都有回族聚居区，回族人口已突破一千多万，形成"大分散，小聚居"的格局。不同区域的回民与当地其他民族和谐共处，形成地方特色的民风民俗。在阅读了李德宽先生著的《当代回族饮食文化》，禹虹老师著的《当代回族礼俗文化》后，感到对云南回族论述偏弱，泛论全国回族饮食习俗又非一人一文可当担，因此，本文仅对云南地区的回族食礼进行初步的探寻。

作者简介： 关明（1951—　），男，云南昆明人，云南民族食文化研究所所长，从事研究民族饮食文化研究。中国餐饮业国家级一级评委，劳动和社会保障部国家级裁判员，云南省星级美食名店评委会委员，云南省非物质文化遗产保护专家委员会委员。云南省餐饮与美食行业协会副会长。曾参与编写《中国名菜谱·云南风味》《云南名小吃》《云南烹饪荟萃》《中国民族药食大全》《中国清真饮食文化》《滇菜通论》《中国烹饪文化大典》等书。主编《清真风味教学菜谱》《云南民族菜》《民族菜谱》《云南江湖菜》《新派滇味菜》《经典普洱茶菜》《云南过桥米线机密》《人文素食》等专著。

1.1 云南回族

目前云南省回族人口近七十万，有"大分散、小集中"和围绕清真寺"聚族而居"的显著特点，居城则聚为街区。居乡则自成村落。另外，和其他兄弟民族相比，云南回族主要居住在交通沿线、坝区、河谷（约占75%）、城镇（约占18%），居住山区的较少（约占7%）。全省一百二十九个县市区几乎都有传统回族村落，和其他民族乡亲和谐居住。《中华人民共和国民族区域自治实施纲要》颁布后，在回族人口相对集中的寻甸、巍山建立了与彝族联合的自治县，在杂散居地区成立回族乡（镇）9个，与兄弟民族共建的民族乡4个。回族人民的政治、经济、文化和平等权利受到了尊重和保障。

云南回族与全国回族同根同源。史载，13世纪元宪宗三年（1253年）忽必烈、兀良合率蒙古军和西域回回亲军10万人南下平大理国，是回回人入居云南的开端。明初和清初，回回移民又先后两次大量入滇，至清代咸丰、同治年间满清王朝大举"屠回、灭回"前，云南回族人口已达80余万，约占当时全省人口的1/7，成为云南人口最多的少数民族之一。历代入滇的回回人，主要是以从军（部分是为官）的身份而来，并以屯戍的方式聚族而居以落籍，于是形成了广大回族聚居区以农耕为主的经济活动特征，又由于"上马则备战斗"的需要，回回屯戍地大多为交通沿线和战略要地，进而又形成了农耕之余从事贸易和小手工业生产的回族经济活动特点。

清代初期康熙、雍正、乾隆时期，清廷对滇东北一带少数民族推行"改土归流"过程中用兵频繁，许多直隶（河北）、山东、四川回回士兵随回族将领哈元生、冶大雄、许世亨、哈国兴等人进入滇东北地区的昭通、鲁甸、会泽、巧家等地落籍，滇东北因而成为云南回族聚居较多的地区。因此明清时云南已成为仅次于西北（陕、甘、宁、青）的第二大回族聚居地区。

1.2 "南方丝绸之路"上的云南回民

云南地处西南边陲，与东南亚缅甸、泰国、老挝、越南为邻，自古就形成了"南方丝绸之路"，回族先民落籍云南，又擅长经商，不畏艰险，与上述邻国很早就进行马帮贸易，许多回族人在缅、泰等国家留居，成为该国的华人、华侨，这部分回族在缅甸、泰国约十万人之多，所以云南回族也是我省十几个跨境民族之一，省内的许多回族村如个旧的沙甸、玉溪的纳家营、文明、施甸的西山村等均为侨乡。从元明起，回族人就开辟了从我省西双版纳、保山、德宏地区经缅甸曼德勒、仰光出海，到达天方（沙特阿拉伯麦加）朝觐的路线，开展了与阿拉伯国家的文化交流。

云南大学教授著名回族学家姚继德先生说："云南马帮走过的路很繁杂。第一条是从大理向西南到缅甸以及缅甸之外的国家与地区；第二条是从大理至丽江，踏上茶马古道到拉萨，再经拉萨、日喀则去往尼泊尔以及尼泊尔以外的国家和地区；第三条路则是从大理或昆明出西双版纳，到达泰国、缅甸、越南、老挝等国。""回族马帮与其他民族马帮所不同的是，回族对于茶叶的贩运似乎情有独钟，他们更擅长海外销售。"

1.3 "回儒对话"先驱——从马注、马复初到马联元

国学大师季羡林先生指出，人类历史上一脉相传未曾间断的文明只有四种——希腊-罗马文明（西方文明）、阿拉伯-伊斯兰文明、印度文明和华夏文明。回族自从其先民在唐宋时期登上中国历史舞台起，就开始了将自身所负载的伊斯兰文化与儒家汉文化不断整合、涵化的本土化历程。这种本土化就是文明之间的友好对话。在中国大地上，这场对话始于明末清初之际，当时在陕西、山东、金陵（南京）和云南形成了四人对话中心，进而形成了用宋明理学术语来对伊斯兰教理论体系进行全面诠释的"以儒诠经""回儒文明对话"运动，《正教真诠》中认为："人生在世有三大正事，顺主也、顺君也、顺亲也。凡违兹三者，则为不忠、不义、不孝矣"。他用"五常"诠注"五功"时，采借了儒家的"仁、义、礼、智、信"的伦理观。王岱舆对伊斯兰教的"中国化"创新并非仅仅是以他为代表的穆斯林学者看到了这样做的必要性，用儒家学说阐释伊斯兰教已为民间所接受，例如：明代济南清真大寺掌教陈思所书《来复铭》碑文言："无极太极，两仪五行，元于无声，始于无形"。如此行文于清真寺碑，无不证明回族伊斯兰教信徒已经认同本土化的释经形式。回回的汉译经学运动真正是一次中外文化的对接，这一活动的成功效果一方面证明了回回人有将异质文化加工成同质成分的能力；另一方面也使回回人的宗教文化形成了自己的体系，这个体系成了民族自我认同的要素。形成了颇具中国特色的中国伊斯兰教四大学派——陕西学派、山东学派、金陵学派和云南学派。云南学派后来居上，兼容并包其他三大派，先后诞生了马注、马复初和马联元三位经学大师。他们学贯儒、释、道、回、耶五教哲理，著述等身，分别用古典汉语、阿拉伯语和波斯语撰写译纂了《清真指南》《宝命真经直解》《四典要会》《大化总归》等近百部理论著述，成为东亚伊斯兰文化遗产，奠定了我们今天继续开展"回儒文明对话"，构建和谐社会的理论基础。值得称奇的是，这三位回儒大师，据其家谱均是元代云南行省平章政事赛典赤的后裔。

1.4 云南回族艰辛历程

云南回族人从元明清三批进入戍边屯田至各地，还与汉、白、彝、傣等兄弟民族形成亲密的婚姻关系，世代友好相处。19世纪50～70年代，中国云南地区回族人民在太平天国起义影响下掀起的大规模反清起义。1856年（咸丰六年），在清朝地方官挑拨下，回、汉人民为争夺南安（今双柏）石羊银矿而发生冲突，遂转化为起义。之后，云南各地回民相继揭起义旗，分散各地小股起义队伍，很快形成两支势力强大的起义军。一支活动于云南东部、南部的起义军，兵马众多，声势很大，但起义军领导者马复初、马如龙皆为回族上层分子，没有反清到底的决心。1857～1861年间，三次围攻省城昆明，时战时和，一直未能攻克，最后投降。另一支由杜文秀领导的西部起义军，自蒙化起义后一直坚持抗清，起义军攻克大理后，杜文秀被推为总统

兵马大元帅，宣布遥奉太平天国号令，蓄发易服，联合汉、彝、白等民族建立政权。大理政权在军事上不断打击清军，直至控制云南大半省份，深受滇西各族人民拥护与支持。1867年（同治六年），起义军20余万兵分四路，东下围攻昆明，义军长期列兵城下，围而不攻，致使清军利用时机重新调整力量。1869年，在清军猛烈反攻下，围城战役失败，此后局势急速逆转，步步失利。1873年，清军兵临大理城下，杜文秀服毒后出城与清军议和，被清军杀害。清军统帅岑毓英背弃议和诺言，纵兵血洗大理城。至此，坚持18年的云南回民起义宣告失败。回族人被迫起义失败后，一部分人逃往其他地区，各兄弟民族人民冒着生命危险保护回族，使其得以生存发展。有傣族、藏族、汉族、小凉山彝族等地区的回族，他们一方面保存了回族伊斯兰教文化，另一方面又适应并向当地民族学习形成了有特色的文化习俗，被当地民族称为傣回、藏回、白回等。云南回族人口降至3~4万，并易服改音躲藏他乡。昆明金家山回族公墓还建有"万人坟"纪念碑。据史料记载，清咸丰六年（1856年）云南发生回族起义，起义军一度逼近昆明，清朝官员怕昆明城内回族策应起义军，就不分青红皂白在城内屠杀回民三天，无辜被害的回族人士大约2000户，男女老幼20000余人。死难者尸体散埋于南门外大梵村、韭菜地、吴公岭和北门等处。1944年，昆明回族民众将上述各处墓冢迁至大西门外清真之地，俾合为一冢，围石勒碑，以慰先灵，并使后人易于识别。后城市建设再迁到金家山公墓。

1.5 云南回族经学水平较高

20世纪的1931年，云南回教俱进会暨昆明明德回民中学（今昆明市明德民族中学）经联系成功向阿拉伯伊斯兰世界最高学府——位于埃及首都开罗尼罗河畔的世界千年高等学府爱兹哈尔大学派遣了首批云南籍优秀回族留学生马坚（字子实）、纳忠（字子嘉）、林仲明（字子敏）和张子仁，由明德中学训育部主任沙国珍率领经由滇越铁路出海到越南河内，转从香港搭乘法国安达立邦号邮轮穿过印度洋、红海抵达埃及开罗，入读爱兹哈尔大学。这是中国回族历史上首次通过民族社团派遣优秀青年赴阿拉伯世界最高学府就读深造。这几位前辈成为开辟中国阿拉伯伊斯兰历史文化、阿拉伯语、中东外交和国际关系诸学科的奠基人。沙国珍先生除肩负中国留埃学生部部长外，考入开罗美国大学教育系攻读硕士研究生，于1938年秋获得硕士学位，1939年1月奉调归国服务。后来他又在全国选送了五批共33人到爱兹哈尔大学学习。他们学成归国后，为新中国建立后的中东外交人才的培养，做出卓越贡献。解放前后时期，他们常回云南省亲讲学，带动了云南的回族经学教育，提高了回族文化水平。他们是北京大学阿拉伯语系创始人兼《古兰经》汉语权威本翻译者马坚教授（个旧市沙甸人）、北京外国语大学阿拉伯语系创始人、《阿拉伯通史》作者兼联合国教科文组织阿拉伯文化"沙迦奖"获得者纳忠教授（通海县纳古镇人）、人民文学出版社译审兼阿拉伯古典名著《一千零一夜》全译本译者纳训先生（通海县纳古镇人）、北京外国语大学阿拉伯语系林仲明教授（个旧市沙甸人）等。

2 回族文化是个一体多元的文化形态

在中华民族大家庭中，大部分回族讲汉语，穿汉装与汉族群众共同劳动和生活。在其他人看来只是回族饮食习惯特殊而已，除此而外没有什么。可还有一些回族生活在其他民族之中。近年来有关部门对边缘回族群体进行了调查。

2.1 藏族地区的回族

迪庆藏族自治州的香格里拉县和德钦县共有回族1400多人，由于他们长期与藏族生活在一起，与藏族通婚，在藏文化的影响下，这部分回族已不同程度地藏化。他们讲藏语、穿藏装，建住藏式风格的房屋，有些生活习惯和饮食习惯与藏族相同，从外表上看，已很难分清他们是回族还是藏族。他们自称回族，藏族称他们为"古给"（即戴白帽者），其他民族称他们为"藏回"。由于回族宗教信仰和生活习俗与藏族不同，因此在居住上便自然形成独特的回族生活社区，因宗教信仰和生活习俗的需要，他们修建了清真寺。

2.2 傣族地区的回族

西双版纳傣族自治州共有回族3000余人，其中勐海县勐海乡曼懂村公所的曼峦回、曼赛回两个寨子是回族居住较为集中的地方。他们讲傣语、穿傣族服装，居住傣族干栏式房屋，生产、生活方式基本与傣族相同，但他们信仰伊斯兰教，保持回族的风俗习惯，故被当地的傣族称为"帕西傣"。"帕西"一词在现代傣语中，有"不吃猪肉""经纪人（商人）"之意，是傣族对回族的称呼。1985年开始，曼峦回、曼赛回两寨与县城内回民互相邀请庆祝回族的三大节日。由于宗教信仰和民族风俗习惯的不同，傣族的泼水节等节日，他们并不过，只是参加联欢而已，但由于亲戚关系和友情关系受到傣族寨邀请他们过节日的时候，他们则自带锅具参加；傣族同胞也很尊重他们的生活习惯，让他们自己宰鸡、牛，自己做饭菜。尽管两寨的回族人在食谱、口味、烹调方面已部分地适应了傣族地区的风味特色，但在食物禁忌方面仍保持着回族的清真饮食习惯，禁食猪、狗、血和自死动物。两寨回族实行土葬、速葬，不用棺椁，亡体用清水沐洗后用白布包裹，阿訇念经站拜，安葬仪式均与内地回族相同。

2.3 白族地区的回族

居住于云南省大理白族自治州的回族，历史悠久、文化灿烂，但其中一部分由于长期受当地白族文化的影响，在日常生活中使用白族语言，穿白族服装，建盖白族风格的房屋，具有明显的白族特征，故被人们称呼为"白回"。这部分回族主要居住在白族人口较集中的剑川县和洱源县。数百年来，洱源回族处于以白族文化为主体的文化氛围中，在语言、服饰、建筑艺术风格等方面不可避免地受白族文化的影响，但回族的饮食禁忌并没有变。

3 "合法"的回族饮食

回族信奉伊斯兰教，其饮食思想是以《古兰经》《圣训》为依据，结合历代教法学家对现实生活的需要而提出的一系列饮食理论和原则。由于地理环境中土壤、气候、自然资源和社会文化的差异，而形成不同的食物生产方式和主产作物，进一步导致回族饮食文化上地域特色的形成。明显地表现在各地回族饮食结构中，大致来说，"南米北面，南牛北羊。"云南回族过去不知道也不吃海产品。改革开放后，大量的海产品运抵云南，穆斯林才渐渐接受了海产品。吃什么和不吃什么，也有一个认识过程，这与所处地区的物产有关，与传统也有关。过去由于运输不便，物产稀少，人们思想较禁锢，对某种物产长期"不吃"，坚持下去就成为一个民族的生活习惯了。"

3.1 伊斯兰食物禁忌

《古兰经》："禁止你们吃自死物、血液、猪肉以及诵非安拉之名而宰杀的，勒死的、捶死的、跌死的、觗死、野兽吃剩的动物，但宰后才死的，仍然可吃；禁止你们吃在神石上宰杀的；禁止你们求签，那是罪恶。"

3.2 伊斯兰教还严禁饮酒

《古兰经》说："饮酒、赌博、拜像、求签，只是一种秽行，只是恶魔的行为，故当远离，以便你们成功。恶魔惟愿你们因饮酒和赌博而互相仇恨，并且阻止你们记念真主，和谨守拜功。你们将戒除（饮酒和赌博）吗?"

伊斯兰教法学家本着《古兰经》《圣训》中的精神实质，结合后来在现实社会生活中发生的现象，规定凡是对人体健康有害、腐蚀心灵、使人致醉而意志颓废的毒剂、麻醉品，如鸦片、大麻、吗啡和一切含酒精的饮食，都应属禁止范围。

4 "佳美"的回族饮食

伊斯兰教饮食思想是以清洁卫生、维护健康为基本原则，提倡人们享用大地上丰富而佳美的食物，意义在于"为保持一种心灵上的纯朴洁净、保持思想的健康理智，为滋养一种热诚的精神。《古兰经》说："众人啊！你们可以吃大地上所有合法而且佳美的食物。""安拉创造了牲畜，你们可以其毛和皮御寒，可以其乳和肉充饥，还有许多益处。""安拉为你们而生产庄稼、油橄榄、椰枣、葡萄和各种果实。对于能思维的民众，此中确有一种迹象。"

《古兰经》把大地上、海洋中丰富多样的食品，包括粮食、蔬菜、瓜果、牲畜、海鲜等，及大自然中琳琅满目的生活资源，都作为安拉对人类的恩赐，从正面号召人类享用合法佳美的食物。根据《古兰经》有关饮食方面的原则规定，及《圣训》的补充解释，伊斯兰教法学家遵循经训的精神制定了若干细则，便逐渐使饮食条例具体化、制度化。回族在饮食方面有本民族的特色的禁忌。主要是禁食一些如奇形怪状、污秽不洁、性情凶恶、行为怪异的飞禽、猛兽及鱼类等。

禽类：吃谷物、有嗉子、似鸡嘴的可以吃。如鸡、鸭、鹅、鹌鹑、鸽、麻雀、大雁等。似鹰嘴、食肉的则不能吃，如老鹰、枭、鸷、秃鹫、乌鸦、喜鹊、啄木鸟等。

兽类：反刍（倒嚼）、有四蹄、蹄分两半、性情驯善的可食。如牛、羊、骆驼、鹿等。反之则不可以，如猪、狗、猫、虎、豹、狼、狮、鼠、蛇、驴、马、骡、狗及猴、熊、象等。

鱼类：腹下有鳍，身上有鳞，脊上有刺，有头尾的，如鲤鱼、鲢鱼、鲫鱼、草鱼、黄花鱼、带鱼等可以食用。不能食用的有鲸鱼、鲨鱼、青蛙、乌龟、海豚、海豹、海狗、海狮等，还有"像鱼不是鱼、叫鱼不是鱼"的也在禁忌之列，如泥鳅、甲鱼等。

可食动物牛羊等身上的内外生殖器、睾丸、血液、鼻须、耳朵、胰子（淋巴结）、脑、膀胱等部位不可食用。因为这些部位和物质往往是各种病菌高发滋生地，藏污纳垢的所在。所以卖牛羊肉的回族人需把牛肉、羊肉收拾干净，规置利索。肉棘、胰子、污血管、淤血块、散脏毛等各种污物，都应该给去掉，特别是绞馅尤其要洗净弄清洁。

"海里的动物和食物，对于你们是合法的，可供你们和旅行者享受。你们在受戒期间，或在禁地境内，不要猎取飞禽走兽，你们当敬畏真主——你们将被集合在他那里的主。"

穆罕默德曾说过："我们可以食用两种非屠宰动物：鱼和蚂蚱。"回族一般不吃鸽子肉，传说鸽子保护过穆罕默德，所以回族当中有"吃鸽子肉要用金刀来宰"的说法。

所以除鱼类之外的动物须诵真主之名屠宰（回族说"宰"，忌说"杀"），自死的动物不可食用。回族对可以食的牛、羊、骆驼、鹿、鸡、鸭、鹅、鸽、鹑、兔等畜禽，也要请阿訇或懂得宰牲规戒的穆斯林来宰，形成了宰牲定制，即宰前，要洗大净和小净。如宰牛、羊、驼时，须用绳子捆绑其两条前腿和一条后腿。并将这些可食畜禽摆成头南、尾北、面西的姿势，宰牲时必须先念诵真主名，俗称"道太斯米耶"："比思敏俩习，安拉乎艾克白尔！"即："以安拉之名，安拉至大！"然后切断畜禽的食管、血管、气管，待控净血液之后方可剥皮或拔毛收拾，禁止用滚水烫皮、烫毛。回族不吃非穆斯林宰杀的牛、羊、鸡等畜禽。

回族这种特别讲究的宰牲习惯，从古至今一直没有改变过。在元代，成吉思汗制定了一条重要的禁令，即严格禁止用断喉法杀羊，凡宰羊必须按蒙古族的破腹法宰之，违者要处以死刑。到了元太宗窝阔台和元世祖忽必烈仍然坚持这条禁令。由于这条禁令有悖于回族宰牲的风俗习惯，所以，遭到了回族的抵制和反对。他们不向朝廷献贡物，迫使统治者收回了这条禁令。

4.1 "洁净"的回族饮食

"一口不洁，废四十日之功课"除了食用"合法"的食物外，也指食物必须是有益健康的、洁净的、习性善良卫生的、无污秽毒害的。清代穆斯林学者刘智在《天方典礼饮食》中说："人之赖以生者，饮食也。饮食性良，则能养益人之心性。苟无辨择，误食不良，反有大累，何能养益乎？"故此，必须本着"合法佳美"的精神选择饮食。无论是家禽、家畜，或是大自然中野生的鸟兽，选择可食动物的标准是："禽令谷，兽食刍，畜有纯德者。"另外还有一些规定如下。

（1）不可站着吃喝，站着吃喝不利卫生，有损健康，也不雅观，有失文明礼貌，圣训对此多有论述。

（2）不可用左手吃饭，因左手用于解便。同桌共餐，不可伸手去取食别人跟前的食物，只当取食靠近自己的食物。

（3）食毕要漱口刷牙，还当剔牙，以去除口中残食。《圣训》说：谁吃了饭，用手（或牙签）从牙缝里剔出来的残食应当吐出去，用舌头鼓动出来的应当咽下去。

（4）放置食物时，要有所遮盖，不可暴露在外边，以防被污染。被脏物污染或腐烂变质的食物，绝对不能食用。

（5）会见客人、外出办公或参加礼拜，均忌食生葱生蒜之类，因其有难闻的恶味，令闻者不快。穆圣说："谁吃生葱生菜一类的东西，当远离人，待在家中。"

（6）不可借用非穆斯林的烹调用具，非不得已，可借用铁器类餐具，而不用木质类餐具。铁器类餐具也须清洗后再用。

4.2 回族禁烟酒习俗

回族不喝酒，在家里也不备酒具，家里来客人一律不摆酒，有时为了接待客人，在参加宴会时，别人敬酒和碰杯时，回族多以水、橘子汁、高橙等饮料代替。有些回族本身就不愿意和饮酒者同桌聚餐。回族对酒不像对猪那样憎恶，城市里的回民现在也有喝酒的，但他们都背着父母去喝。回族禁酒主要是受了伊斯兰教的影响，因为饮酒为伊斯兰教所严禁。古代阿拉伯人素有饮酒的习惯。公元622年，穆罕默德从麦加迁到麦地那以后，遇到几次喝酒的人，开始，有人去问穆罕默德许可不许可？穆罕默德回答说："他们对于饮酒和赌博问你，你说其中都会有大罪，对人都有益处，而其害处比益处更大。"没有明确禁酒。后来有人继续喝酒，而且劝说不听，酒醉后呕吐、胡说，不能礼拜等。穆罕默德说："众信的人们哪！你们酒醉的时候不要做礼拜，直到你们知道自己所说的是什么话。"这就是说在礼拜外的时间还可以喝酒。后来饮酒者继续饮酒，且酒醉后，出手打人，伤害他人和物，并相互成为冤家。穆罕默德曾命令用蜜枣树枝和皮鞭抽打饮酒者。在阿布·伯克尔时代鞭笞饮酒者40鞭，后来鞭笞80鞭。最后穆圣开始下禁令，并且以安拉的名义写进《古兰经》："众信的人们哪！饮酒、赌博、求签只是一种秽行，只是恶魔的行为，故当远离，以便你们成功，恶魔惟愿你们因饮酒和赌博而互相仇恨。"

回族群众认为，酒是一种麻醉饮品，饮酒不但对身体健康不利，而且在历史和现实当中，因饮酒耽误国家大事、败家、丧身、违法乱纪、为非作歹、毁坏自己声誉的不胜枚举。所以，回族认为饮酒是不光彩、不应该的，必须严格禁止。对孩子从小就进行教育，不许饮酒。现在回族无论是烈性酒，还是甜酒、啤酒，都在禁止之列。

回族也不抽烟，认为抽烟，特别是抽鸦片是一种犯罪，所以过去回族抽鸦片的很少，"百里无一"，男女老少皆知道它的毒害。现在遇到结婚等喜庆日子，适当准备点香烟，招待兄弟民族。由于回族不抽烟、不喝酒，所以回民一个个红光满面，面目清秀，身体强壮，不吐痰，不喘息，即使年届古稀的老人，也能照常骑自行车，参加劳动，因此，长寿老人颇多。

5 "节俭"的回族饮食

《古兰经》说："安拉已准许你们享受的佳美食物，你们不要把它当作禁物，你们不要过分。"为了避免使合法的成为非法的，使非法的成为合法的，《古兰经》警告那些信口开河，随意裁决合法与非法的人说："你们对于自己所叙述的事，不要妄言："这是合法的，那是违法的。"以致你们假借真主的名义而造谣。"在"合法与佳美"的饮食基础之上，伊斯兰教许多饮食思想与"节俭"有关。

《古兰经》说："凡为势所迫，非出自愿，且不过分的人，虽吃禁物，毫无罪过。""谁因受到强逼，并非自愿，也不越轨，罪责免议。"虽为可食之物，也不可毫无节制，饕餮而食。《古兰经》说："你们应当吃，应当喝，但不要过分，安拉确是不喜欢过分者的。"《圣训》说："当将胃的三分之一用于吃饭，三分之一用于饮水，三分之一空着。"饭前饭后要洗手，《圣训》说：食物的福分在于饭前饭后洗手。不可浪费食物，也不可胡乱放置食物。食物掉在地上，应当捡起来，去掉脏污而食之。强调节俭，倡道素食。穆圣曾说；"不要把你们的胃当作动物的坟墓。"

6 回族节日食俗

回族有三大节日，即开斋节、古尔邦节、圣纪节。除此之外，还有小的节日和纪念日，如法图麦节、登霄节、阿舒拉节等。这些节日和纪念日都是以伊斯兰教的希吉来历计算的，也就是以伊斯兰教历计算的。

6.1 回族的开斋节

开斋节，是阿拉伯语"尔德·菲士尔"的意译，云南等地的回民也称为"大尔德"。回族的斋月，是伊斯兰教历九月。相传，在伊斯兰教的创始人穆罕默德40岁那年（伊斯兰教历九月），真主把《古兰经》的内容传授给了他。因此，回族视斋月为最尊贵、最吉庆、最快乐的月份。为了表示纪念，就在每年伊斯兰教九月封斋一个月。斋月的起止日期主要看新月出现的日期而定。

封斋的人，在东方发白前，要吃饱喝足。如果有的人起得晚了，来不及吃，那就不吃不喝，清封一天。东方发晓后，至太阳落山前，要禁止行房事，断绝一切饮食，无论是在炎热的暑夏，还是在严寒的冬季，不管是口干舌燥，还是饥肠辘辘，在任何艰难困苦的条件下，都不准吃一点东西，也不许喝一口水。不许在斋戒的期间，大量过分地漱口，呛鼻子，更不许口噙水果糖之类的食物。做饭的人或搞饮食业买卖的人，可以品尝，但不能咽到肚子里。若有人为了滋补、壮阳、麻醉等在皮下注射或静脉注射，在斋戒期间行房事、遗精（梦遗除外）等都算是破斋，这一天斋也就无效了。这样封斋的目的，就是让人们体验饥饿和干渴的痛苦，让有钱的人真心救济穷人。通过封斋，回族逐步养成坚忍、刚强、廉洁的美德。

当人们封了一天斋，快到开斋时，斋戒的男子大多数都要洗小净，然后换上清洁的衣服，戴上白帽，上寺等候。听见清真寺里开斋的梆子声后，在寺上和在家的，都开始吃"开斋饭"了。

广义的斋戒是，不仅不吃不喝，更重要的是要做到清心寡欲，表里一致，对耳、目、身、心都要有所节制。

斋戒期满，就是回族一年一度最隆重的节日——开斋节。在开斋节前夕，外面工作的、做买卖的、出差的回民都要提前赶回家中。开斋节，成年回族个个都要洗大净、沐浴净身。男女老少都换上自己喜爱的新衣服，小孩子也都个个把脸洗得干干净净，头发梳得光光亮亮的，到清真寺做礼拜。至斋月二十七日，云南回族要守盖德尔夜。虔诚的穆斯林集聚在清真寺内"守二十八"（从第二十七日晚到二十八日晨），其主要内容是礼拜、念经、听阿訇讲经。参加"守二十八"的人，要举意，要彻夜不眠，其意义在于纪念真主颁降《古兰经》。还有一种说法，斋月里回来与家人过斋月的亡人鲁哈（灵魂），到第二十八日天亮就要离开家人回到原来的地方。于是，云南回族有"二十八的鲁哈——无指望"的歇后语。"守二十八"又有送亡灵回归之义。"盖德尔夜"后至三天，一个月的斋月就要结束。因此，"守二十八"是欢度开斋节的前奏。节日拂晓，沐浴净身，燃香，换上整洁的衣服赴清真寺参加会礼。

云南回族当中流传着一句俗语叫作："当不了月回回，总得当个年回回。"这话的意思是，无论多忙，这一年一度的会礼和庆祝活动要参加。即使你不懂回族的风俗习惯，那么，你也得随俗。

6.2 回族的古尔邦节

"古尔邦"，阿拉伯语音译意为"牺牲""献身"，云南等地的回族称为"小尔德"，是伊斯兰教三大节日之一，一般在开斋节过后七十天举行。这个节日属于穆斯林朝觐功课的仪式范围。伊斯兰教规定，教历每年12月上旬，穆斯林去麦加朝圣，朝觐的最后一天，开始举行庆祝活动。相传，伊斯兰教的古代先知——易卜拉欣夜间梦见安拉命他宰杀爱子伊斯玛仪献祭，考验他对安拉的虔诚。真主受感动，派天仙吉卜热依勒背来一只黑头羚羊作为祭献，代替了伊斯玛仪。这时易卜拉欣拿起刀子，按住羊的喉头一宰，羊便倒了。从那以后，穆罕默德就把伊斯兰教历十二月十日规定为宰牲节，这就是传说的"古尔邦"的来历。

古尔邦节的会礼和开斋节一样，非常隆重。大家欢聚一堂，由阿訇带领全体回民向西鞠躬、叩拜。如果在一个大的乡镇举行，可谓人山人海，多而不乱。在聚礼中，大家要回忆这一年当中做过哪些错事，犯过哪些罪行，阿訇要宣讲"瓦尔兹"，即教义和需要大家遵守的事等，最后大家互道"色俩目"问好。

会礼结束后，还要举行一个隆重的典礼，这就是节日里，除了炸油香、馓子、会礼外，还要宰牛、羊。一般经济条件较好的，每人要宰一只羊，七人合宰一头牛。宰牲时还有许多讲究，不允许宰不满两岁的小羊羔和不满三岁的小牛犊，不宰眼瞎、腿瘸、缺耳、少尾的牲畜，要挑选体壮健美的宰。所宰的肉要分成三份：一份自食，一份送亲友邻居，一份济贫施舍。

6.3 回族的圣纪节

圣纪节，是伊斯兰教三大节日之一，是纪念伊斯兰教的创始人穆罕默德的诞辰和逝世的纪念日。穆罕默德于伊斯兰教历纪元前五十一年三月十二日（公元571年4月21日）诞生于阿拉伯麦加一个没落的贵族家庭，取名穆罕默德（意为"受到高度赞美的人"）。伊斯兰教历第十一年三月十二日（公元632年6月8日）穆罕默德因病归真，终年63岁，葬于麦地那。

由于穆罕默德的诞辰与逝世恰巧都在伊斯兰教历三月十二日，因此，回民一般合称"圣纪"。国外的伊斯兰教徒一般都过"圣纪节"，为纪念穆罕默德的诞生而举行。节日这天首先到清真寺诵经、赞圣、讲述穆罕默德的生平事迹，回民自愿捐赠粮、油、肉和钱物，并邀约若干人具体负责磨面、采购东西、炸油香、煮肉、做菜等，勤杂活都是回族群众自愿来干的。回民把圣纪节这一天义务劳动视为是行善做好事，因此，争先恐后，不亦乐乎。

节日里，清真寺张灯结彩，挂起横幅，横幅上一般都用阿拉伯文书写纪念穆罕默德的字样，有的还写圣纪大会标语。这一天，回族群众聚集在清真寺诵经、赞圣、礼拜，并由阿訇宣讲穆罕默德的生平简历，功绩品德，以及在传教中所受种种磨难和许多智勇、善辩、善战的生动历史故事，教育回族群众不忘至圣的教诲，做一个真正的穆斯林。这一天穆斯林还要做讨白（意即忏悔）。回民认为："人非圣贤，孰能无过，知过能改，善莫大焉。"做讨白的要痛改前非，求主饶恕，有过就改，誓不再犯，决心立功，矢志不移。仪式结束后，开始会餐。有的地方经济条件较好，地方也宽敞，摆上十几桌乃至几十桌饭菜，大家欢欢喜喜，一起进餐；有的地方是吃份儿饭，回族群众叫"份碗子"，即每人一份。对于节前散了"乜贴"，捐散了东西，而没来进餐的，要托亲友、邻居给带一份"油香"去品尝。总之，回族过圣纪节的特点是众人赞圣，众人捐散，众人一起来吃饭，表现了回族人民团结、友爱的精神和喜悦的心情。云南回族还有轮流互请过圣节的习惯，例如：通海县十几个回族村镇把圣节日期排好后，互相参加对方举办的节庆，加强友谊，体现了"天下回回是一家"的真情。

回族的三大传统节日，具有全民性、稳定性、纪念性等特点。如回族的开斋节和古尔邦节，无论信教不信教，无论城市还是农村，大人还是小孩都过自己的节日。如开斋节，虽然现在有许多年轻人不封斋，但照样过开斋节，而且过这两个节日规模都很大，聚礼时有的地方多达几万人，它已深深地扎根于广大的回族群众当中。昆明市五大清真寺每逢节日都挤满热情的回族群众，其他民族群众也会加入节庆之中。

7 回族与清真食品

从明代起我国穆斯林及将与伊斯兰教有关者称为"清真"，如伊斯兰教寺院称为清真寺，伊斯兰教食品称为清真食品。一些伊斯兰教名著也冠以"清真"，如《清真大学》《清真指南》等。明代穆斯林学者王岱舆如此解释"清真"："纯洁无染之谓清，诚一不二之谓真。"其实这就是对伊斯兰教精神的一种诠释。全世界信仰伊斯兰教的穆斯林由上千个民族所组成，每个民族都有自己独特的饮食文化，这里只介绍回族传统食品。

7.1 油香

油香是介于世俗与神圣之间的美食。回族油香分为发酵类油香、烫面油香两种。油香并不是日常生活中经常见到的，也并不被作为主食，而是在特定场合下并承载着特定的象征。"做油香"的过程并不是单一的，必须请阿訇诵读经文，完成仪式的圣事交流环节。通过"油香"这个神圣的符号载体，在婚礼仪式时倾注了真主对新人的祝福，在丧葬仪式上获得与亡灵进行沟通的机会，表达人们对已逝者真诚的哀悼。在"做知感"等喜庆的场合中，"油香"又是感恩和祈福的象征。作为象征符号与象征行为，其背后都存在更深层次的隐喻，不仅折射出了回族人的分类认知体系，反映了回族的族群认同与区分观念，而且还对社会秩序起到了积极作用。

在回族的婚姻礼俗中，油香也是不可或缺的。定亲这天，当男方送来聘礼时，女方家还要做油香、宰羊，过'尔麦里'，即由男女双方请的阿訇或懂得伊斯兰教义的人，诵读《古兰经》有关章节，其余人聆听。结婚前一两天，由男方带一只羊或羊腿一只，油香若干个，送到女方家去，这叫"催妆礼"，而且在婚礼中要摆上油香。

和婚礼相似，在葬礼中，埋葬的当天晚上开始，丧主家要煮米粥、炸油香或烙油香，请操办丧事的人和阿訇吃。回族称当日晚上这种纪念活动为"霄夜"。无常后的3、5、7、40天、100天儿孙们都要做油香，周年时，亡者的家属要做油香分送亲朋好友及邻舍，还请阿訇念经，搭救亡人，俗称出香气。家庭纪念仪式中的油香，从往锅里倒油开始就富有意义，叫"香香锅"，锅里香油飘散的香气味香而无形，在愈益浓郁的香气中再现往昔团聚的时光。

在诞生礼俗中，"孩子出生第三天，乡亲朋友给月婆子送长寿面、油香、锅盔、鸡蛋和肉"。这天也是给孩子命名的日子，在诞生、命名、满月、抓岁、割礼等习俗中，它象征吉祥、平安，用来庆祝孩子的健康成长，表达对孩子未来的美好祝福。就人生礼俗中油香的使用来看，它伴随每个人走过其人生的每一阶段，这便使油香在每个人的生命中具有了"迎来送往"和"生死与共"的象征意义。

"传油香"在开斋节，各地回族都要炸油香，互相赠送、宴请宾朋。由于地域不同，在节日里社区对油香的运用也会有不同。开斋节这天，回族男女都要淋浴净身，做大小净，燃香，穿新衣，打扫房屋，到清真寺参加会礼，听阿訇讲"卧尔兹"，做完礼拜后，给亡故的亲人上坟。

据传说，油香的起源与伊斯兰教先知穆罕默德有关。一次，穆罕默德率大军征战归来，穆斯林大众纷纷携肉食品夹道迎接，唯人群中一位老年妇女因家境贫困，只能以油炸食品犒军，穆圣见此亲自下驼品尝，后来即成为伊斯兰教节日的"圣洁"食品。现在穆斯林家庭举行诵经礼仪时，多用油香招待阿訇，有时还广为散发。

7.2 回回茶

回族饮茶的历史悠久。在公元7世纪，他们的阿拉伯先人就有经营茶叶和饮茶的记载。率先将茶从新疆贩运至中亚细亚和俄罗斯是中国西北的回族商人。他们历尽艰险，为中俄茶叶贸易开了先河。随着唐宋时期长安"丝绸之路"和东南"海上丝绸之路"的开通，回族人拥有阿拉伯后裔的优势，一批回族商人看准商机，用茶叶、丝绸、瓷器交换阿拉伯的香料、宝石。使阿拉伯地区和西非部分国家开始饮用来自中国的茶叶。明朝著名航海家、外交家、军事家云南回民郑和，利用七下西洋的机会，将中国的茶文化在东南亚、非洲等地传播发展。伊斯兰教禁止喝酒。茶就成为回回民族待人接物，婚丧嫁娶的必需品，主要有以下几种形式。

7.2.1 烤茶

烤茶又名小罐茶。流传在云南、贵州等回民聚居区。云南的穆斯林不论男女大多还有饮烤茶的习惯。回民饮烤茶，和当地白族、彝族习惯差不多。先将茶叶放到特制的小土茶罐里，再将陶罐放在火塘边或火炉上，陶罐烤热后，再放入茶叶，不断抖动小陶罐，使茶叶在罐内慢慢膨胀变黄，待茶香四溢时，将沸水少许冲入陶罐内，此时"磁"的一声，陶罐内泡沫沸涌，茶香飘溢。待泡沫散去后，加入开水，使其逐渐浓醇。由于罐小斟出的茶汁稠，味浓，收敛性强，饮后回甘；此时饮用，清香回味，润人肺腑对消除口腔中牛羊肉的"擅味"极为特效。烤茶冲饮3次，即弃之。若再饮用，则另行再烤。如来客人多，气氛更好。每人分发一个小陶罐和杯子，自行烤饮。烤茶有清心、明目、利尿的作用，还可消除生茶的寒性。因此每天饭后饮烤茶在云南回民中相当流行，可谓比比皆是。

7.2.2 糊米茶

过去许多回民因买不起茶叶，不少家庭都喜欢饮糊米茶，将米炒成半焦，捣碎倒入茶罐中，佐以食盐盛水熬煮。米茶熬成后看似琥珀，香气十足。

7.2.3 酥油茶

在云南省丽江、大理等地的一些穆斯林也有嗜好饮酥油茶的习惯。如永胜县一带的回民同胞经常吃饭都是用酥油茶作为菜汤。但云南回民的酥油茶与藏民的不尽相同。除了"茶、酥油、盐"主料相同外，还佐以炒香的糊米（面）、芝麻或核桃仁等。其做法：首先把茶（中档绿茶）、米、核桃仁等分别在锅里焙炒香，然后捣细，最后加入食盐。用酥油在锅里混炒片刻。待饮时再加水煮沸（有的再还加椒、姜末）。若没有酥油即可用牛油或菜油代替，但这种非酥油配制的通常又叫"油茶"或"油盐茶"。

7.2.4 盖碗茶

这是全国各地回民普遍饮用的一种茶。盖碗，又称"三炮台"。民间叫盅子，上有碗盖，下有托盘。盛水的茶碗，口大底小，精致美观。饭前饭后都离不开盖碗茶。早晨做完礼拜，三五成群围坐在或吃点油香，或烤上几个洋芋，总要喝几盅盖碗茶。

回族人还很讲究泡茶，说好茶必须好水泡。大多回族老人认为，雪水、泉水和流动的江河水泡出来的茶最佳。回族人把饮茶作为待客的佳品。当欢度"古尔邦节""开斋节"、举行婚礼或家里来客人时，主人会热情地给您先递上一盅盖碗茶，并端一些油香、糖果、花生等让您下茶。

敬茶时有许多良好的礼节，要当着客人的面，将碗盖揭开，在碗里放入茶料，然后盛水加盖，双手捧送。这样做，一方面表示这盅茶不是别人喝过的余茶，另一方面表示对客人的尊敬。如果家里来的客人较多，主人根据客人的年龄、辈分和身份，分出主次，把茶先捧送给主客。同辈人则遵循从右至左的顺序。

回民喝盖碗茶，不能拿掉上面的盖子，而是用盖子"刮"几下浮在上面的茶叶。于是就有了一刮甜，二刮香，三刮茶露变清汤的讲法。每刮一次后，把盖子盖得有点倾斜度，用嘴吸着喝。不能端起茶盅接连吞饮，也不能对着杯盏端气饮吮，要一口一口地慢饮。主人倒茶时，客人一般不要客气，更不能端上来不喝。这正是"金茶银茶甘露茶，顶不上回回盖碗茶"的真实写照。

在喝茶中，如果喝完一盅还想喝，就不要把茶底喝净，要留一点，这样主人会给您继续倒水。如果已经喝够了，就把茶盅的水全部喝干，用手把碗口捂一下，表示已经喝够了，主人也就再不谦让倒茶了。

回族喝茶也有禁忌。一般不允许用嘴靠近杯子吹浮在上面的茶叶。这样既不卫生，也不雅观。其次是当有人倒茶或加水时，不能按汉族习俗用双指弯曲敲茶桌。与回族朋友聚餐时，千万不可说"以茶当酒"。这很容易造成不必要的误会和矛盾。

7.3 "牛干巴"

"牛干巴"的美味，和云南独有的气候温度、空气湿度、紫外线强度密切相关，别处还真做不出来。云南的回族同胞在农历寒露前后，请阿訇主持宰杀黄牛，一头牛必须宰割成"24刀（块）"，然后把上等肉块用盐和香料腌制、晾晒而成"牛干巴"。其色如板栗，香而不燥，鲜咸可口，便于携带保存。"牛干巴"可以油炸、水煮、火烧。早年"朝圣""走夷方"都少不了带牛干巴。"油淋干巴"是所有云南回民餐厅必备的名菜。1284年，马可波罗来到昆明，他看见，昆明人将黄牛和水牛的肉"截成小块，浸在盐水中，再加几种香料"而食。这就是云南"牛干巴"的雏形。铜锣锅焖饭盖上一层壮牛干巴是清真传统菜的保留节目。铜锣锅用纯铜打造而成，可以用于煮、炖、焖饭，用铜锣锅煮出的菜更加香甜可口，深受滇西北地区老百姓的喜爱。历史上铜锣锅曾是茶马古道回族马帮必不可缺少的物品。

7.4 昆明名店小刀鸭、两益轩

云南回族的"小刀鸭"也独具一格。云南鸭种多为麻鸭，采用出生38～40天的小麻鸭，用云南盛产的蜂蜜水、松毛及土制焖炉子烤出来，色泽金红、皮脆肉香、连鸭骨也嚼得动。因为宰鸭用大刀，掏肚用小刀，鸭子大小"长不过大刀，短不过小刀"，得名"小刀鸭"。

1910年滇越铁路通车，西餐进入昆明，出现了用面包粉"炸牛排"的新式清真菜。1948年，回族京剧大师马连良来到昆明，在"两益轩"，想吃"牛口条夹"这道北方清真菜。回族名厨马允勤用此方法制作出来，马连良吃后赞不绝口，在昆期间，大师天天来"两益轩"吃云南清真风味。此后，两益轩的菜风靡昆明，传为佳话。

7.5 云南回族小吃丰富多样

云南清真小吃如：清真过桥米线、豆花米线、小锅卤饵块、烧饵块夹卤牛、甜酒麻花饵丝、鸡丝凉卷粉、青豆米蒸米糕、玫瑰米凉虾、鸡蛋米浆粑粑、紫米四喜汤圆、黑珍珠汤圆、五味沙糕、稀豆粉米、懒豆腐、油茶、云南酸辣面、虎掌金丝面、大酥牛肉面、通海饺渗面、胡麻包子、牛肉烧卖、云南春卷、萝卜丝饼、油酥盐饼、回族油香、麻酱烧饼、金色芒果、奶油回饼、干巴月饼、荞包子、洋芋干巴焖饭、凉豌豆粉、小锅米线、什锦凉米线、砂锅米线、鸡丝凉卷粉、三鲜锅贴、什锦凉菜卷、炸豌豆粑粑、油炸洋芋粑粑、金钱洋芋饼等品种丰富，深受各族群众的喜爱。

7.6 牛八碗

回族民间的筵席讲究各种菜肴的排列，结婚筵席一般都要8～12道菜，忌讳单数，象征新婚夫妇永远成双成对。开斋节、圣纪节、宰牲节等盛大筵席的菜肴更为讲究。回族群众宴席一般吃"牛八碗",即用牛肉加工制作的牛肉冷片、大酥牛肉、粉蒸牛肉、红烧丸子、清汤牛杂、沙壮凉鸡、清炖黄条、凉拌藕片各一碗。八人一桌,不待酒,以茶为饮,严禁吸烟。每桌旁有一个年轻人站立在一边为大家添饭加菜上汤。并准备小袋子把冷片、凉鸡等干菜分好给客人带回去与家人分享。

7.7 云南清真餐厅

昆明著名的顺城街区,以居住在本地的回民为主,也聚集了很多甘肃、青海、新疆的回民。他们主要经营清真饮食,从街边的小吃摊到一家挤一家的酒楼,街上从早到晚人来人往好不热闹。过路的随便停下脚步烧上两串羊肉,烤个饵块,或者炸二两洋芋解解馋,街两边挂满了少壮的牛干巴,也可挑一刀回去慢慢享用。街边的烤肉烤得滋滋作响,食客满足的吃相随处可见。

如今的顺城街区高楼林立,牛菜馆变了,服务也提高了,店家的新菜也换着花样来,映江楼,昆明有名的清真老字号,位于靠近忠爱坊的街口,经营多种清真滇味小吃,以清真传统菜最为出名,汤鲜味美。伊兰堡的小刀鸭这几年出尽了风头,鸭子品种个小,和大鸭相比肉更瘦、更香,一个人一只也不为过。兰香饭店从当年两间小店,到今天连上街对面五四间大店面,是大排档的榜样。它这里的油淋干巴、凉鸡味道非常地道。还有后起新秀伊丽园、伊龙园等也值得一去。香味飘满整条街,在这里,历史首先是作为一种味道存在的。穆斯林用品店也是琳琅满目、品种繁多,副食店里清真食品摆满了货架。

其他地方还有以"品味特色清真名吃,演绎时尚就餐乐趣"清真新月园(禁酒餐厅)、棕榈岛茶餐厅(昆明首家清真茶餐厅)、林山饭店、伊龙园、鸿鑫清真风味城、伊兰园等清真餐厅不计其数,几乎每一条街都有清真馆。云南与全国其他菜系菜派相比,清真菜的影响更深远一些。在昆明,几乎所有的大厨都能制作几道清真名菜,而昆明全羊席成为他们保留节目,菜式还各有不同,昆明伊尹烹饪学校还成立了"昆明回族厨师培训站",开展清真厨师的培训工作和清真饮食文化的研究。云南清真饮食文化,是滇菜饮食文化的一个重要组成部分。

伊天园、伊升园大饭店、达鲁萨兰、赢融印象、万豪、伊兰堡小刀鸭、大观牛菜馆、昆明潺潺清真源、清真菌火锅都是连锁企业。伊天园餐饮集团下有十几家大型直营店,由中国烹饪协会和中国经济报刊协会联合主办的"2014年度中国餐饮业十大品牌"、中国十大清真餐饮品牌"云南伊天园"榜上有名。

面包工坊,昆明清真糕点名店,有三十多家直营店,是一位海外留学回昆的小女孩创办的,短短几年就成为云南省本土第二大烘焙企业。而华曦农牧集团华曦牌回回人土鸡蛋、天方马老表方便米线都是全国清真知名品牌,并担负出口,战略救灾的使命。

8 结语

　　如果说，肉体如同一台机器，饮食是能量的补充，指挥它的是心灵。只有保持饮食的洁净和节俭，才能净化我们的心灵。回族与其他民族最显著的区别在于饮食禁忌。而清真饮食正是健康的饮食，它是当今社会文明饮食的典范，它蕴藏的哲理值得推广。

参考文献

[1] 林松. 古兰经韵译[M]. 北京: 中央民族学院出版社, 1988.

[2] 瞿明安. 中国民族的生活方式[M]. 北京: 中国社会科学出版社, 1993.

[3] 王志远. 伊斯兰教文化百问[M]. 北京: 今日中国出版社, 1989.

[4] 中山时子. 中国饮食文化[M]. 徐建新译. 北京: 中国社会科学出版社, 1992.

[5] 马维良. 云南回族历史与文化研究[M]. 昆明: 云南大学出版社, 1995.

[6] 民族问题研究会编. 回回民族问题[M]. 北京: 民族出版社, 1980.

[7] 刘智. 天方至圣实录[M]. 中国伊斯兰教协会印, 1984.

[8] 傅统先. 中国回教史[M]. 银川: 宁夏人民出版社, 2000.

[9] 白寿彝. 中国伊斯兰史存稿[M]. 银川: 宁夏人民出版社, 1983.

[10] 关明. 清真风味教学菜谱[M]. 北京: 中国民族摄影艺术出版社, 2002.

[11] 马博忠等. 历程: 民国留埃回族学生派遣史研究[M]. 银川: 宁夏人民出版社, 2011.

[12] 关明. 清真饮食禁忌是文明饮食的典范[J]. 中国烹饪研究, 1996(3), 9-12.

回族饮食文化的历史和特点

刘 伟

（宁夏社会科学院，宁夏　银川　750021）

摘　要：回族是以唐宋元时期东来的阿拉伯人、波斯人和中亚各族穆斯林为基础，在中华大地上吸收汉、蒙古、维吾尔等民族成分而形成的一个民族共同体。在民族形成、发展过程中，回族将伊斯兰文化与儒家文化融会贯通，形成了兼容并包、开放有度、充满活力的复合型文化。清真饮食文化是回族文化的重要组成部分，也是中华饮食文化的有机组成部分。回族清真饮食以用料讲究、技艺独特、绿色保健著称，高雅与质朴兼顾、味美与实惠并重，在中华饮食文化中自成一系。

关键词：回族；饮食文化；历史；特点

回族在我国人口较多、分布较广，目前有1200万人左右。分布以宁夏回族自治区为主，在甘肃、陕西、贵州、青海、云南、北京、天津等省、市、自治区也有大小不等的回族聚居区。回族有严格的饮食习惯和禁忌，回族讲求食物的可食性、清洁性及节制性，回族在饮食文化上受伊斯兰饮食习惯影响很深，因伊斯兰教在我国历史也称清真教，故回族食品称清真食品。回族饮食已成为一个品种繁多、技法精湛、口味多样、风味独特的庞大饮食体系，是中国清真饮食的代表，在我国食坛上，具有举足轻重的地位。回族与其他少数民族穆斯林创造和发展了中国清真饮食文化。

1 回族饮食文化的发展历史

1.1 唐宋时期的回族饮食

回族的食俗，具有悠久的历史，早在公元7世纪中叶，从陆路来到长安的阿拉伯、波斯穆斯林商人，他们在经商的同时，自然而然地带来了阿拉伯、波斯地区的许多清真菜点，如回族的烧饼据说就是唐时传入的，在民间早就有西域回回在长安卖大饼的传说。这些回族先民按照

作者简介：刘伟（1964—　　），男，回族，1987年毕业于中央民族大学历史系，现在宁夏社会科学院工作，并任回族伊斯兰教研究所副所长、研究员、中国民主同盟会委员、中国食文化研究会专家委员、中国民族医药回医研究会常务理事、回族研究会理事。现从事回族地方史、回族饮食文化和回族文化遗产方面的研究。出版《宁夏回族历史与文化》《食在宁夏》《回族清真美食文化》等学术著作十余部。主持国家社会科学基金研究课题多项。策划拍摄多部影视人类学纪录片，多次参加国际学术研讨会，出访美国、中亚等国。

他们原来的饮食方法与饮食体制在长安等地长期生活。从海路来到广州、泉州等地的回族先民也同样带来了许多清真面点和菜点。如唐代就盛行油香，相传油香是从古波斯的布哈拉和亦思法罕城传入中国的。唐朝不但记载有穆斯林的饮食，而且还记载了大食穆斯林恪守伊斯兰教饮食律例的内容。留居大食12年之久的杜环在《经行记》中介绍伊斯兰教时说："无问贵贱，一日五时礼天。食肉作斋，以杀生为功德，断饮酒，禁音乐，不食自死肉及宿肉，不食猪狗驴马等肉。"另外，《唐会要·卷一百》中叙述了穆斯林的饮食："日五拜天神，不饮酒举乐，唯食驼马，不食豕肉。"

在北宋时期，穆斯林的饮食习俗作为一种社会现象，已经引起非穆斯林的关注。宋人朱彧《萍洲可谈》卷二中记载了穆斯林的生活习俗和饮食禁忌："蕃人衣装与华异，饮食与华同，或云其先波巡尝事瞿昙氏，受戒勿食猪肉，至今蕃人但不食猪肉而已。"又记载："汝必欲食，当自杀自食，意谓使其割己肉自啖。至今蕃人非手刃六畜则不食，若鱼鳖则不问生死皆食。"《广东通志》亦云："牲非同类杀者不食，不食犬、猪肉、无鳞鱼。"到南宋，广州、杭州、长安等大城市已出现了大街小巷店铺林立的局面，其中又以饮食店为甚。除综合饮食店外，当时已有馄饨店、饼店、茶坊、鱼行等专营餐饮店。现在的一些清真名吃，如羊肉饼、油酥饼、韭饼、年糕等，其渊源都可以追溯到宋代。宋代，有一道清真菜叫"冻波斯姜鼓"。相传，这道菜是回族先民从波斯传入中国的，先在沿海一带流行，后传入内地。

唐宋两代阿拉伯、波斯的穆斯林商人、使节、旅行家、传教者等先后来华。他们沿着古丝绸之路和香料之路，从陆路和海道进入我国西北地区和沿海城市，来往经商，并在长安、开封、广州、泉州、扬州、杭州等城市定居。史书称他们为"蕃客"或"土生蕃客"。他们所居之处都建有清真寺，他们以寺为中心而居。

1.2 元朝时期的回族饮食

13世纪初叶蒙古西征期间，一批批信仰伊斯兰教的中亚各族人，先后被蒙古征服者签发或迁徙到中国，主要以驻军屯牧的形式或以工匠、商人、学者、官吏、传教者、旅行家的身份散布至全国各地，被称为"回回"，是元代色目人中的一种。他们与唐宋时期来华的阿拉伯人、波斯人的后裔，由于共同的信仰，有一样的风俗习惯，又都远在异国他乡，经历着共同的命运，逐渐形成共同的心理状态与民族意识。同时，又由于通婚和其他原因，中国的维吾尔人、蒙古人和汉人等，也有一部分人融合进来，经过长期的共同生产、共同劳动生息，在一定的经济基础之上，约在元末明初形成了回族。

元朝政权对穆斯林的基本政策是"恩威相济""兼容并蓄"，这种比较宽容的态度，对清真饮食业的发展从客观环境上创造了有利的条件。但是最高统治者有时也通过行政命令，干预穆斯林的饮食习俗，而这种干预又束缚了经济的发展与繁荣。据《多桑蒙古史》载：成吉思汗要求臣民，"其杀所食之动物，必须缚其四肢，破胸，入手紧握其心脏；如仿穆斯林杀牲者，则应如法杀其人。"《元史》也载：元世祖至元十六年（1279年）十二月，"回回等所过供食，羊非自杀者不食，百姓苦之。帝曰：'彼吾奴也，饮食敢不随我朝乎？'诏禁之。"有一次，一些穆斯林商人向忽必烈进贡了一只白脚红喙的隼和一只白鹫，忽必烈赐宴时，把自己桌上的食物赐给他们，他们不吃，忽必烈问为什么，他们说："这种食物是我们所禁忌的。"忽必烈非常生气，就命令穆斯林和基督教徒，今后不得以断喉法宰羊，而要按蒙古人的习俗，用剖膛法杀羊。若再有人用断喉法宰羊，就也用其法将他杀死，并将其妻子、儿女和房产给予告发者。这项干预令颁布后，很多穆斯林商人都走了，伊斯兰国家的商人也不来了，致使关税锐减。7年后饱尝苦果的朝廷才不得不取消了这项不得人心的干预令。

元人著《居家必用事类全集》十卷，其中有"回回食品"一节，记载了回族食品及其制作方法。如："设克儿匹刺，胡桃肉温水退皮二斤，控干下擂盆捣碎，入熟蜜一斤，曲昌车烧饼揉碎一斤，三件抖匀，揉作小商团块，用曲昌车烧饼剂包馅捏作接李撒样，入炉贴熟为度。糕糜，羊头煮极烂剔去骨，原汁内下回回豆，候软下糯米粉，成稠糕糜下酥蜜、松仁、胡桃仁匀供。秃秃麻食，如水滑面和圆小弹，剂冷水浸手掌按作小薄饼儿，下锅煮熟，捞出过汁，煎炒酸肉，任意食之。哈尔尾，干面炒熟罗过，再炒下蜜，少加水搅成，按片刀裁。"

元代的清真饮食不仅形成了一定的规模，而且很多清真菜肴小吃还进入了宫廷。仁宗延祐年间（1314—1320），有位专门负责皇帝营养饮食的"饮膳太医"，名忽思慧，撰写了一部《饮膳正要》，此书共分三卷，其中从皇帝所用的珍馐异馔至民间的日常蔬食淡饭，均有所述。第一卷主要是"菜肴和小吃"部分，收录了很多牛羊肉菜品，其中已考证出的清真食品近10种。

元代，回回民族形成后，回族饮食更是丰富多彩，特别是在调料的运用上，具有鲜明的民族特色。这一时期的回族饮食，一是品种丰富，大街小巷及市肆，都有回族饮食摊点；二是突出了回族饮食的特点，即既保留继承了阿拉伯、波斯等地饮食传统，又吸收了中国饮食的烹调方法和菜点品种。元代回族人副食以牛羊肉为主，配以其他富有特色的作料，加上精巧的烹饪技术，逐渐形成了中国饮食文化中别开蹊径的门类——回回茶饭。

回回人在长期的生活实践中，积累了丰富的清真食疗方法，其主要内容有饮食禁忌、牛羊肉药用、居家饮食习惯等方面。多以牛羊肉为主料，配以药物，用以治疗疾病、滋补身体。这种食补方法，在元人所编《居家必用事类全集》中的"回回食品"和忽思慧《饮膳正要》中均有介绍，且在回族群众中广泛流传。

1.3 明朝时期的回族饮食

回回清真饮食与伊斯兰教关系十分密切，"清真"二字早在宋代已出现，明太祖洪武元年（1368年）题金陵礼拜寺《百字赞》使用了"教名清真"一语，由此看来，伊斯兰教在中国被称之为"清真教"，并受到明皇室的推崇。因此，清真饮食即为伊斯兰教饮食。清真饮食在唐宋时期传入中国，从一种宗教饮食文化逐渐民俗化，元代已广为传播，明代政策尊重回族清真饮食习俗，回族清真饮食文化认同得到确立，它不仅是回族的饮食特点，也因回族的生计方式而被普及到中国社会。

明代回族饮食较元代又有了新的发展，回族学者白剑波认为明代是我国清真饮食发展的重要时期。由于"穆斯林有功于明室，故明代统治者对穆斯林的信仰予以一定的尊重，同时在赋税、安全、住宿、贸易等方面，给中外穆斯林提供优惠待遇。在京城，仅宣武门外，以经营牛羊肉为业的穆斯林就达上万人之多。充足的牛羊肉货源为丰富清真市场提供了保证"。

"伊斯兰教自传入中国以来，清真饮食就受到历代皇室的喜爱，但皇宫内专设清真御膳房，则只有明代一朝。波斯旅行家阿里·阿克巴尔撰写的《中国纪行》中就有叙述：'供应伊斯兰国家使节之御膳，由清真御膳房供应之。'很多民间穆斯林厨师也被请入宫中主厨。在北京牛街世代居住的穆斯林老人梁德山师傅，世代执厨，上溯其祖于明永乐时，因厨艺高超，得到朱棣的嘉奖，赐号'大顺堂梁'。这是民间清真菜进入明代宫廷的佐证。……徐霞客到云南旅游时，品尝过穆斯林马云容家中制作的牛羊杂碎，使得吃遍华夏的他由衷地赞美道：'肴多烹牛杂羊杂，割脯而出，甚清洁。'"

明代回族饮食在菜肴配制、烹调、面食制作上有许多创新，特别是在注重色、香、味、形的同时，强调了食品的卫生和医疗价值。回族在烙饼、蒸馍馍、做长面、煮稀饭或做牛羊肉时，喜欢在里面使用香料。所以清真菜点一般醇香味浓，甜咸分明，酥烂香脆，色深油重；肉肥而不腻，瘦而不柴，鲜而不膻，嫩而有味。这些香料不仅能调味，还能消毒、去毒，有治疗的作用。马愈在《马氏日钞记》中说回族茶饭中，自用西域香料，与中国不同……状如榛子肉，味极香美，磨细和于面中，味香，去面毒。"这些习俗一直影响到今天，现在许多回族厨师独特的烹调技术与风格，都是从古到今，代代流传下来的。

明朝马愈《马氏日钞记》中说"回回人食事之香料，云，回族茶饭中，自用西域香料，与中国不同。共拌俎醢，用马思答吉，形类地树，状如红花同，云即阿魏根……彦中用回回豆子，状如榛子肉，味极香美，磨细和于面中，味香，去面毒。"这些习俗一直影响到今天。现在许多回族名厨的独特的烹调技术与风格，都是从古到今，代代流传下来的。明代黄正《事物绀珠》一书，也记载了不少回族食品，如"设克儿匹剌""卷煎饼""糕糜酸汤""八耳塔""哈尔尾""古剌赤""海螺丝"等。

1.4 清朝时期的回族饮食

清代从事餐饮行业的回族十分普遍，凡是回族集中的地方，都有这一行业，回族经营的面食馆、小吃店、酱肉铺开始遍布全国，有的后来成为中华老字号。据白剑波《清真饮食文化》

记载，这一时期比较著名的餐馆有：创办于清初的山西太原清和源、安徽安庆方顺兴筵席馆、乾隆年间的西安辇止坡老童家羊肉店，创办于嘉庆年间的沈阳马家烧麦馆、河北保定马家老鸡铺，创办于同治年间的湖北老河口市马悦珍餐馆、河南开封马豫兴鸡鸭店，创办于光绪年间的江苏南京蒋有记餐馆、湖南长沙李合盛餐馆、天津白记饺子馆、北京东来顺羊肉馆等，不胜枚举。这些餐馆分布地区广泛，经营方法灵活，清洁卫生，花色品种多，能够满足各民族各阶层人民的不同要求，在清代全国餐饮服务行业中占有一席之地，深受各族人民欢迎。清后期，有些回族商家进行住宿、餐饮一体化服务，创办旅店兼餐馆的实体。

清同治年间西北回民起义之后，西北回族清真饮食业有了一定的发展。由于许多城乡回民被迁赶出故地，财产充公，不得已而白手起家，饮食行业虽然利微，但好处在于本小。先摆小食摊，以本赚利，再以利入本，逐渐扩大。回族有制作清真食品的传统，它吸收了中国传统烹调文化精髓而与民族文化融为一体，并加以创造性发展。如甘肃的牛肉拉面、宁夏的清真全羊席、西宁的咸丰肉、陕西的羊肉泡馍及羊肉小笼包等，是西北回民清真饮食中富有特色的品种。

另外，这一时期清真食品传入了宫廷。在清宫中，乾隆皇帝、慈禧太后都是十分注重饮食养生的，他们对于各地的名肴佳馔广为搜求，理所应当地对清真食品也不例外。故此乾隆年间在宫廷出现了清真全羊席。据传说光绪皇帝也经常派太监到宫外某清真酱肉铺去买熟食。

1.5 民国时期的回族饮食

清末到民国时期，由于经济的发展和社会的需要，清真菜在北京得到了很大的发展和推广。这个时期，天津清真菜也发展到鼎盛时期，陆续出现了经营高档清真菜的"十二楼"。

清末民初，回族的饮食越做越细，越做越精，越做越讲究。"涮羊肉"是清末在回族当中盛行的一道高级待客菜，在北京的"东来顺"经营，后来传到西安清雅斋等饭店，一直经营到现在，赢得了中外宾客的赞誉。

民国时期，全国已经形成了一个稳定成熟的清真饮食市场。在江南重镇南京，20世纪30年代曾有人做过调查。当时，南京约有穆斯林3万人，其中从事饮食业就近万人。在河南开封，20世纪30年代鼓楼一条街有穆斯林开设的店铺33家，其中餐馆就占21家，这里的清真小吃品种繁多、口味鲜美，历来为人们所称道。在西南穆斯林聚居地昆明，经营餐饮业的也占很大比重。在黑龙江、海南、西藏等地，都有品种丰富的清真饮食市场。西安的清真餐饮业仍以小吃为主，先后开业的有天锡楼、同盛祥、一间楼、义祥楼、清雅斋、白云章、益华楼、鼎兴春等，大多数都经营牛羊肉泡馍，只有清雅斋主营河北风味炒菜、白云章经营河北风味水饺。除上述固定餐馆的坐商外，还有大量的流动商贩，出售清真小吃。

回族饮食历史悠久，起始于唐、宋，至元、明、清得到了进一步的发展，形成了较大的规模，为以后清真食品的发展奠定了基础。

新中国成立以后，特别是改革开放后，清真饮食业进入了突飞猛进的发展阶段。经过回族穆斯林不断发掘、创新的清真菜肴和小吃以其独特的风格，形成了其他菜系无法比拟的鲜明特色，极大地丰富了中国餐饮事业，在国内外各民族的美食中充分展示了中国清真饮食的魅力。

2 回族饮食文化的特点

回族饮食最具中国清真饮食的特色，它是在保持传统清真饮食的基础上，较多地、有选择地吸收了中华饮食文明的精华而形成的。清真饮食因其悠久的历史性、严格的禁忌性、差异的地域性、吸纳的兼容性、品种的多样性、食用的广泛性等特点，而表现出鲜明的民族特色和地域特色。

2.1 差异的地域性

回族清真饮食是随着回族的形成而形成的，回族具有分布广泛的特征，即大分散小聚居。由于各地区自然条件、生态环境、社会环境以及不同文化的影响，各地回族在饮食上除共同遵循《古兰经》《圣训》等伊斯兰教经典要求所禁忌的饮食以外，饮食也就有了鲜明的地域性特色，周瑞海主编的《清真食品管理概述》一书中总结了以下几个方面。

2.1.1 就全国而言，不同地区的清真饮食差异较大

西北地区的清真菜烹调善用烧、烤、涮、煮、烩、炸、炖、焖、熬、炒等加工方法，口味上偏酸、偏辣、偏咸，调料以盐、花椒、辣椒、醋、蒜、葱、姜为主。西北回族饮食结构的形成，同所处黄土高原的地域环境、气候、物产关系很大。辣、咸可抵抗冬季寒冷的西北风；酸可在炎热夏季帮助消化，生津提神。这些反映了西北地方特色，具有秦陇风格。以京津为代表的华北地区清真菜，因受北京、河北、山东清真菜和宫廷菜的影响，烹调方法较精细，对牛羊肉的烹调最具特色，种类丰富。在牛羊肉的基础上又增加了鸡、鸭、鱼、虾，具有京鲁风格。华东华南地区的清真菜，口味清淡，形成了以海鲜（鱼、虾、鱿鱼等）、禽类为原料的烹饪特色，善于用当地的爆、蒸、余等烹调方法。

2.1.2 在一个大地区中的不同省区，清真食品也存在着地域性差异

西北地区有新疆烤羊肉串、羊肉抓饭、天山烤羊腿、西域香妃羊肉汤、大盘鸡等，甘肃有牛肉拉面，青海的虫草雪鸡与手抓羊肉。宁夏有手抓羊肉、水烹羊肉、羊肉小炒、白水鸡、烩羊杂碎等，较多地保留着浓厚的游牧民族古朴粗犷的饮食风味。遇到结婚等喜庆的日子，乡村还盛行以烩为主的九魁、十三花、十五月儿圆以及十大碗等不同规格的民间筵席，用以招待宾客。陕西的牛羊肉泡馍、灌汤包等也很有特色。

2.1.3 在一个省区内的各个市县中，清真饮食也有很大差异

新疆昌吉回族自治州，生活在农区和城镇的回族一般不食马肉，而生活在牧区的回族受哈

萨克族爱吃马肉习俗的影响也有食用马肉者。河北省沧州市的黄骅、海兴一带沿海穆斯林对水产中的蛤、螺、皮虾等多不忌食，而内陆穆斯林则食者较少。宁夏地区有山（宁南）川（灌区）之分，引黄灌区与宁南山区的清真饮食有许多不同之处。川区在油炸面食上有羊盘肠、糖麻饦；在小吃上有鸡肉面、夹板等。而宁南山区的同心县回族爱吃羊羔肉，除爆炒外还有煮的、蒸的（在肉下边放上大米或在肉的上面放上面饼）。同心县清真饮食中还具有独特的食品麻腐包子、麻腐馅饼、牛羊肉火烧子等。山区西吉县等地的回族则爱吃浆水面等。

2.1.4 由于分布上的特点，各地回族群众在生活上不同程度地受当地土著民族生活的影响

在青海的藏回、内蒙古的蒙回、云南的傣回等，他们除在服饰、生活、婚嫁习俗上带有明显的地域特色外，在饮食习惯上地域性表现更加突出。

云南迪庆回族，因受藏区生活方式影响，饮食以青稞做的糌粑和牛奶做的酥油茶为主。青海化隆、卡力岗回族，生活习惯类似于当地藏族，饮食以奶茶、馍饼等为主。生活于云南西双版纳傣族自治州勐海县的傣回，讲傣语，用傣文，取傣姓，穿傣服，住干栏，主食糙米，副食有豆类及蔬菜青苔等，喜欢嚼槟榔。有的人还吃鳝鱼、螺、蚌、螃蟹。居住在新疆昌吉的回族将维吾尔族的抓饭、烤羊肉、哈萨克的奶茶也变成回族喜爱的饮食。

2.1.5 同一区域共同生活的回族，因祖籍不一样，在饮食习惯上也有明显的区别

西安市回民在民族节日（开斋节或古尔邦节等）时家家户户炸油香，当地人采用发面，而客居西安的外地人（河南回民）采用烫面炸油香，因此，制作和口感上都完全不同。

2.1.6 回族的饮食禁忌除伊斯兰教规定的以外，在中国各地，回族受地方风俗影响还有不尽相同的饮食禁忌

西北回族不吃螃蟹、乌龟之类，而南方回民则食之；西北回民食兔肉，中原回民则禁食之；回族一般不食马肉、不饮马奶，桂林回民的马肉拌粉却很有名气，新疆牧区的回民同样食马肉及饮马奶。这些都是受地方风俗影响所致。

2.2 吸纳的兼容性

清真饮食的兼容性，指清真饮食在长期的形成和发展中受其他民族主要是汉族饮食烹调制作方法的影响，吸收并不断改进变通，逐渐形成自己独具特色的饮食文化。回族在形成过程中，其主要成员是外来的波斯人、阿拉伯人以及中亚人等。但又融合了不少汉人、蒙古人、维吾尔人等，在血缘上有着密切的联系；同时，回族又分布在全国的各个角落，长期与汉族在一起共同生活，学习汉文化，与汉族通婚，在经济上互相交往，文化上受到汉族的强烈影响。由于汉文化对回族文化的重大影响，也突出地反映在饮食习俗方面，使得回族饮食习俗的形成融入了汉文化的内容。回族等穆斯林对汉族传统食品、饮食的吸收，主要表现在工艺上的借鉴和品种上的丰富，即利用和吸纳其精湛的制作方法和烹调方法，然后自己再创新发展。回族穆斯

林吸收、借鉴汉族的烹调制作方法等，必须坚持一个严格的原则，即不违背伊斯兰教义，必须严格遵守伊斯兰文化的规范性，使清真菜在中国菜的各派菜系中独树一帜。

2.3 品种的多样性

清真食品除了历史久及选择严、戒烟酒、讲洁净、重节俭等优点外，还有品种多样的特点。从种类上讲，有面食类、甜食类、肉食类、凉粉类、流食类等；从味道上讲，有甜、香、咸、辣、酸；从硬度上讲，有软、硬、酥、黏、脆；从烹调方法上讲，有蒸、炸、煮、烙、烤、煎、炒、烩、熬、漩冲、熏；从颜色上看，有白、黄、红、绿等。清真食品经营户众多，行业门类齐全。回族的又一个重要特点就是善于经商，在商业活动中，主要经营饮食业。以传统食品而言，据有关资料统计清真菜肴有5000种左右，小吃近千种。

目前，全国2300多个市县（占全国市县总数的97.3%）中，有清真"三食"（饮食、副食、食品）经营户，据估计达12万多户，其中专门生产、经营清真食品的企业包括国营、集体、私营、合资企业有6000多家。就食品行业门类而言，主要有粮油、肉类、乳品、糕点、制糖、罐头、调味品、豆制品、淀粉、制盐、蛋制品、添加剂、酵母、制茶、儿童食品、保健食品、果蔬加工、速冻食品、冻干食品等门类。从事这些门类的企业所生产、经营的清真食品，满足了各族穆斯林的生活需要，起到保障作用。同时，清真食品事业的发展又促进了民族地区农副产品加工、畜牧业的发展，解决了部分人的就业问题，为促进地方经济的发展、保障社会稳定、民族团结和尽快脱贫致富起了重要作用，社会效益显著。

清真食品种类繁多，还表现在某一地区回族食品品种的多样性。如陕西西安市回民的传统饮食种类就很多，主要有：咸食，如腊牛羊肉、酱肉、煎鸡块、炖鸡、炒牛羊肝、粉蒸肉、油胡旋、肉饼、韭饼、羊肉包子、扁食（水饺）、蒸饺、泡馍（牛羊肉泡馍、小炒泡馍、牛羊杂碎泡馍、烩菜泡馍、萝卜泡馍等）、水盆、烩牛羊杂羔、干炖肉、葱爆肉以及各类炒菜和烩菜等；面食，如烙馍、油酥饼、油香、春卷、麻食、臊子面、扯面、拨刀面、牛羊髓炒面、圪油茶、拌汤等；甜食，如籽糕、切糕、豆糕、百果糕、蜂蜜凉粽子、泡泡油糕、江米糕、柿子饼以及菜汤、山楂汤、百合汤等各种甜汤；糕点，如百皮点心、哈里瓦、密食果、迎春糕、杏仁酥、核桃酥、一窝酥、寸金、麻片等；炒货，如五香花生仁、黑白瓜子、板栗等；药膳，如枸杞牛尾、党参羊排、金枣羊肉、蜜汁羊肋、甘草炖羊肚、山药煨羊肉等。

总之，清真食品品种之多，花样之新，味道之香，形色之美，技术之精无不显示出回族等穆斯林群众的聪明才智。清真食品营养丰富，脍炙人口，不仅回汉等兄弟民族群众喜欢食用，而且世界穆斯林群众也特别喜爱。

2.4 食用的广泛性

中国穆斯林的清真食品与非清真食品在食用范围上存在很大区别。中国清真食品不仅可供国内回族等穆斯林以及其他兄弟民族食用，还可供世界穆斯林民族（包括来华的国外穆斯林人士）食用。据有关方面最新研究报告指出，全球穆斯林人口已达16亿，接近世界总人口的四分之一，且主要分布在亚洲，而中东地区穆斯林所占比例越来越小，这种分布情况出乎意料。目前全球有16亿穆斯林人口，其中三分之二在亚洲，在以印度教为主的印度，该国穆斯林人口为全球第三，仅次于印尼和巴基斯坦，是埃及穆斯林人数的两倍。中国的穆斯林人数（约2000万）多于叙利亚，德国穆斯林人数多于黎巴嫩。在俄罗斯（约2300万）穆斯林人数比约旦和利比亚两国的加起来还多。

总之，现在非伊斯兰国家的穆斯林人口已达到5亿，在许多国家仍在继续增长，也就是说，全世界有1/4的人每天都在食用清真食品。全世界共有45个伊斯兰国家，其中阿拉伯世界即亚洲西部、非洲北部一带有22个国家，人口总数约1.65亿。西亚有12个国家：约旦、黎巴嫩、叙利亚、伊拉克、沙特阿拉伯、科威特、巴林、卡塔尔、阿拉伯联合酋长国、阿曼、也门、巴勒斯坦。北非有9个国家：埃及、苏丹、索马里、吉布提、利比亚、阿尔及利亚、突尼斯、摩洛哥、毛里塔尼亚。这些国家的居民以阿拉伯民族为主，还有土耳其、普什图、波斯、库尔德等民族。其他伊斯兰国家亚洲有印尼、巴基斯坦、孟加拉、土耳其、伊朗、阿富汗、马来西亚、马尔代夫、文莱9国；非洲有马里、乌干达、加尔、塞拉利昂、喀麦隆、尼日尔、几内亚、博茨瓦纳、乍得、贝宁、冈比亚、科摩罗、几内亚比绍、加蓬14个国家。在中亚地区有五大主体民族：哈萨克、乌兹别克、土库曼、吉尔吉斯、塔吉克，另外还有鞑靼人、维吾尔人、东干人等，都信仰伊斯兰教，属不同民族的穆斯林。

面对如此众多的伊斯兰国家及大量人口，我国的清真食品有着广阔的市场。改革开放以来，我国清真食品跨越民族和国界，不断对外输出，这是因为我国穆斯林在信仰、食律、生活习惯、消费方式等方面与这些国家和地区的穆斯林有着共同的地方。多年来，我国各地出口的清真食品品种不断增加，除食物原料之外，还有肉类、酱类（番茄酱、辣椒酱）、罐头类、茶类、奶粉类、糖菜类、蔬菜类（脱水蔬菜）、速食类、保健类等食品。随着国际清真食品的市场逐渐扩大，我国的清真食品也从生产工艺、产品内在质量到包装等方面做到"清真"，达到出口条件，受到世界各伊斯兰国家及群众的喜爱。

2.5 回族饮食的鲜明特点

一是主食中面食多于米食。面食是回族人民的传统主食，其品种多、花样新、味道香、技术精都无与伦比，显示回族人民的聪明才智。据统计，回族饮食中，面食品种达60%。拉面、馓子、饸饹、长面、麻食、馄饨、油茶、馄馍等，经过回族人的制作，都会成为待客的美味佳品，甚至国外友人也是一吃为快，赞不绝口。

二是回族饮食中，甜食占有一定的地位，这和阿拉伯穆斯林喜欢吃甜食有一定的渊源。

阿拉伯穆斯林妇女生下小孩后，用蜜汁或椰枣抹入婴儿口中，才开始哺乳；宁夏回族婴儿出生后，也有用红糖开口之俗。回族著名菜肴中，有不少是甜菜，如它似蜜、炸羊尾、糖醋里脊等。米、面中的甜食就更多了，如凉糕、切糕、八宝甜盘子、甜麻花、甜馓子、糍糕、江米糕、柿子饼、糊托等，宁夏回族还把穆斯林的传统美食油香做成了甜食，调制面团时，给里边加入蜂蜜、红糖等。

三是回族特别喜爱吃牛羊肉，这和伊斯兰教的饮食思想有关。伊斯兰教倡导食用牛羊鸡鸭鱼等肉，禁食猪驴骡及凶禽猛兽之肉。刘智在《天方典礼》中说"饮食，所以养性情也"，"凡禽之食谷者，兽之食刍者，性皆良，可食"，又说"惟驼、牛、羊独具纯德，补益诚多，可以供食"。伊斯兰教所倡导的食物，都是佳美的食物。所谓佳美的食物，马坚先生解释说，就是纯洁的、可口的、富于营养的食物，更具体地说就是要有良好的外观形象、佳美的味道和丰富的营养价值。以羊为例，性情温顺，自身洁净，其肉美味可口，同时还对身体有滋补食疗作用。羊肉成分中含蛋白质、脂肪、维生素及钙、磷、铁等矿物质。经常食用羊肉，可以开胃健力，散寒助阳，益肾补虚。

四是回族人民非常重视学习吸收兄弟民族的烹调经验。几百年来，回族与汉族等兄弟民族和谐相处，生息与共，引进了很多饮食品种，例如饺子、馒头、粽子、元宵、月饼等。回族在烹调这些饮食时，绝不是完全照搬，而是创造性加以改进，例如饺子，不仅仅是将汉族饺子改成清真饺子，而是在作料、做法、甚至吃法上都进行变革，其中的酸汤饺子就是回族的一大发明。现在，随着社会经济的发展和人民生活水平的提高，回族与汉族及其他兄弟民族的饮食交流越来越密切，从而又促进了回族饮食文化的进一步发展。

参考文献

[1] 王正伟. 回族民俗学概论[M]. 银川: 宁夏人民出版社, 1999.

[2] 周瑞海. 清真食品管理概论[M]. 北京: 民族出版社, 2005.

[3] 马坚译. 古兰经[M]. 北京: 中国社会科学出版社, 1981.

[4] 白剑波. 清真饮食文化[M]. 西安: 陕西旅游出版社, 2000.

[5] 丁万华, 杜玉昆. 宁夏清真菜谱[M]. 银川: 宁夏人民出版社, 1992.

[6] 刘伟. 宁夏回族历史与文化[M]. 银川: 宁夏人民出版社, 2004.

[7] [清]刘智. 天方典礼[M]. 天津: 天津古籍出版社, 1988.

[8] 马石奎口述. 中国清真菜谱[M]. 北京: 民族出版社, 1982.

食文化与教育

技师学院烹饪专业创新教育探讨
——以重庆现代技师学院为例

赵晓芳，石自彬

（重庆商务职业学院餐饮旅游学院，重庆 401331）

摘 要：技师学院作为国家高等职业教育的重要组成部分，对高技能人才培养、社会主义现代化事业建设、国民经济发展有着重要作用，技师学院烹饪教育为社会培养大量实用型高技能人才做出了重要贡献。新时期、新常态经济下，技师学院烹饪专业教学，应当走创新教学和适应市场需求之路，将技能与市场结合，培养新型应用型高技能专业人才。

关键词：技师；烹饪；创新；教学

1 技师学院的定位

技师学院是原劳动保障部门在全国启动并实施国家高技能人才培训工程和"三年五十万"新技师培养计划下诞生并发展起来的特殊院校，是国家高等职业教育的重要组成部分，是以培养技师和高级技工为主要目标的高技能人才培养专门院校，并承担各类职业教育培训机构师资培训和进修任务。

技师学院教学行为上应以岗位工种为本位，特别注重学生技能培养，但不忽视专业理论课程；坚持校企结合二元培养模式，根据企业需要培养高技能人才，引导企业文化早期进入校园，实行订单培养；实施二元师资结构，即学院双师型教师与行业一线师傅结合教学，培养高技能专业人才。在管理模式上，技师学院作为高等职业教育的重要组成部分，也应该是开放式的。学生学习期间可分段获得高级技工、预备技师国家职业资格证书，技师享受本科学历和工程师待遇，高级技工享受大学专科学历待遇。

2 技师学院烹饪专业发展现状、产生原因及其对策

2.1 技师学院烹饪专业发展现状

烹饪专业作为技师学院最具味道、很有特色的品牌专业，普遍受到重视。然而目前众多的

作者简介：赵晓芳（1970— ），女，重庆商务职业学院餐饮旅游学院院长，副教授，餐饮服务高级技师，研究方向为旅游教学与管理、旅游发展与餐饮。

技师学院，在对烹饪教学的定位上不够准确。以致培养出来的学生，理论水平、研究能力赶不上本科、专科院校的烹饪学生，在烹饪技术技能水平上也赶不上中职中专学生水平，使得我们技师学院的烹饪专业学生在就业上面临极大竞争挑战。在实际工作中难以胜任相应的岗位，无法与本科院校学生竞争，只能与中职中专学生竞争，但是烹饪技术并没有比中职中专生有多少优势，加之心态不够端正，最终连中职中专生也竞争不过。

2.2 原因分析

目前技师学院烹饪专业的教学是一种脱离实际的闭门造车的封闭教学，是一种以自我为中心感觉良好的落后教学。其要害之处在于与社会发展严重脱节，跟不上行业革新需要。技能实训仅局限于实训室，做完了自我消化，没有经过市场检验，实训作品的成败没有经过市场选择检验这一关。造成这样的原因，主要是两方面，一是领导决策层的教学指导方针不对；二是烹饪教师执行层其自身的教学能力达不到。领导的教学指导方针一旦不对，中层制订的人才培养方案、教学计划等就会跟着出现偏离，直接导致教师教学环节跟着偏离市场的需求，脱离市场实际需要。毫无疑问，学生成为最后的受害者，毕业后在市场中失去专业竞争能力！烹饪专业教学对教师的要求都应该是理论学识丰富、技能技术精湛的双师型教师。如果教师其中一项达不到教学要求，那么培养出来的学生，也会导致理论和技能"两条腿"不整齐，从而丧失行业竞争的优势，影响学生毕业后的继续发展和前程。

2.3 解决对策

技师学院烹饪专业要在高职、本科烹饪专业与中职、中专烹饪专业之间找到自己的定位优势，就必须要解决影响其发展的短板因素。领导决策层的教学指导方针对专业建设发展、教学质量有着直接作用和长远影响。尤其是外行指导内行的领导，更应该在决策教学指导方针前多征求专业老师的意见和建议，不能对教师的观点置若罔闻，独断乾纲。中层专业负责人在制订人才培养方案和课程设置时，也应该广泛征集一线专业认可教师的意见。这样制订出的方针、方案才能得到广泛认可，具有实际意义，才是正确的。

对于专业教师而言，自身一则要转变教学思路，打破固有的陈旧的教学方法，结合专业发展、市场需求发展，探究和采用新的创新教学方法。二则要不断提高双师素质，完善双师型人才身份转变。烹饪专业教师应该是具有"双师型"素质的教师。"双师型"教师概念，目前，国内关于"双师型"教师的界定，主要有以下三个方面的标准。

2.3.1 评估标准。2008年4月教育部下发的《高等职业院校人才培养工作评估方案》（教高〔2008〕5号），在对2004年评估方案进行修订和完善的基础上，给出了"双师型"教师最新的界定，即："双师素质教师是指具有教师资格，又具备下列条件之一的校内专任教师和校内兼课人员：①具有本专业中级（或以上）技术职称及职业资格（含持有行业特许的资格证书及具有专业资格或专业技能考评员资格者），并在近五年主持（或主要参与）过校内实践教学设施建设或提升技术水平的设计安装工作，使用效果好，在省内同类院校中居先进水平；② 近五年中有两年以上（可累计计算）在企业第一线本专业实际工作经历，能全面指导学生专业实践实训活动；③ 近五年主持（或主要参与）过应用技术研究，成果已被企业使用，效益良好。"

2.3.2 院校标准。在实行"双师型"教师的聘任过程中，各职业院校制定了"双师型"教师的聘任标准。"双师型"教师是指既能从事专业理论教学，又能指导学生进行实践教学的教师。具体标准：① 通过国家组织的中级以上专业技能培训考试，取得国家承认的技师（或相当于技师水平）以上专业技能资格；② 通过国家组织的各类执业资格考试，取得中级以上执业资格证书；③ 在企事业单位或科研院所从事工程技术工作或科研工作三年以上，具备工程师以上各类专业职务任职资格的兼职教师。

2.3.3 学者标准。有学者认为"双师型"教师应具备的职业素质标准是"一全""二师""三能""四证"。"一全"是指"双师型"教师应该具有全面职业素质。"二师"是指"双师型"教师既能从事文化理论课教学，又能从事技能实训指导。"三能"是指"双师型"教师具有较全面能力素质，既具有进行专业理论知识讲授的教学能力，又具有专业技能基本训练的指导能力，同时还具有进行科学研究和课程开发建设的研发能力。"四证"是指毕业证、技术（技能）等级证、继续教育证和教师资格证等。

随着职业教育的进一步发展，对"双师型"教师的认识也在不断深化。目前国内高等职业教育"双师型"教师的认定范围和宽泛解释即其认定方式已基本达到统一。"双师型"教师，是指具有较强的教学能力和专业理论水平，获得教育系统领域的教师资格证书，又有本专业或相应行业的职业资格等级证书的教师，或有从事本专业实践工作经历，具有较强实践应用能力的专业课教师。

2.3.4 综上"双师型"教师各种版本的界定标准，烹饪专业的"双师型"教师即是具有教育系统的教师资格证书和人力资源和社会保障部门颁发的厨师资格等级证书，技能胜任烹饪理论课程教学，又能承担烹饪实训课程教学。简单的说，烹饪专业"双师型"教师就是既上得了课堂，又下得了厨房。

3 技师学院烹饪专业创新教育之路

创新教育是现代职业教育发展的必然要求，也是适应专业市场发展的必然要求，是多人才培养方法和途径的必然要求。以重庆现代技师学院为例，其烹饪专业建设与发展的成功经验，值得众多技师学院以及其他职业教育的参考和借鉴。

3.1 注重基本功教学

很多职业院校对基本功的教学只是按照教学计划走一遍，至于有没有达到应有的基本功技术能力水平，则没有落实到具体。重庆现代技师学院对烹饪专业基本功的教学，则是严格按照教学计划和培养目标结合实施，确保每一位学生都能达到设定的技术水平。包括磨刀、翻锅、刀工三项基本功。以翻锅为例，每一位学生在练习时设置为多个梯次，循序渐进。翻锅使用食盐、稻米等为原料，每人必须在老师的指导下完成达标练习，达标的标准是每分钟翻锅90次以上。再比如刀工，练习时除了对每一位学生进行水平考核以外，再往后的学期里还会定时进行基本功水平练习和考核，以防止学生基本功水平退化，保证基本功随时得到夯实。

3.2 实训教学与市场接轨

实训教学与市场接轨，简单地说，就是做出来的作品能投放市场，在不亏本的情况下卖给消费者。作品包括基本功的原料成形、泡沫雕刻作品、中餐热菜实训菜品、面点实训点心、面塑实训作品等。都可以广泛的与校内小市场和校外大市场接轨，接受市场的检验。宁德技师学院在烹饪实训教学中，以市场决定其成败存亡，积极扩展大小二级市场，回收原料成本、努力增加盈利收入。以市场为选择主题，提高师生对实训的严肃性对待，自觉重视烹饪实训课程。

以基本功的原料为例，要练好刀工等基本功，就需要用大量的原料来作为练习。为减少原料费用成本，从最初的切报纸、切面团来练习，到后面不需要原料成本就能直接切原料来练习。解决无原料练习刀工的问题，可以与学校食堂合作，将食堂的原料运到实训室，统一按照要求标准进行切配，合格后返回给食堂。打开市场后，可以与社会的菜市场商家、甚至某些餐饮企业合作，不仅解决了原料问题，还可以适当的收取一些原料加工费用，实现互惠互利双赢。

以热菜实训菜品为例，每次实训后的菜品，经老师检查考评后，不合格的菜品自行处理，合格的菜品，留出少分量进行品尝、分析成功经验外。余下的部分，每位同学炒的分别装成一份，根据菜品整体成本计算一个售价，拿到校园里进行销售，售卖的对象主要以老师、其他专业同学为主体。面点实训点心也是同样如此进行售卖。相对而言，面点更具有市场，常常出现供不应求、提前预订的火爆场面。

面塑、泡沫雕等可长期保存的实训作品，则可拿到公园、广场等人流聚集地进行售卖。效果也较为理想。这些都充分说明，烹饪实训作品，只要结合市场的需要，可以经受市场的检验，具有市场前景。

3.3 学院支持，开展创业教学

所谓创业教学，就是让学生的实训完全投放市场中，不仅要练好烹饪技能技术，还要接受优胜劣汰的市场竞争，实行自主经营、自负盈亏的实体开店创业。宁德技师学院领导决策层从市场需求的前瞻性出发，结合国外烹饪专业学生的教学模式。专门拿出一个食堂，交给烹饪专业学生进行营利性经营，提供点菜、教师之间小聚会、同学生日聚会、毕业生聚会等宴席。由高年级同学负责经营管理、低年级同学共同参与，如此循环，可以保证食堂经营员工梯级队伍的稳定性。自这样的实践创业教学活动开展以来，深受师生的一致好评，参与的学生也表示不仅锻炼的技术、还有一份引以为豪的补贴收入。对于毕业的同学而言，很多学生因为在校期间有了整个厨房的运营管理经验，走上社会后非常轻易地就胜任了高层管理的职位，还有的同学更以此经验进行了成功的创业，走上自我真正创业成为老板的梦想。

技师学院的烹饪教育，如何在各个层次的职业教育中找到自己的切合点，创业教育为这一问题找到了很好的答案。中职中专教育是培养一线基础工人；高职、本科教育是培养高层次管理人才；技师教育，无疑是既具有扎实基本功又具有实战管理经验的综合性人才，对于创业，他们更具有优势。

3.4 开展无缝对接校企合作

不管是学术型教育，还是职业型教育，不管是本专科院校，还是中职中专院校，都在倡导校企合作这一办学模式。然而很多的校企合作，其实非真正意义上的校企合作，仅是学校和企业达成了某种用人协议而已。重庆现代技师学院的校企合作，可以说是正真意义的校企合作。首先，打破了传统的没有在人才培养过程中的合作。烹饪专业的校企合作，是专门为某个企业量身打造的专业性高技能人才，从人才培养方案、到具体的课程设置，企业都全程参与其中。尤其是课程制定上，会根据企业的需要，将企业里的一些课程放入学校教学之中，如企业文化、岗前培训、厨房菜品等课程，企业并派专人到学校进行授课。校企合作还需要制定阶段考评办法，每进行一个阶段，都会由企业和学校共同进行考评，以确认本阶段的人才培养是否达到了企业所需的要求，以便为下一阶段的培养方案提供是否要进行修正提供依据。

在学校阶段的培养结束后，立即转入企业一线进行顶岗实习。实习期最长不超过一年，在一年内，学生经企业进行岗位考核合格后可随时、可提前转为正式员工，享受正式员工福利待遇。企业也需要在市场竞争中充分认识人才对企业发展的重要性。尤其是校企合作定向培养的专业对口人才，更是企业不断发展的动力源泉。现在的年轻人才本身已经不易招聘，如果企业吝啬于喜欢使用实习生，为了少支付人力资源成本支出，在一年的顶岗实习期内故意不给合格的实习生提前转为正式员工，而是支付实习工资。看似表面为企业节约了人工工资开支，等学生实习一结束，毕业之后随即离开企业，找更好的、工资更高的工作去了。校企合作除了为企业提供一年廉价劳动力之外，企业并没有得到花费大量人力、财力培养的自己企业所需的人才。损失最大的，无疑还是企业自身。人才不能为己所用，这样的校企合作到最后也算是失败的！这是在现代职业教育中，学校和企业都应该反思的问题。

4 结语

《国家中长期教育改革和发展规划纲要（2010—2020年）》指出，国家要"大力发展职业教育"尤其是要"加快发展面向农村的职业教育"，"增强职业教育吸引力"。《国务院关于加快发展现代职业教育的决定》（国发〔2014〕19号）则更明确指出职业教育的地位和重要性："加快发展现代职业教育，是党中央、国务院做出的重大战略部署"，要"创新发展高等职业教育"，"激发职业教育办学活力"。技师学院烹饪专业教育要在新形势下，结合职业教育发展的方向和人才培养需求的要求，以市场需求为主体和出发点，创新适应市场需求的教学方法，培养适应市场发展、符合企业岗位需求的高技能应用型创新型人才。

参考文献

[1] 张铁岩. 高职高专"双师型"师资建设的几点思考[J]. 高等工程教育研究，2003（06）.

[2] 张铁岩. 高专教育"双师型"师资队伍建设研究报告[R/OL]. http://teacher.eol.cn.

幼儿饮食行为中的道德教育刍议
——以《蒙学通书》为中心

李建刚，冯文娟

（湖北师范学院历史文化学院，湖北　黄石　435002）

摘　要：我国素称礼仪之邦，懂礼、知礼、守礼、尽礼是每个中国人应具备的道德修养。自古以来，我们对幼儿的道德教育非常重视并贯穿于生活的细节之中，通过饮食活动对幼儿进行道德教育一直是我们的优良传统。由于礼的形成，最初始于饮食，因而从饮食礼仪上对幼儿进行教育，让其领悟礼的精髓，使其形成高尚的道德品质，是非常有效的一种教育方法。中国古代《蒙学通书》中涉及许多道德教育的内容，其中饮食道德教育占据重要地位，对幼儿的成长提出了许多道德要求，在行为教育中促成孩子形成良好道德品质，这种教育方法直到今天仍值得借鉴。

关键词：道德；礼仪；饮食；《蒙学通书》；幼儿启蒙教育

自古以来，我国对蒙学十分重视。《辞海》对蒙学的定义是：蒙馆，也称"蒙学"，中国旧时对儿童进行启蒙教育的学校，教育的内容主要是识字、写字和伦理道德教育。宋代以后教材一般为《三字经》《百家姓》《千字文》《蒙求》《四书》等，没有固定年限，采用个别教学，注重背诵、练习。学界所指的《蒙学通书》就是对《三字经》《百家姓》《千字文》《蒙求》《四书》《弟子规》《幼学琼林》《增广贤文》这些蒙学教材的通称。《蒙学通书》是我国古代启蒙教育的范本，它包含天文、博物、历史、文化、伦理、生活等多方面的内容，既是文化识字课本，更是道德教育的教材，它对中国传统文化的传播、对中华民族传统道德的培育都发挥了广泛的影响。蒙学教育的终极目的是培养孩子高尚的道德情操，《易经·蒙卦》中提出"蒙以养正，圣功也。""蒙以养正"的意思是说在人受教育的启蒙阶段要给他灌输正确的世界观，以养成正直的品格。因此，从发蒙之初就开始对幼儿进行道德品质的教育就成了社会的共识。本文拟从《蒙学通书》中涉及的关于饮食道德教育的内容出发，发掘其蕴涵的道德教育内容，从中找到对当今幼儿教育有重要启示的思想。

作者简介：李建刚（1964—　　），男，湖北武穴市人，湖北师范学院历史文化学院副教授，从事中国饮食文化研究。

1 幼儿饮食道德教育的重要性

我国素称礼仪之邦，礼仪体现了中国人在社会交往活动中共同遵守的行为规范和准则，也是中国人建构价值观念和道德水准的重要指标。我们今天所说的礼仪最初是指两个不同的概念："礼"是抽象的，它是由一系列的制度、规定及社会共识构成的，既作为人际交往时应遵守的伦理道德标准，又作为社会的一种观念和意识，约束着人们的言谈举止；而"仪"则是礼的具体化、形象化。中国古代礼仪所涉及的范围十分广泛，而所有的礼都是从饮食活动中衍生出来的，《礼记·礼运》曰："夫礼之初，始诸饮食。其燔黍捭豚，汙尊而抔饮，蒉桴而土鼓，犹若可以致其敬于鬼神。"儒家原典明白无误地说明了礼仪是从饮食发展而来的，后来不断完善和发展，大约在周代时，饮食礼仪已形成为一套相当完善的制度。这些食礼成为文明时代的重要行为规范和道德要求，时至今日，香港人有句话叫做"箸头食饭教仔女"，此话当是《礼记》以来的经验之谈，饮食礼仪从小就要教子女，而且应该每顿饭对失礼者予以纠正，应该承认，周代以来所形成的饮食礼仪，许多都是文明之举，有一定的合理性，以其对子女进行礼仪教育，也是值得肯定的。

在人类文明的演进过程中，饮食具有自然与文化双重属性，作为维持人自身生命存在的基本手段，世界各民族对饮食的关注概莫能外。同时，作为人类自然本能高度理性化发展的结果，饮食传统又是一个民族特殊历史经验与生存环境的产物，它构成了民族文化传统中最显著的象征符号。中国古代文化中居于核心地位的礼制文化，对于饮食礼仪方面所具有的超乎寻常的专注，就不能仅视为自然现象或归诸于偶然原因了。

《蒙学通书》中对幼儿进行品德教育的具体做法就是在儿童尚未有任何不良行为之前，就把"如何做"灌输给教育对象，把大道理落实到生活的细微末节中去。因为道德从本质上说是人对特定社会关系的一种价值预设，由生活中的契约生发出各种规则，并逐步积淀、发展成为风俗、习惯、舆论和社会意识。对于自然人来说，其道德养成也有一个沉淀、积累的过程，《蒙学通书》中对幼儿行为规范的约定就是这种积累的起点，因而在《蒙学通书》中随处可见关于道德规范的内容，尤其是涉及饮食道德的内容，其目的是通过对幼儿进行饮食道德方面的教育，使之在潜移默化中形成良好的道德规范。这种做法不仅中国有，外国也普遍存在，像日本就在2005年颁布了《食育基本法》，将其作为一项国民运动，以家庭、学校、保育所等为单位，在日本全国范围进行普及推广，通过对食物营养、食品安全的认识，以及食文化的传承、与环境的调和，对食物的感恩之心等，以达到培养良好饮食习惯的目的。

2 对幼儿进行饮食道德教育的内涵

《蒙学通书》通过流畅的语言、生动的事例向幼儿传授饮食道德，使孩子从小对饮食道德铭刻于心，起到了润物细无声的效果，它所涉及的主要内容有以下几个方面。

2.1 尊老爱幼

尊老爱幼是文明社会永恒不变的基本道德要求，也是中华民族自古以来坚守不渝的价值取向，"老吾老，以及人之老；幼吾幼，以及人之幼。"孟子的这一圣训是对尊老爱幼的经典演绎。孝敬父母、尊敬长辈是我们的传统美德，是每一个人最基本的品行操守，《礼记·礼运》曰："父母在，朝夕恒食，子、妇佐馂；既食恒馂。父没母存，冢子御食，群子、妇佐馂如初。"这段话的意思是说，如果父母健在，早晚吃饭时，儿子、媳妇就必须在旁照顾；等父母进食完毕后，再吃剩余的饭食。如果父亲已经去世了而母亲尚在，就由嫡长子侍奉母亲饭食，而他的弟弟和弟媳就要在旁照料并吃剩余的食物，就像父亲健在时一样。《蒙学通书》就贯彻了饮食中尊老爱幼的思想，《三字经》中提到的"融四岁，能让梨"就是一个很有生命力的例子，孔融四岁时，就知道把大的梨让给兄长吃，这种尊敬和友爱兄长的行为，历来受到人们的赞美，是兄弟之间相互关爱的样本。《千字文》中说："亲戚故旧，老少异粮。"意思就是指亲戚朋友来往，少年吃细粮，老年吃粗粮。因为细粮易消化，便于营养的吸收，对青少年身体的发育成长有利，粗粮富含粗纤维，可以疏通软化血管，避免老年疾病的发生，有益老年养生。在饮食过程中要做到"或饮食，或坐走，长者先，幼者后。""长者立，幼勿坐，长者坐，命乃坐。"不论用餐、就坐或行走，都应该谦虚礼让，长幼有序。

2.2 爱惜粮食

历史上，中国的粮食产量一直偏低，很多人难以维持温饱，因而对于辛苦耕作得来的粮食非常珍惜，"谁知盘中餐，粒粒皆辛苦。"这一用于儿童启蒙的诗句就是向孩子们灌输爱惜粮食的观念，要他们从小做到"对饮食，勿拣择。"不应该挑食、偏食，因为一切粮食都来之不易，要珍惜和尊重人们的劳动。《幼学琼林·贫富》中列举了一些生活奢侈腐化的反面教材：昏庸无道的商纣王，搞酒池肉林；晋代的权臣何曾，一日之食费万钱，犹言无可下箸处；石崇和王恺斗富，前者拿蜡烛当柴烧，后者用饴糖水洗锅。这些不尊重食物的可鄙行为令人发指，《蒙学通书》中以此做反面教材，用来警示幼儿不要效仿这些人的恶行，因为这样做最终都会落到个身败名裂的下场，商纣王不就是在歌舞淫逸中亡国的吗？石崇不就是因为宴请权臣得罪权贵而落得满门抄斩的下场吗？因此，要教育儿童从小就学会节俭，学会爱惜粮食，要懂得"一粥一饭，当思来之不易；半丝半缕，恒念物力维艰。"《世说新语·德行》篇就讲了这样的故事：殷仲堪担任荆州刺史时，因为水灾，庄稼欠收，他吃饭时饭粒掉在席子上，就捡起来吃掉，作为统辖一方的封疆大吏，能做到这样爱惜粮食，实属难得。

2.3 适度消费

中国文化讲究中庸之道，待人处事坚持适度原则，把握分寸，不偏不倚，恰到好处，无过无不及，要明白"过犹不及"的道理。这个原则同样适合于饮食之道，《弟子规》中说"食适可，勿过则。"饮食应避免过量，以免造成身体的负担，危害身体健康，"年方少，勿饮酒，饮酒醉，最为丑。"未成年不能饮酒，成年人饮酒时也应适量，不能喝得酩酊大醉，丑态百出！"爽口食多偏作病，快心事过恐生殃。"这是教导人们在条件允许的情况下要适度消费，要把握消费的尺度，过分追求节俭或过度奢侈都是不可取的。

黜奢崇俭是中国消费思想的主题，奢侈腐化、挥霍无度的行为历来为人所不齿。石崇宴请客人时让美女劝酒，如果客人拒饮，他便将美女推出斩首。有一次，丞相王导和大将军王敦拜访石崇，王导平素不能喝酒，但怜香惜玉，勉为其难，而每次轮到王敦喝酒，他故意不喝，以观察石崇是何反应，结果，石崇杀了三名劝酒的美女，王敦仍不肯喝，王导责备其不应该这样，王敦却说"自杀伊家人，何预卿事。"权臣王济设家宴款待晋武帝，其中有一道菜是蒸熟的小猪，味道与众不同，晋武帝问这道菜是怎么做的，王济说这小猪是用人的乳汁喂养的，于是，"帝甚不平，食未毕，便去。"这种奢侈浪费的行为，连见惯了大场面的皇帝都无法接受，更何况是吃着粗茶淡饭的平民百姓呢？

节俭是美德，但节俭不等于吝啬，"吝则不俭，俭则不吝。"俭则不吝，这个区别是很有意义的，如果都像"韦庄数米而炊，称薪而爨。"那就不是节俭，而是吝啬了，王丞相俭节，帐下甘果盈溢不散，涉春烂败。都督白之，公令舍去，曰："慎不可令大郎知"。他看似节俭，舍不得吃，实则是极大的浪费。

在饮食过程中保持适度消费的原则，根据自己的经济能力和社会地位量力而行，不放纵、不苛求，在奢侈与节俭之间找到一个合适的平衡点才是可取的。

2.4 懂得惜福

从小就教育幼儿懂得惜福，有利于增强其幸福感，让幼儿明白不要过分追求无法触及的东西，急功近利只会适得其反，每个人都必须善待自己的人生幸福，要做到知足常乐，安贫乐道，"遇饮酒时须饮酒，得高歌时且高歌。"拥有的时候要懂得珍惜，不要沦落到"饱饫烹宰，饥厌糟糠。"的地步时才后悔莫及，世上的事乃是"祸兮福所依，福兮祸所伏。"因此得到的别太骄傲，要珍惜拥有，否则就会很快失去，没有的别太失望，要对未来充满信心。一个人置身富贵生活却能够做到不奢华、不狂妄，置身清贫生活也能够做到不沮丧、不放弃，这就是人生的大智慧。"菽水承欢，贫士养亲之乐。"粗茶淡饭也能使父母高兴，这就是贫穷士人孝养双亲的乐趣，也是他们无比满足的表现。

人世间，没有灾殃祸患就是福，无奈很多人身在福中不知福。这也在很大程度上告诫幼儿惜福的重要性，如若永远不满足现状，不珍惜拥有，一味的追求遥不可及的东西，只会让人永远活在痛苦中，得不到真正的幸福。古人也早已认识到了这一点，正所谓"难消之味休食，难得之物休蓄，"就是在告诫我们要学会珍惜。

2.5 真诚待人

以诚待人，以信取人，是我们中华民族最为优秀的传统美德之一。孔子云"人而无信，不知其可也。"韩非子曰"巧诈不如拙诚。"人要学会以诚待人，这样才会得到别人的尊重。昔"汉陈遵留客之心诚，投辖于井。""蔡邕倒屣以迎宾，周公握发而待士。陈蕃器重徐稚，下榻相延。孔子道遇程生，倾盖而语。"都表现出他们热情好客，以诚相待的品质。"侃母截发以延宾，村媪杀鸡而谢客，此女之贤者。"陶侃的母亲剪发换食来接待宾客，村中老妇杀鸡作食来款待客人，时人都认为他们是贤惠的女子，这样的真诚待人也为她们赢得了好口碑。现实生活中也是这样的，真诚的给予必会得到真诚的回报。越王勾践爱士兵，将别人送的醇酒倒在河的上游，叫士兵们到下游去喝，士兵们激动不已，勇气百倍，他以真诚之心对待士兵，怎么会得不到到他们的出生入死，又怎么会不成为一代霸主呢？

以诚待人，除了诚心外，诚信也是一个重要的方面，即人要讲求信用，一诺千金，说到做到，这样才能以德服人，也才会给自己的子女留下好的榜样，以此实际行动来教育孩子养成诚信的高尚品德。曾子为人很诚实，一天曾子的妻子要上集市，孩子闹着要与母亲同去。曾妻哄孩子说："我去集市回来就杀猪给你吃"。她从集市回家，见曾子准备杀猪，急忙劝阻说："我只是哄哄孩子。"曾子说："怎么能说谎呢！"说着便把猪杀掉了，曾子以自己的实际行动来教育自己的孩子要诚信待人，做到一言既出，驷马难追。

2.6 学会感恩

感恩是一种生活态度，是一种善于发现美并欣赏美的道德情操。一个不知感恩的人，只能是一个自私自利的人。滴水之恩，涌泉相报；衔环结草，以报恩德，这些都是教导人们要知道感恩。我们要注意培养幼儿的感恩意识，让他们学会感恩。羊有跪乳之恩，鸦有反哺之义，父母恩情似深海，人生莫忘父母恩。因此，人们尤其应该用一颗感恩的心来对待自己的父母，而在中国，浓浓爱意常常是通过吃表达出来的，晚辈孝敬长辈，往往是落实到吃的方面去了。据《陈书·徐孝克传》记载，国子祭酒徐孝克在陪侍陈宣帝宴饮时，并不曾动过一下筷子，可摆在他面前的肴馔却不知怎么减少了，这是散席后才发现的。原来，徐孝克是个大孝子，他的孝道在历史上是出了名的。梁末侯景之乱，建康之饥，饿死的人有十之八九，他为了养活老母陈氏，忍痛割爱，将老婆出让给富商孙景行，以所得的谷帛来供养母亲；粮食吃完后，他又剃度出家，以乞讨的斋饭给母亲吃；现在身居高位，陪皇帝吃饭，很多好吃的东西是平民百姓见所未见的，好吃的东西高堂父母没有享受，他做儿子的就不能先吃，所以他将好吃的东西偷偷的藏在怀里带回家孝敬老母亲去。皇帝知道后非常感动，下令以后的御筵上的食物，凡是摆在他面前的，都可以大大方方的打包带回家去，不用再偷偷摸摸了。历史上像徐孝克这般孝顺父母的人不在少数，在此关键是要教育幼儿，要在父母有生之年好好地孝敬他们，不要等到他们离开人世后才来后悔。《幼学琼林》中提到皋鱼曾经感叹道："树欲静而风不止，子欲养而亲不待。"树要静可风却不停地刮，儿子想要孝养父母亲，可却已不在了，这该是多么的悲凉呀！所以应像曾子一样："与其椎牛而祭墓，不如鸡豚之逮存。"与其用牛来祭祖，还不如父母在世时有鸡肉、猪肉给他们吃。这种实实在在的孝顺才是对父母养育之恩的最好报答，才是感恩最简单的体现。

2.7 培养正气

"夷齐让国，共采首阳之蕨薇。"宁可饿死也要留下君臣的道义，这就是伯夷和叔齐逃进首阳山饿死，也不食周粟的原因，显示出无比的气节，做人就应该有这样的一身正气，不为"五斗米折腰"，不要为了填饱肚子而失掉了做人的尊严。

《礼记·檀弓下》记载了这样的故事：齐大饥，黔敖为食于路，以待饿者而食之。有饿者蒙袂辑屦，贸贸然来。黔敖左奉食，右执饮，曰："嗟，来食!"扬其目而视之，曰："予唯不食嗟来之食，以至于斯也。"从而谢焉，终不食而死。一个穷人饿得已经奄奄一息了，也不肯吃别人丢给他的一碗饭。因为那一碗饭不是善意的，而是代表着一种轻蔑和对人格的侮辱。穷人宁愿选择饿死，也不愿毫无尊严的活着，这就是做人的骨气！

孟子有几句话说得很好："富贵不能淫，贫贱不能移，威武不能屈，此之谓大丈夫。"意思是说，高官厚禄收买不了，贫穷困苦折磨不了，强暴武力威胁不了，这就是所谓大丈夫。大丈夫的这种行为，显示出了无比的英雄气概，也是有骨气的表现。无论是什么东西，只要不是自己的，就一定不能没有骨气地向别人乞求和利用各种方式向别人索要。乞求和索要，都是最没有骨气的表现。做人要做得有价值，人活着，要活得有意义，这样才不枉在人间潇潇洒洒的走一回。做人一定要有骨气，不卑躬屈膝，不唯唯诺诺，要挺起腰杆做人，绝不苟且偷生，这样才会活的有尊严，有价值。一个有骨气的人同样会得到别人的尊重，即使一无所有，就那一身的傲骨也不会被别人看不起的。有骨气的做人，有骨气的活着，有骨气的为了人生而奋斗，这才是真真正正的中国人的品质。作为家族和国家兴旺、强盛的希望，儿童从小就要深刻领会其意义，并深深铭刻在心，身体力行。

3 古代幼儿饮食礼仪教育的启示

古代的饮食礼仪注重在行为规范中灌输道德教育，希望孩子能从小在潜移默化中形成正确的道德观念，这种教育方式是很有效的，对当代幼儿的早期教育也有积极地借鉴作用。孩子最早接受的教育是来自家庭的，确切的说是来自于他们的父母，从"吃饭皇帝大""民以食为天"这两句谚语中可以看出，中国人把吃饭当作是一件很重要的事情来看待。因此父母对于孩子的养成教育，尤其是日常生活中占有重要地位的饮食活动是特别注意的。

我们知道古代的中国家庭中礼仪是占有非常重要地位的，尤其是子女对长辈的礼节更是繁琐和讲究。饮食过程中"长者立，幼勿坐，长者坐，命乃坐。尊长前，声要低，低不闻，却非宜。""问起对，视勿移。"这些都是最基本的饮食礼仪。然而，随着社会的进步，人们的思想也跟着解放了，很多古代的繁文缛节都被去除了，但这并不表示尊老爱幼的基本道德传统都要舍弃。现在的孩子，个个都是家里长辈眼中的宝贝，被父母捧在手心里疼，完全就是家里的小皇帝、小公主，什么都得顺着他们的意，要不然就大哭大闹，家无宁日。这样是不行的，长远来看，对孩子的健康成长是一种极大的伤害。如果父母真的爱护自己的孩子，就必须阻止这种不良的行为继续发展下去。幼儿阶段的孩子，知识朦胧，物欲未染，这个时候父母对孩子不良的饮食习惯进行及时的纠偏是很关键、很有效地。孩子良好饮食习惯的形成是一个潜移默化的过程，父母就是孩子的榜样，是孩子学习的一面镜子，因此，在饮食方面父母就应当好孩子心目中的榜样，父母的一言一行孩子都看在眼里，父母应时刻注意自己对于孩子的影响，以身作则，陪伴着孩子一同成长。

良好的道德教育不仅关系着幼儿身心的健康发展，而且影响着国家和民族的未来。对于统治者而言，通过教育来加强对人们的思想控制，有利于维护自己的统治；对于社会而言，有素养的人才可以起到"润滑剂"的作用，有利于社会的和谐；对于家庭而言，孩子的良好品质也能成为光宗耀祖的希望。"好雨知时节，当春乃发生。随风潜入夜，润物细无声。"对幼儿的良好饮食习惯的培养与纠正不是一朝一夕的事情，要从最日常的行为做起，从最具体的道理讲起，从最小的漏洞堵起。只有这样才能为祖国培养出德智体美全面发展的合格的建设者，也才能彰显中华美德、传承中华美德。

参考文献

[1] 夏征农. 辞海[Z]. 上海: 上海辞书出版社, 2000.

[2] 徐奇堂译注. 易经[M]. 广州: 广州出版社, 2001.

[3] 艾钟, 郭文举注译. 礼记[Z]. 大连: 大连出版社, 1998.

[4] 王仁湘. 饮食与中国文化[M]. 北京: 人民出版社, 1993.

[5] 吴成国. 中国人的礼仪[M]. 武汉: 湖北教育出版社, 1999.

[6] 乌恩溥. 孟子——百家讲解[M]. 长春: 长春出版社, 2007.

[7] 王应麟等. 三字经、百家姓、千字文、千家诗、弟子规[M]. 北京: 北京出版社, 2006.

[8] 蒙学六种三字经、百家姓、千字文、增广贤文、幼学琼林、格言联璧[M]. 太原: 山西古籍出版社, 2004.

[9] (南朝宋)刘义庆. 世说新语[M]. 北京: 北京燕山出版社, 1995.

[10] (唐)姚思廉. 陈书[M]. 北京: 中华书局, 1974.

日本推行"食育"的经验

张可喜

（新华社世界问题研究中心，北京　100000）

摘　要：在日本，对青少年的教育，除了智、德、体方面的教育之外，还有关于食文化的教育——"食育（Food education）"。日本政府制定《食育基本法》及相关方针政策、计划等，并在内阁府建立食育推进会议，由内阁首相担任会长，12名有关的国务大臣等参与其行政，是当今世界上绝无仅有的事例。其经验可资借鉴。

关键词：食育；食文化；经验；推广

在日本，对青少年的教育，除了智、德、体方面的教育之外，还有关于食文化的教育——"食育（Food education）"。日本政府制定《食育基本法》及相关方针政策、计划等，并在内阁府建立食育推进会议，由内阁首相担任会长，12名有关的国务大臣等参与其行政，是当今世界上绝无仅有的事例。其经验可资借鉴。

1 "食育"概念的由来

按照一般性解释，在日本，"食育"是"每个国民为在自己的一生中能够实现健全的食生活、继承食文化传统、确保健康等而自觉培养良好的食生活习惯、学习关于食方面的各种知识及选择食品的判断能力的学习过程"。

据查，"食育"一词是日本明治维新时期著名医生和营养学家石冢左玄创造的。他在1898年出版的《通俗食物养生法》中提出了"今日有学童之人应该认识到德育、智育、体育全在于食育"观点。

当时的小说家、《报知新闻》总编辑村井弦斋在读了石冢左玄的著作之后，产生了同感。1903年，他在长篇小说《食道乐》的《食育论》中说，"小儿有德育、智育、体育，而食育在其前。体育和德育之根本也在于食育"。

石冢左玄认为，当时的营养学过于重视碳水化合物、脂肪和蛋白质的功能，而忽视了矿物

作者简介：张可喜（1939—　　），男，江苏镇江人，新华社世界问题研究中心研究员。1966年毕业于北京大学东方语言文学系，1968年进入新华社，曾任新华社《世界经济科技》周刊主编、世界问题研究中心副主任等职。

质的作用，过多地食用盐、肉和鱼，会出现钠过剩，过多地食用白米饭、面包和肉类而蔬菜过少的食物有害于身心健康。他主张，在食物中，应该保持矿物质——钠和钙的平衡，甚至把白米饭称为"糟粕"，而推崇吃糙米。

在日本，石冢左玄和村井弦斋被认为是"食育"概念的首倡者。但是，在此后很长期一个时期，他们的"食育"论由于种种原因而被遗忘。

第二次世界大战后，在社会经济结构发生巨大变化及价值观多样化等背景下，日本人以稻米为主的"日本型食生活方式"发生了不小的变化，诸如脂肪摄取过剩、蔬菜摄取量不足等营养状态失衡、不吃早饭等食生活紊乱带来肥胖、过度瘦身及各种生活习惯病的增加等。由于这是社会经济结构和民众价值观等变化所致，而不是偶然出现的现象，因此不可能在短时期得到解决，需要采取长期的对策。特别是进入21世纪以来，食品安全等作为社会问题之一而引起广泛重视。究其原因是企业唯利是图而忽视消费者的根本利益。

于是，石冢左玄和村井弦斋的"食育"论被人们重新发现和发扬光大。

2 为"食育"教育立法

1993年，由厚生省监修，《思考食育时代的食物》一书问世。

1998年，美食评论家、服部营养学校校长服部幸应出版了书名为《推荐食育》的著作，引起了各方面的重视。

2002年，自民党在其政务调查会里设立了"食育调查会"。

2003年，时任首相小泉纯一郎在其施政演说中使用了"食育"一词。于是"食育"开始在日本社会成为流行语。

2005年，以议员立法（代表提案人为自民党参议院议员小坂宪次）的形式，日本政府制定了《食育基本法》。其《前言》说，"对于培育孩子的丰富人性，掌握生存能力来说，最重要的是'食'"，把"食育""置于生存的基本知识以及智育教育、德教教育和体育教育的基础的地位"，要求"通过各种体验，推进关于'食'的知识与学习选择'食'的能力，培育能够实践健全的食生活的人的食育"。

该法还指出，"食育""不单是烹调技术，而是关于对食的认识、营养学、传统食文化以及成为食品之前的初级产品、加工产品的生产的综合性教育"。

该法在强调"食育"的重要性时说，"社会经济形势在迅速变化，每天过着忙碌的生活，因此往往忘记每天的'食'的重要性。在国民的食生活中，由于偏食、不规则的进食、肥胖以及生活习惯病、过度瘦身时尚等，再加上出现新的食品安全问题、食品对海外的依赖等，在社会上关于'食'的信息泛滥的情况下，要求人们在改善食生活等方面自觉学习'食'的知识"。

日本提倡"食育"的动机，还在于保护和发扬日本食文化传统。因为在现代社会生活中，日本的传统食文化面临着丢失的危机。

日本推进"食育"教育，还有经济方面的考虑。这就是期望推进城市与农山渔村的共生和交流，在食生活方面构筑消费者和生产者之间的信赖关系，以有助于增强地域社会的活力、发展和继承丰富的食文化，推进与环境协调的粮食作物的生产和消费，提高粮食的自给率。

作为最早提倡"食育"的学者，服部幸应高度重视"食育"在培养少年儿童品德方面的作用。他认为，少年儿童身心健康成长的基础就在于"食育"，全家人围着餐桌，关闭电视机，边说话边用餐，对少年儿童来说是人格形成的无可替代的"修行场所"。

在中国，如"民以食为天"（《汉书》《郦食其传》）所言，自古以来就知道"食"的重要性。在当今世界上，对于突出存在的由食品引发的身心健康问题，如青少年中的肥胖现象、食品安全等，由政府出面实施预防和治理政策，也并不鲜见。例如在美国，对于垃圾食品（junk food，即高热量、高盐分及缺乏维生素和稀有元素、食物纤维等的食品）的销售，美国医学研究（IOM）所要求政府介入，实行限制；作为肥胖症对策，公立学校就禁止销售糖分过多和没有除去脂肪的牛奶达成共识；麦当劳等11家企业就停止对12岁以下儿童播放垃圾食品广告达成一致意见；2011年，食品医药管理局（FDA）、疾病对策中心（CDC）、农业部（USDA）和联邦交易委员会（FTC）等四个机构制定了防止肥胖症的办法，规定了以儿童为对象的每种饮料和加工食品的添加物的上限：饱和脂肪酸1克、变性脂肪酸（trance，torrance，trans）0克、白糖13克、钠210毫克；2011年5月，550多个团体要求麦当劳等企业停止销售以儿童为对象的高热量、高脂肪、高糖粉、高盐分的垃圾食品等。

不过，把食生活提高到国策的高度，并以立法形式规定社会各界应负的责任，自上而下地贯彻"食育"教育，在当今世界上大概只有日本一个国家做到了。

3 推进"食育"教育的基本经验

在政府领导下，制定相关的立法及方针政策、措施，有关方面各司其职，贯彻实行，是日本依法行政的通常做法。推进"食育"教育也不例外。

日本在把"食育"教育作为"全民运动"加以推进的过程中，各级政府、家庭、学校、保育院、保健所、医疗机构、农林水产业者、食品加工业者以及志愿者团体等有关方面都负有重要责任，它们之间的相互配合与合作也必不可缺少。

3.1 政府的作用体现在以下几个方面：制定方针政策、建立推进体制、制定"食育推进计划"等

《食育基本法》规定，内阁以及各地方政府——都、道、府、县乃至基层的市、町、村政

府，都要设立食育推进会议，制定"推进食育基本计划"。

内阁府食育推进会议以首相为最高领导人，由25名委员构成，除了12名相关的阁僚（如农林相、经产相、厚生劳动相、食品安全委员会委员长、消费者厅长官、公安委员会委员长等），委员中还有各界代表（如全国学校营养士协议会、全国学校食育研究会、国立健康营养研究所、全国家长会全国协议会、全国改善食生活推进团体联络协议会、日本营养士会、全国消费者团体联络会等）。其职责是：制定和实施"推进食育基本计划"，审议关于"食育"的有关事项，推进关于"食育"的方针政策。

食育推进会议制定的《推进食育基本计划》，规定了各有关部门——中央政府、地方政府、教育和医疗保健部门、农林水产业界、食品加工业界乃至国民等各方面推进"食育"教育的职责和每年重点推进的关于"食育"的目标和措施等。

各级政府的主要职责还有提供关于食品的安全性、营养及其他食生活的调查、研究结果等各种信息。内阁的食育推进会议每年还要向国会提交关于推进"食育"教育情况的报告。

3.2 妇幼机关和中小学校是推进"食育"的基层单位

中小学校在校长的领导下，也要像政府机关一样，制定和实施"食育"教育计划。其中发挥关键作用的是2005年设置的"营养教谕"。所谓"营养教谕"，就是负责"食育"的专职教师，其职责是：校内，在年级主任、教养教谕和校医等有关教师的配合下，取得家长的理解与合作，通过教学活动、特别活动和综合学习时间等学校教育活动确保进行"食育"的时间；制作和散发关于"食育"的学习资料；在对学生的指导方面，普及各种身心健康常识，如肥胖、过度瘦身、不吃早饭等不良习惯的影响，并通过个别指导帮助学生培育"饮食的自我管理能力"和养成良好的饮食习惯；在校外，加强与学生家长以及当地居民组织、保育院、学生家长会、生产者团体、营养士会等有关团体的联系和合作，组织学生参加关于农林渔业生产以及食品的加工、流通、烹调和食品废弃物再利用等的体验活动，以利学生加深对上述经济活动的关心和了解。

3.3 在"食育"教育方面，家庭被认为是比学校更为重要的场所

对于少年儿童的健康成长，适当的运动、协调的饮食、充分的休息和睡眠是重要的。在这方面，家庭的作用尤其重要。但是，现状是随着社会生活环境的变化，少年儿童在家庭里"好好活动、好好吃饭、好好睡眠"的基本生活习惯被打乱了，导致学习欲望和体力、精力的下降。这不是个别家庭和个别少年儿童的问题，而是一个重大的社会问题，不可等闲视之，需要全社会一致认真对待，树立少年儿童的问题也是每个成年人的问题的意识。因此，从2006年度开始，有关团体，如家长会（PTA）、少儿会、青少年团体、体育团体、文化团体、读书和食育推进团体以及经济界等设立了"早睡、早起、早饭"全国协议会，与文科省合作，持久地开

展"早睡、早起、早饭"国民运动，以有利于少年儿童在家庭确立基本生活习惯和提高他们的生活规律。目前参加协议会的团体已经增加到280个。

文科省还编写了《家庭教育手册》以及多种少儿科普读物，提出"食生活紊乱会打破身心平衡""一天从早饭开始""一起吃饭很重要"等，作为教育委员会、家长会和有关团体组织学生家长学习的教材，以提高他们的"食育"水平。